Peter J. Russell

Genetik

Eine Einführung

Übersetzt von K. Wolf

Mit 262 Abbildungen

Springer-Verlag
Berlin Heidelberg New York 1983

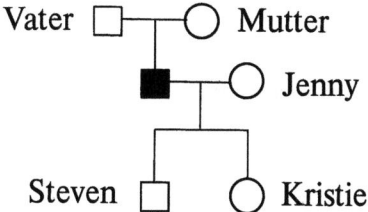

Professor Dr. Peter J. Russell
Reed College
Portland, Oregon/USA

Übersetzer:
Dr. Klaus Wolf
Institut für Genetik und Mikrobiologie der Universität
Maria Ward-Str. 1a, 8000 München 19

Titel der englischen Originalausgabe:
Peter J. Russell, Lecture Notes on Genetics
© 1980 by Blackwell Scientific Publications
Oxford London Edinburgh Boston Melbourne

CIP-Kurztitelaufnahme der Deutschen Bibliothek
Russell, Peter J.:
Genetik : e. Einf. / Peter J. Russell.
Übers. von K. Wolf.
Berlin ; Heidelberg ; New York : Springer, 1983.
   Einheitssacht.: Lecture notes on genetics < dt. >
   ISBN-13: 978-3-540-12063-6   e-ISBN-13: 978-3-642-68865-2
   DOI: 10.1007/ 978-3-642-68865-2

Das Werk ist urheberrechtlich geschützt. Die dadurch begründeten Rechte, insbesondere die der Übersetzung, des Nachdrucks, der Entnahme von Abbildungen, der Funksendung, der Wiedergabe auf photomechanischem oder ähnlichem Wege und der Speicherung in Datenverarbeitungsanlagen bleiben, auch bei nur auszugsweiser Verwertung, vorbehalten.
Die Vergütungsansprüche des § 54, Abs. 2 UrhG werden durch die ‚Verwertungsgesellschaft Wort' München, wahrgenommen.
© by Springer-Verlag Berlin Heidelberg 1983.

Die Wiedergabe von Gebrauchsnamen, Handelsnamen, Warenbezeichnungen usw. in diesem Werk berechtigt auch ohne besondere Kennzeichnung nicht zu der Annahme, daß solche Namen im Sinne der Warenzeichen- und Markenschutz-Gesetzgebung als frei zu betrachten wären und daher von jedermann benutzt werden dürften.

2131/3130-543210

Vorwort

Dieses Buch dient als Grundlage für eine Vorlesung in Allgemeiner Genetik für Studierende der Medizin in den ersten Semestern. Der Leser dieses Buches sollte Grundkenntnisse in Biologie und Chemie besitzen, spezielle Kenntnisse sind nicht erforderlich.

Genetik spielt in immer stärkerem Maß eine zentrale Rolle in allen biologischen Teildisziplinen. Man kann den Einstieg in die Genetik von den Mendelschen Regeln oder von der Molekulargenetik her wählen. Ich habe ihn in meinem Buch von der molekularen Seite gewählt. Die Studenten sind dann mit der molekularen Genetik vertraut und können die Kenntnisse bei der Besprechung der klassischen Genetik bereits verwerten. Ich habe diesen Aufbau in meinen Genetikvorlesungen der letzten sieben Jahre gewählt, und er wurde von Studenten sehr gut aufgenommen. Die einzelnen Kapitel stellen in sich abgeschlossene Einheiten dar, so daß jeder Dozent den Aufbau seiner Vorlesung variieren kann. Ich habe versucht, den Text leicht lesbar zu schreiben, und auch angestrebt, das Buch auf den neuesten Stand der Wissenschaft zu bringen und die experimentellen Methoden darzustellen, mit denen die relevanten Befunde erzielt wurden. Die großzügige Illustrierung des Buches wurde sorgfältig ausgewählt, um die Aussagen im Text zu ergänzen und zu vertiefen. Die Abbildungen sind leicht verständliche visuelle Unterstützungen beim Studium des Textes. Um den Studierenden zu weiterem Studium anzuregen, steht am Endes jedes Kapitels eine ausführliche Literaturliste.

Mit der Vollendung dieses Buches ist mein langjähriger Wunsch erfüllt. Ich bin sehr dankbar für das Interesse der Studenten an meiner Genetikvorlesung in den vergangenen Jahren am Reed College. Besonders möchte ich meiner Frau Jenny für ihre Unterstützung und Ermutigung während dieser Arbeit danken. Mein Dank gilt auch Robert Campbell und den Mitarbeitern der Blackwell Scientific Publications, die an der Herstellung dieses Buches mitgewirkt haben, für ihre hilfreichen Kommentare und ihre Mitarbeit.

Reed College, 1980   Peter J. Russell

Vorwort des Übersetzers

Schon beim flüchtigen Durchblättern dieses Buches „Lecture Notes on Genetics" von Peter J. Russell fällt auf, daß es sich um ein reich illustriertes, großzügig gestaltetes Werk handelt, nach dem sich gut „lernen" läßt. Der Einstieg erfolgt durch die molekulare Genetik, deren Befunde dann zum Verständnis der sich anschließenden klassischen Genetik beitragen. Auch Humangenetik und Populationsgenetik sind durch eigene Kapitel vertreten.

Während meiner Tätigkeit als Dozent für Genetik am Institut für Genetik und Mikrobiologie an der Universität München wurde mir immer wieder die Frage gestellt, welches deutschsprachige, moderne, einfach geschriebene, einführende Lehrbuch der Genetik denn zu empfehlen wäre. Da keines existiert, das all diesen Anforderungen genügt, habe ich mich entschlossen, dieses Buch zu übersetzen, von dem ich glaube, daß es die Bedingungen erfüllt. Ich danke Herrn Dr. Czeschlik vom Springer-Verlag für die Bereitschaft, die Übersetzung zu verlegen.

Das Buch ist in erster Linie als Einführung in die Genetik für Biologiestudenten gedacht, die heute leider mit sehr unterschiedlicher Vorbildung in Biologie aus der Kollegstufe der Gymnasien kommen. Für sie sind insbesondere auch die Titel der deutschsprachigen Übersichtsartikel in den Literaturverzeichnissen am Ende jedes Kapitels gedacht. Für das Weiterstudium steht auch jeweils eine umfangreiche Liste mit Originalzitaten zur Verfügung. Das Buch hat vornehmlich zur Aufgabe, den Wissensstand der Studierenden der Biologie auf ein Niveau zu bringen, das eine solide Grundlage für das Hauptstudium darstellt.

Ich habe meiner Grundvorlesung „Einführung in die Vererbungslehre I" in den beiden letzten Jahren dieses Konzept (mit entsprechenden Vertiefungen) zugrunde gelegt und glaube, daß es sich bewährt hat.

Neben den Studierenden der Biologie ist dieses Buch auch für Studierende der Medizin, Physik und Chemie gedacht, die sich im Rahmen ihres Studiums mit Genetik befassen wollen. Nicht zuletzt richtet es sich auch an den engagierten Lehrer in der gymnasialen Kollegstufe.

München, im Januar 1983   Klaus Wolf

Inhaltsverzeichnis

Kapitel 1 Das genetische Material.......................... 1

Kapitel 2 Erbmaterial und Chromosomenaufbau 7

Kapitel 3 DNA-Replikation bei Prokaryonten 16

Kapitel 4 DNA-Replikation und der Zellzyklus bei Eukaryonten.... 29

Kapitel 5 Mitose und Meiose 36

Kapitel 6 Mutation, Mutagenese und Selektion 44

Kapitel 7 Transkription 56

Kapitel 8 Proteinbiosynthese (Translation) 74

Kapitel 9 Der genetische Code 90

Kapitel 10 Phagengenetik................................... 96

Kapitel 11 Bakteriengenetik................................ 107

Kapitel 12 Rekombinierte DNA............................... 119

Kapitel 13 Genetik der Eukaryonten: Die Mendelschen Regeln...... 127

Kapitel 14 Genetik der Eukaryonten: Meiotische Analyse bei Diploiden 134

Kapitel 15   Genetik der Eukaryonten: Pilzgenetik 147

Kapitel 16   Genetik der Eukaryonten: Ein Überblick über die
             Humangenetik.................................. 163

Kapitel 17   Extrachromosomale Genetik...................... 176

Kapitel 18   Biochemische Genetik (Genfunktion)............... 184

Kapitel 19   Genregulation bei Bakterien...................... 193

Kapitel 20   Regulation der Genexpression bei Eukaryonten 210

Kapitel 21   Populationsgenetik.............................. 220

Sachverzeichnis.. 231

KAPITEL 1
Das genetische Material

INHALT

Anforderungen an das genetische Material
Bau der Nukleinsäuren
   DNA und RNA
   Nukleotide
   Nukleotidketten
   Die Doppelhelix
DNA ist der Erbträger – klassische Versuche

Das zentrale Thema dieses Buches ist das genetische Material: seine Art, Struktur, Organisation, Replikation, Expression usw. In dieser Darstellung sollen die wichtigsten Befunde der Genetik unter Berücksichtigung der neueren Literatur und der dabei angewandten Methoden besprochen werden. Besonderes Gewicht liegt dabei auf der engen Verbindung von Genetik, molekularer Biologie und Biochemie.

Anforderungen an das genetische Material

Das genetische Material muß eine Reihe von Bedingungen erfüllen:

1. Es muß die gesamte Information für die Struktur, Funktion und Vermehrung einer Zelle in einer stabilen Form enthalten. Diese Information ist in der Reihenfolge der Grundbausteine des genetischen Materials niedergelegt.
2. Es muß präzise verdoppelt werden, so daß die Tochterzellen und damit alle folgenden Generationen die gleiche genetische Information besitzen.
3. Die im Erbmaterial verschlüsselt vorliegende Information muß in die Moleküle für Struktur und Funktion der Zelle „übersetzt" werden.
4. Es müssen, wenn auch nur selten, Änderungen im genetischen Material möglich sein. Mutation, Neukombination und Rekombination des Erbmaterials sind die Grundlagen der Evolution.

Alle diese Voraussetzungen werden von den Nukleinsäuren, Desoxyribonukleinsäure (DNA) und Ribonukleinsäure (RNA) erfüllt.

Bau der Nukleinsäuren

DNA und RNA sind lineare polymere Makromoleküle. Die Monomere werden Nukleotide genannt: Desoxyribonukleotide bei der DNA und Ribonukleotide bei der RNA. Ein Nukleotid besteht aus drei Komponenten, einer Stickstoffbase (die entweder ein Purin- oder ein Pyrimidinabkömmling sein kann), einem Fünferzucker (Pentose) und ein bis drei Phosphorsäureresten (Abb. 1.1).

Die Kohlenstoffatome im Pentosemolekül sind mit $1'$ bis $5'$ bezeichnet, um sie von den C-Atomen der Stickstoffbasen zu unterscheiden. Phosphorsäurereste können an jeder Hydroxylgruppe des Zuckers sitzen; Nukleotide mit einem Phosphorsäurerest am $5'$-Kohlenstoffatom sind für Struktur und Funktion der DNA und RNA von besonderer Bedeutung.

Hauptbestandteile der DNA sind die vier Desoxyribonukleotide, die sich durch ihre Stickstoffbasen unterscheiden. Die vier Basen der DNA-Nukleotide sind die Purinderivate

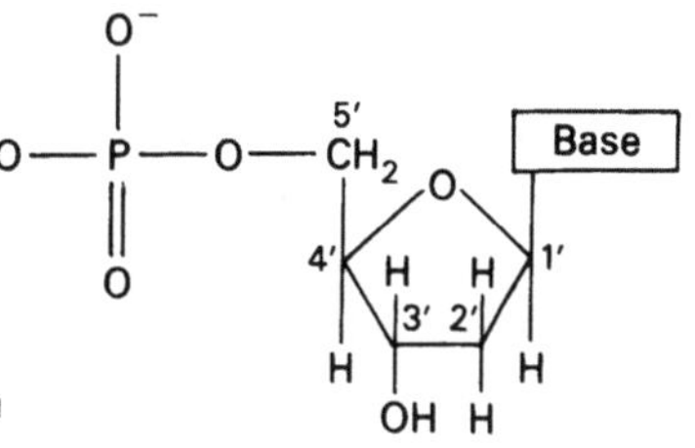

Abb. 1.1a,b. Aufbau der Nukleotide der DNA und RNA. **a** Desoxyribonukleosid-$5'$-Monophosphat (Monomer der DNA); **b** Ribonukleosid-$5'$-Monophosphat (Monomer der RNA)

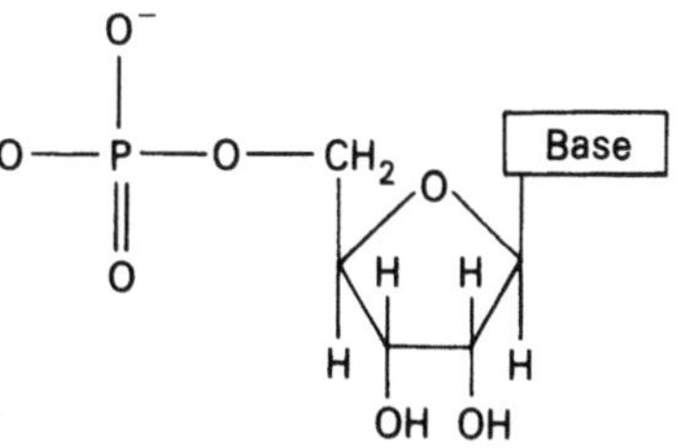

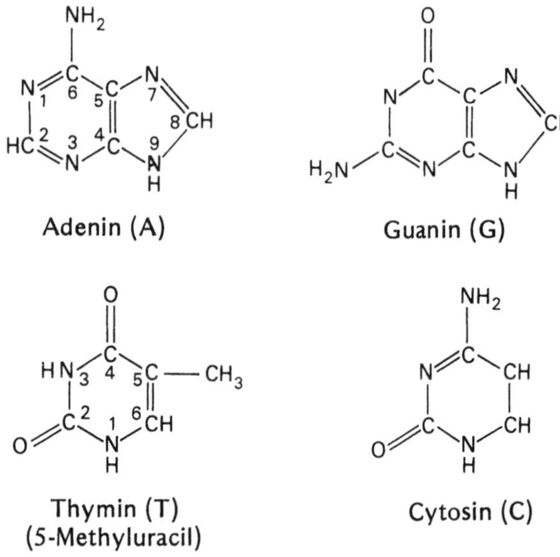

2 Das genetische Material

Adenin (A)

Guanin (G)

Thymin (T)
(5-Methyluracil)

Cytosin (C)

Abb. 1.2. Die vier Stickstoffbasen der DNA: die Purinderivate Adenin und Guanin und die Pyrimidinderivate Thymin und Cytosin

Adenin (A) und Guanin (G) und die Pyrimidinderivate Thymin (T) und Cytosin (C) (Abb. 1.2).

Entsprechend ist die RNA aus vier Ribonukleotiden zusammengesetzt, welche, wie die Nukleotide der DNA, die Basen Adenin, Guanin und Cytosin enthalten. Anstelle des Thymins jedoch findet man in der RNA das Pyrimidinderivat Uracil (U), das in seinen chemischen und physikalischen Eigenschaften dem Thymin ähnelt (Abb. 1.3).

Base und Zucker sind durch kovalente Bindung des 1'C-Atoms des Zuckers und des Stickstoffs in Position 9 (Purine), beziehungsweise Position 1 (Pyrimidine), verknüpft.

DNA und RNA unterscheiden sich in ihrem Zuckerbestandteil. Desoxyribonukleotide enthalten 2-Desoxy-D-Ribose, während Ribonukleotide Ribose enthalten. Die daraus resultierenden unterschiedlichen chemischen Eigenschaften der beiden Nukleinsäuren sind von großer praktischer Be-

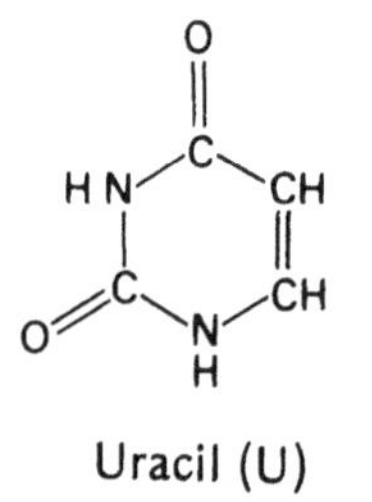

Uracil (U)

Abb. 1.3. Die Strukturformel des Uracil, welches in der RNA anstelle der Stickstoffbase Thymin steht

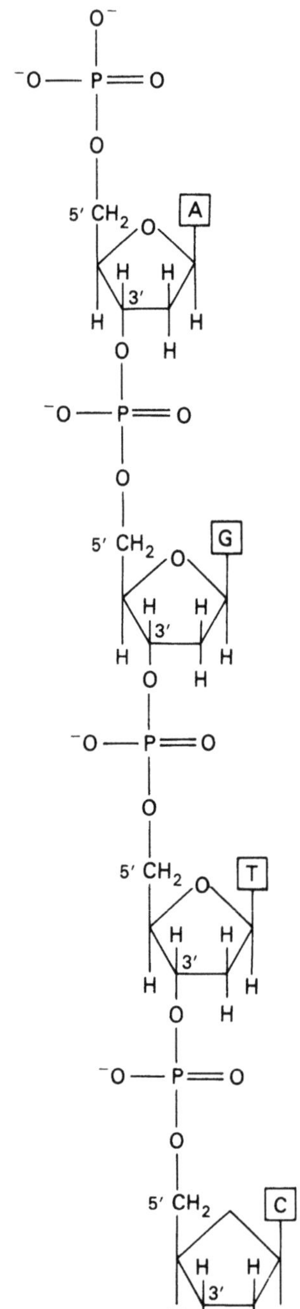

Abb. 1.4. Der Ausschnitt aus einer Desoxyribonukleotidkette zeigt die Bindung der Monomere eines DNA-Einzelstrangs

deutung. So gibt es beispielsweise Enzyme, die spezifisch mit DNA oder RNA reagieren. Mit ihrer Hilfe kann man beide Nukleinsäuren voneinander trennen.

Sowohl in der DNA als auch in der RNA sind die Mononukleotide durch 3′-5′-Phosphodiesterbindungen verknüpft. Das Rückgrat beider Makromoleküle besteht demnach aus einer alternierenden Folge von Phosphorsäureresten und Pentosemolekülen. Ein Ausschnitt aus einem DNA-Kettenmolekül ist in Abb. 1.4 dargestellt.

Nukleotidketten weisen eine Polarität auf: die Pentose an einem Ende der Kette trägt eine 5′-Hydroxylgruppe oder 5′-Phosphatgruppe (5′-Ende), das Zuckermolekül am anderen Ende der Kette weist eine 3′-Hydroxylgruppe (3′-Ende) auf. Eine Kurzschreibweise für eine Polynukelotidkette ist in Abb. 1.5 gezeigt.

Die DNA-Doppelspirale

Im Jahre 1953 veröffentlichten James D. Watson und Francis H.C. Crick das Modell des DNA-Moleküls in Form einer rechtsgewundenen Doppelhelix. Die Hinweise, die sie für ihre Hypothese hatten, sind im folgenden zusammengefaßt:

1. Das DNA-Molekül besteht aus Stickstoffbasen, Zuckermolekülen und Phosphorsäureresten, die zu einer Polynukleotidkette verknüpft sind.
2. E. Chargaff untersuchte die Verhältnisse der Nukleotide nach Hydrolyse der DNA und fand, daß Purine und Pyrimidine in gleicher Menge vorhanden waren. Genauer gesagt, wurde immer gleichviel Adenin wie Thymin (A = T) und gleichviel Guanin wie Cytosin (G = C) gefunden. Für doppelsträngige DNA lassen sich also die folgenden Gleichungen aufstellen:

$A + G = C + T$
$A + G/C + T = 1$
$A + T/G + C \neq 1$ (in den meisten Fällen)

Die letzte Gleichung gibt das Basenverhältnis der DNA wieder, das oft als % GC ausgedrückt wird. Das Basenverhältnis ist für verschiedene Organismen sehr unterschiedlich, für eine Art jedoch konstant.
3. R. Franklin, M.H.F. Wilkins und deren Mitarbeiter untersuchten die DNA mit Hilfe der Röntgenstrukturanalyse. Die Beugungsmuster wiesen auf eine helikale Struktur hin, wobei zwei oder mehr Kettenmoleküle umeinander gewunden sein müßten.

Watson und Crick leiteten aus den chemischen und physikalischen Daten eine symmetrische Struktur ab, die mit allen experimentellen Daten der oben erwähnten Forscher in Einklang war, und die auch alle notwendigen Eigenschaften eines Trägers genetischer Information besaß. Nach dem Modell von Watson und Crick besteht das DNA-Molekül aus zwei Polynukleotidketten, die in Form einer Doppelspirale umeinander gewunden sind (Abb. 1.6).

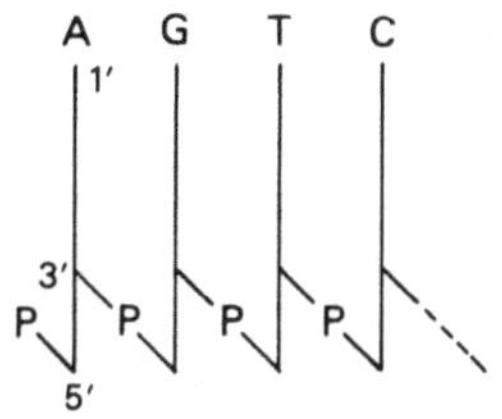

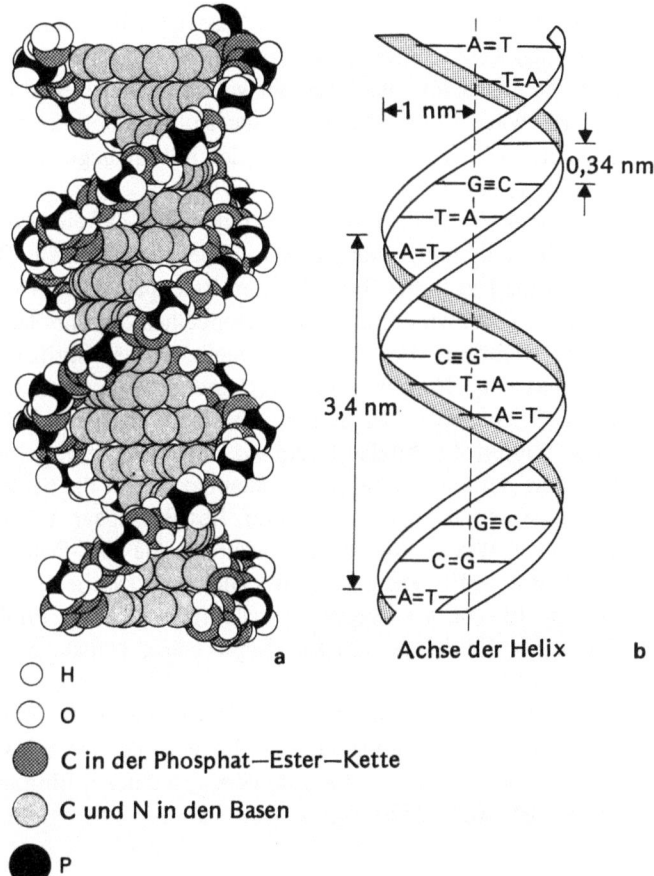

Abb. 1.5. Kurzschreibweise für eine Polynukleotidkette

Abb. 1.6.a,b. Das Watson-Crick-Modell der DNA. a Das Molekülmodell der DNA-Doppelhelix (M. Feughelman et al. 1955, Nature 1975: 834. Mit freundlicher Genehmigung von M.H.F. Wilkins); b Schematische Darstellung der DNA-Doppelhelix

4   Das genetische Material

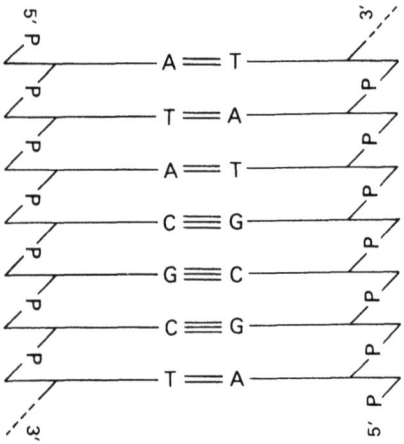

Abb. 1.7. Die schematische Darstellung des doppelsträngigen DNA-Moleküls zeigt die entgegengesetzte Polarität der beiden Einzelstränge

Die beiden Ketten sind durch Wasserstoffbrücken zwischen den Basen miteinander verbunden. Die Basen selbst sind wie Geldstücke übereinander gestapelt und stehen im rechten Winkel zur Längsachse der Polynukleotidketten. Das Zucker-Phosphat-Rückgrat beider Ketten liegt an der Außenseite der Helix.

An dem Modell in Abb. 1.6 läßt sich zeigen, daß eine Windung der Polynukleotidkette zehn Basenpaare enthält. Da der Abstand zwischen benachbarten Basenpaaren 0,34 nm beträgt, ist eine Windung der DNA-Doppelhelix 3,4 nm lang.

Das wichtigste Postulat des Modells ist die spezifische Basenpaarung. Nur zwei entsprechende Basenpaare, A-T und G-C, können in der Doppelhelix stabile Bindungen eingehen. Durch die Nukleotidsequenz des einen Stranges ist daher die des anderen festgelegt. Man bezeichnet die beiden Stränge als einander komplementär. Das Basenpaar A-T besitzt zwei Wasserstoffbrücken, während die G-C-Paarung drei Wasserstoffbrücken aufweist. Diese spezifische Basenpaarung ist von grundlegender Bedeutung für viele Funktionen der Nukleinsäuren, z.B. Replikation, Transkription und Translation.

Eine weitere Eigenschaft des Modells ist die gegenläufige (antiparallele) Anordnung der Einzelstränge der DNA-Doppelhelix, welche durch die 3'-5'-Phosphat-Zucker-Bindung bedingt ist (Abb. 1.7).

Die DNA als Erbmaterial: Darstellung klassischer Experimente im historischen Ablauf

Es gibt eine große Zahl von Hinweisen, daß DNA das genetische Material vieler Organismen ist. Fünf der klassischen Experimente, welche Hinweise in diese Richtung brachten, sollen hier dargestellt werden.

1. Im Jahr 1948 zeigten A. Mirsky und H. Ris, daß alle Zellen eines Organismus dieselbe DNA-Menge enthielten, während verschiedene Zelltypen eines Organismus Proteine in wechselnder Menge und Zusammensetzung aufwiesen. Sie schlossen aus ihren Befunden, daß nicht die Proteine, sondern nur DNA als Erbsubstanz in Frage kommt. Wir wissen heute, daß der DNA-Gehalt der Zellen eines einzigen Organismus für verschiedene Gewebe durchaus unterschiedlich sein kann. Allgemein jedoch gilt – mit Ausnahme von spontanen Ereignissen wie Chromosomenbrüchen und Chromosomenverlust – daß der DNA-Gehalt einer Zelle gewöhnlich ein ganzzahliges Vielfaches des DNA-Gehaltes der haploiden

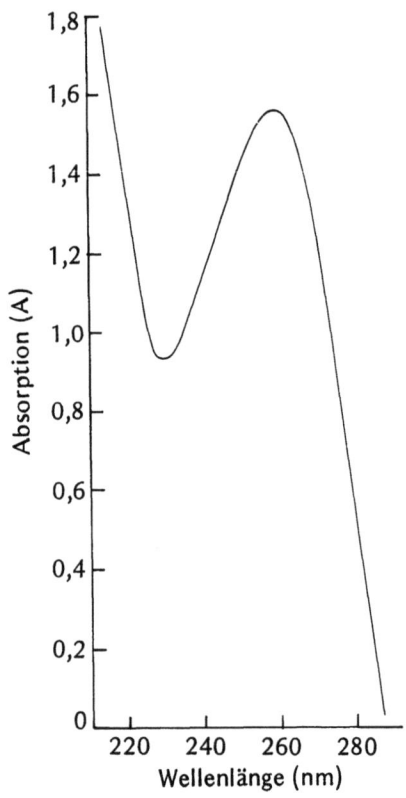

Abb. 1.8. Das Absorptionsspektrum der DNA bei Bestrahlung mit ultraviolettem Licht zeigt ein Maximum bei 260 nm

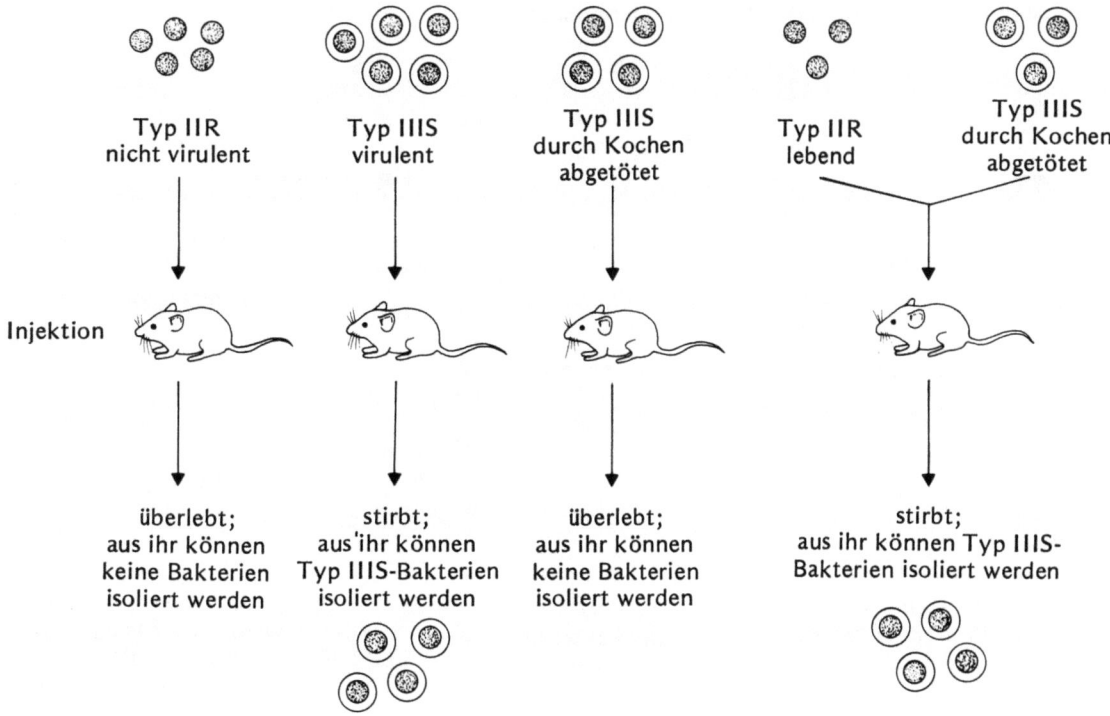

Abb. 1.9. Das Transformationsexperiment von F. Griffith (M.W. Strickberger 1976, Genetics. Macmillan, New York)

Keimzellen dieses Organismus ist. Der DNA-Gehalt der Zellen aus Wurzelknöllchen der Leguminosen (wie z.B. der Erbse) ist doppelt so groß als in den übrigen Teilen der Pflanze.

2. Die DNA-Menge pro Zelle ist mit der Komplexität eines Organismus korrelierbar. So enthalten Zellen höherer Organismen etwa 50 mal so viel DNA als Bakterienzellen.

3. Nukleinsäuren zeigen ein Absorptionsmaximum für ultraviolettes Licht bei 260 nm (Abb. 1.8). Dies ist genau die Wellenlänge, mit der die größte Zahl von Mutationen induziert werden kann. Diese Beobachtung war ein weiterer Hinweis, daß Nukleinsäuren und nicht Proteine das Erbmaterial darstellen, da das Maximum der UV-Absorption für Proteine bei 280 nm liegt.

4. F. Griffith entdeckte im Jahr 1928, daß die Injektion eines Stammes des Bakteriums *Pneumococcus,* des S-Stammes, bei Mäusen zum Tod durch Blutvergiftung führt. Ein anderer Pneumokokken-Stamm, der R-Stamm, war bei denselben Mäusen wirkungslos. Die beiden Stämme unterscheiden sich darin, daß Zellen des S-Stammes eine Polysaccharidkapsel besitzen. Diese verleiht den Bakterienkolonien auf festem Nährmedium eine schleimige, zerfließende Gestalt (S vom Englischen smooth = glatt, fließend). Der R-Stamm produziert Kolonien mit rauher Oberfläche, da den Zellen dieses Stammes die Polysaccharidkapsel fehlt. F. Griffith zeigte, daß die S-Bakterien spontan zum R-Typ mutieren können. Er zeigte weiterhin, daß Mäuse ebenfalls an Blutvergiftung starben, wenn man ihnen eine Mischung lebender R-Bakterien und durch Kochen abgetöteter S-Bakterien einspritzte. Aus dem Blut dieser Mäuse ließen sich wiederum lebende S-Bakterien isolieren (Abb. 1.9).

Es mußte also, so schloß Griffith, irgendeine Substanz aus den toten S-Bakterien Zellen des R-Typs in solche des S-Typs umgewandelt haben. Dieser Vorgang wird als *Transformation* bezeichnet.

Im Jahre 1944 wurde dieses Phänomen von O.T. Avery, C.M. Macleod und M. McCarty genauer untersucht. Mit einigen eleganten Experimenten konnten sie schließlich die Substanz nachweisen, welche für die Transformation des Pneumokokken-Stamms verantwortlich war (das sogenannte *transformierende Prinzip*). Sie konnten zeigen, daß eine DNA-Fraktion aus S-Bakterien Zellen des R-Typs in S-Typ-Zellen umwandeln kann. Keine andere Fraktion der Bakterienzellen, wie RNA, Proteine, Lipide oder Kohlehydrate

6 Das genetische Material

a Herstellung radioaktiv markierter T2-Bakteriophagen

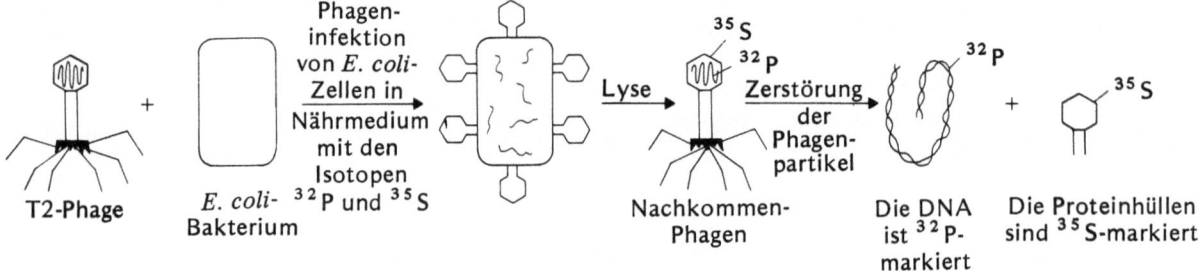

b Nachweis der DNA als genetisches Material des Phagen T2

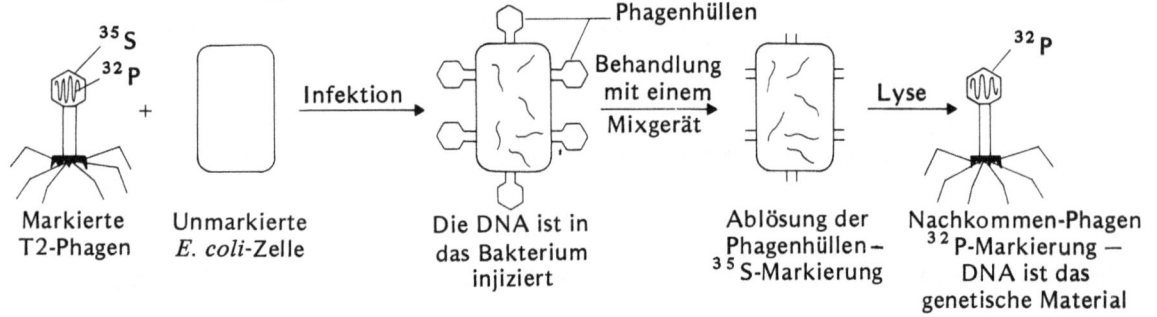

Abb. 1.10a,b. Das Experiment von Hershey und Chase (M.W. Strickberger 1976, Genetics. Macmillan, New York)

konnte die Transformation hervorrufen. Die Befähigung der DNA-Fraktion zur Transformation ging durch Behandlung mit Desoxyribonuklease (DNase), einem DNA-abbauenden Enzym, verloren. Diese Befunde waren starke Indizien für die Rolle der DNA als Erbträger.

5. Im Jahre 1952 untersuchten A.D. Hershey und M. Chase die Vermehrung von Bakteriophagen (bakteriellen Viren) in ihren Wirtszellen. Bakteriophagenpartikel sind aus zwei Komponenten, DNA und Protein, zusammengesetzt. Hershey und Chase stellten sich Bakteriophagenpartikel her, die entweder in ihrer DNA oder im Protein eine radioaktive Markierung trugen. Sie infizierten Bakterienzellen mit diesen Bakteriophagen und fanden, daß die Phagen-DNA in das Bakterium eindringt, die Proteinhülle jedoch nicht. Weiterhin fanden sie in den Nachkommenphagen etwas von der Radioaktivität der DNA wieder, nichts jedoch von der radioaktiven Markierung der Proteinhülle (Abb. 1.10).

Heute wissen wir, daß das genetische Material der meisten Organismen DNA ist. Einige Viren jedoch enthalten RNA als Erbsubstanz; auf diese werden wir später noch zu sprechen kommen.

LITERATUR

Avery OT, Macleod CM, McCarty M (1944) Studies on the chemical nature of the substance inducing transformation of pneumococcal types. Induction of transformation by a desoxyribonucleic acid fraction isolated from pneumococcus type III. J Exp Med 79:137–158

Chargaff E (1950) Chemical specificity of nucleic acids and mechanism of their enzymatic degradation. Experientia 6:201–209

Chargaff E (1951) Structure and function of nucleic acids as cell constituents. Fed Proc 10:654–659

Davidson JN (1972) The biochemistry of the nucleic acids, 7th edn. Chapman and Hall, London

Hershey AD, Chase M (1952) Independent functions of viral protein and nucleic acid in growth of bacteriophage. J Gen Physiol 36:39–56

Watson JD, Crick FHC (1953) A structure for desoxyribose nucleic acids. Nature 171:737–738

Wilkins MHF, Stokes AR, Wilson HR (1953) Molecular structure of deoxypentose nucleic acids. Nature 171:738–740

KAPITEL 2
Erbmaterial und Chromosomenaufbau

INHALT

Definition von Prokaryonten und Eukaryonten
Phagenchromosomen
    T-Phagen, der Phage *lambda*
Bakterielle Chromosomen
Eukaryontische Chromosomen
    DNA in Zellorganellen
    Chromosomensatz (Karyotyp)
    Zusammensetzung des Chromatins
    Nukleosomen und Chromatin
    Euchromatin und Heterochromatin
    Repetitive DNA-Sequenzen

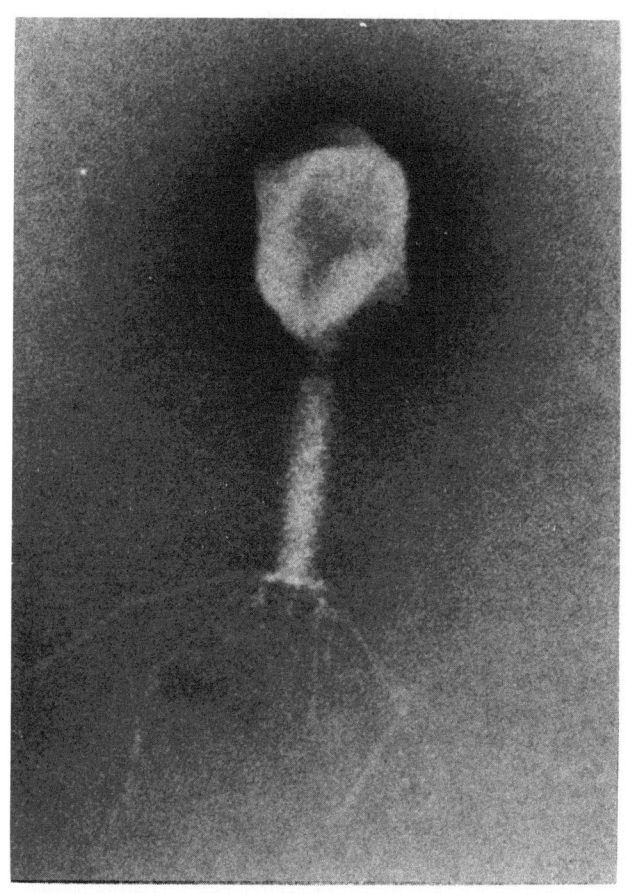

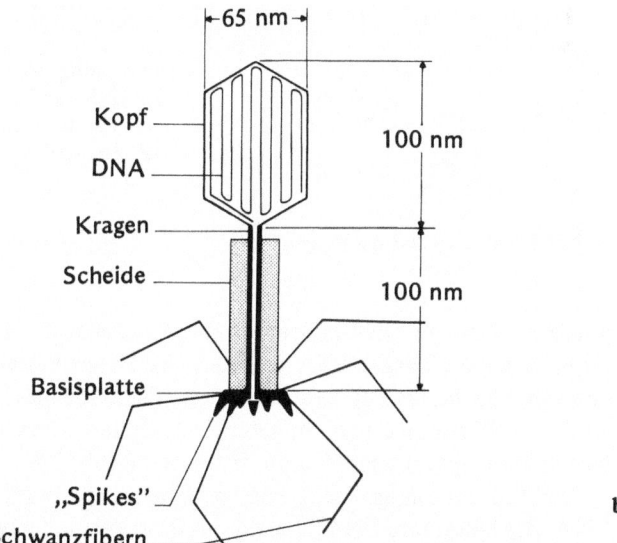

Am Anfang dieses Kapitels müssen wir einige Begriffe der Genetik allgemein, jedoch nicht umfassend, definieren.

Eukaryonten: Organismen mit „echtem" Zellkern, der von einer Kernmembran umgeben ist.

Prokaryonten: Zu ihnen gehören Bakterien und Blaualgen. Sie besitzen keinen echten Zellkern, sondern nur ein „Kernäquivalent".

Viren: „Organismen", die sich nur in lebenden Zellen vermehren können. Bakterielle Viren werden Bakteriophagen oder kurz Phagen genannt. Die meisten Viren besitzen eine Proteinhülle, welche das genetische Material, DNA oder RNA, umschließt.

Phagenchromosomen

Das Darmbakterium *Escherichia coli* (*E. coli*) kann von einer Reihe von Phagen infiziert werden. Die Phagen der T-Serie besitzen doppelsträngige DNA als genetisches Material (Abb. 2.1). Gibt man *E. coli*-Zellen mit T-Phagen zusammen, heften sich diese an die Oberfläche des Bakteriums an und

Abb. 2.1. a Elektronenoptische Aufnahme des Phagen *T4* (264 000-fache Vergrößerung, Negativfärbung) (M. Wurtz); **b** Schematische Darstellung eines *T4*-Phagen (W.H. Hayes 1968, Genetics of bacteria and their viruses. Blackwell, Oxford)

8 Erbmaterial und Chromosomenaufbau

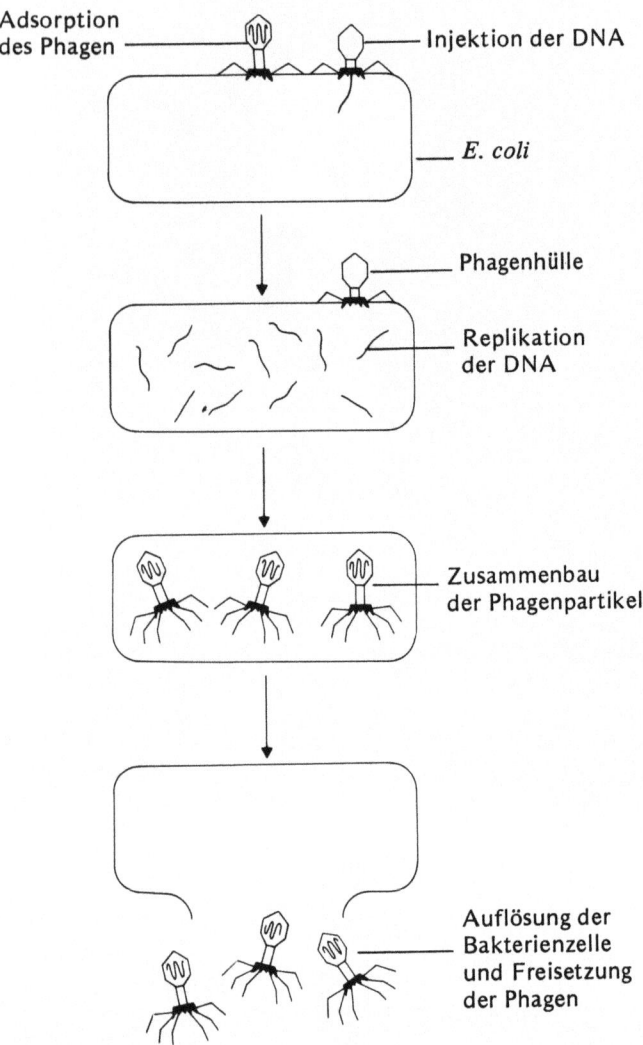

Abb. 2.2. Lebenszyklus des Phagen *T2*

injizieren dann ihr DNA-Molekül in die Wirtszelle. Im Bakterium wird die Phagen-DNA repliziert, die Phagenbestandteile werden hergestellt und zusammengebaut. Schließlich wird das Wirtsbakterium aufgebrochen (lysiert) und die Nachkommenphagen ins Medium freigesetzt (Abb. 2.2).

Die Chromosomen der T-Phagen bestehen aus nackter DNA, das heißt, ihre DNA ist nicht mit Proteinen umgeben. Von besonderem Interesse ist die verschiedenartige Anordnung der Gene auf den Chromosomen verschiedener Phagen. Bei den Phagen *T2* und *T4* sind die Chromosomen länger als das vollständige Genom. Man bezeichnet die Chromosomen dieser Phagen als „terminal redundant" und „zirkulär permutiert". Dieser Genomtyp entsteht dadurch, daß jedes Phagenpartikel ein Stück DNA bestimmter Länge in seinen Kopf verpackt. Dieses wird aus einem langen DNA-Molekül herausgeschnitten, in dem viele Phagenchromosomen aneinandergereiht sind. Der Anfangspunkt der Schnitte ist zufällig. Im Gegensatz zu den Phagen *T2* und *T4* sind die ungeradzahligen Phagen *T3*, *T5* und *T7* zwar terminal redundant, aber nicht zirkulär permutiert.

Die beiden Chromosomentypen sind im folgenden Schema erklärt:

1 2 3 4 5 6	vollständiges Genom
1 2 3 4 5 6 1 2	terminal redundantes Chromosom
1 2 3 4 5 6 4 5 6 1 2 3 3 4 5 6 1 2	zirkulär permutierte Chromosomen
1 2 3 4 5 6 1 2 3 4 5 6 1 2 3 4 6 1 2 3 4 5 6 1	terminal redundante und zirkulär permutierte Chromosomen

Diese Chromosomentypen lassen sich experimentell nachweisen.

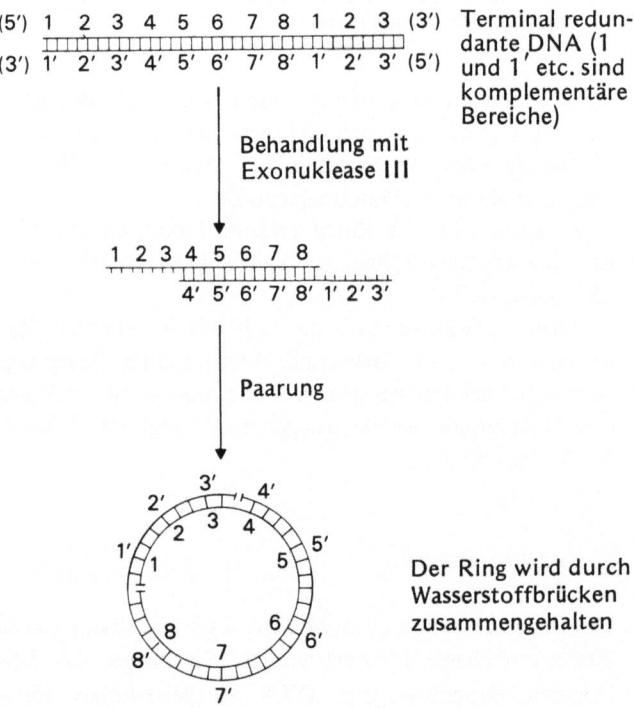

Abb. 2.3. Nachweis terminal redundanter DNA durch Exonuklease-Behandlung (W.H. Hayes 1968, Genetics of bacteria and their viruses. Blackwell, Oxford)

Terminale Redundanz

Behandelt man ein Chromosom mit dem Enzym Exonuklease III, so werden vom 3'-Ende jedes DNA-Einzelstranges Nukleotide abgebaut. Falls das Chromosom terminal redundant ist, erzeugt diese Exonuklease III-Behandlung an beiden Enden des Chromosoms komplementäre, einzelsträngige 5'-Enden. Diese überstehenden Enden können durch Wasserstoffbrücken gepaart werden. Dabei entstehen Ringmoleküle, die im Elektronenmikroskop sichtbar gemacht werden können (Abb. 2.3).

Zirkuläre Permutation

Erhitzt man doppelsträngige DNA, so werden die beiden Stränge getrennt (der DNA-Doppelstrang wird denaturiert), indem die Wasserstoffbrücken zwischen den Basen gelöst werden. Läßt man die DNA-Lösung wieder abkühlen (Renaturierung der DNA), so können sich die komplementären Einzelstränge wieder zu einem Doppelstrang zusammenle-

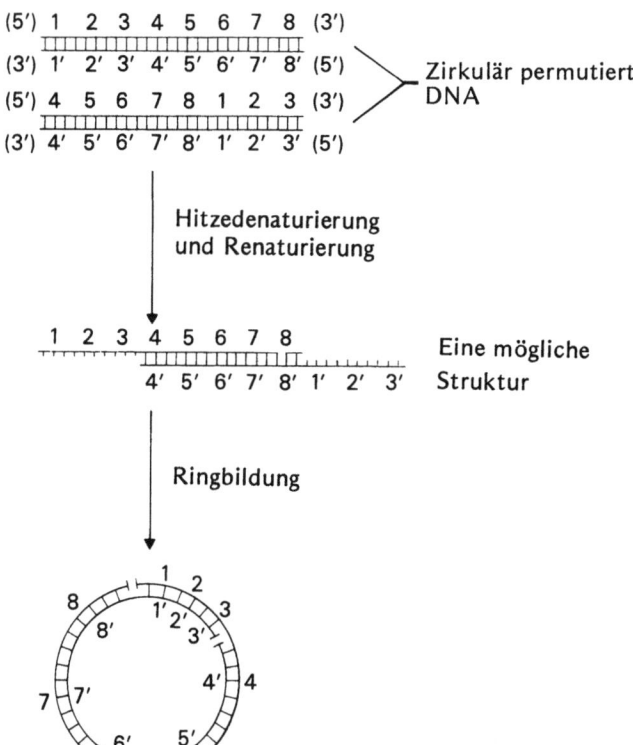

Abb. 2.4. Nachweis zirkulär permutierter DNA durch Hitzedenaturierung und Renaturierung (W.H. Hayes 1968, Genetics of bacteria and their viruses. Blackwell, Oxford)

gen. Denaturiert man eine Population zirkulär permutierter DNA-Moleküle und läßt sie renaturieren, so besteht die Möglichkeit, daß das Ende des einen Einzelstranges zum Mittelstück des anderen Einzelstranges komplementär ist. Wenn die komplementären Einzelstrangabschnitte paaren, entsteht ein Molekül mit einem doppelsträngigen Mittelteil und komplementären Einzelstrangenden. Daraus kann wiederum ein ringförmiges Doppelstrangmolekül entstehen, wie bereits bei den terminal redundanten Molekülen besprochen wurde (Abb. 2.4).

Ein anderer *Escherichia coli*-Phage ist *lambda* (λ). Sein Chromosom besteht ebenfalls aus doppelsträngiger DNA, die im Phagenpartikel als lineares Molekül vorliegt. Wenn man die DNA dieses Phagen erhitzt und abkühlt, sieht man im Elektronenmikroskop ebenfalls ringförmige Moleküle. Das kommt daher, daß das lineare Chromosom komplementäre Einzelstrangenden hat und deshalb durch Wasserstoffbrückenbindungen zum Ring geschlossen werden kann. Injiziert der *lambda*-Phage seine DNA ins Wirtsbakterium, so kann das lineare Molekül sehr schnell einen kovalent geschlossenen Ring bilden. Dies wird über die kohäsiven Einzelstrangenden mit Hilfe spezifischer Enzyme bewerkstelligt. Der Ringschluß ist die Voraussetzung, daß sich das Phagenchromosom entweder replizieren oder in das Bakterienchromosom einbauen kann. Andere Viren liefern Beispiele für eine Reihe verschiedener Chromosomenstrukturen. Der Phage $\phi X 174$ hat einzelsträngige zirkuläre DNA, der Phage Q *beta* und das *Tabakmosaikvirus* (*TMV*) besitzen einzelsträngige RNA, und das genetische Material der *Polyoma-Viren* ist doppelsträngige RNA.

Bakterienchromosomen

Die Chromosomen der Bakterien sind ringförmige, nackte, doppelsträngige DNA-Moleküle. Gewöhnlich ist die DNA an einer oder mehreren Stellen der Zellmembran angeheftet. Obwohl die Bakterien keinen echten Zellkern besitzen, ist ihre DNA doch in einem bestimmten Bereich der Zelle, der Nukleoid-Region, konzentriert. In diesem Bereich ist die DNA vielfach gewunden und gefaltet, und man findet sehr wenige Plasmabestandteile in dieser Region. Die Nukleoidregion ist nicht wie ein echter Zellkern von einer Membran umgeben.

Die bakteriellen Chromosomen können im stark gefalteten Zustand bei Raumtemperatur durch vorsichtige Behandlung mit nichtionischen Detergenzien in 1,0 M NaCl isoliert werden. Elektronenoptische Aufnahmen von Chromosomen

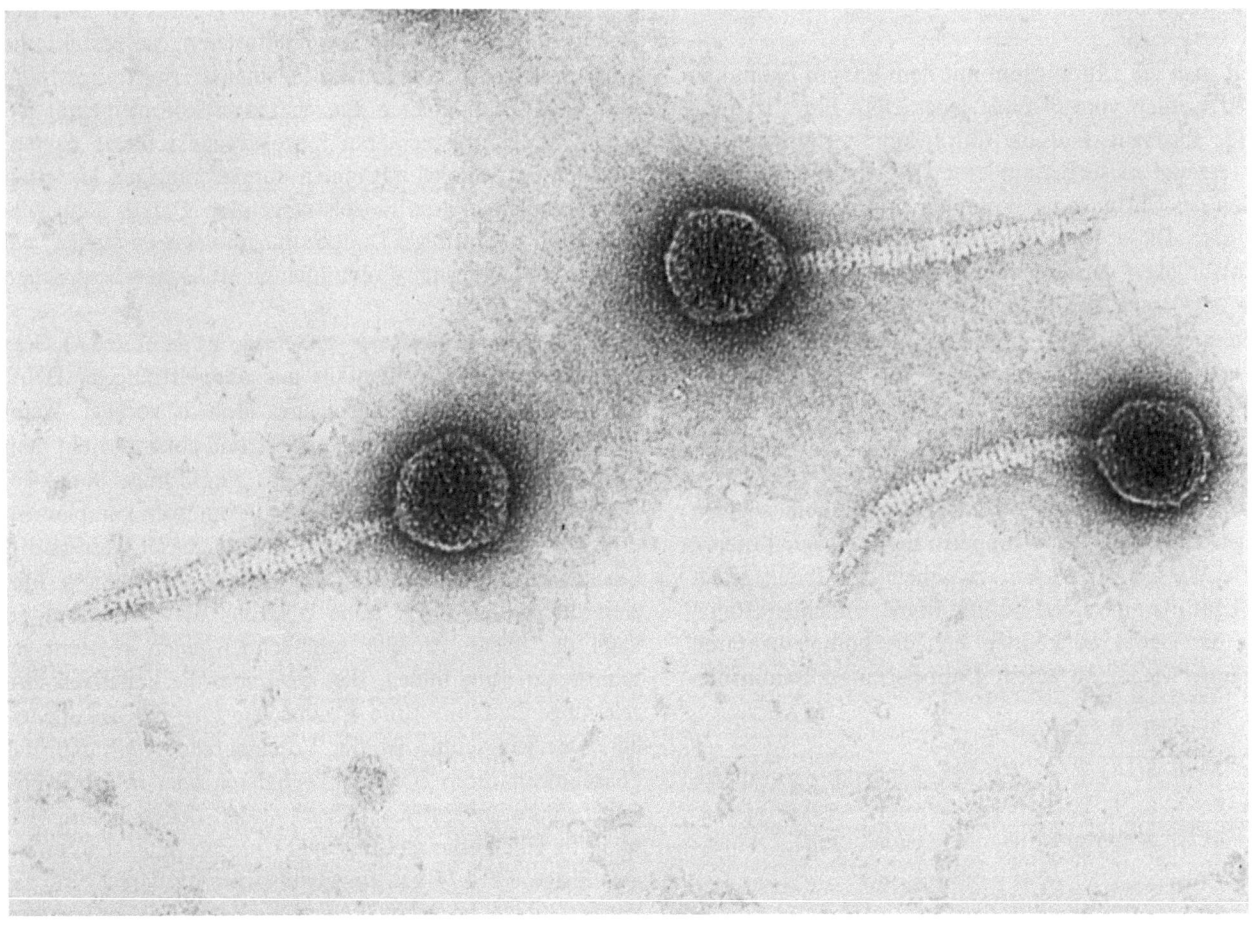

Abb. 2.5. Elektronenoptische Aufnahme des Phagen *lambda* (λ) (258 000fache Vergrößerung, Negativfärbung mit 2% Uranylacetat) (R.B. Luftig)

zeigen die dichte Packung der DNA, welche in Schlingen (10–80 pro Chromosom) und Knäueln (supercoils) gefaltet ist. Man konnte zeigen, daß die gefalteten Chromosomen alle neu entstehenden RNA-Ketten und das Enzym für die RNA-Synthese, die RNA-Polymerase, enthalten, jedoch keine Ribosomen. Man kann daraus schließen, daß die Proteinsynthese offensichtlich nicht in nächster Nachbarschaft der DNA abläuft.

Die Chromosomen der Eukaryonten

Die Hauptmenge der DNA liegt bei Eukaryonten in den Chromosomen des Zellkerns, über den im folgenden ausschließlich die Rede sein soll. Mitochondrien und Chloroplasten enthalten jedoch ebenfalls DNA, und zwar in Gestalt nackter, doppelsträngiger, zirkulärer DNA, also sehr ähnlich den Chromosomen der Bakterien.

Der Chromosomensatz der Eukaryontenzelle wird als Karyotyp bezeichnet. Er ist durch Anzahl, Form und Zentromerlage der Chromosomen gekennzeichnet. (An den Zentromeren heften sich die Spindelfasern während der Zellteilung an). Bei Tieren ist der Karyotyp in beiden Geschlechtern im allgemeinen verschieden: Männchen und Weibchen unterscheiden sich in ihrer Ausstattung mit Geschlechtschromosomen (X und Y). Mit Ausnahme von Chromosomenaberrationen ist der Karyotyp für die Autosomen (das sind die nicht geschlechtsspezifischen Chromosomen) innerhalb einer Art konstant, jedoch von Art zu Art verschieden. Der Karyotyp eines Mannes ist in Abb. 2.7 gezeigt.

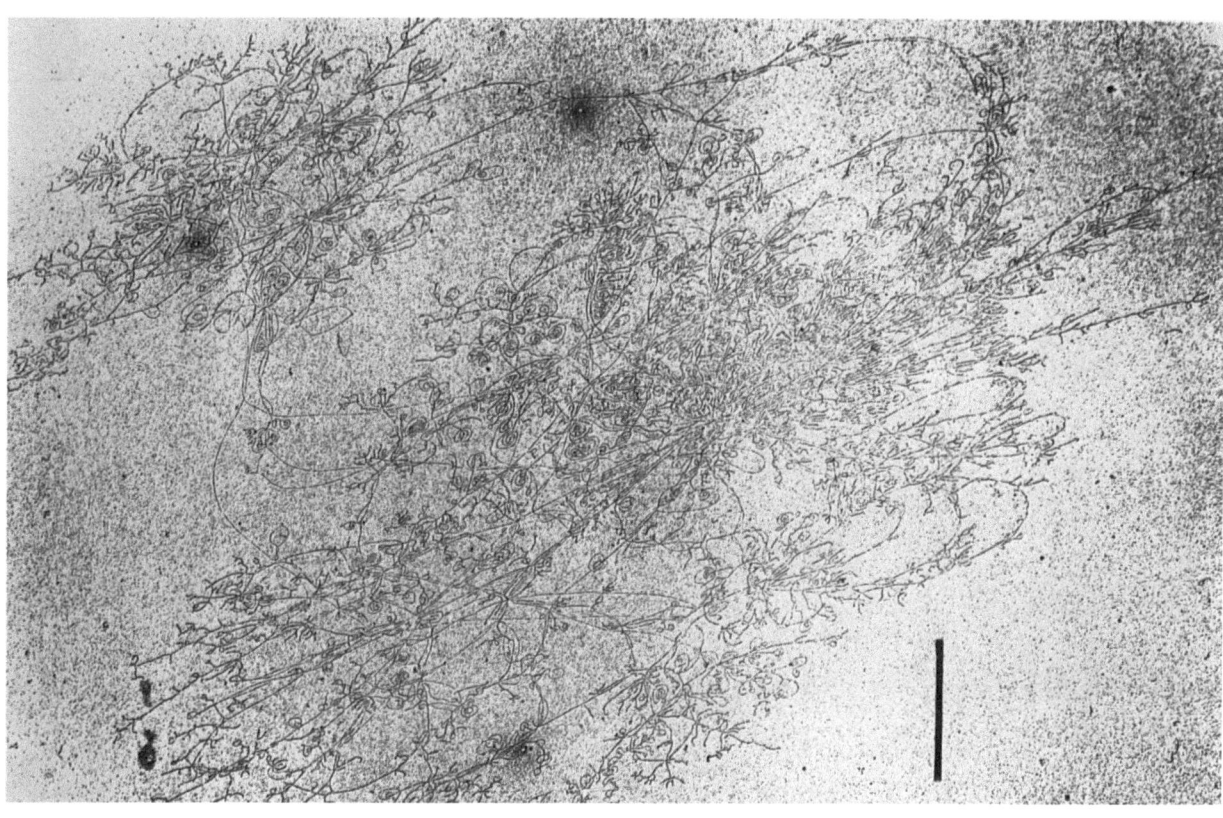

Abb. 2.6. Elektronenoptische Aufnahme eines *E. coli*-Chromosoms. Man beachte die starke Verknäuelung der DNA. Der eingezeichnete Balken entspricht 2 μm (H. Delius u. A. Worcel 1974, Electron microscopic visualization of the folded chromosome of *Escherichia coli*. J. Mol. Biol. 82:107–109)

Der Chromosomensatz des Mannes besteht aus 46 Chromosomen. Da der Mensch ein diploides Individuum ist, findet man 22 Paare homologer Chromosomen und zwei Geschlechtschromosomen, ein X- und ein Y-Chromosom. Beim Menschen sind die Geschlechtschromosomen deutlich unterschiedlich. Bis vor kurzem konnte man die Chromosomen nur in sieben Gruppen, A bis G, einteilen und nach Größe ordnen. Innerhalb einer Gruppe waren die Chromosomen kaum unterscheidbar. Inzwischen sind neue Färbetechniken entwickelt worden, durch die bei den Chromosomen spezifische Bänderungen sichtbar gemacht werden können (Abb. 2.8). Durch diese Techniken kann man nun jedes Chromosom einer Gruppe von den anderen unterscheiden. Eine dieser Techniken ist die Q-Banden-Färbung mit dem Fluoreszenzfarbstoff Quinacrin (Atebrin). Bei UV-Bestrahlung zeigen die Chromosomen gelbe Fluoreszenz unterschiedlicher Intensität.

Die meisten Untersuchungen zur Struktur und Funktion der Chromosomen wurden an Interphasechromosomen ausgeführt. Isoliert man Kerne und löst die Kernmembran auf, so werden die Chromosomen freigesetzt. Jedes Chromosom wird von einem einzigen, ununterbrochenen, doppelsträngigen DNA-Molekül durchzogen. Die DNA ist mit Proteinen zu einem Komplex vereinigt, den man Chromatin nennt. Gereinigtes Chromatin besteht aus basischen Proteinen (Histonen) und sauren Proteinen (Nicht-Histonen).

Dieser Verband von Histonen, Nicht-Histonen und DNA ist typisch für alle eukaryontischen Chromosomen. In allen Eukaryonten sind die folgenden fünf verschiedenen Histone mit DNA zu einem DNA-Histon-Komplex vereinigt: Das Histon H1 enthält viel Lysin, eine basische Aminosäure; die Histone H2A und H2B sind lysinreich; die Histone H3 und H4 enthalten viel Arginin (Tabelle 2.1). Histone sind in der Evolution außerordentlich konservativ. Dies ist aufgrund ihrer fundamentalen und universalen Funktion für den

12 Erbmaterial und Chromosomenaufbau

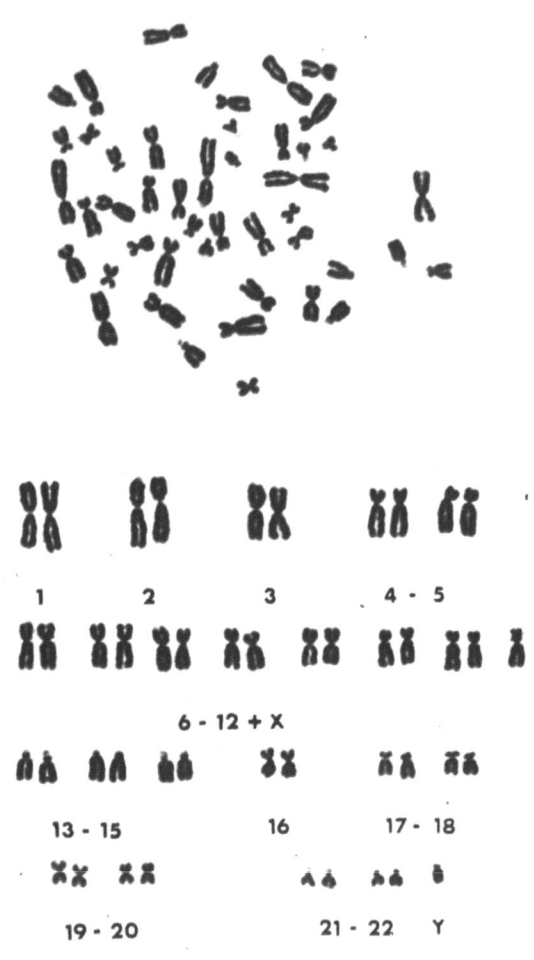

Abb. 2.7. *Oben:* Mitotische Chromosomen eines Mannes (46, XY). *Unten:* Karyotyp ohne Bandenfärbung: dieselben Chromosomen sind paarweise angeordnet (C.J. Bostock u. A.T. Summer 1978, The eukaryotic chromosome. North Holland, Amsterdam)

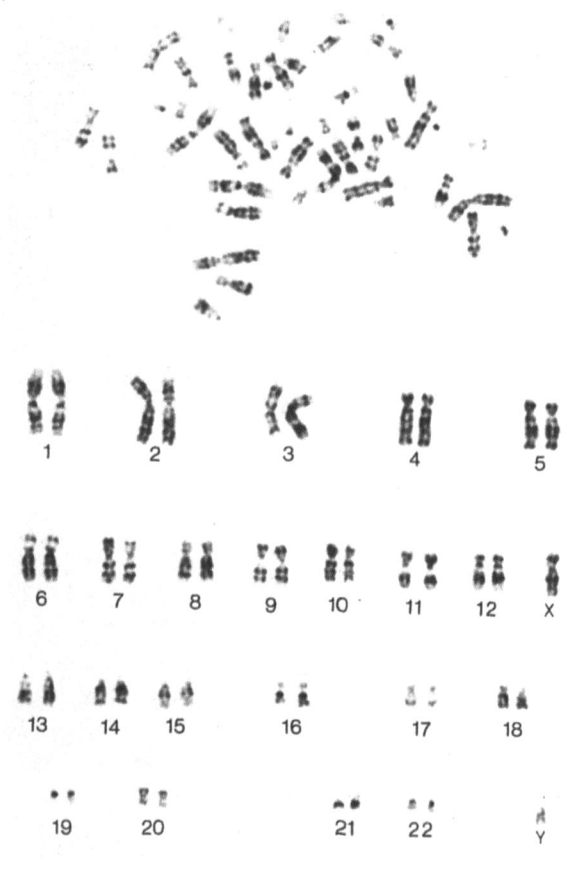

Abb. 2.8. *Oben:* Chromosomen eines Mannes, gefärbt mit Essigsäure-Saline-Giemsa. *Unten:* Dieselben Chromosomen paarweise angeordnet und numeriert (A.T. Summer et al. 1971, Nature New Biology 232:31–32)

Chromosomenaufbau auch zu erwarten. Die sauren Nicht-Histone sind mehr oder minder stark an die DNA-Histon-Komplexe gebunden. Im Gegensatz zu den Histonen ist diese Molekülgruppe zahlreich und heterogen. In den meisten Organismen gibt es mehr als 100 Nicht-Histone. Sie beinhalten die Enzyme für die Replikation und die Transkription, DNA- und RNA-Polymerase, und die Moleküle mit Kontrollfunktionen bei der Synthese der Nukleinsäuren. Es ist daher verständlich, daß die Zusammensetzung der Nicht-Histone während des Zellzyklus und auch in ein-

Tabelle 2.1. Eigenschaften der Histone aus Kalbsthymus (S.C.R. Elgin u. H. Weintraub 1976, Annu. Rev. Biochem. 44:725)

Typ	Eigenschaft	Zahl der Aminosäuren	Molekulargewicht
H1	sehr lysinreich	∼ 215	∼ 21500
H2A	lysinreich	129	14000
H2B	lysinreich	125	13775
H3	argininreich	135	15320
H4	argininreich	102	11280

zelnen differenzierten Zellen unterschiedlich ist. Dies steht im Gegensatz zu den Histonen, deren Zusammensetzung während des Zellzyklus und in allen Zelltypen gleichbleibend ist.

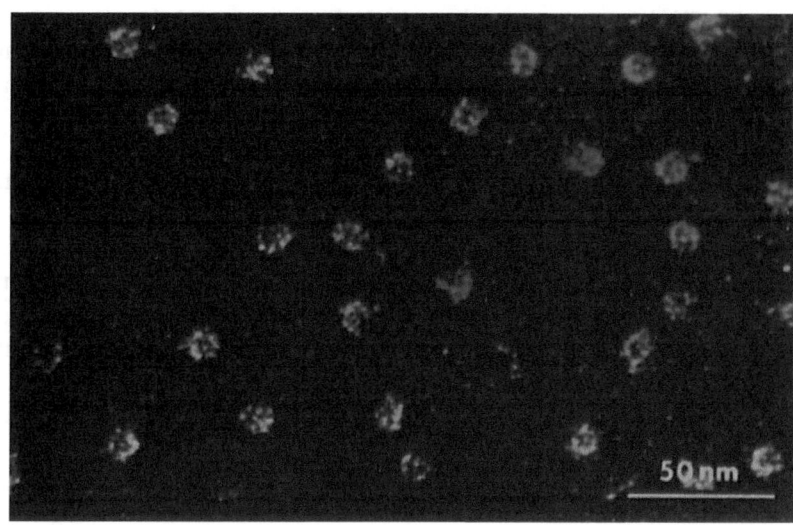

Abb. 2.9. Elektronenoptische Aufnahme von Nukleosomen-Kernen aus Hühnerchromosomen, aus der die dichtgepackte globuläre Nukleosomenstruktur deutlich wird (D. Olins u. A. Olins 1978, Nucleosomes: the structural quantum in chromosomes. Am. Sci. 66:704–711)

Es gibt derzeit viele experimentelle Daten über die Organisation des DNA-Histon-Komplexes; die Nicht-Histone jedoch sind weit weniger gut erforscht.

Nukleosomen und Chromatin

Wie bereits erwähnt, sind Chromosomen dicht gepackte Komplexe aus DNA und Protein. Es ist seit langem bekannt, daß die DNA eines Chromosoms viel länger ist als das Chromosom selbst: Es muß also Mechanismen zur Aufwindung des DNA-Moleküls im Chromosom geben. Die DNA ist im Chromosom auf mindestens ein Hundertstel ihrer Länge zusammengefaltet. Man weiß, daß die Faltung in mehreren Größenordnungen durchgeführt wird, jedoch ist nur die erste Größenordnung, die Komplexierung der DNA mit Histonen, in Einzelheiten bekannt. Die Nukleosomen, (auch nu-Körperchen genannt) wurden erstmals von R. Kornberg postuliert; man kann sie leicht unter dem Elektronenmikroskop sichtbar machen (Abb. 2.9).

Abbildung 2.10 zeigt in einer schematischen Darstellung, wie DNA um die Nukleosomen gewickelt sein könnte. Durch biochemische Untersuchungen erhielt man die folgenden Befunde über die Anordnung der Nukleosomen und ihrer Komponenten.

1. Etwa alle 200 Basen sitzt ein Nukleosom auf dem DNA-Strang. Man kann daraus schließen, daß die Wechselwirkungen zwischen DNA und Histonen nicht durch spezifische DNA-Sequenzen bedingt sind. Daraus folgt wiederum, daß der Aufbau des Chromatins auf direkten Wechselwirkungen von Histonen untereinander und zwischen DNA und Histonen beruht.

2. Rekonstitutionsexperimente haben gezeigt, daß jedes Nukleosom aus acht Histonmolekülen besteht, nämlich aus jeweils zwei Molekülen der Histone H2A, H2B, H3 und H4.

3. Der Histonkern ist mit etwa 140 Basenpaaren DNA assoziiert. Dies ist ein Mittelwert, denn die DNA-Länge pro Nukleosom ist bei höheren und niederen Eukaryonten verschieden. Es gibt auch Berichte über Variationen des DNA-Gehaltes pro Nukleosom innerhalb des gleichen Zelltyps.

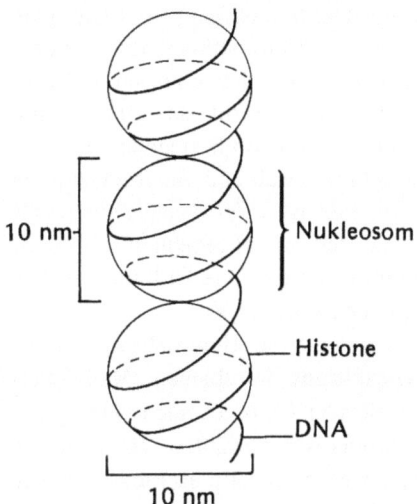

Abb. 2.10. Modellvorstellung der Assoziation von DNA und Nukleosomen (R.D. Kornberg 1977, Annu. Rev. Biochem. 46:931–954)

14 Erbmaterial und Chromosomenaufbau

4. Die DNA ist etwa zweimal um das Nukleosom gewickelt: das sind etwa 90 Basenpaare pro Windung um einen Kern von zwei symmetrisch gepaarten Vierergruppen von Histonmolekülen. Diese Umwindung des Nukleosoms führt zu etwa einer superhelikalen Windung der DNA-Doppelhelix pro Nukleosom.

5. Es gibt etwa eine Kopie des Histons H1 pro Nukleosom. H1 ist mit dem mehr oder minder langen DNA-Stück zwischen zwei Nukleosomen verbunden. Man glaubt, daß H1 zur Stabilisierung benachbarter Nukleosomen dient.

6. Aus neueren Untersuchungen sind auch die dreidimensionale Struktur des Nukleosoms und die Wechselwirkungen der Nukleosomen untereinander bekannt. Demnach ist der Kern des Nukleosoms ein flaches zylindrisches Gebilde mit den Dimensionen 11 × 11 × 6 nm; hauptsächlich treten dabei Boden und Decke der zylindrischen Strukturen in Wechselwirkung.

7. Die Chromatinstruktur wechselt mit jeder Größenordnung der Auffaltung. Diese Veränderungen werden wahrscheinlich durch chemische Modifikationen (z.B. Acetylierung oder Phosphorylierung) der Histone und durch Wechselwirkungen mit Nicht-Histonen hervorgerufen. Diese Vorgänge laufen während der DNA-Replikation und der RNA-Synthese ab; mehr wird darüber in späteren Kapiteln zu berichten sein.

Euchromatin und Heterochromatin

Betrachtet man gefärbte Interphasechromosomen stoffwechselaktiver Zellen im Lichtmikroskop, so kann man zwei Organisationsformen des Chromatins unterscheiden. Ein Chromatintyp läßt sich nur schwach anfärben und wird Euchromatin genannt; der andere färbt sich dunkel und wird als konstitutives Heterochromatin bezeichnet. Euchromatin ist nur schwach gefaltet, während Heterochromatin durch Faltung stark verdichtet ist. (Wenn eine Zelle in die Mitose eintritt, befinden sich im allgemeinen sämtliche Chromosomen, bedingt durch eine höhere Ordnung der Faltung, im heterochromatischen Zustand.)

Die Verteilung des konstitutiven Heterochromatins ist von Organismus zu Organismus verschieden. Man kennt Fälle, in denen sich Teile von Chromosomen oder ganze Chromosomen heterochromatisch verhalten. Im allgemeinen ist das konstitutive Heterochromatin als kurze Segmente ins Euchromatin eingelagert; hauptsächlich in den Zentromerregionen. Euchromatin enthält DNA in aktivem oder aktionsbereitem Zustand (d.h. die DNA kann transkribiert werden). Heterochromatin hingegen enthält DNA, die nicht zur Transkription bereit ist. Heterochromatin wird im Zellzyklus auch später als Euchromatin repliziert.

Repetitive DNA-Sequenzen

Isoliert man DNA aus einem Organismus, zerlegt sie durch Scherkräfte in Stücke von mehreren Hundert Nukleotidpaaren, denaturiert sie zu Einzelsträngen und läßt die komplementären Einzelstränge renaturieren, so ist die Geschwindigkeit der Renaturierung von der Zahl identischer DNA-Sequenzen im Genom abhängig.

Mit Hilfe solcher Renaturierungsexperimente fand man, daß die DNA von Prokaryonten fast ausschließlich aus einzigartigen DNA-Sequenzen besteht. Im Gegensatz dazu fand man in den Chromosomen der Eukaryonten drei (etwas willkürlich definierte) Klassen von DNA-Sequenzen: (1) Hochrepetitive Sequenzen (auch Satelliten-DNA genannt), die aus mehr als 100 000 Kopien von 5–300 Nukleotiden bestehen; (2) mittelrepetitive Sequenzen, die aus 10–100 000 Kopien bestehen und (3) einzigartige Sequenzen. Verschiedene eukaryontische Organismen enthalten verschiedene Mengen dieser drei Sequenzklassen.

Die hochrepetitiven Satelliten-DNA-Sequenzen werden nicht transkribiert und treten gehäuft in den heterochromatischen Regionen um die Zentromere auf. Die Funktion dieser Sequenzen ist unbekannt. Mehr weiß man jedoch über die mittelrepetitiven Sequenzen. Sie stellen eine große heterogene Gruppe von DNA-Sequenzen dar, von denen einige mit Bestimmtheit transkribiert werden. Die zahlreichen Kopien der Gene für ribosomale RNA (rRNA), transfer-RNA (tRNA) und Histone sind Beispiele mittelrepetitiver DNA-Sequenzen. Die Hauptmenge der DNA eukaryontischer Orgamismen besteht aus einzigartigen Sequenzen. Es ist wohl zutreffend, daß die meisten zelluläre Proteine von solchen DNA-Sequenzen codiert werden.

ÜBERSICHTSARTIKEL ZU KAPITEL 2:

Spatz HC (1974) Der Mechanismus des „Schmelzens" von DNA. Biol unserer Zeit 4:11–17

LITERATUR

Britten RJ, Kohne DE (1968) Repeated sequences in DNA. Science 161:529–540

Chambon P (1978) Summary: The molecular biology of the eukaryotic genome is coming of age. Cold Spring Harbor Symp Quant Biol 42:1209–1234

Cold Spring Harbor Symposia on Quantitative Biology, vol 38 (1973) Chromosome structure and function. Cold Spring Harbor Laboratory, New York

Cold Spring Harbor Symposia on Quantitative Biology, vol 42 (1977) Chromatin. Cold Spring Harbor Laboratory, New York

Comings DE, Kovacs BW, Avelino BE, Harris DG (1975) Mechanisms of chromosome banding V. Quinacrine banding. Chromosoma 50:111–145

Crick FHC (1976) Linking numbers and nucleosomes. Proc Natl Acad Sci USA 73:2639–2642

Dubochet J, Noll M (1978) Nucleosome arcs and helices. Science 202:280–286

DuPraw EJ (1970) DNA and chromosomes. Holt, Rinehart and Winston, New York

Dutrillaux B, Lejeune J (1975) New techniques in the study of human chromosomes: methods and applications. Adv Hum Genet 5:119–156

Elgin SCR, Weintraub H (1975) Chromosomal proteins and chromatin structure. Annu Rev Biochem 44:725–774

Finch JT, Lutter LC, Rhodes D, Brown RS, Rushton B, Levitt M, Klug A (1977) Structure of the nucleosome core particles of chromatin. Nature 269:29–36

Gottesfeld JM, Melton DA (1978) The length of nucleosome-associated DNA is the same in both transcribed and nontranscribed regions of chromatin. Nature 273:317–319

Kennell DE (1971) Principles and practices of nucleic acid hybridization. Progr Nucl Acid Res 11:259–302

Kornberg RD (1974) Chromatin structure: a repeating unit of histones and DNA. Science 184:868–871

Kornberg RD (1977) Structure of chromatin. Annu Rev Biochem 46:931(54

Lima-de-Faria A (ed) (1969) Handbook of cytology. North-Holland, Amsterdam

Noll M, Kornberg RD (1977) Action of micrococcal nuclease on chromatin and the location of histone H1. J Mol Biol 109:393–404

Prunell A, Kornberg RD (1977) Relation of nucleosomes to DNA sequences. Cold Spring Harbor Symp Quant Biol 42:103–108

Ris H, Kubai DF (1970) Chromosome structure. Annu Rev Genet 4:263–294

Southern EM (1974) Eukaryotic DNA. In: Burton K (ed) Biochemistry of nucleic acids. Butterworths, London (MTP International review of science, vol 6, pp 103–139)

Straus NA (1976) Repeated DNA in eukaryotes. In: Burton K (ed) Handbook in genetics, vol 5. Plenum Press, New York, pp 3–30

Streisinger G, Emrich J, Stahl MM (1967) Chromosome structure in bacteriophage T4. III. Terminal redundancy and length determination. Proc Natl Acad Sci USA 57:292–295

Tartof KD (1975) Redundant genes. Annu Rev Genet 9:355–385

Thomas CA (1971) The genetic organization of chromosomes. Annu Rev Genet 5:237–256

Thomas CA, MacHattie LA (1967) The anatomy of viral DNA molecules. Annu Rev Biochem 36:485–518

Weintraub H, Flint SJ, Leffak IM, Groudine M, Grainger RM (1977) The generation and propagation of variegated chromosome structures. Cold Spring Harbor Symp Quant Biol 42:401–407

Worcel A (1977) Molecular architecture of the chromosome fiber. Cold Spring Harbor Symp Quant Biol 42:313–324

Worcel A, Burgi E (1972) On the structure of the folded chromosome of *Escherichia coli*. J Mol Biol 71:12–147

Wu R, Taylor E (1971) Nucleotide sequence analysis of DNA II. Complete nucleotide sequence of the cohesive ends of bacteriophage lambda DNA. J Mol Biol 57:491–511

Wu R (1978) DNA sequence analysis. Annu Rev Biochem 47:607–634

Yunis JJ (1976) High resolution analysis of human chromosomes. Science 191:1268–1270

KAPITEL 3
DNA-Replikation bei Prokaryonten

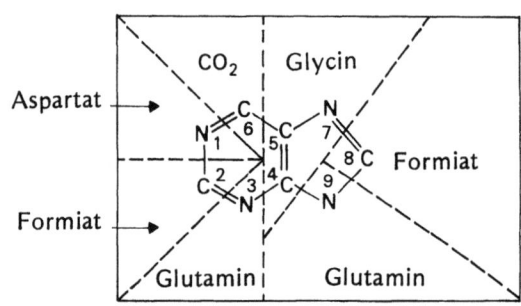

Abb. 3.2. Herkunft der Kohlenstoff- und Stickstoffatome des Purinrings

INHALT

Nukleotid-Synthese – de novo-Synthese und Rückgewinnung
Purinbiosynthese
Pyrimidinbiosynthese
DNA-Synthese in vitro
DNA-Replikation in vivo
    Das Meselson-Stahl-Experiment
    Diskontinuierliche DNA-Synthese
    Enzyme der DNA-Replikation
    RNA-Starter am Anfang jeder DNA-Kette

Nukleotid-Synthese

Nahezu jede Zelle benutzt zwei verschiedene Synthesewege für Nukleotide. Die eine Möglichkeit ist die de novo-Synthese. Dabei werden Zucker (Ribose-5'-Phosphat), bestimmte Aminosäuren, Kohlendioxid und NH_3 in einer Serie von Reaktionen zu Nukleotiden zusammengebaut. Weder freie Purine oder Pyrimidine noch Nukleoside sind Zwischenprodukte dieses Synthesewegs. Die zweite Möglichkeit besteht in der Rückgewinnung von Nukleotidbausteinen. Die beim Abbau von Nukleinsäuren freiwerdenden Purine, Pyrimidine und Nukleoside können auf verschiedenen Wegen wieder in Nukleotide zur Nukleinsäuresynthese umgebaut werden. Beide Stoffwechselwege sind für die Zelle wichtig: ihre relative Bedeutung hängt vom Stoffwechselzustand der Zelle ab. Tatsächlich erschweren die beiden simultan beschrittenen Stoffwechselwege die Untersuchungen zur Regulation der Nukleotidbiosynthese.

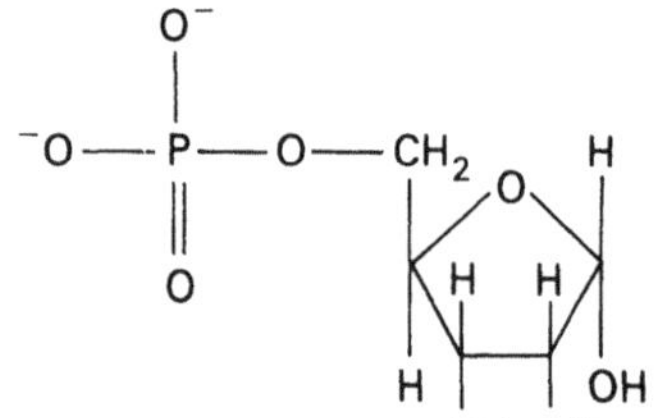

Purinbiosynthese

Die Purinbiosynthese verläuft bei den meisten Organismen, wie z.B. bei *E. coli*, bei der Hefe und beim Menschen genau

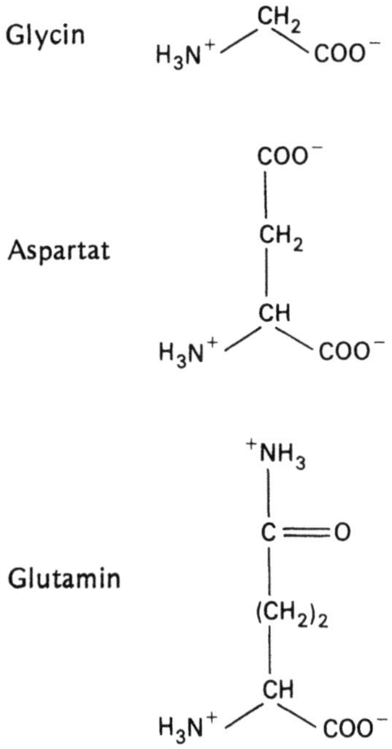

Abb. 3.1. Die Strukturformel des Ribose-5'-Phosphats

Abb. 3.3. Struktur der Aminosäuren, die an der Synthese des Purin- und Pyrimidinrings beteiligt sind

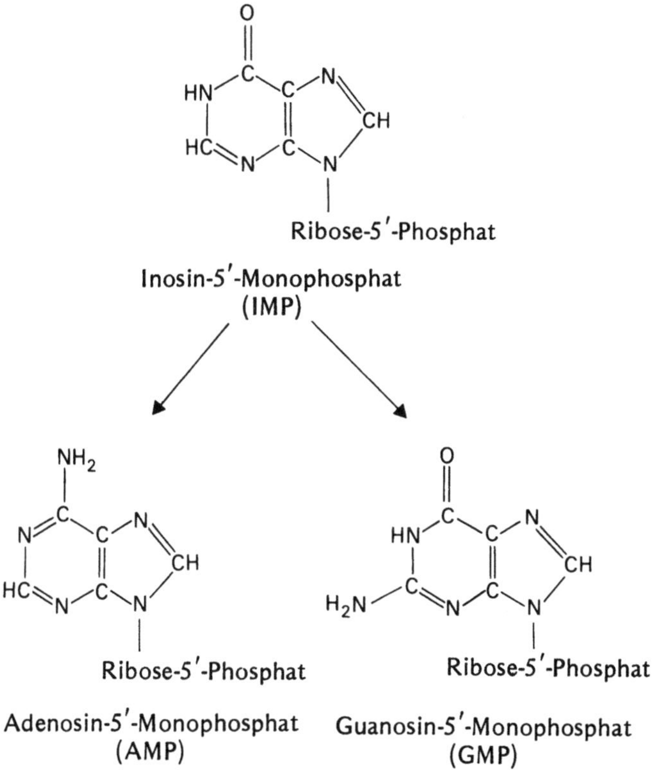

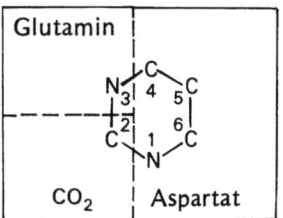

Abb. 3.5. Herkunft der Kohlenstoff- und Stickstoffatome des Pyrimidinrings

Die Pyrimidinbiosynthese ist in Abb. 3.6 dargestellt.

Das hauptsächliche Intermediärprodukt dieses Syntheseweges ist Orotat. Ein Orotatmolekül wird an die aktivierte Form des Ribose-5'-Phosphats, Phosphoribosyl-Pyrophosphat (PRPP) gebunden, wobei ein Nukleotid, das Orotidin-5'-Monophosphat (OMP), entsteht. Unter Freisetzung eines Kohlendioxidmoleküls wird Uridin-5'-Monophosphat (UMP) gebildet. Das Cytosinnukleotid entsteht aus UMP durch Addition einer Amino (NH_2)-Gruppe (Abb. 3.6).

Die Nukleosidmonophosphate aus der de novo-Purin- und -Pyrimidinsynthese werden nicht unmittelbar zur Nukleinsäurebiosynthese verwendet. Sie werden vielmehr erst über Diphosphate in Triphosphate umgewandelt. Die Phosphorsäurereste stammen von dem Ribonukleotid Adenosin-5'-Triphosphat (ATP). Die Phosphorylierung erfolgt durch Enzyme, die man Kinasen nennt. Diese Enzyme bilden die Ansatzpunkte für die Regulation der Synthese der DNA- und RNA-Vorstufen. Die Umwandlung von Nukleosidmonophosphaten in Diphosphate besorgen Kinasen, die spezifisch für die einzelnen Basen, jedoch unspezifisch für den jeweiligen Zucker (Ribose oder Desoxyribose) sind. Diese Kinasen sind an der Synthese der Vorläufer für DNA und RNA beteiligt. Im Gegensatz dazu wird die Synthese von Triphosphat aus Diphosphat durch eine Kinase katalysiert, die sowohl basen- als auch zuckerspezifisch ist. Durch Kinasen werden also aus den Ribonukleosid-Monophosphaten, den Endprodukten der Purin- und Pyrimidinsynthese, die Ribonukleosid-5'-Triphosphate hergestellt. Diese Triphosphate werden dann zur RNA-Synthese verwendet, die wir in einem späteren Kapitel behandeln werden.

Die DNA-Vorläufer leiten sich auch von den Ribonukleosid-5'-Monophosphaten ab. Zuerst werden die Diphosphate gebildet, und dann wird die Ribose zur Desoxyribose reduziert. Diese Reaktion wird von dem Enzym Ribonukleosidphosphat-Reduktase katalysiert. Mit Ausnahme von dUDP werden die dabei entstehenden Desoxyribonukleosid-5'-Diphosphate (dADP, dGDP, dCDP) zu 5'-Triphosphaten phosphoryliert. Wie wir bereits besprochen haben, ist die

Abb. 3.4. Purinbiosynthese: Synthese der Adenin- und Guaninnukleotide aus Inosin-5'-Monophosphat

gleich. Der Purinring wird am Zucker, dem Ribose-5'-Phosphat (Abb. 3.1) zusammengebaut. Die einzelnen Bausteine stammen aus verschiedenen Verbindungen.

In Abb. 3.2 ist die Herkunft der Atome des Purinrings zusammengefaßt, und Abb. 3.3 zeigt die Strukturformeln der dabei beteiligten Aminosäuren.

Das primäre Produkt der Purinbiosynthese ist das Ribonukleotid Inosin-5'-Monophosphat (IMP). Aus dieser Verbindung leiten sich die Adenin- und Guanin-Ribonukleotide ab (Abb. 3.4). Wie später noch näher auszuführen ist, werden beide Verbindungen phosphoryliert und in die unmittelbaren Vorläufer von RNA und DNA umgewandelt.

Pyrimidinbiosynthese

Die Biosynthese der Pyrimidin-Nukleotide unterscheidet sich grundlegend von der der Purin-Nukleotide. Hier wird zuerst der Pyrimidinring zusammengebaut und dann erst mit dem Ribose-5'-Phosphat verknüpft. Wie beim Purinring sind auch hier eine Anzahl von Verbindungen am Aufbau des Pyrimidinrings beteiligt, wie Abb. 3.5 zeigt.

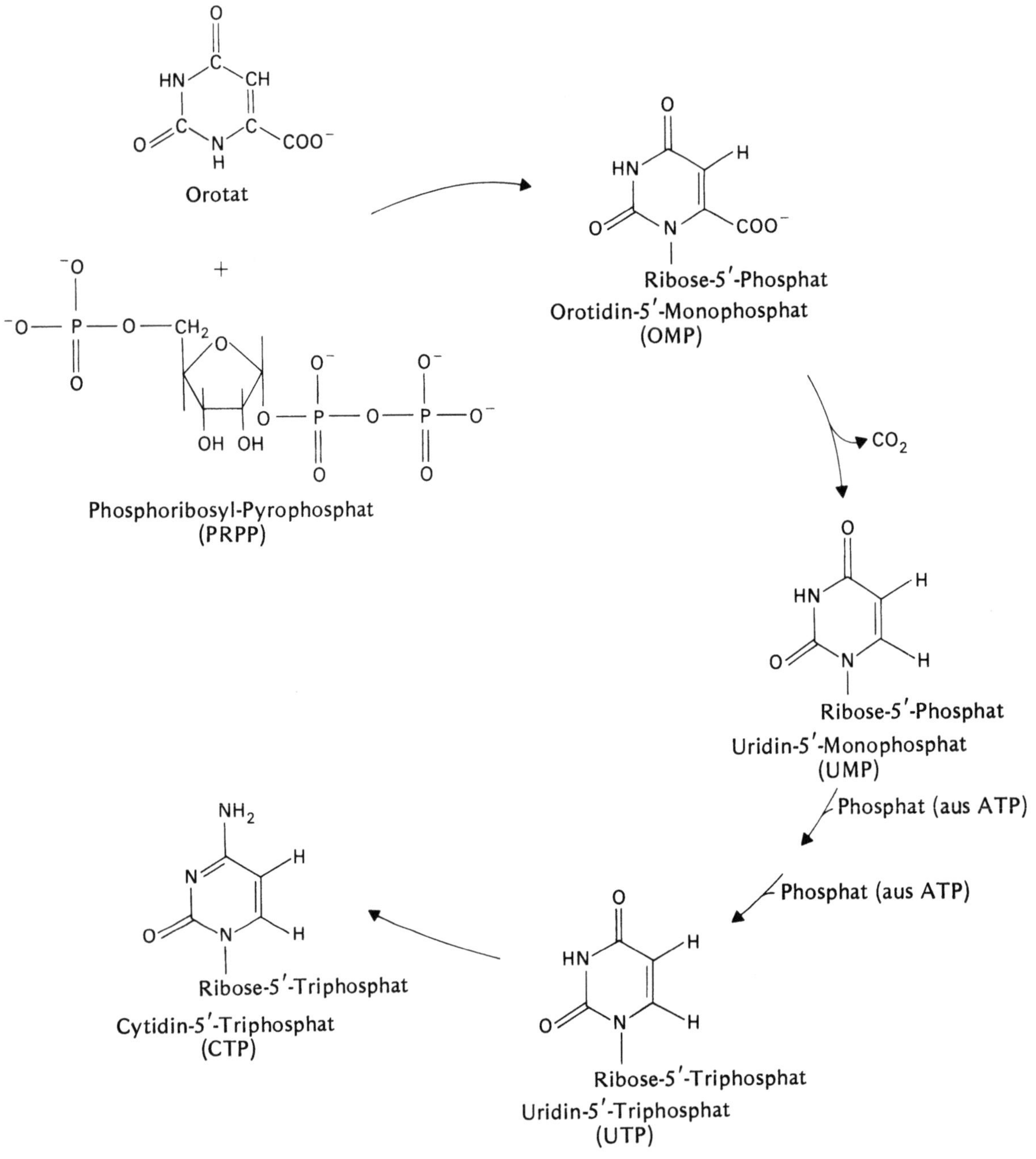

18   DNA-Replikation bei Prokaryonten

Abb. 3.6. Übersicht über die Pyrimidinbiosynthese

Base Uracil spezifisch für RNA: in der DNA wird die Pyrimidinbase Uracil durch Thymin ersetzt, das chemisch ein 5-Methyluracil ist. Um zum Thymin-Desoxyribonukleotid zu gelangen, wird dUDP zu dUMP dephosphoryliert. Durch das Enzym Thymidilat-Synthetase wird dann das Kohlenstoffatom des Pyrimidinrings in Position 5 methyliert. Das dabei entstehende Desoxythymidin-5'-Monophosphat wird zum Triphosphat phosphoryliert. Durch Kinasen entstehen in der bereits besprochenen Art und Weise die vier DNA-Vorläufer dATP, dGTP, dTTP und dCTP (Abb. 3.7).

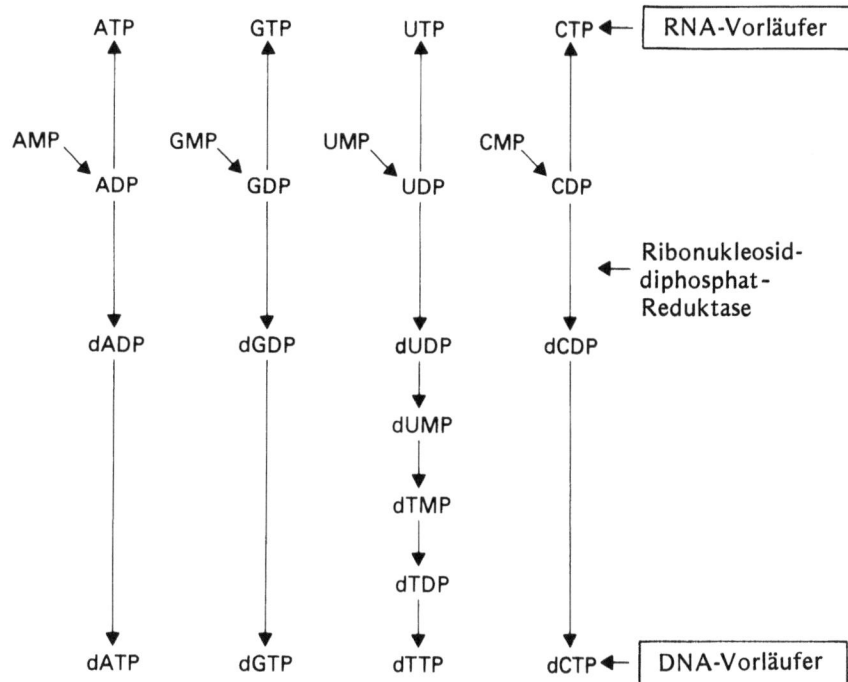

Abb. 3.7. Bildung der Ribonukleotid-Vorläufer der RNA und der Desoxyribonukleotid-Vorläufer der DNA

Da die Synthesen von RNA- und DNA-Vorläufern miteinander gekoppelt sind, könnte man annehmen, daß die Regulation dieser Systeme sehr komplex sein muß – und in der Tat ist dies der Fall. Eines der Schlüsselenzyme ist die Ribonukleosid-Diphosphat-Reduktase, welche in der Zelle für das Gleichgewicht zwischen DNA- und RNA-Synthese sorgt. Dieses Enzym wird durch eine Reihe von Desoxyribonukleotiden gehemmt oder stimuliert, um eine Ausgewogenheit unter den Vorläufern der DNA-Synthese zu erreichen. Die Synthese dieses Enzyms kann auch durch Desoxyribonukleotide reprimiert werden, wenn es im Überschuß vorhanden ist.

DNA-Synthese in vitro

Die meisten unserer Kenntnisse über die Biochemie der DNA-Synthese stammen aus den Arbeiten von A. Kornberg und seinen Mitarbeitern über die in vitro-DNA-Synthese unter definierten Bedingungen.

In Kapitel 1 wurde gezeigt, daß die Desoxyribonukleosid-5'-Triphosphate die Grundbausteine für die DNA-Synthese sind, und daß diese entsprechend Abb. 3.8 zum DNA-Molekül polymerisiert werden.

Bei der DNA-Synthese wächst die Polynukleotidkette vom einen Ende aus durch Addition von Desoxyribonukleosid-Triphosphaten. Die Richtung der Synthese ist dadurch festgelegt, daß die 5'-Triphosphate am 3'-OH-Ende der vorhergehenden Ribose angeknüpft werden müssen. Bevor wir die Diskussion der neueren Befunde über die DNA-Synthese beginnen, wollen wir kurz Kornbergs Experimente besprechen.

Kornberg fand bei seinen in den 50er Jahren durchgeführten Experimenten zur zellfreien DNA-Synthese, daß folgende Bestandteile essentiell sind:

1. eine Mischung aller vier Desoxyribonukleosid-5'-Triphosphate,
2. Magnesiumionen (Mg^{2+}),
3. das gereinigte Enzym DNA-Polymerase aus zellfreien Extrakten von *E. coli*,
4. hochmolekulare DNA.

In seinen ersten Experimenten mit dem oben beschriebenen Ansatz erhielt Kornberg etwa das Zwanzigfache der eingesetzten DNA-Menge. Die Reaktion selbst lief so lange weiter, bis die 5'-Triphosphate aufgebraucht waren.

Daß alle vier Bestandteile des zellfreien DNA-Synthesesystems nötig waren, bewiesen Experimente, in denen ein Bestandteil weggelassen wurde. In allen Fällen war dann keine DNA-Synthese zu beobachten. Durch analoge Versuche konnte gezeigt werden, daß alle vier 5'-Triphosphate

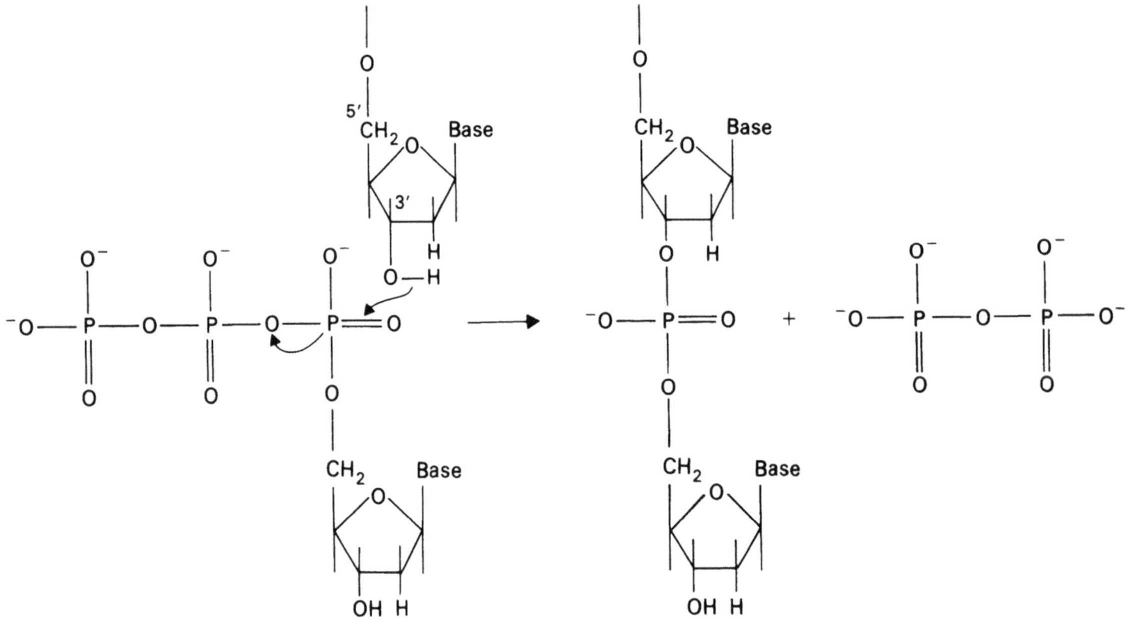

Abb. 3.8. Der Mechanismus der DNA-Polymerisierung

für die DNA-Synthese nötig sind. Das Schlüsselenzym dieser Reaktion jedoch ist die DNA-Polymerase, welche die 3'-5'-Phosphodiesterbindung knüpft. Wir werden auf dieses Enzym noch genauer eingehen.

Die Rolle der DNA in der zellfreien DNA-Synthese

Ursprünglich wurden zwei Alternativen für die Rolle der hochmolekularen DNA bei der in vitro-Synthese diskutiert:

1. Die DNA wirkt als Starter (primer), d.h. als eine Art Kristallisationspunkt für die Anheftung von Nukleotiden.
2. Die DNA wird als Vorlage benutzt. Dies würde bedeuten, daß die synthetisierte DNA die gleiche Basensequenz wie die eingesetzte DNA besitzt. Für die Rolle der DNA als Matrize spricht, daß alle vier Nukleotide für die DNA-Synthese nötig sind.

Alle Experimente bewiesen, daß die Annahme der Matrizenfunktion der DNA richtig ist. Der erste Hinweis auf die Richtigkeit dieser Annahme kam durch den Befund, daß das A+T/G+C-Verhältnis der in vitro synthetisierten DNA dasselbe wie in der DNA-Vorlage war. Dennoch könnte man einwenden, daß dies ein purer Zufall sein könnte, denn die Basenverhältnisse lassen keinen Schluß auf die Basensequenz zu. Mehr Möglichkeiten zum Vergleich der neusynthetisierten DNA mit der Vorlage gab die Analyse der Nachbarschaftsbeziehungen der einzelnen Basen untereinander (nearest neighbour analysis). Durch diese Analyse wird die Häufigkeit bestimmt, mit der jede der Basen neben den vier möglichen Basen liegt. Das gibt zwar auch keine Auskunft über die Basensequenz, aber man erhält Anhaltspunkte über die Lagebeziehungen der einzelnen Basen zueinander.

Die Analyse der Nachbarschaftsbeziehungen beruht auf einer recht einfachen Methode. Man isoliert DNA und benutzt sie als Vorlage in Kornbergs in vitro-DNA-Synthesesystem. Dabei ist eines der vier Desoxyribonukleosid-5'-Triphosphate (dATP in Abb. 3.9) mit ^{32}P (einem radioaktiven Phosphorisotop) markiert, die anderen drei unmarkiert. Die synthetisierte DNA wird mit einer Mischung aus Desoxyribonuklease aus *Micrococcus* und Diesterase aus Milz behandelt, welche das Rückgrat der DNA zwischen dem 5'-Kohlenstoffatom und der Phosphorylgruppe bricht. Die Verdauungsprodukte sind demnach Desoxyribonukleosid-3'-Monophosphate, die man durch Papierelektrophorese auftrennen und ihre Radioaktivität bestimmen kann (Abb. 3.9).

In dem gewählten Beispiel wird die ^{32}P-Markierung in der Form von dG-3'-MP (Desoxyguanosin-3'-Monophosphat) gefunden, das dem Adeninnukleotid benachbart war. Bezogen auf die gesamte DNA liefert diese Methode Meßwerte über die relative Menge radioaktiver Markierung, die vom ^{32}P-dATP auf die vier möglichen benachbarten Basen über-

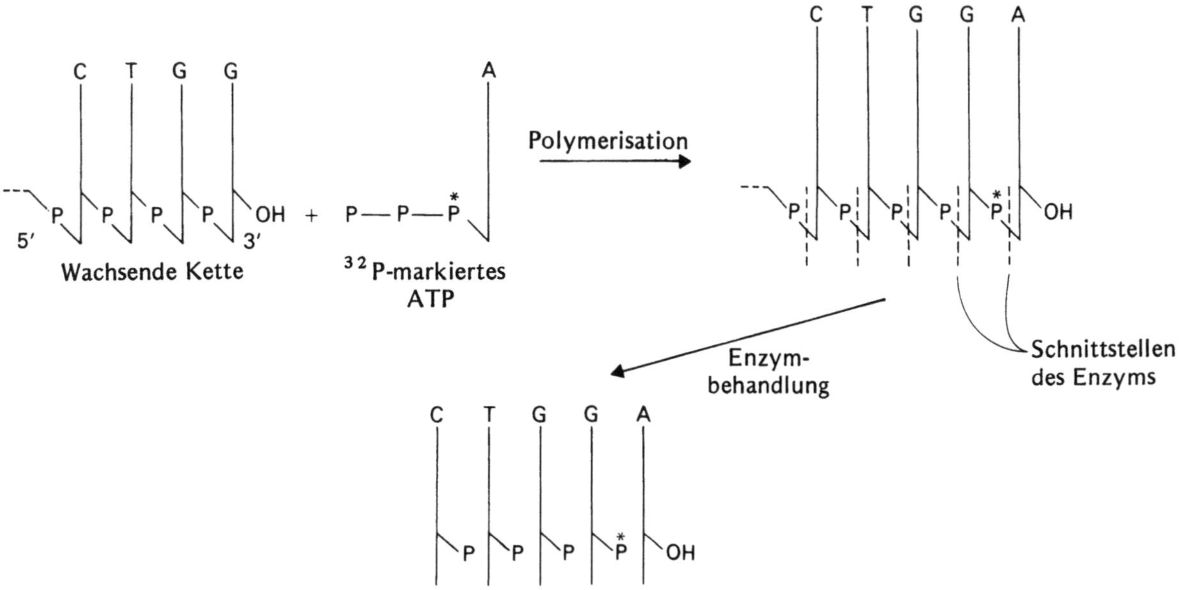

Abb. 3.9. Das Prinzip der Analyse des „nächsten Nachbarn" (nearest neighbour analysis)

tragen wird. Man weiß dadurch, wie häufig A in der DNA neben A, G, C und T steht. Diese vier nächsten Nachbarn werden gewöhnlich als 5'-ApA-3', GpA, CpA und TpA geschrieben. Das Experiment wird dann mit je einem der drei anderen radioaktiv markierten Triphosphate wiederholt. Zum Schluß erhält man eine Matrix von 16 Werten. Die 16 Häufigkeiten der Nachbarschaftsbeziehungen sind im allgemeinen spezifisch für eine bestimmte DNA. Ein Beispiel für eine solche Analyse der Nachbarschaftsbeziehungen ist in Tabelle 3.1 gezeigt.

Die Ergebnisse lassen sich wie folgt deuten:
1. Die sechzehn möglichen Nachbarschaftshäufigkeiten sind sehr unterschiedlich.
2. Die Summe aller vertikalen Spalten zeigt, daß A und T, bzw. G und C gleich häufig ist. Dies bedeutet, daß die DNA wahrscheinlich korrekt verdoppelt wurde.
3. Die zwei DNA-Einzelstränge sind von entgegengesetzter Polarität. Dies zeigt sich dadurch, daß folgende Nachbarschaftsbeziehungen zwischen zwei Basen gleich häufig sind: CdT und ApG, GpT und ApC, GpA und TpC und CpA und TpG. Dieses Ergebnis ist bei Antiparallelität der Stränge zu erwarten. Wären die Stränge von gleicher Polarität, würde man eine zahlenmäßige Übereinstimmung der Häufigkeit folgender Dinukleotide finden: TpA und ApT, GpA und CpT, CpA und CpT etc.

Um zu beweisen, daß die neusynthetisierte DNA an der Vorlage der eingesetzten DNA gemacht wurde, braucht man zwei Runden der Nachbarschaftsanalyse. In der ersten Runde benutzt man die ursprünglich isolierte DNA als Vorlage und ermittelt die Matrix aller 16 Nachbarschaftshäufigkeiten wie beschrieben. In der zweiten Runde verwendet man die enzymatisch synthetisierte DNA und erstellt eine zweite Matrix der Nachbarschaftshäufigkeiten. Die Ergebnisse aus den beiden Ansätzen zeigen gute Übereinstimmung, wodurch sehr wahrscheinlich gemacht wird, daß die DNA als Vorlage zur DNA-Synthese in vitro benutzt wird.

Tabelle 3.1. Analyse der Nachbarschaftsbeziehungen der Basen in der DNA von *Mycobacterium phlei* (J. Josse et al. 1961, J. Biol. Chem. 236:804)

Markiertes Triphosphat	Gebildetes Desoxyribonukleosid-3'-Monophosphat			
	Tp	Ap	Cp	Gp
dATP	TpA 0,012	ApA 0,024	CpA 0,063	GpA 0,065
dTTP	TpT 0,026	ApT 0,031	CpT 0,045	GpT 0,060
dGTP	TpG 0,063	ApG 0,045	CpG 0,139	GpG 0,090
dCTP	TpC 0,061	ApC 0,064	CpC 0,090	GpC 0,122
Summe	0,162	0,164	0,337	0,337

Tabelle 3.2. Basenspezifischer chemischer Abbau von DNA nach Maxam u. Gilbert

Modifizierung der Basen		Entfernung der Basen	Strangbruch		Spaltungsspezifität
Reagens	Spezifität	Reagens	Reagens	Produkte	
Hydrazin	Pyrimidine				C + T
		Piperidin	Piperidin	NNN (C) / NNN (T)	
Hydrazin + 1 M NaCl	Pyrimidine				C > T
Dimethylsulfat	Purine	Neutraler Puffer, 90°C			G > A
			0,1 N NaOH 90°C	NNN (G) / NNN (A)	
Dimethylsulfat	Purine	0,1 N HCl, 0°C			A > G

Die Methoden der DNA-Synthese in vitro sind seither laufend verbessert worden. So kann man heute in vitro DNA synthetisieren, die sich in ihrer Nukleotidsequenz nicht von der in vivo synthetisierten unterscheidet. Das Reaktionsgemisch muß für jede benutzte DNA-Art optimiert werden. Allgemein aber gibt es ein bestimmtes Grundrezept für die in vitro-Synthese an allen DNA-Vorlagen. Darüber hinaus benötigt jede DNA-Vorlage eine Anzahl spezifischer Proteine für die in vitro-Synthese. Die Zusammensetzung dieser Proteinmischung hängt von der eingesetzten DNA-Vorlage ab. In einem späteren Kapitel wird noch mehr von den Enzymen und Proteinen der DNA-Replikation zu berichten sein.

Die Methode der DNA-Sequenzierung

Während die Bestimmung der Nachbarschaftsbeziehungen bestimmte Aufschlüsse über den Aufbau eines DNA-Moleküls gibt, kann man heute durch die Sequenzierungsmethoden die exakte Nukleotidsequenz ermitteln. Zwei dieser Techniken werden heute angewandt: die Plus-Minus-Technik von Sanger und die Dimethyl-Hydrazin-Technik von Maxam und Gilbert. Die letztere soll in diesem Abschnitt näher erläutert werden. Um DNA sequenzieren zu können, muß man sie erst in handliche Stücke von einigen Hundert Nukleotidpaaren zerschneiden. Dies geschieht mit Hilfe der in Kapitel 12 besprochenen Restriktionsendonukleasen. Diese Enzyme erkennen kurze Basensequenzen auf der DNA als Bindungsstelle und zerschneiden meist auch an dieser Stelle den DNA-Doppelstrang. Wenn man das gewünschte DNA-Fragment ausgewählt hat, so wird es am 5'-Ende mit gamma-^{32}P-ATP markiert. Danach werden die Stränge durch Denaturierung getrennt und durch Gelelektrophorese einzeln isoliert. Der Einzelstrang wird nun vier parallelen chemischen Reaktionen unterworfen: zwei pyrimidinspezifischen Reaktionen mit Hydrazin als Reagens, und zwei purinspezifischen Reaktionen unter Verwendung von Dimethylsulfat. Diese Reaktionen sind in Tabelle 3.2 zusammengefaßt.

Läßt man ein DNA-Fragment mit Hydrazin reagieren, so werden die Pyrimidinringe von Cytosin und Thymin mit gleicher Häufigkeit aufgebrochen. Inkubiert man die Spaltprodukte anschließend mit Piperidin, so führt dies zum Strangbruch. Man erhält somit Kettenbruchstücke an allen C- und T-Positionen eines Restriktionsfragments (C+T-Reaktion). Wird die Hydrazinreaktion in 1 M NaCl durchgeführt, so wird die Reaktion des Hydrazins mit Thymidin spezifisch unterdrückt. In diesem Fall erfolgt Strangbruch häufiger an C- als an T-Positionen (C > T-Reaktion).

Dimethylsulfat methyliert spezifisch die Purinreste in einer DNA-Kette: Guanosin am N7-Stickstoff, Adenosin am N3-Stickstoff. Diese Methylierungen führen zu einer Destabilisierung der glykosidischen Bindung der betroffenen Basen, die infolgedessen unter relativ milden Bedingungen aus der Nukleotidkette entfernt werden können. Eine anschließende Alkalibehandlung führt zur Eliminierung des dabei freigewordenen Zuckerrestes und damit zum Strangbruch. Die Methylierungsrate des Guanosin ist um ein Mehrfaches höher als die des Adenosin. Werden die modifizierten Basen in neutralem Puffer bei hohen Temperaturen freigesetzt, so erhält man nach der Alkali-Behandlung vorwiegend

Fragmente von den G-Positionen (G > A-Reaktion). Im sauren Milieu werden methylierte A-Reste jedoch schneller freigesetzt als methylierte G-Reste. In diesem Fall bekommt man genau das umgekehrte Ergebnis: Strangbruch vorwiegend an A-Positionen (A > G-Reaktion).

Die Hydrolyseprodukte der vier Ansätze werden nebeneinander auf einem Acrylamid-Gel nach Größe aufgetrennt und die ^{32}P-markierten Produkte durch Autoradiographie sichtbar gemacht. Als Endergebnis der Analyse erhält man ein Bandenmuster, in dem die Produkte der Hydrazin- und der Dimethylsulfat-Reaktionen „auf Lücke" zueinander stehen.

Abbildung 3.10 zeigt das Schema der Sequenzierung. Die unterste Bande in der G > A-Spur ist eine starke Bande, d.h. das entsprechende Oligonikleotid muß durch Strangbruch an einer G-Position entstanden sein. Die schwache Bande in der A > G-Spur bestätigt dies. Das erste Nukleotid am 5′-Ende ist also ein G. Die den beiden nächstgrößeren Oligonukleotiden entsprechenden Banden treten nur in der C+T- und der C > T-Spur auf. Hier muß der Strangbruch also an Pyrimidinpositionen erfolgt sein. Der Intensitätsunterschied zwischen den beiden Banden in der C > T-Spur bedeutet, daß sich an das 5′-terminale G zuerst ein C (starke Bande), dann ein T (schwache Bande) anschließt. Jetzt folgt wieder ein G, dann ein T, und schließlich ein A (schwache Bande in der G > A-Spur, starke Bande in der A > G-Spur). Damit ist die Sequenz 5′GCTGTA3′. In guten Elektrophoresegelen lassen sich Oligonukleotide von mehr als 100 Nukleotiden auflösen.

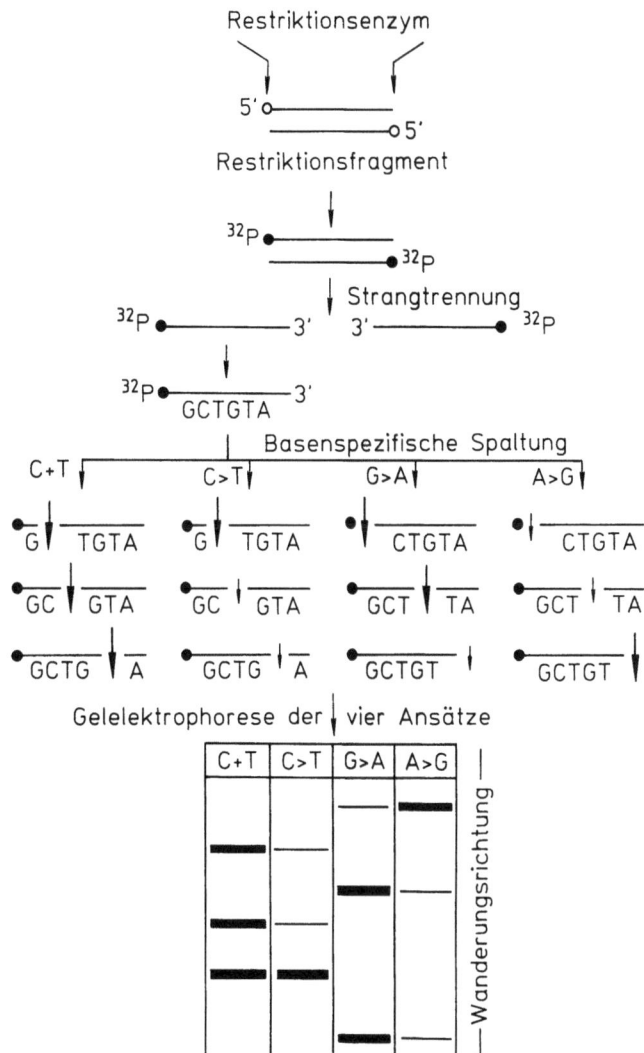

Abb. 3.10. Prinzip der „Dimethylsulfat-Hydrazin-Technik" der DNA-Sequenzierung nach Maxam u. Gilbert

DNA-Replikation in vivo

Das Meselson-Stahl-Experiment

Durch dieses Experiment wurde bewiesen, daß sich bei der Replikation die beiden DNA-Stränge trennen. Jeder Einzelstrang dient dann als Vorlage zur Synthese des Komplementärstranges. Meselson und Stahl verwendeten die analytische Methode der Cäsiumchlorid-Dichtegradientenzentrifugation. Wenn man eine konzentrierte Lösung von Cäsiumchlorid (CsCl) in der Ultrazentrifuge zentrifugiert, so bildet sich durch die einander entgegengesetzte Wirkung von Sedimentation und Diffusion ein stabiler Konzentrationsgradient aus. Die Salzkonzentration nimmt kontinuierlich in Richtung der Zentrifugalkraft zu. Zentrifugiert man DNA-Moleküle, so werden sie sich in der Region des Gradienten sammeln, in der die Dichte der Lösung ihrer eigenen Schwimmdichte entspricht. Gibt man nun zwei DNA-Spezies mit unterschiedlicher Dichte in einen solchen Gradienten, so findet man nach Beendigung der Zentrifugation zwei getrennte Banden im Zentrifugenröhrchen.

Meselson und Stahl züchteten E. coli-Zellen in einem Medium, das als einzige Stickstoffquelle das „schwere" Isotop ^{15}N enthält. Die während dieser Zeit synthetisierte DNA besaß also eine höhere Dichte, da ^{15}N-Moleküle in die Purin- und Pyrimidinringe eingebaut wurden. Zum Zeitpunkt Null wurden die Zellen abzentrifugiert und in frischem Nährmedium aufgenommen, welches das normale

24 DNA-Replikation bei Prokaryonten

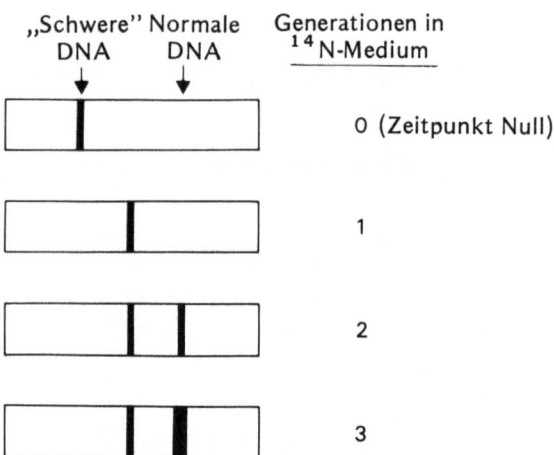

Abb. 3.11. Schematische Darstellung der Versuchsergebnisse des Meselson-Stahl-Experiments

Stickstoffisotop (^{14}N) enthielt. In diesem Medium ließ man die Zellen für einige Generationen wachsen. Während dieser Zeit wurden Proben entnommen, die DNA aus den Zellen extrahiert und durch CsCl-Dichtegradientenzentrifugation analysiert. Die Lage der Banden mit „leichter" und „schwerer" DNA war bekannt, und so konnte man die Dichte der neusynthetisierten DNA genau bestimmen. Das Ergebnis des Versuchs ist stark vereinfacht in Abb. 3.11 dargestellt.

Als diese Experimente ausgeführt wurden, gab es zwei Hypothesen für die DNA-Replikation. Die erste besagte, daß DNA semikonservativ repliziert würde. Die zwei Stränge würden sich also trennen und jeder als Vorlage für einen neuen Komplementärstrang dienen. Daher sollte jedes Tochtermolekül einen alten und einen neuen Einzelstrang enthalten.

Nach der zweiten Hypothese sollte DNA konservativ repliziert werden. Danach bliebe die Doppelhelix intakt und würde als Vorlage für eine neue Doppelhelix dienen. In diesem Falle bestünden beide Einzelstränge aus neusynthetisiertem Material. Die Voraussagen bezüglich der Dichten der DNA-Moleküle in den einzelnen Generationen des Meselson-Stahl-Experiments sind in Abb. 3.12 gezeigt.

Nach der Hypothese der konservativen Replikation müßte in jeder Generation etwas schwere DNA vorhanden sein, und alle neusynthetisierte DNA müßte die normale Dichte besitzen. In der ersten Generation sollte also die Hälfte aller Moleküle schwer, die andere Hälfte leicht sein. Im Gegensatz dazu sollten nach der Hypothese der semikonservativen

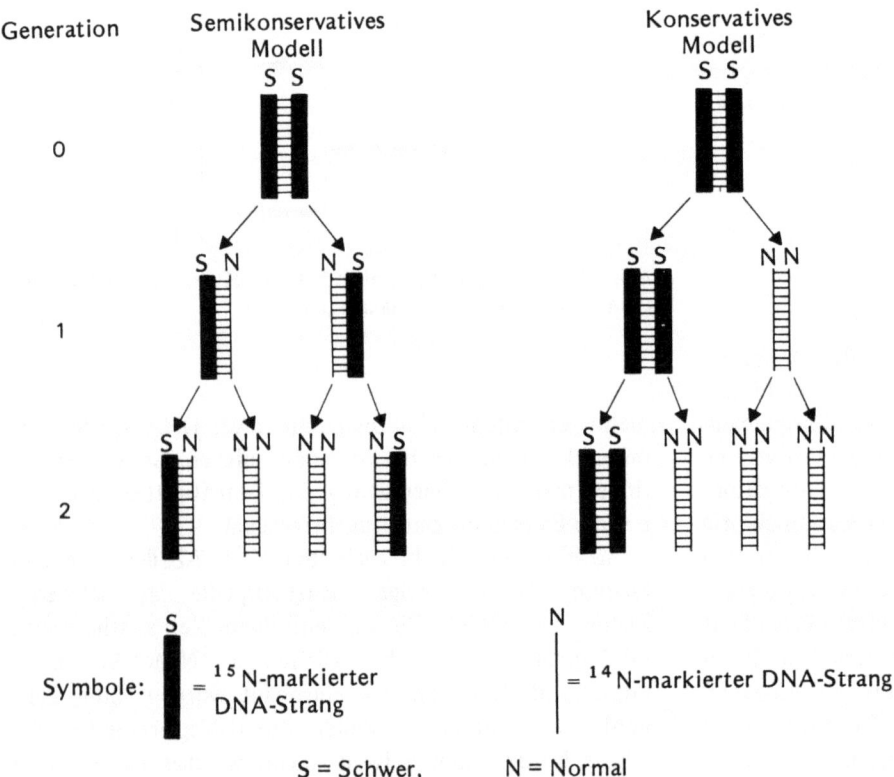

Abb. 3.12. Voraussagen über die Dichte der Tochter-DNA-Moleküle bei konservativer und semikonservativer DNA-Replikation

Replikation alle DNA-Moleküle einen schweren und einen leichten Strang besitzen. Die Bande dieser Hybrid-DNA sollte also genau in der Mitte zwischen denen für schwere und leichte DNA liegen. Nach dem konservativen Modus der DNA-Replikation sollte Hybrid-DNA jedoch nie auftreten. Die Ergebnisse des Experiments von Meselson und Stahl zeigten, daß das Modell der semikonservativen Replikation richtig ist.

Das Modell der diskontinuierlichen DNA-Replikation

Die DNA-Replikation erfolgt in einer Hauptrichtung, wobei beide Stränge gleichzeitig repliziert werden. Die Wanderung der Replikationsgabel in eine Richtung wirft einige Probleme auf. Die beiden Stränge besitzen entgegengesetzte Polarität, und die bekannten DNA-Polymerasen sind nur in der Lage, DNA-Synthese von 5' nach 3' zu katalysieren. Wenn sich die DNA-Helix vor der Replikation entwindet, um als Vorlage dienen zu können, kann die DNA zumindest an einem der beiden Stränge nicht kontinuierlich repliziert werden. Eine Möglichkeit, wie die Zelle mit diesem Problem fertig wird, zeigen die Arbeiten von R. Okazaki und seinen Mitarbeitern. Sie gaben für kurze Zeit (0,5% der Generationsdauer) zu Kulturen von *E. coli* radioaktive DNA-Vorstufen und bestimmten die Größe der radioaktiv markierten DNA-Fragmente durch eine Sedimentationsanalyse (Abb. 3.13). Sie fanden, daß die Hauptmenge der radioaktiven Markierung in DNA-Fragmenten von relativ niedrigem Molekulargewicht war. Mit zunehmender Dauer der radioaktiven Markierung fand sich ein Großteil der Radioaktivität in hochmolekularer DNA. Sie zogen daraus den Schluß, daß die DNA-Synthese diskontinuierlich sei, daß nämlich DNA zunächst in kurzen Fragmenten (Okazaki-Fragmenten) synthetisiert würde, die dann später kovalent zu hochmolekularer DNA verknüpft würden.

Ein Modell der diskontinuierlichen DNA-Replikation, in dem auch neuere Informationen über Enzyme und Proteine der DNA-Synthese verarbeitet sind, zeigt Abb. 3.14.

Der erste Schritt der DNA-Synthese ist die Entwindung des elterlichen Doppelstrangs. Dies bewerkstelligen DNA-Entwindungsproteine, die mit den Einzelsträngen verbunden bleiben, um sie als lineare Einzelstränge zu erhalten und um sie auch vor dem Angriff nukleolytischer Enzyme zu schützen. Bei der Entwindung der Helix entsteht eine Torsionsspannung. Dieser wirken Enspannungsproteine (relaxation proteins) entgegen, welche Einzelstrangschnitte anbringen. Dadurch kann dann ein Strang um den anderen rotieren

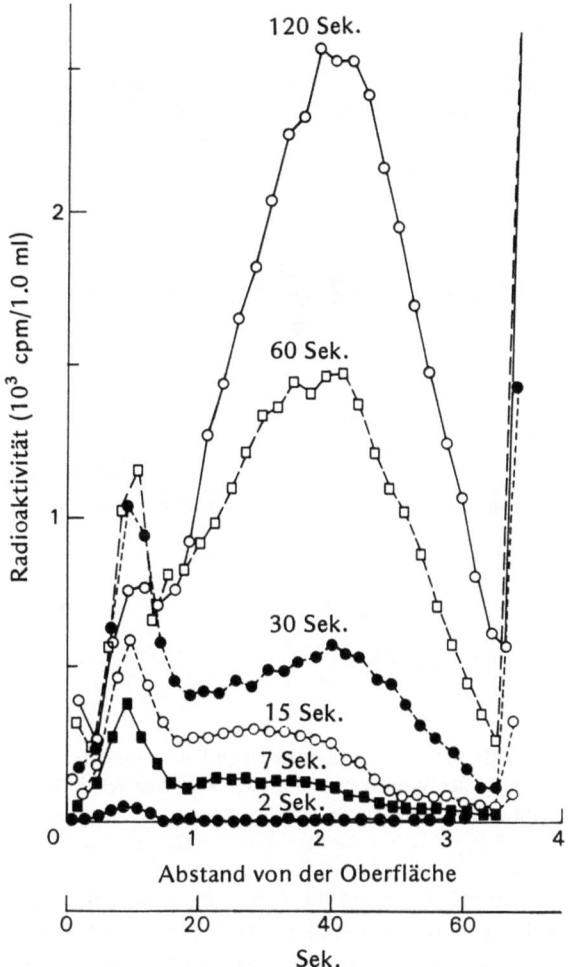

Abb. 3.13. Die diskontinuierliche Replikation der DNA. T4-infizierte *E. coli*-Zellen wurden mit radioaktiven DNA-Vorstufen markiert. Zu verschiedenen Zeiten wurden Proben entnommen und die DNA im Sucrosegradienten zentrifugiert. Bei den frühen Entnahmezeiten findet sich die meiste radioaktive Markierung in der niedermolekularen DNA (oben im Gradienten), bei späteren Entnahmezeiten in der hochmolekularen DNA (R. Okazaki et al. 1968, Proc. Natl. Acad. Sci. USA 59:598)

und so die Spannung aufheben. Für die Synthese von je zehn Basen muß sich der Strang um eine Umdrehung entwinden. Die Lücke im Einzelstrang wird durch ein Enzym geschlossen, und die Replikationsgabel wandert weiter.

Wenn sich das DNA-Molekül entwunden hat, so können die Einzelstrangabschnitte als Vorlage zur DNA-Synthese dienen. In der Schemadarstellung beginnt die Bildung der Okazaki-Fragmente bei A-C bzw. A'-C' an den beiden komplementären Strängen. Berücksichtigt man die Hauptrichtung

26 DNA-Replikation bei Prokaryonten

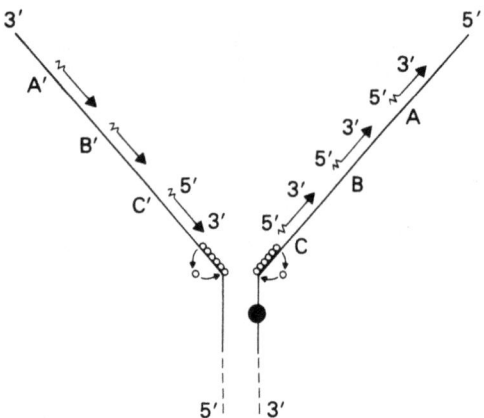

● = Superhelix-Entspannungs-Protein

○ = DNA-Entwindungs-Protein

A–C und A′–C′ = Startpunkte der Okazaki-Fragmente

——— = DNA

∿ = RNA

Abb. 3.14. Modell der dikontinuierlichen DNA-Synthese unter Berücksichtigung der Vorgänge an der Replikationsgabel (M.L. Gefter 1975, Annu. Rev. Biochem. 44:45)

Tabelle 3.3. Eigenschaften der *E. coli* DNA-Polymerasen

	Pol I	Pol II	Pol III
Molekulargewicht	109 000	120 000	180 000
Zahl der Polypeptide	1	1	2 (140 000 & 40 000)
Moleküle pro Zelle	400	100	10
5′-3′-Exonuklease-Aktivität	ja	nein	ja
3′-5′-Exonuklease-Aktivität	ja	ja	ja

der DNA-Synthese, so ist die Folge der Fragmente A, B, C. Es werden also nebeneinander relativ kurze DNA-Segmente gebildet, die später kovalent zu hochmolekularer DNA verbunden werden. Die Verbindung der Okazaki-Fragmente wird durch das Enzym Polynukleotid-Ligase hergestellt, welches die Lücke zwischen den Fragmenten schließt. Dieser Vorgang geht weiter, solange sich die gesamte DNA entspiralisiert. Die DNA-Synthese ist also diskontinuierlich, und das Modell von Okazaki ist im Einklang mit der 5′-3′-Richtung der DNA-Synthese, die von den Polymerasen diktiert wird.

Enzyme der DNA-Replikation

Bei *E. coli* gibt es drei DNA-Polymerasen. Alle drei katalysieren die Verknüpfung von Desoxyribonukleosid-5′-Triphosphaten an einer DNA-Vorlage. Sie zeigen jedoch unterschiedliche Befähigungen zur Synthese von DNA und zum Abbau von DNA oder RNA (Tabelle 3.3).

Alle drei Enzyme katalysieren DNA-Synthese in der 5′-3′-Richtung, jedoch mit unterschiedlicher Syntheserate. Pol III ist die aktivste, Pol II die am wenigsten aktive Polymerase. Jedes der Enzyme hat Exonukleasewirkung (Exonukleasen bauen Nukleinsäuren von den Enden her ab, eine Endonuklease schneidet innerhalb des Moleküls). Jede Polymerase besitzt eine 3′-5′-Exonuklease-Aktivität, wodurch jede von ihnen befähigt ist, neusynthetisierte Polynukleotidketten abzubauen. Dies scheint ähnlich zu funktionieren wie das Korrekturband einer Schreibmaschine: Falsch gepaarte Basen werden erkannt und ausgeschnitten, damit die DNA-Replikation richtig weitergehen kann. Dieses Enzym ist verantwortlich für die große Genauigkeit der DNA-Synthese.

RNA-Starter am Anfang jeder DNA-Kette

Sorgfältige Untersuchungen der Arbeitsweisen der drei DNA-Polymerasen zeigen, daß jede von ihnen Nukleotide nur an ein freies 3′-OH-Ende bereits bestehender DNA-Ketten anknüpfen kann. Keine von ihnen kann neue DNA-Ketten (z.B. Okazaki-Fragmente) beginnen. Die Erklärung dafür ist, daß zum Start der DNA-Synthese ein RNA-Startermolekül synthetisiert werden muß, an das durch die DNA-Polymerase dann die Desoxyribonukleotide angeknüpft werden. Deshalb wird die Bildung jedes Okazaki-Fragments durch ein Stückchen RNA eingeleitet, das von dem Enzym RNA-Polymerase gebildet wird. Die Rolle der RNA- und DNA-Polymerasen sind in Abb. 3.15 zusammengefaßt.

Beide Voraussetzungen des Modells der DNA-Replikation, die 5′-3′-Polarität und die semikonservative Natur der Replikation sind damit erfüllt.

Abb. 3.15. Die Rollen der DNA-Polymerasen und der RNA-Polymerase bei der DNA-Replikation von *E. coli* (J.D. Watson 1976, Molecular biology of the gene. Benjamin, Menlo Park)

Modell der DNA-Synthese

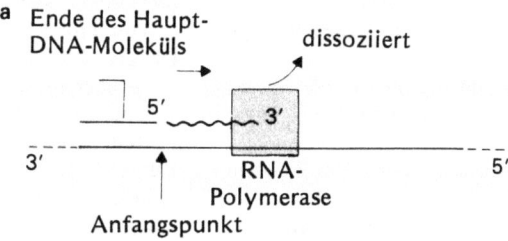

Die RNA-Polymerase synthetisiert einen kurzen RNA-„Starter" und dissoziiert von der DNA ab

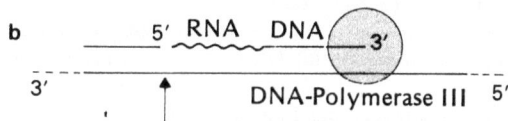

Die DNA-Polymerase III katalysiert die Anheftung von DNA-Vorstufen an die RNA-Kette

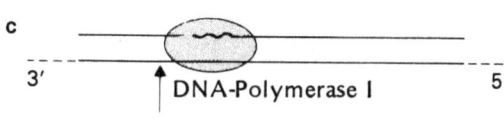

Die DNA-Polymerase I verlängert das Haupt-DNA-Molekül, indem sie gleichzeitig den RNA-Starter herausschneidet

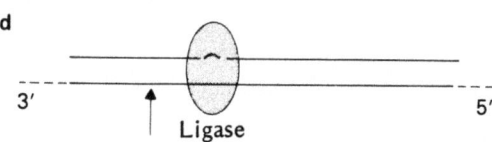

Die Polynukleotid-Ligase verschließt die Lücke zwischen der Hauptkette (nach Abbau der RNA) und der durch die Polymerase III synthetisierten DNA

ÜBERSICHTSARTIKEL ZU KAPITEL 3:

Herzog R (1981) DNA-Replikation. Biol unserer Zeit 11:144–149

Künzel H (1981) Adenosintriphosphat, die „Energiegewährung" des Lebens. Biol unserer Zeit 11:48–57

Scherer G (1977) Sequenzierung von DNA-Methoden und Ergebnisse. Biol unserer Zeit 7:97–105

LITERATUR

Cold Spring Harbor Symposia for Quantitative Biology, vol 33 (1968) Replication of dna in microorganisms. Cold Spring Harbor Laboratory, New York

Davidson JN (1972) The biochemistry of the nucleic acids, 7th edn. Chapman and Hall, London

DeLucia P, Cairns J (1969) Isolation of an *E. coli* strain with a mutation affecting DNA polymerase. Nature 224:1164–1166

Dressler D (1975) The recent excitement in the DNA growing point problem. Annu Rev Microbiol 29:525–559

Emmerson PT (1974) DNA replication in *Escherichia coli*. In: Burton K (ed) Biochemistry of nucleic acids. Butterworths, London (MTP International review of science, vol 6, pp 141–164)

Gefter ML (1975) DNA replication. Annu Rev Biochem 44:45–78

Gefter ML, Hirota Y, Kornberg T, Wechsler JA, Carnoux C (1971) Anaylsis of DNA polymerase II and III in mutants of *E. coli* thermosensitive for DNA synthesis. Proc Natl Acad Sci USA 68:3150–3153

Gilbert W (1976) Starting and stopping sequences for the RNA polymerase. In: Losick R, Chamberlin M (eds) RNA polymerase. Cold Spring Harbor Laboratory, New York, pp 193–205

Gilbert W, Dressler D (1968) DNA replication: the rolling circle model. Cold Spring Harbor Symp Quant Biol 33:473–484

Gottesman MM, Hicks ML, Gellert M (1973) Genetics and function of DNA ligase in *E. coli*. J Mol Biol 77:531–547

Goulian M (1971) Biosynthesis of DNA. Annu Rev Biochem 40:855–898

Goulian M, Hanawalt P, Fox M (1976) DNA synthesis and its regulation. Benjamin, Menlo Park, CA

Guda LJ, James R, Pardee AB (1976) Evidence for the involvement of an outer membrane protein in DNA initiation. J Biol Chem 251:3470–3479

Klein A, Bonhoeffer F (1972) DNA replication. Annu Rev Biochem 41:301–332

Kornberg A (1960) Biologic synthesis of deoxyribonucleic acid. Science 131:1503–1508

Kornberg A (1974) DNA synthesis. Freeman, San Francisco

Kornberg A, Lehman IR, Bessman MJ, Simms ES (1956) Enzymic synthesis of deoxyribonucleic acid. Biochim Biophys Acta 21:197–198

Maxam A, Gilbert W (1977) A new method for sequencing DNA. Proc Natl Acad Sci USA 74:560–654

Masters M, Broda P (1971) Evidence for the bidirectional replication of the *E. coli* chromosome. Nature New Biol 232:137–140

McPherson A, Molineux I, Rich A (1976) Crystallization of a DNA-unwinding protein: Preliminary X-ray analysis of *fd* bacteriophage gene 5 product. J Mol Biol 106:1077–1081

Meselson M, Stahl FW (1958) The replication of DNA in *Escherichia coli*. Proc Natl Acad Sci USA 44:671–682

Okazaki RT, Okazaki K, Sakobe K, Sugimoto K, Sugino A (1968) Mechanism of DNA chain growth. I. Possible discontinuity and unusual secondary structure of newly synthesized chains. Proc Natl Acad Sci USA 59:598–605

Salser W (1974) DNA sequencing techniques. Annu Rev Biochem 43:923–965

Sanger F, Coulson A (1975) A rapid method for determining sequences in DNA by primed synthesis with DNA polymerase. J Mol Biol 94:441–448

Sanger F et al (1977) Nucleotide sequence of bacteriophage ΦX 174 DNA. Nature 265:687–695

Sugino A, Hirose S, Okazaki R (1972) RNA-linked nascent DNA fragments in *Escherichia coli*. Proc Natl Acad Sci USA 69:1863–1867

Wickner SH (1978) DNA replication proteins of *Escherichia coli*. Annu Rev Biochem 47:1163–1191

KAPITEL 4
DNA-Replikation und der Zellzyklus bei Eukaryonten

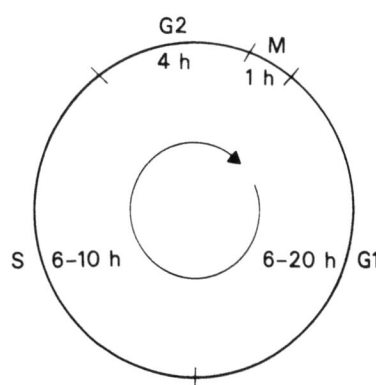

Abb. 4.1. Der typische Zellzyklus der Eukaryontenzelle

INHALT

Überblick über den eukaryontischen Zellzyklus
Die G1-Phase
Die S-Phase
    Diskontinuierliche DNA-Synthese
    DNA-Polymerasen
    Replikationseinheiten
    Chromatinreplikation
Die G2-Phase
Molekulare Aspekte der Mitose

Überblick über den eukaryontischen Zellzyklus

In Prokaryonten ist der Prozeß der DNA-Replikation gut einzugrenzen. Bakterien, die sich in flüssigem Nährmedium vermehren, synthetisieren während des ganzen Zellzyklus DNA. Anschließend werden durch Einziehen einer neuen Zellwand in der Mitte der Zelle zwei Tochterzellen gebildet. Der Zellzyklus der Eukaryonten hingegen ist viel komplizierter. In diesem Kapitel werden wir die molekularen Aspekte des Zellzyklus besprechen. Das folgende Kapitel ist der zytologischen Betrachtung von Mitose und Meiose gewidmet.

Die meisten somatischen Zellen höherer Pflanzen und Tiere zeigen einen Zellzyklus des Typs, wie er in Abb. 4.1 abgebildet ist, mit einer genauen Unterteilung in bestimmte Phasen zwischen den Zellteilungen.

Die Aufeinanderfolge der Phasen ist G1- (G vom engl. gap = Lücke) Phase, S- (Synthese-)Phase, G2-Phase und M- (Mitose)Phase. Die ersten drei Phasen werden auch als Interphasestadium zusammengefaßt. Nach der G2-Phase teilt sich die Zelle mitotisch und bildet zwei Tochterzellen, von denen jede einen neuen Zellzyklus beginnt. In einer Kultur von Säugerzellen dauert der Zellzyklus etwa 24 Std. Nahezu alle unsere Kenntnisse über die molekulare Biologie des Zellzyklus stammen von Experimenten mit Säugerzellkulturen. Der relative Anteil der einzelnen Phasen ist bei Eukaryontenzellen unterschiedlich, wie auch die Länge des Zellzyklus selbst (Abb. 4.2).

Natürlich unterliegen die Zellen im lebenden Organismus verschiedenen Kontrollmechanismen, wodurch die unterschiedliche Dauer des Zellzyklus zustandekommt. Derzeit ist unsere Kenntnis der S- und M-Phase auf molekularem Niveau noch sehr lückenhaft und viele Ereignisse in G1 und G2 sind unbekannt. Im folgenden wollen wir die bisher bekannten Fakten für alle vier Phasen diskutieren.

Die G1-Phase

Die G1-Phase beginnt nach Abschluß der Mitose. Sie ist ganz allgemein dadurch gekennzeichnet, daß die Chromosomen vom verdichteten mitotischen Zustand in den aufgelockerten Interphasezustand übergehen. In ihr laufen auch einige Vorgänge ab, die zur Initiation der DNA-Replikation führen.

In einer homogenen Population von Zellen einer Zellkultur gibt es eine gewisse Variabilität in der Zeitdauer des Zellzyklus. Dies ist ein Hauptproblem bei der Arbeit mit synchron sich teilenden Zellen. Die G1-Phase des Zellzyklus ist in ihrer Länge variabler als die drei anderen Phasen. Diese unterschiedliche Länge von G1 ist für die unterschiedlichen Generationszeiten der Zellen in einer Population und für die Variabilität bei den verschiedenen Zelltypen eines Organismus verantwortlich. Die Ursache der Variabilität ist nicht bekannt, aber es gibt Hinweise, daß die Länge der G1-Phase von der Zellmasse und damit von der Proteinsynthese abhängt.

30 DNA-Replikation und der Zellzyklus bei Eukaryonten

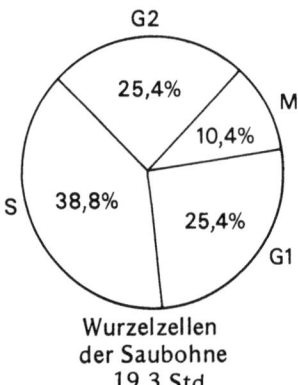

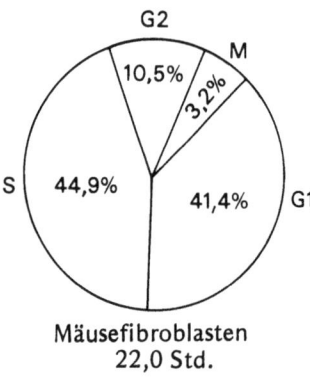

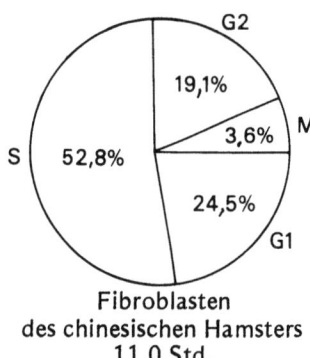

Abb. 4.2. Relative Zeitdauer der vier Phasen des Zellzyklus bei drei Zelltypen (B. Kihlmann et al. 1966, Hereditas 55:386)

Offensichtlich ist die G1-Phase eine kritische Phase im Zellzyklus, denn Zellen, die ihre Teilung eingestellt haben, befinden sich normalerweise in der G1-Phase. Es gibt eine durch experimentelle Daten gestützte Hypothese, die besagt, daß es eine Schaltstelle in G1 gibt. Wenn bestimmte Reaktionen an der Schaltstelle abgelaufen sind, muß die Zelle unwiderruflich mit der DNA-Synthese beginnen und den Zellzyklus ganz durchlaufen. Ob sich eine Zelle dann weiter teilt, oder ob sie sich differenziert und dann die Teilung einstellt, sollte von den regulatorischen Signalen an dieser Schaltstelle abhängen. Ein Hinweis für Regulation auf dieser Ebene ist die Tatsache, daß Änderungen oder Unterschiede in der Geschwindigkeit der Zellteilung bei Zellen gleicher genetischer Konstitution grundsätzlich durch eine Änderung der G1-Phase bewirkt werden. Es könnten also eine Anzahl von regulatorischen Genen in G1 wirken, aber wir wissen noch sehr wenig darüber.

Dasselbe trifft auch für die molekularen Reaktionsabläufe in der G1-Phase zu. Man kann annehmen, daß durch die Entspiralisierung der Chromosomen nach der Mitose eine große Zahl von DNA-Regionen für die Transkription freigemacht wird, und daß eine Reihe von Molekülen synthetisiert wird, die für die Initiation der DNA-Synthese benötigt werden. Manche Organismen besitzen jedoch gar keine meßbare G1-Phase, wie etwa der Schleimpilz *Physarum polycephalum*, die Spalthefe *Schizosaccharomyces pombe*, die Furchungsstadien von Seeigel-Embryonen, *Xenopus*-Embryonen und Mäuseembryonen. Das bedeutet, daß in einigen Systemen diejenigen Reaktionsabläufe, die zur DNA-Synthese führen, noch vor der Mitose in der G2-Phase und nicht in der G1-Phase stattfinden.

Die S-Phase

Diskontinuierliche DNA-Synthese

Während der S-Phase wird das Chromatin verdoppelt. In Zellkulturen dauert die S-Phase 6–10 Stunden, während sie in vivo nur 10 Minuten lang sein kann, wie etwa bei *Schizosaccharomyces pombe*, oder 35 Stunden bei Hautzellen aus Mäuseohren. J.H. Taylor zeigte 1957 durch Autoradiographie, daß die DNA-Replikation semikonservativ ist (Abb. 4.3). Er inkubierte Wurzelspitzen der Saubohne mit tritiummarkiertem Thymidin. Wenn er die Zellen während der S-Phase markierte, konnte er zeigen, daß die radioaktive Markierung in allen Chromatiden zu finden war. Dann ließ er die Zellen sich mehrmals ohne radioaktives Thymidin teilen

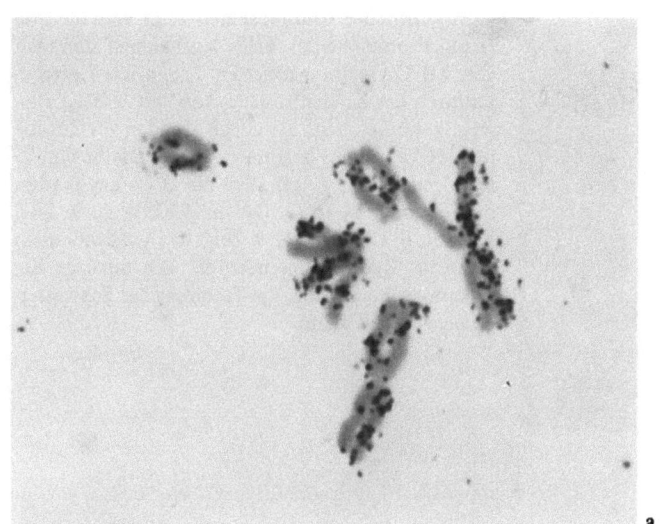
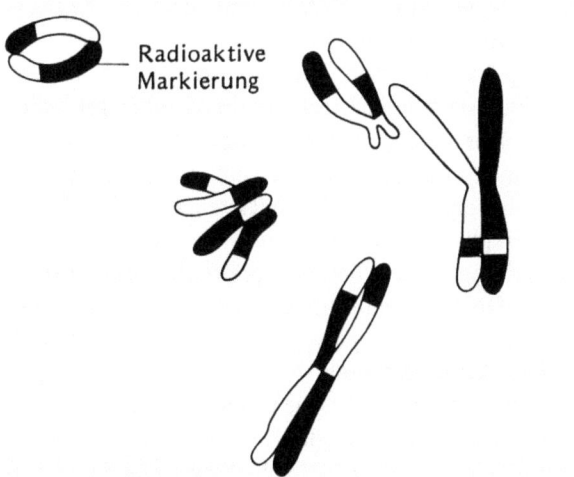

Abb. 4.3a. Autoradiogramm von Chromosomen der Saubohne (*Vicia faba*) als Beweis der semikonservativen DNA-Replikation. Die DNA der Zellen wurde mit ³H-Thymidin voll durchmarkiert und dann eine Generation in Gegenwart von „kaltem" Thymidin inkubiert (1875fache Vergrößerung) (J.H. Taylor). b Zeichnerische Interpretation des Autoradiogramms. Die Zeichnung zeigt, daß an jedem beliebigen Punkt der Chromosomen nur eine der beiden Chromatiden (dunkel) markiert ist, wodurch der semikonservative Modus der DNA-Replikation bewiesen ist. Daneben wurde auch der Nachweis für Schwesterchromatid-Austausch geliefert (J.H. Taylor)

und fand dann, daß in jedem Chromosom jeweils nur eine Chromatide markiert war. Es gibt Hinweise aus der neueren Literatur, daß, wie in Prokaryonten, auch die DNA-Replikation bei Eukaryonten diskontinuierlich ist. Wenn das Tiervirus *SV40* seine DNA in vitro repliziert, kann man neusynthetisierte Fragmente isolieren, die miteinander renaturieren,

das heißt, kurze Doppelstrangmoleküle bilden können. Dies ist zu erwarten, wenn man annimmt, daß an den beiden komplementären Einzelsträngen Okazaki-Fragmente gebildet werden. Auch bei Säugerzellen gibt es Befunde, die zeigen, daß etwa 100 Nukleotide lange Stücke synthetisiert werden, die dann zu längeren DNA-Abschnitten zusammengeknüpft werden. Wie bereits in Kapitel 3 erwähnt, kann keine der prokaryontischen DNA-Polymerasen die DNA-Synthese starten. Man hat deshalb auch nach RNA-Startern bei der DNA-Replikation in Eukaryonten gesucht. Die Ergebnisse sind jedoch widersprüchlich. In einigen Systemen gibt es gute Hinweise für RNA-Starter, in anderen wurden keine gefunden. Man kann derzeit nicht sagen, ob bei allen Organismen eine Notwendigkeit für einen RNA-Starter besteht: zur Klärung dieser Frage sind weitere Experimente nötig.

DNA-Polymerasen

Die Enzyme der DNA-Replikation sind bei einer Reihe von Eukaryonten untersucht. In höheren Eukaryonten gibt es drei DNA-Polymerasen, alpha (α), beta (β) und gamma (γ). Man kann sie aufgrund ihres Molekulargewichtes, ihrer chromatographischen Eigenschaften, ihrer Sensitivität für den Hemmstoff N-Ethylmaleimid, Empfindlichkeit gegenüber Salzen und ihrer Befähigung, verschiedene DNA-Vorlagen zu kopieren, unterscheiden. Diese Eigenschaften sind in Tabelle 4.1 zusammengefaßt.

Alle alpha- und beta-Polymerasemoleküle sind im Kern lokalisiert, die gamma-Polymerase wirkt offensichtlich in

Tabelle 4.1. Eigenschaften von DNA-Polymerasen aus Säugern (A. Weissbach 1977, Annu. Rev. Biochem. 46:25)

Polymerase	Molekulargewicht	Hemmung durch N-Ethylmaleimid	Salz-Effekt
alpha	120000–300000	+	gehemmt durch > 25 mM NaCl
beta	30000– 50000	–	stimuliert durch 100–200 mM NaCl; gehemmt durch 50 mM Phosphat
gamma	150000–300000	+	stimuliert durch 100–200 mM KCl und 50 mM Phosphat

32 DNA-Replikation und der Zellzyklus bei Eukaryonten

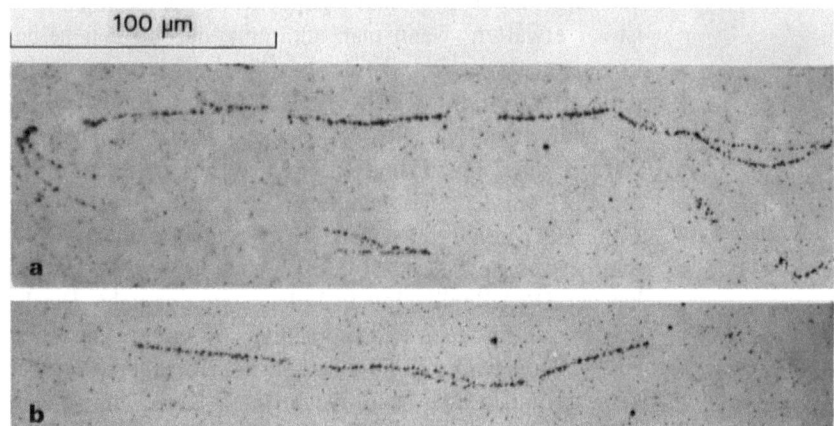

Abb. 4.4a,b. Das Autoradiogramm replizierender eukaryontischer Chromosomen zeigt verschiedene Replikationseinheiten. Beide Aufnahmen stammen von ^{3}H-Thymidin-markierten Zellen aus Gewebekulturen des Krallenfrosches *Xenopus*. **a** Zeigt eine Replikationseinheit, die einige Stunden vor Zugabe des ^{3}H-Thymidins begonnen wurde. Die beiden V-förmigen Spuren zeigen, daß die DNA-Replikation bidirektional ist (H.G. Callan 1972, Proc. R. Soc. London B 181:19–41). **b** Zeigt das Vorhandensein diskreter Replikationseinheiten. Die mittlere Replikationseinheit zeigt die Trennung der Schwesterstränge (H.G. Callan)

den Mitochondrien. Man findet die alpha- und beta-Enzyme gewöhnlich mit anderen Proteinen zu einem Replikationskomplex zusammengefaßt. Es ist unmöglich, die Polymerasen der verschiedenen Organismen in Gruppen zusammenzufassen, denn es gibt eine außerordentliche Variabilität unter den Enzymen aus verschiedenen eukaryontischen Organismen. So gibt es beispielsweise in einem Organismus vielerlei Formen von Enzymen, während in einem anderen Organismus hauptsächlich nur ein einziges gefunden wird. Pflanzen, Protozoen und Pilze besitzen keine beta-Polymerase. Eukaryontische Mikroorganismen haben im allgemeinen eine alpha-Polymerase, die sich stark von der alpha-Polymerase von Säugern unterscheidet. In vielen Fällen wurden die Enzyme nicht zur Homogenität gereinigt, weshalb Vergleiche und Angaben über die Zahl von Enzymtypen oder Untertypen in einer Zelle schwierig sind.

Replikationseinheiten

Bei *E. coli* gibt es einen einzigen Startpunkt der Replikation auf dem Chromosom, von dem aus die DNA-Replikation bidirektional abläuft. Elektronenoptische Aufnahmen von eukaryontischen Chromosomen in Replikation zeigen, daß jedes Chromosom eine Anzahl von Replikationseinheiten oder Replikons besitzt. Jedes Replikon hat einen definierten Anfangspunkt (origin) und zwei Endpunkte (terminus, Plural termini) des Replikationsvorganges. Die Einteilung der Chromosomen in Replikationseinheiten ist notwendig, damit die im Vergleich zur Bakterienzelle riesigen Mengen an DNA in einer vernünftigen Zeit repliziert werden können. EM-Studien zeigen, daß die DNA-Replikation mit der Bildung einer „Blase" in der DNA beginnt, die zwei Replikationsgabeln enthält (Abb. 4.4).

Diese Replikationsgabeln wandern nach beiden Seiten, bis sie an ihre spezifischen Terminationspunkten gelangen. Es ist wenig über die Signale für Anfang und Ende einer Replikationseinheit bekannt, aber man nimmt an, daß spezifische Nukleotidsequenzen Erkennungsstellen für den DNA-Polymerase-Replikationskomplex darstellen. Die einfachste Modellvorstellung ist die, daß ein spezifisches Initiatorprotein an eine DNA-Sequenz bindet: dies sollte die Bindung des DNA-Replikationskomplexes ermöglichen und dadurch die DNA-Replikation einleiten.

Eine genaue elektronenoptische Untersuchung replizierender Chromosomen zeigte, daß der Abstand zwischen den Anfangspunkten einer Replikationseinheit zwischen 7 und 100 μm (3×10^4 bis 3×10^5 Basenpaaren) schwankt. Diese Untersuchungen wurden an einer Vielzahl von Organismen, wie Hefe, eukaryontischen Mikroorganismen im allgemeinen, Pflanzen, Vögeln und Säugerzellen, ausgeführt. So besitzen *HeLa*-Zellen beispielsweise etwa 100 Replikationseinheiten pro Chromosom. Die Geschwindigkeit der Replikation in einer Replikationseinheit ist für die meisten Eukaryonten ähnlich, sie bewegt sich zwischen 1 und 15×10^3 Nukleotiden pro Minute bei 37°C. Die Geschwindigkeit der Replikation ist innerhalb eines Systems unterschiedlich. Das ist jedoch durch die genetische Kontrolle und durch Umweltfaktoren bedingt.

Befaßt man sich mit der Replikation des gesamten Genoms, so findet man eine zeitliche Abfolge der Replikation in der S-Phase. Man erkennt ein wohlgeordnetes, aber kompliziertes Muster, nach dem die Replikation der einzelnen Einheiten abläuft. Dies zeigt die schematische Darstellung in Abb. 4.5.

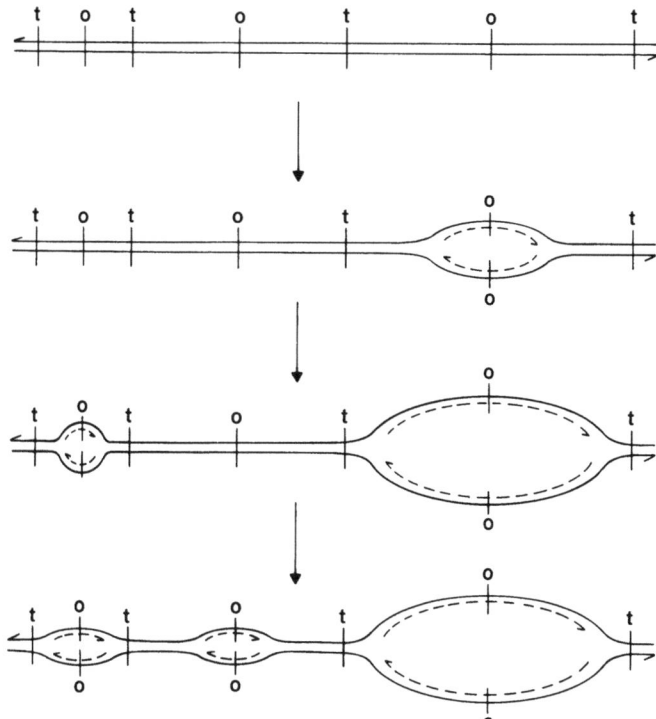

Abb. 4.5. Abfolge der Initiation der DNA-Replikation in verschiedenen Replikons eines eukaryontischen Chromosoms. *o* Anfangspunkt (origin) der Replikation in einer Replikationseinheit; *t* Endpunkt (terminus); —— DNA-Vorlage; - - - neue DNA (J.A. Hubermann, A.D. Riggs 1968, J. Mol. Biol. 32:327)

Die Initiation der Replikation einer Replikationseinheit beginnt in der o-Region. Die Replikation verläuft von o aus bidirektionell in der DNA-„Blase". Die Termination des Replikationsvorganges führt zur Verschmelzung benachbarter Replikationseinheiten. Die Aufeinanderfolge der Replikation der Einheiten ist artspezifisch und wiederholt sich reproduzierbar in jeder Generation. Wie die Signale für diese Abläufe koordiniert sind, ist unbekannt. Man weiß jedoch, daß Proteinsynthese für den ständigen Neubeginn der Replikation der einzelnen Einheiten nötig ist. Es gibt auch Hinweise, daß GC-reichere Regionen vor den AT-reicheren repliziert werden.

Die DNA-Replikation selbst ist auch von der Proteinsynthese abhängig. Dies konnte durch Hemmstoffe der Proteinsynthese wie Cykloheximid oder Puromycin gezeigt werden. Die Zugabe eines dieser beiden Hemmstoffe zu Säugerzellkulturen führt zu einem unmittelbaren starken Abfall in der Initiationsrate der DNA-Synthese: die Verlängerung begonnener DNA-Ketten ist davon nicht betroffen. Da die DNA-Replikation diskontinuierlich ist, kann die Replikation des gesamten Chromosoms ohne Proteinsynthese gar nicht beendet werden. Die DNA-Synthese ist auch von der RNA-Synthese abhängig. Eine Hemmung der RNA-Synthese hat jedoch keinen unmittelbaren Effekt auf die DNA-Synthese. So hemmt beispielsweise die Zugabe von Actinomycin D, einem Inhibitor der RNA-Synthese, in der frühen S-Phase die DNA-Replikation in der späten S-Phase. Die Synthese ribosomaler RNA muß noch etwa eine Stunde lang nach dem Übergang von G1 nach S weiterlaufen, wenn die DNA-Synthese eingeleitet werden soll. Dies ist in Einklang mit den genetischen, physiologischen und molekularbiologischen Befunden, die besagen, daß der Übergang der Zelle in die S-Phase durch ein regulatorisches Protein bewirkt wird, das während der G1-Phase gebildet wird. Dieses Protein wirkt als positiver Effektor, der die DNA-Replikation ermöglicht. Man kennt eine große Zahl DNA-bindender Proteine bei Eukaryonten: eines oder mehrere dieser Proteine könnten an der Initiation der DNA-Replikation beteiligt sein.

Chromatinreplikation

DNA ist nicht der einzige Bestandteil des Chromatins, und so muß die Replikation der DNA eng mit der Vermehrung der Histone und vielleicht auch der Nicht-Histone verbunden sein. Die DNA-Replikation bei Eukaryonten muß deshalb als ein Teil der Chromatinreplikation verstanden werden. Neusynthetisierte DNA von Säugerzellen findet sich in Chromatin, das sich in einigen Eigenschaften von nichtreplizierendem Chromatin unterscheidet. Die Unterschiede liegen beispielsweise im Gehalt an Proteinen und Enzymen und in der Empfindlichkeit für Nukleaseabbau. Eine Deutung der erhöhten Empfindlichkeit gegen Nukleasen wäre die, daß die Nukleosomen in neusynthetisiertem Chromatin weniger dicht gepackt sind als in reifen Chromosomen. Das neusynthetisierte Chromatin braucht etwa 2–15 Minuten zur „Reifung".

Bei Eukaryonten beginnt die DNA-Replikation innerhalb der Nukleosomen, die sich während der Replikation nicht von der DNA trennen. Wenn die neue DNA gebildet ist, lagern sich sofort Histone an und bilden Nukleosomenstrukturen aus.

Die G2-Phase

In der G2-Phase verdichten sich die Chromosomen als Vorbereitung auf die Mitose. Die Verdichtung wird durch eine höhere Ordnung der Faltung der Chromatinfibrillen erreicht,

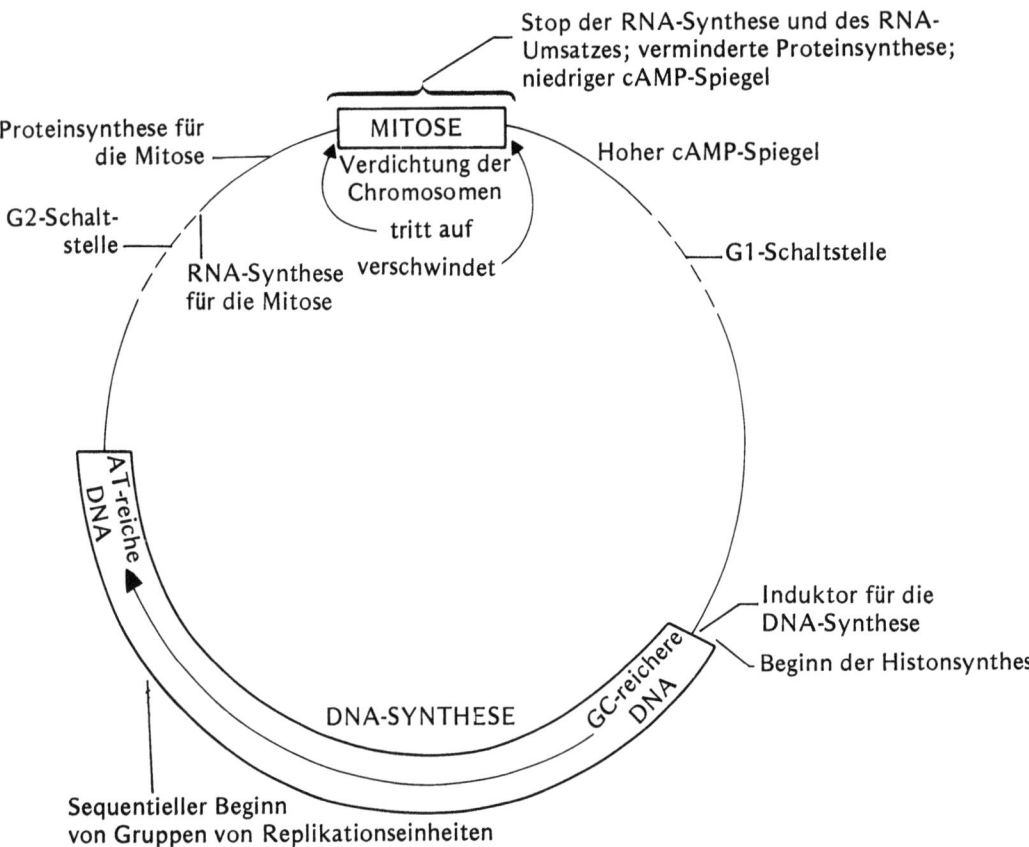

Abb. 4.6. Zusammenfassung der molekularen Ereignisse im eukaryontischen Zellzyklus (D.M. Prescott 1976, Adv. Genetics 18:99)

deren Mechanismus jedoch weitgehend unbekannt ist. Untersuchungen mit Hemmstoffen haben gezeigt, daß sowohl RNA- als auch Proteinsynthese für die Vollendung von G2 nötig sind. Das Ende der G2-Phase ist durch den Beginn der Mitose bestimmt. Der Übergang ist durch Lichtmikroskopie jedoch schwer zu definieren.

Molekulare Aspekte der Mitose

Durch die Mitose wird eine Zelle in zwei genetisch gleiche Tochterzellen geteilt. Zu Beginn der Mitose haben sich die Chromosomen verdoppelt. Sie werden durch den Vorgang der Zellteilung auf beide Tochterzellen verteilt. Diese befinden sich dann in der G1-Phase. Das Verhalten der Chromosomen während der Meiose wird in Kapitel 5 beschrieben werden; wir wollen uns hier auf die allgemeinen morphologischen und biochemischen Veränderungen während der Mitose beschränken.

Bei der Mitose kommt es zu großen Veränderungen der Struktur und Funktionen der Zelle, deren molekulare Grundlagen noch weitgehend im Dunkeln liegen. Zu Beginn der Mitose verringert sich die RNA-Syntheserate, wird dann in der Metaphase ganz Null und beginnt dann wieder in der Telophase. Dies ist verständlich, da durch den stark kondensierten Zustand der Chromosomen die DNA nicht für die Transkription zugänglich ist. Als Konsequenz der Verringerung der RNA-Synthese fällt auch die Proteinsynthese ab. Auch sie setzt – wie die RNA-Synthese – in der späten Telophase wieder ein. Der Abfall der Proteinsynthese beruht nicht auf einem Mangel an mRNA, sondern auf einer Veränderung der Kompetenz der Ribosomen, Proteinsynthese auszuführen. Die Hemmung von RNA- und Proteinsynthese wird vom Abbau der Kernmembran und des Nukleolus begleitet. Beide werden erneut in den Tochterzellen während der späten Telophase gebildet.

Abbildung 4.6 faßt den Zellzyklus einer eukaryontischen Zelle zusammen. Die Abfolge der einzelnen Schritte ist wahrscheinlich von der Transkription und Translation von Zellzyklusgenen in einer bestimmten zeitlichen Folge abhängig. Durch die Identifizierung solcher Zellzyklusgene war ein gewisser Fortschritt in der Erforschung des Zellzyklus zu verzeichnen. Bei Hefe und Säugerzellen konnten solche Zellzyklusgene durch konditionelle Mutanten mit Defekten im Zellzyklus identifiziert werden. Das Studium dieser Mutanten lieferte viele Informationen über die zeitliche Abfolge und die Regulation des Zellzyklus auf molekularer Ebene.

LITERATUR

Bollum FJ (1975) Mammalian DNA polymerases. Prog Nucl Acid Res Mol Biol 15:109–144

Callan HG (1973) DNA replication in the chromosomes of eukaryotes. Cold Spring Harbor Symp Quant Biol 38:195–203

Cold Spring Harbor Symposia for Quantitative Biology, vol 42 (1977) Chromatin. Cold Spring Harbor Laboratory, New York

Edenberg HJ, Huberman JA (1975) Eukaryotic chromosome replication. Annu Rev Genetics 9:245–284

Gefter ML (1975) DNA replication. Annu Rev Biochem 44:45–78

Hartwell LH (1974) *Saccharomyces cerivisiae* cell cycle. Bacteriol Rev 38:164–198

Huberman JA, Horwitz H (1973) Discontinuous DNA synthesis in mammalian cells. Cold Spring Harbor Symp Quant Biol 38:233–238

Huberman JA, Riggs AD (1968) On the mechanism of DNA replication in mammalian chromosomes. J Mol Biol 32:327–341

Klein A, Bonhoeffer F (1972) DNA replication. Annu Rev Biochem 41:302–322

Loeb LA (1974) Eucaryotic DNA polymerases. In: Boyer PD (ed) The enzymes, vol X. Academic Press, New York, pp 174–210

Pardee AB, Dubrow R, Hamlin JL, Kletzien RK (1978) Animal cell cycle. Annu Rev Biochem 47:715–750

Petes TD, Newlon CS, Byers B, Fangman WL (1973) Yeast chromosomal DNA: size, structure, and replication. Cold Spring Harbor Symp Quant Biol 38:9–16

Prescott DM (1970) The structure and replication of eukaryotic chromosomes. Adv Cell Biol 1:57–117

Prescott DM (1976) The cell cycle and the control of cellular reproduction. Adv Genetics 18:99–177

Seale RL (1977) Persistence of nucleosomes on DNA during chromosome replication. Cold Spring Harbor Symp Quant Biol 42:433–438

Sheinin R, Humbert J, Pearlman RE (1978) Some aspects of eukaryotic DNA replication. Annu Rev Biochem 47:277–316

Simchen G (1978) Cell cycle mutants. Annu Rev Genetics 12:161–191

Taylor JH, Woods PS, Hughes WL (1957) The organization and duplication of chromosomes as revealed by autoradiographic studies using tritium labeled thymidine. Proc Natl Acad Sci USA 43:122–128

Watson JD (1971) The regulation of DNA synthesis in eukaryotes. Adv Cell Biol 2:1–46

Weintraub H, Worcel A, Alberts B (1976) A model for chromatin based upon symmetrically paired half-nucleosomes. Cell 9:409–417

Weissbach A (1977) Eukaryotic DNA polymerases. Annu Rev Biochem 46:25–47

KAPITEL 5
Mitose und Meiose

INHALT

Mitose
Meiose
   Erste meiotische Teilung
   Zweite meiotische Teilung

Mitose

Wie bereits ausgeführt, läuft die DNA-Synthese während des gesamten Zellzyklus eines Bakteriums. Während sich der DNA-Gehalt verdoppelt, vergrößert sich die Zelle und beginnt mit der Synthese einer trennenden Zellwand in der Mitte der Zelle. Dies dient dazu, die beiden Tochterchromosomen auf die beiden Kompartimente aufzuteilen. Nach Beendigung der Zellwandsynthese trennen sich die beiden Tochterzellen. Dieser Vorgang wiederholt sich, solange die Zellen teilungsfähig sind. In Kapitel 4 haben wir den eukaryontischen Zellzyklus im Detail beschrieben: er unterscheidet sich deutlich von dem eines Bakteriums. Körperzellen (nicht die Keimbahnzellen) durchlaufen vier verschiedene Phasen des Zellzyklus, die als G1, S, G2 und M bezeichnet werden. Die Chromosomen verdoppeln sich in der S-Phase. In der Mitose (M) wird der verdoppelte Chromosomensatz auf zwei Tochterzellen verteilt, so daß jede Zelle dasselbe genetische Material wie die Elternzelle enthält (Ausnahmen werden in einem späteren Kapitel besprochen).

Bevor wir in die Besprechung der Mitose eintreten, müssen wir einige Begriffe definieren, die den Chromosomensatz eukaryontischer Organismen betreffen. Die Chromosomenzahl pro Kern ist im allgemeinen für alle Individuen einer Art konstant und variiert von Art zu Art. So besitzt der Mensch 46, die Ratte 42 und die Erbse 14 Chromosomen. In allen Körperzellen dieser Organismen und anderer Eukaryonten (mit Ausnahme niederer Eukaryonten) liegen die Chromosomen paarweise vor, d.h. der Mensch besitzt 23 Chromosomenpaare usw. Die somatischen Zellen dieser Organismen besitzen also einen diploiden Chromosomensatz. Im Gegensatz dazu enthalten die reifen Keimzellen (Gameten — sie sind Meioseprodukte) eines sich sexuell vermehrenden Individuums nur die Hälfte der Chromosomen einer Körperzelle, d.h. nur je eines aus jedem Chromosomenpaar. Diese Gameten besitzen also den haploiden Chromosomensatz. Der Buchstabe N steht für den haploiden, das Symbol 2N für den doppelten (diploiden) Chromosomensatz. Im Hinblick auf spätere Kapitel soll jetzt schon erwähnt werden, daß niedere Eukaryonten wie Hefe und *Neurospora* haploide Organismen sind.

Wir wollen nun auf den Vorgang der Mitose zu sprechen kommen. Die Mitose ist der Mechanismus, der den Chromosomensatz, ob haploid oder diploid, während der aufeinanderfolgenden Zellteilungen konstant hält. Färbt man einen Interphasekern mit basischen Farbstoffen, wird der Kern lichtmikroskopisch sichtbar. Man erkennt, daß er von einer Membran umgeben ist. Im Kern heben sich ein bis zwei RNA-reiche Regionen ab, die Nukleoli (Einzahl Nukleolus) (Abb. 5.1).

Während der S-Phase des Zellzyklus (die ein Teil der Interphase ist) teilen sich die Chromosomen. Die Teilungsprodukte bleiben jedoch in einer bestimmten Region miteinander verbunden, die man Zentromer nennt. Die zwei Tochterchromosomen, die am Zentromer zusammengehalten werden, nennt man Chromatiden. Die Mitose ist ein kontinuierlicher Prozeß: in unserer Beschreibung wollen wir ihn der Anschaulichkeit halber in vier Stadien einteilen: Prophase, Metaphase, Anaphase und Telophase. Eine Serie von Photos zeigt die verschiedenen Phasen der Mitose (Abb. 5.2).

Der Einfachheit halber ist die Mitose bei einem hypothetischen diploiden Organismus mit nur zwei Chromosomenpaaren dargestellt. Die Charakteristika jeder Phase sind kurz beschrieben. Dieselben Abläufe findet man bei der Mitose einer haploiden Zelle.

Prophase (Abb. 5.3a)

a) Durch zunehmende Spiralisierung werden die Chromosomen sichtbar.

b) Man kann in jedem Chromosom die beiden Schwesterchromatiden erkennen.

c) Am Ende der Prophase verschwinden der Nukleolus und die Kernmembran.

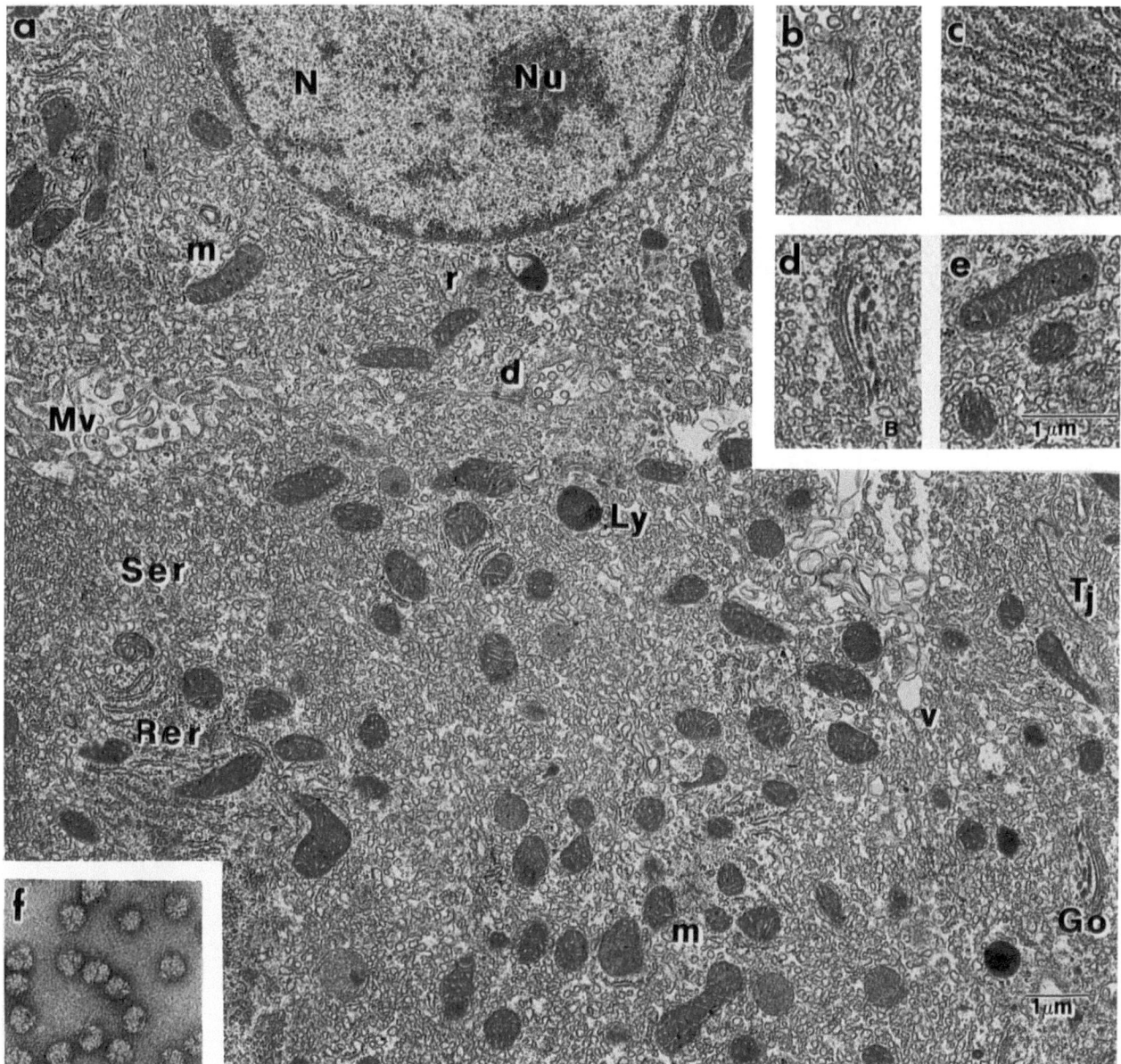

Abb. 5.1a–f. Elektronenoptische Aufnahme einer eukaryontischen Zelle (aus Rattenleber) mit Ausschnittvergrößerungen wichtiger Zellorganellen (M. Boublik). a Allgemeine Ultrastruktur von Rattenleberzellen (9600fache Vergrößerung). Abkürzungen: *N* Kern (nucleus), *Tj* tight junction (engl. = enge Verbindung; Fusionspunkt der Zellmembranen benachbarter Zellen), *d* Desmosom (Teil der Zellmembran, wichtige Struktur für den Zusammenhalt mit der Nachbarzelle), *Mv* Mikrovilli (Einstülpungen der Zelloberfläche), *r* Ribosomen, *Rer* Rauhes endoplasmatisches Retikulum, *Ser* Glattes endoplasmatisches Retikulum (engl. smooth = weich), *m* Mitochondrien, *v* Vakuole, *Ly* Lysosomen (kleine Vesikeln, die Verdauungsenzyme enthalten), *Go* Golgi-Apparat (Stapel flachgedrückter Vesikeln). b Zellmembran mit Desmosomen (14400fache Vergrößerung); c Rauhes endoplasmatisches Retikulum (14400fache Vergrößerung); d Golgi-Apparat (14400fache Vergrößerung); e Mitochondrien (14400fache Vergrößerung); f Ribosomen (160 000fache Vergrößerung)

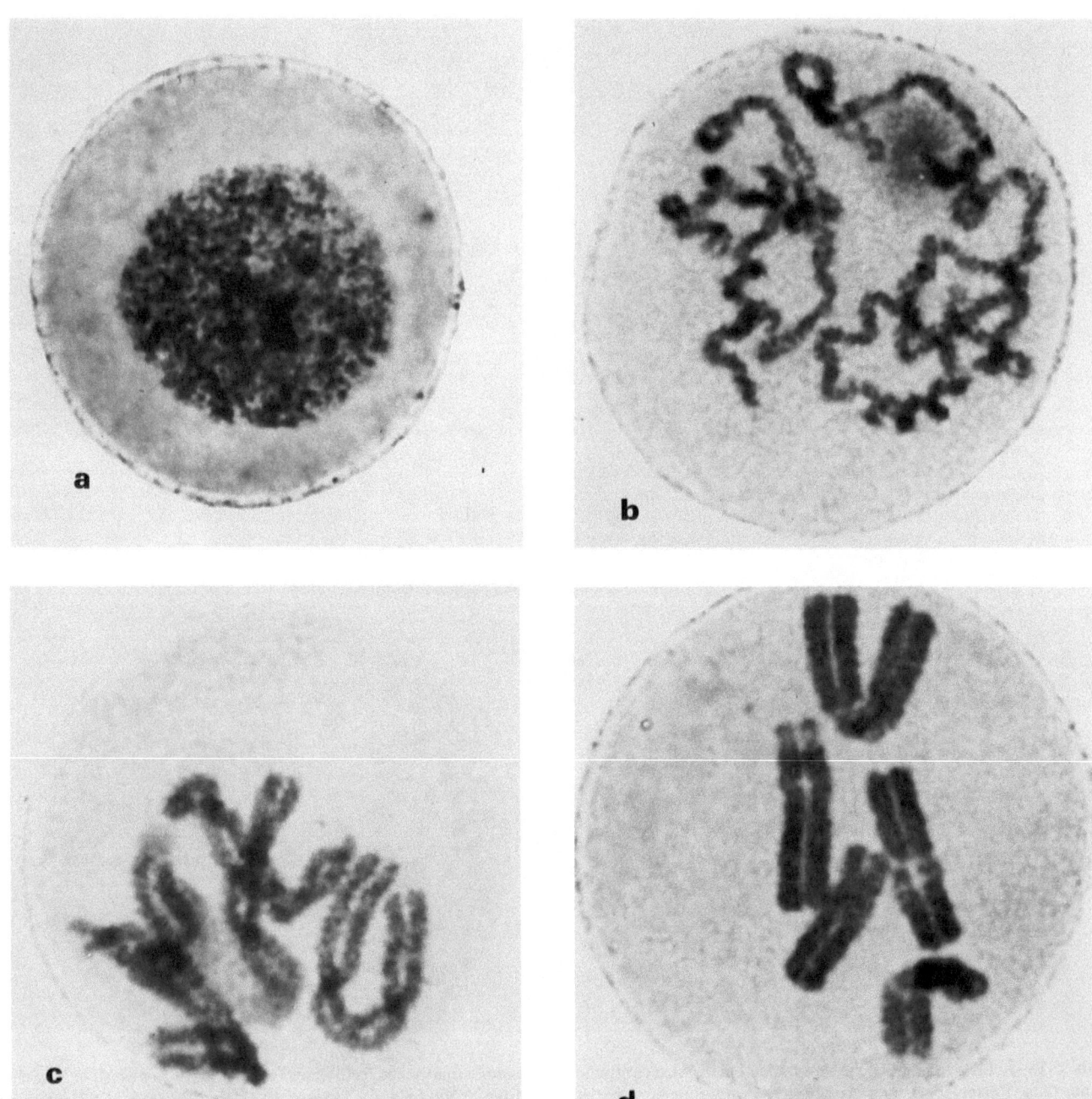

Abb. 5.2a–f. Mitosestadien von *Trillium erectum*. Da es sich um Pflanzenzellen handelt, gibt es keine Zentriolen. Die Spindelfasern sind in den Mikrofotos schwer zu erkennen. Die Fotos zeigen Mitosestadien in Pollenkörnern, also in haploiden Zellen. **a** Interphase, **b** Prophase, **c** späte Prophase, **d** Metaphase, **e** Anaphase, **f** Telophase. Alle Mikrophotos sind in 2000facher Vergrößerung (A.H. Sparrow u. R.F. Smith, Brookhaven National Laboratory)

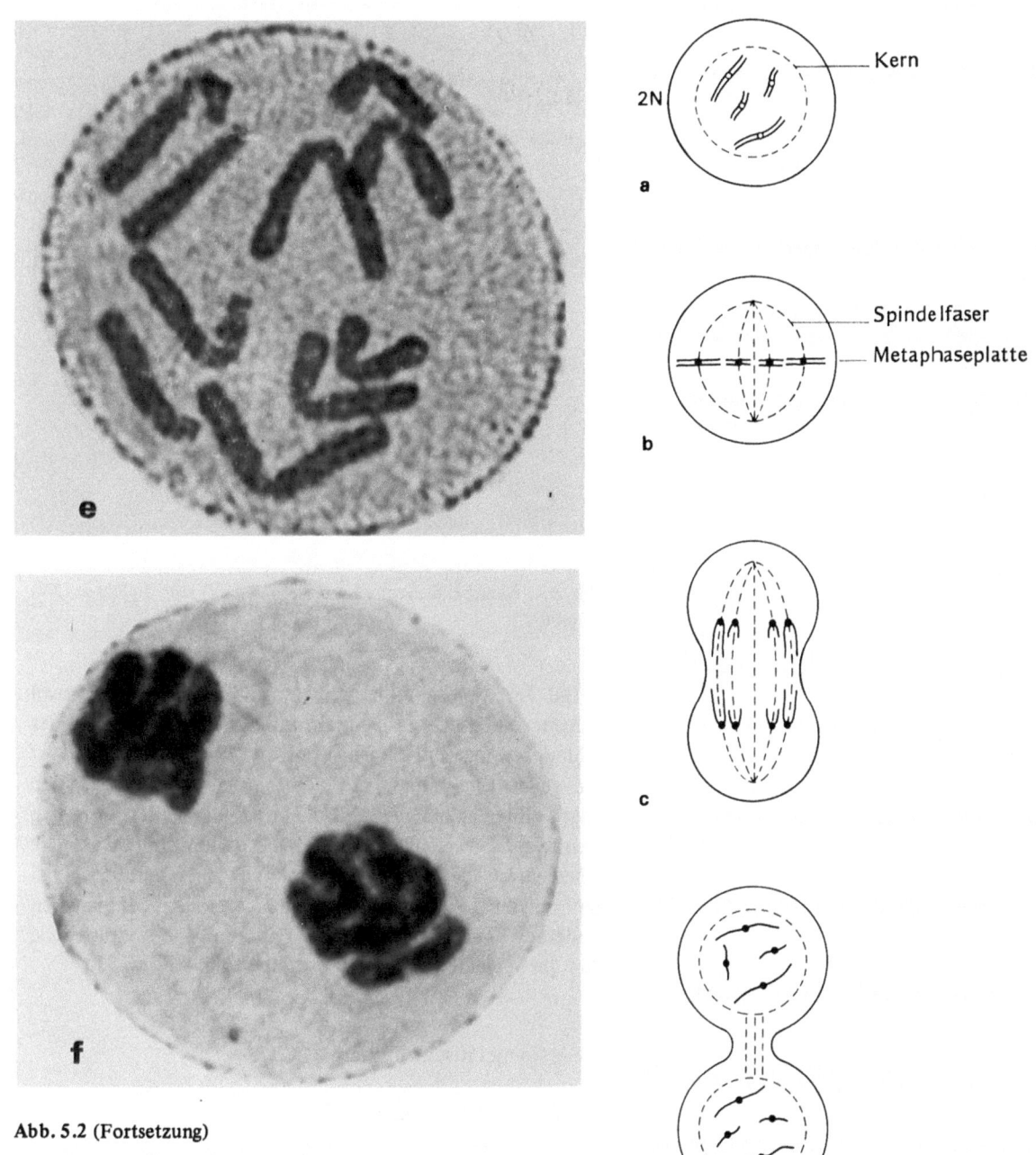

Abb. 5.2 (Fortsetzung)

Abb. 5.3a–d. Schematische Übersicht über die Mitose in einer hypothetischen diploiden tierischen Zelle mit zwei Chromosomen im haploiden Chromosomensatz. a Prophase, b Metaphase, c Anaphase, d Telophase

Metaphase (Abb. 5.3b)

a) Die Spindelfasern werden gebildet: sie beginnen an den gegenüberliegenden Zellpolen. Bei Tieren sind die Spindelfasern an Strukturen angeheftet, die man Zentriolen nennt. Sie befinden sich an den beiden Zellpolen. In Pflanzenzellen sind solche Strukturen nicht bekannt.

b) Einige Spindelfasern heften sich an der Zentromerregion der Chromosomen an.
c) Die Schwesterchromatiden ordnen sich in einer Ebene in der Zellmitte an, die man Metaphaseplatte nennt.

Anaphase (Abb. 5.3c)

a) Sie wird durch die Teilung des Zentromers jedes Chromosoms eingeleitet.
b) Die zwei Schwesterchromatiden jedes Chromosoms trennen sich. Jedes Tochterchromosom bleibt mit seinem nunmehr geteilten Zentromer verbunden.
c) Mittels der Spindelfasern wandern beide Zentromere zu den entgegengesetzten Zellpolen: dadurch segregieren die zwei Tochterchromosomen.

Telophase (Abb. 5.3d)

a) Die Wanderung der Tochterchromosomen zu den Zellpolen ist nun beendet; die Chromatiden aller Chromosomen sind nun getrennt und ordnen sich in der Zelle in zwei Gruppen an.
b) Um jede der beiden Gruppen von Chromosomen bildet sich eine Kernmembran.
c) Der Nukleolus bzw. die Nukleoli bilden sich wieder.
e) Die Chromosomen entspiralisieren sich und werden lichtmikroskopisch „unsichtbar". Man erkennt zwei typische Interphasekerne.
f) Meist folgt auf die Telophase die Zellteilung (Zytokinese).

Für die Genetik sind die folgenden Aspekte der Mitose von Bedeutung:

1. Homologe Chromosomen teilen sich während der S-Phase des Zellzyklus in zwei Chromatiden.
2. Die homologen Chromosomen (je zwei Schwesterchromatiden) legen sich unabhängig voneinander zur Metaphaseplatte zusammen.

Meiose (Sexuelle Fortpflanzung)

Im sexuellen Zyklus eines diploiden Organismus wechseln eine haploide und eine diploide Phase ab (Abb. 5.4).

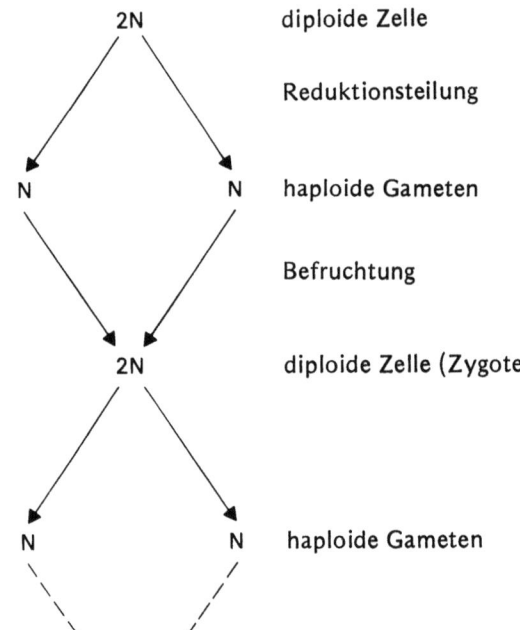

Abb. 5.4. Generationswechsel im haploiden (N) zum diploiden ($2N$) Zustand

Bei der Meiose teilt sich eine diploide Zelle mit zwei Chromosomensätzen zweimal hintereinander. Die erste der beiden Teilungen erfolgt nach einer DNA-Replikation. Auf den ersten Blick ähnelt die Meiose sehr einer Mitose, doch zeigt sich bei genauerem Hinsehen, daß die beiden Vorgänge grundlegend verschieden sind. Aus jeder diploiden Zelle gehen durch die Meiose vier haploide Zellen hervor, die bei den meisten Eukaryonten Gameten darstellen; bei manchen niederen Eukaryonten sind es Sporen. Das zytologische Bild der verschiedenen Meiosestadien zeigt Abb. 5.5.

Die erste meiotische Teilung

Prophase I (Abb. 5.6a und b)

a) Durch Spiralisierung und Verkürzung werden die Chromosomen sichtbar, die jetzt im diploiden Satz vorliegen. Im Gegensatz zur Prophase der Mitose erkennt man hier keine Unterteilung in Chromatiden.
b) Homologe Chromosomen paaren sich.
c) Jetzt erkennt man die beiden Schwesterchromatiden in den Chromosomen (Fig. 5.6b).
d) In diesem Stadium der Meiose kommt es zum Austausch homologen väterlichen und mütterlichen genetischen Ma-

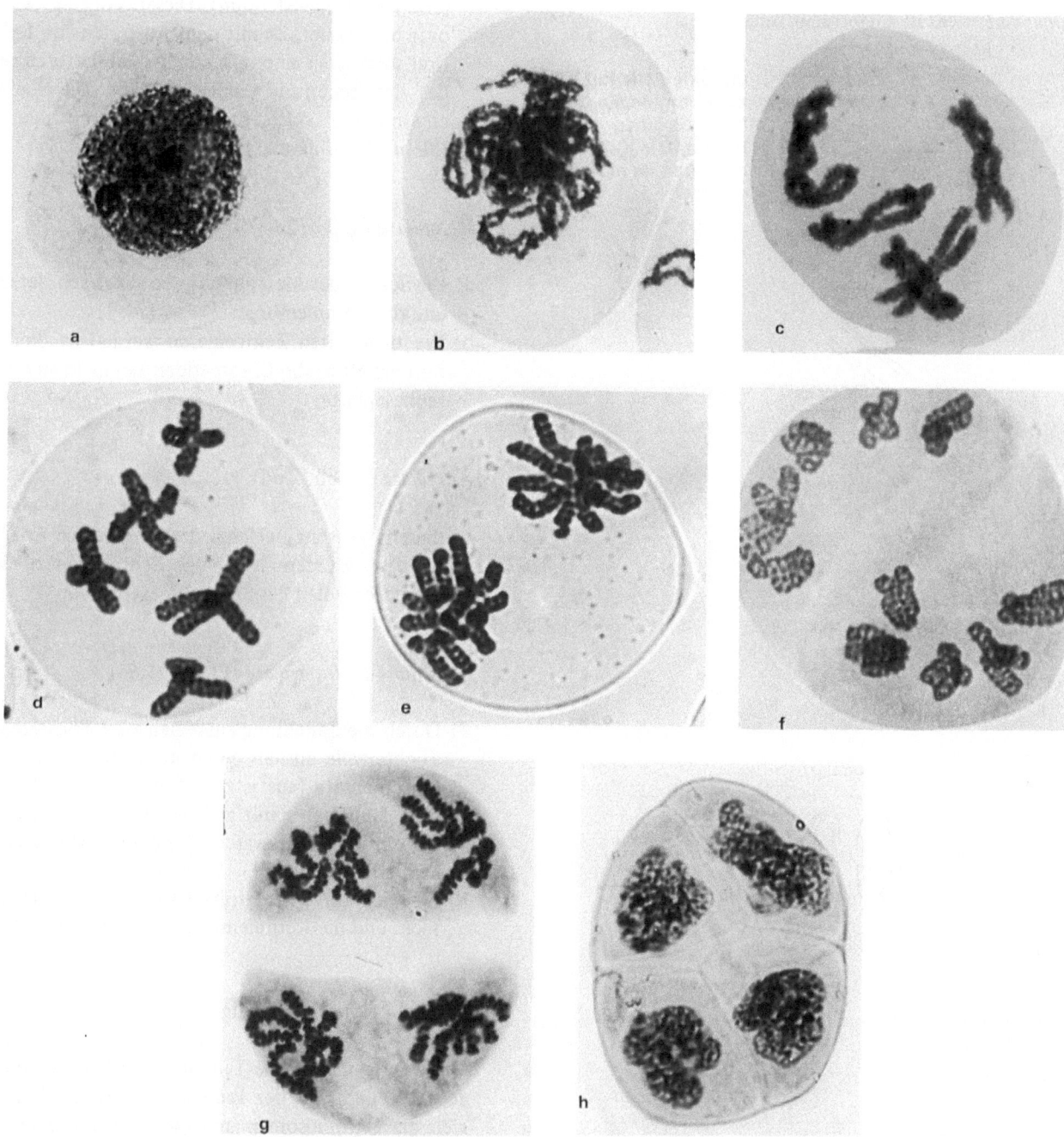

Abb. 5.5a–h. Meiosestadien der Pflanze *Trillium erectum*. **a** Frühe Prophase I, **b** mittlere Prophase I, **c** späte Prophase I, **d** Metaphase I, **e** Anaphase I, **f** Metaphase II, **g** Anaphase II, **h** frühe Interphase nach den zwei meiotischen Teilungen. (Alle Mikrophotos mit etwa 1000-facher Vergrößerung) (A.H. Sparrow u. R.F. Smith, Brookhaven National Laboratory)

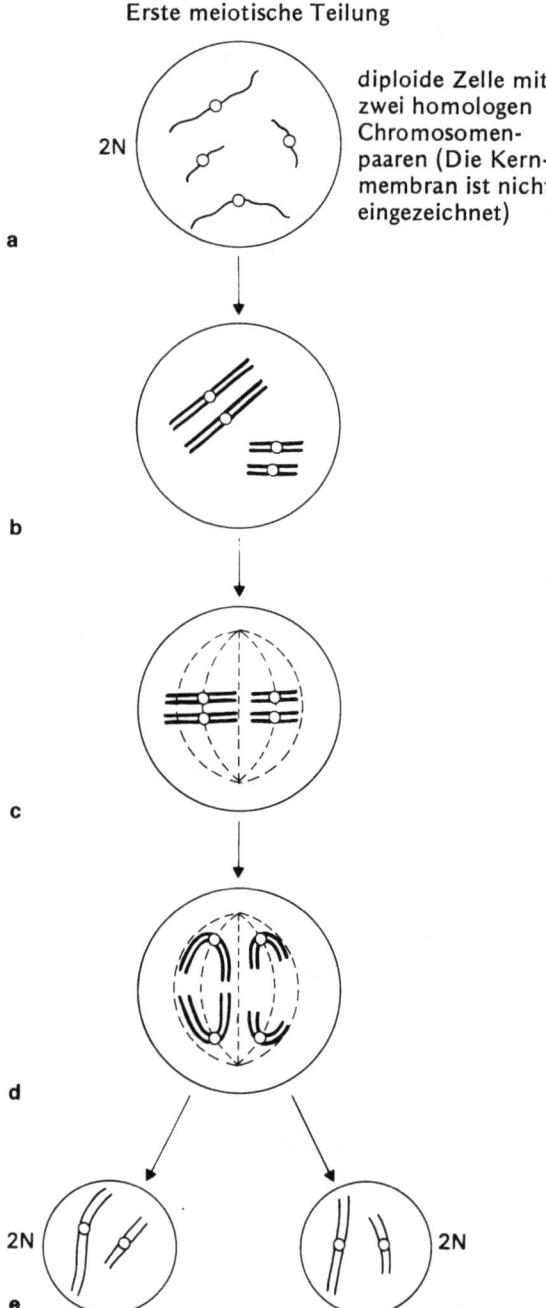

Abb. 5.6a–e. Schematische Übersicht über die erste meiotische Teilung in einer hypothetischen tierischen Zelle mit zwei Chromosomen im haploiden Chromosomensatz. a Frühe Prophase I, b späte Prophase I, c Metaphase I, d Anaphase I, e Telophase I/Interphase II

terials (Tetradenstadium). Dieser Vorgang, als crossing-over bezeichnet, ist mit dem Auftreten von Rekombination väterlicher und mütterlicher Erbfaktoren gekoppelt, das sich genetisch nachweisen läßt. Die Stelle, an der crossing-over stattgefunden hat, nennt man Chiasma (Mehrzahl: Chiasmata).

Metaphase I (Abb. 5.6c)

a) Zu Beginn der Metaphase I verschwinden der Nukleolus und die Kernmembran.
b) Die ungeteilten Zentromeren werden an die Spindelfasern geheftet; die Chromatiden sammeln sich in der Metaphaseplatte.

Anaphase I (Abb. 5.6d)

In diesem Vorgang, welcher der mitotischen Anaphase sehr ähnlich ist, wandern homologe Zentromere zu den entgegengesetzten Polen des Spindelfaserapparats.

Telophase I / Interphase II (Abb. 5.6e)

a) Durch die Zellteilung entstehen zwei Tochterzellen. Jede Tochterzelle enthält einen kompletten haploiden Chromosomensatz (aus je zwei Chromatiden). Jede Tochterzelle kann daher mit gleicher Wahrscheinlichkeit entweder ein homologes väterliches oder mütterliches Chromosom erhalten.
b) In einer kurzen Interphase strecken sich die Chromosomen, und die Kernmembran bildet sich erneut.

Zweite meiotische Teilung

Die zweite meiotische Teilung entspricht fast einer mitotischen Teilung. In der Prophase II (Abb. 5.7a) verdichten sich die Chromosomen und die Zentromere teilen sich. In der Metaphase II ordnen sich die Chromosomen in der Metaphaseplatte (Abb. 5.7b).

Anaphase II (Abb. 5.7c)

Die Zentromere wandern zu den gegenüberliegenden Spindelpolen und ziehen die Chromatiden mit.

Telophase II (Abb. 5.7d)

a) Jede der beiden Tochterzellen teilt sich erneut. Es werden also bei jeder Meiose aus einer diploiden Zelle vier haploide.
b) Die Chromosomen entspiralisieren sich, und eine Kernmembran wird gebildet.

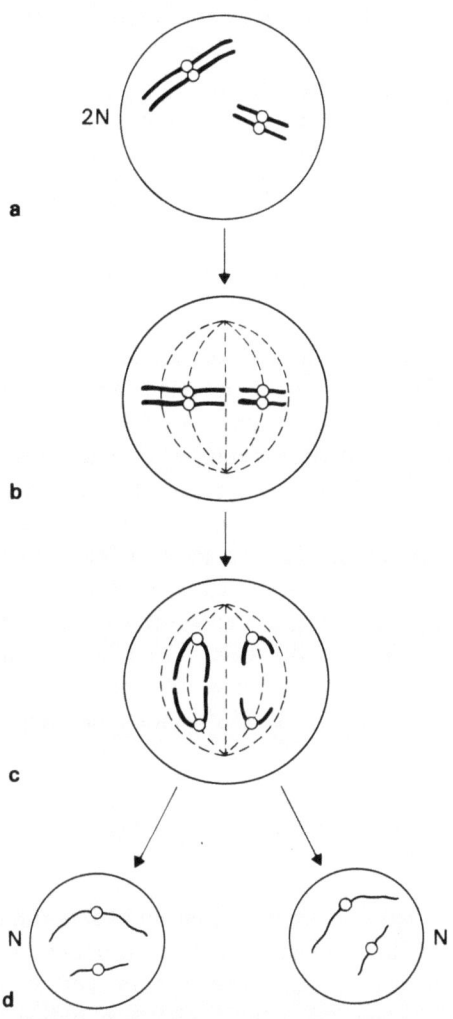

Abb. 5.7a–d. Zweite meiotische Teilung – Fortsetzung von Abb. 5.6. a Prophase II, b Metaphase II, c Anaphase II, d Telophase II

Jede haploide Zelle enthält demnach den halben Chromosomensatz einer normalen diploiden Zelle, das heißt, je eines der beiden homologen Chromosomen. Durch diesen Vorgang werden die homologen väterlichen und mütterlichen Chromosomen willkürlich verteilt.

Die Aufteilung der Chromosomen in den meiotischen Teilungen verläuft parallel zur Segregation der Gene. Dies wird in späteren Kapiteln näher besprochen werden. Für die Genetik ist das Tetradenstadium der ersten meiotischen Teilung von besonderer Bedeutung: Hier findet das crossing-over statt, und es segregieren die vier Chromatiden eines Paars homologer Chromosomen unabhängig von den Chromatiden jedes anderen Chromosomenpaars in die vier haploiden Meioseprodukte.

ÜBERSICHTSARTIKEL ZU KAPITEL 5:

Egel R (1975) Molekulare Aspekte der Meiose. Biol unserer Zeit 5: 11–17

LITERATUR

Brachet J, Mirsky AE (eds) (1961) The cell. Academic Press, New York (Meiosis and Mitosis, vol 3)
Brinkley BR, Stubblefield E (1970) Ultrastructure and interaction of the kinetochore and centriole in mitosis and meiosis. Adv Cell Cycle 1:119–186
Henderson SA (1970) The time and place of meiotic crossing over. Annu Rev Genet 4:295–324
John B, Lewis KR (1965) The meiotic system. Springer, New York
Moses MJ (1968) Synaptinemal complex. Annu Rev Genet 2:363–412
Stern H, Hotta Y (1969) Biochemistry of meiosis. In: Lima-de-Faria CA (ed) Handbook of cytology. North Holland, Amsterdam
Westergaard M, Wettstein von D (1972) The synaptinemal complex. Annu Rev Genet 6:74–110

KAPITEL 6
Mutation, Mutagenese und Selektion

INHALT
Definitionen
Mutagenese
Spontane Mutationen
Induzierte Mutationen
    Röntgenstrahlen, gamma-Strahlen
    5-BU, 2-AP
    Salpetrige Säure
    Hydroxylamin
    Acridine
Reparatur von DNA-Schäden
    Photoreaktivierung
    Exzisionsreparatur
Isolation von Mutanten
    Sichtbare Mutanten
    Stoffwechselmutanten
    Konditionelle Mutanten
    Anreicherung von Mutanten

Definitionen

Phänotyp	erfaßbare physikalische und biochemische Eigenschaften eines Organismus.
Genotyp	genetische Konstitution eines Organismus.
Allele	alternative Formen eines Gens.
Homozygot	ist ein diploider Organismus, der auf den beiden homologen Chromosomen zwei identische Allele eines Gens trägt.
Heterozygot	ist ein diploider Organismus, der auf den beiden homologen Chromosomen verschiedene Allele eines Gens trägt.
Dominantes Allel	wird sowohl im homozygoten als auch im heterozygoten Zustand phänotypisch ausgeprägt.
Rezessives Allel	wird nur im homozygoten Zustand phänotypisch ausgeprägt.
Spontanmutation	ereignet sich ohne bekannte äußere Ursache.
Induzierte Mutanten	sind aufgrund äußerer physikalischer oder chemischer Einwirkung entstanden
Transition	ein Purin-Pyrimidin-Paar ist gegen ein anderes Purin-Pyrimidin-Paar ausgetauscht, z.B. A-T gegen G-C oder umgekehrt.
Transversion	ein Purin-Pyrimidin-Paar ist gegen ein Pyrimidin-Purin-Paar ausgetauscht, z.B. A-T gegen T-A.

Mutagenese

In einem früheren Kapitel haben wir die Struktur der DNA behandelt. Ein Gen besteht aus einer spezifischen Folge von DNA-Nukleotiden: verschiedene Gene bestehen aus unterschiedlichen Nukleotidsequenzen. Mutationen sind Änderungen in der Basensequenz der DNA, wie etwa Transitionen und Transversionen, Insertionen und Deletionen. Man konnte zeigen, daß die meisten Mutationen eines einzelnen Basenpaares reversibel sind. Die Folgen eines Mutationsereignisses hängen von seiner Lage im Gen ab: daher führen nicht alle Mutationen zu einem veränderten (Mutanten-) Phänotyp eines Organismus. Die Induktion von Mutationen wird Mutagenese, das Agens Mutagen genannt.

Spontane Mutationen

An der Entstehung von Spontanmutanten sind keine mutagenen Agentien beteiligt. Sowohl Basenpaaraustausche als auch Chromosomenaberrationen können spontan auftreten. So kommt beispielsweise das Adeninmolekül in zwei verschiedenen Formen vor, die man als Tautomere bezeichnet. In der stabileren Konfiguration bildet das Adenin mit dem Thymin zwei Wasserstoffbrücken aus, kann jedoch mit dem Cytosin keine Wasserstoffbrückenbindung eingehen. Wenn

Abb. 6.1. Der Übergang des Adenin in die seltene Form führt zur Ausbildung der ungewöhnlichen Adenosin-Cytosin-Paarung

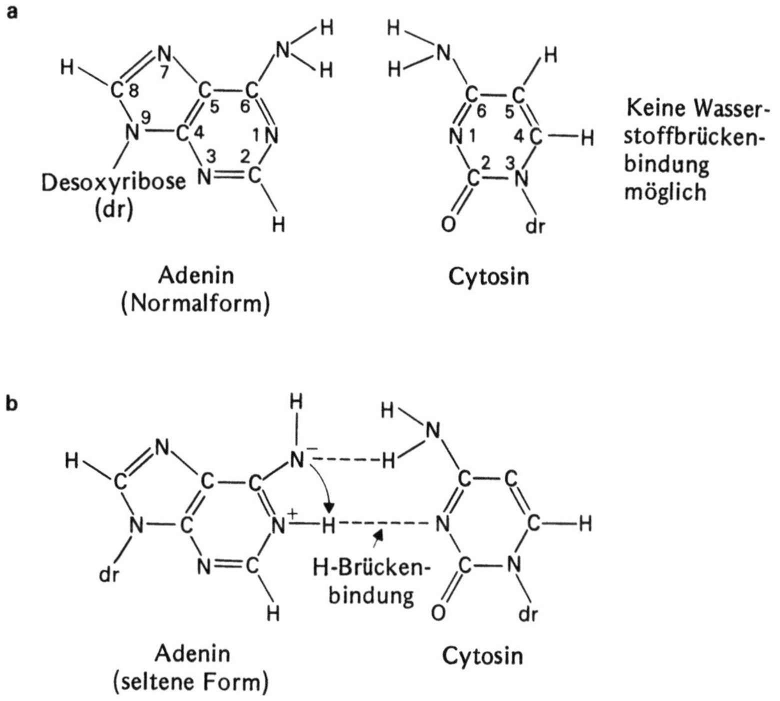

aber Adenin in die alternative Form übergeht, wobei das Wasserstoffatom von der 6-Aminogruppe in die 1-N-Position überwechselt, so können mit dem Cytosin zwei Wasserstoffbrücken gebildet werden (Abb. 6.1).

Falls es während der DNA-Replikation zu einer A-C-Paarung kommt, wird einer der beiden Tochterstränge in der darauffolgenden Replikationsrunde anstelle eines AT-Paares ein GC-Paar tragen. Dies ist ein Beispiel für eine Transition (Abb. 6.2).

Die Folgen dieses Mutationsereignisses hängen, wie bereits erwähnt, von der Lage des Mutationsorts im Gen ab.

Induzierte Mutationen

Mutationen können durch physikalische oder chemische Einwirkungen entstehen. Zu den physikalischen Einwirkungen gehört Strahlung: gewöhnlich werden Röntgenstrahlen, gamma-Strahlen und ultraviolette Strahlen verwendet. Röntgen- oder gamma-Strahlen verursachen Chromosomenbrüche, die dann zu Rearrangements in den Chromosomen und eventuell zur Letalität der Zelle führen.

Chemische Mutagene können auf vielerlei Art und Weise wirken. Dies hängt von der chemischen Struktur und der Reaktion des Mutagens mit den Basen der DNA ab. Einige Beispiele für die Wirkungsweise chemischer Mutagene sollen hier besprochen werden.

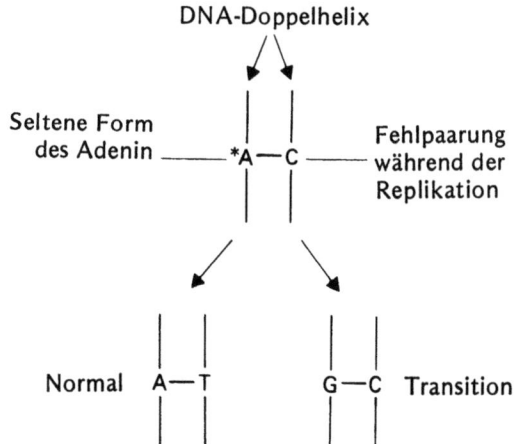

Abb. 6.2. Spontane Mutation: Fehlpaarung von Adenin mit Cytosin während der Replikation führt zu einer Transition

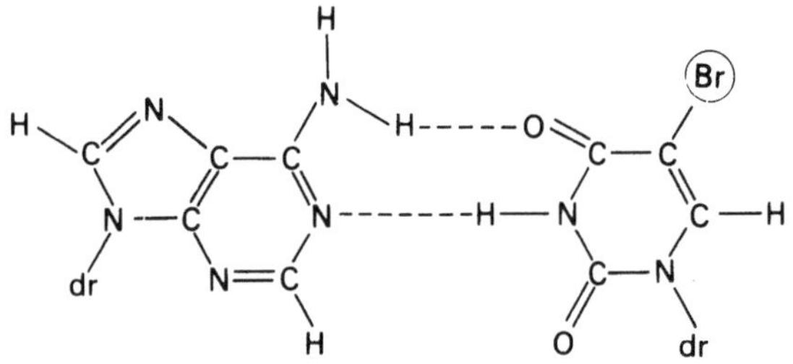

46 Mutation, Mutagenese und Selektion

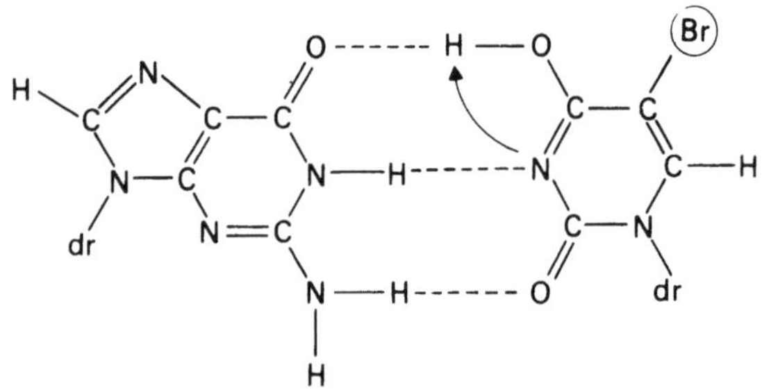

Abb. 6.3a,b. Paarungseigenschaften des 5-Bromuracil (5-BU). **a** In seiner normalen keto-Form paart 5-BU mit Adenin; **b** in seiner seltenen enol-Form paart 5-BU mit Guanin

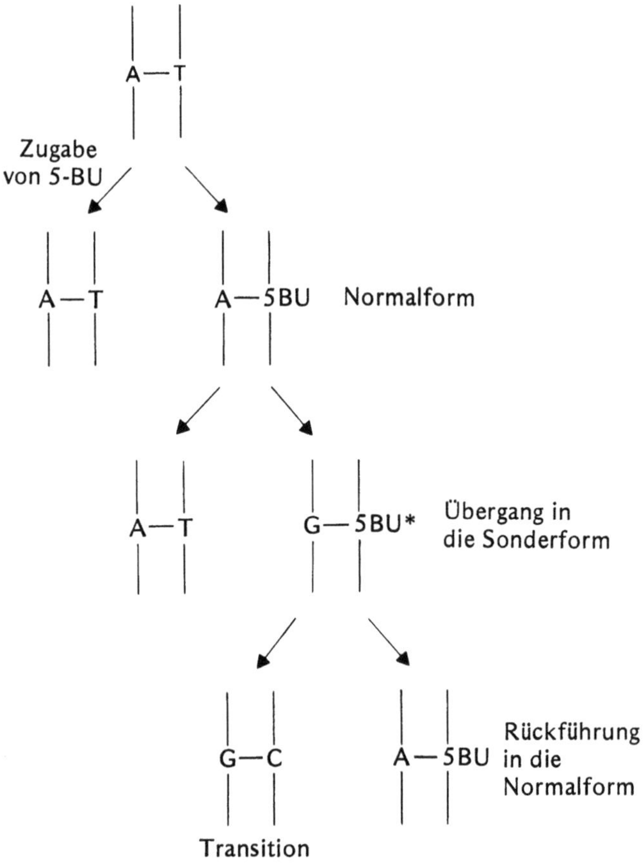

Abb. 6.4. Mutagene Wirkung des 5-BU durch Einbau seiner Normalform in die DNA mit anschließendem Übergang in seine Sonderform während der nächsten Replikationsrunde

5-Bromuracil

5-Bromuracil (5-BU) ist ein Basenanalog. Basenanaloge besitzen Strukturen, die denen normalerweise in der DNA vorkommenden Basen sehr ähnlich sind. 5-BU kommt in zwei Zustandsformen vor. In seinem normalen keto-Zustand ähnelt es dem Thymin und paart deshalb mit Adenin. In seltenen Fällen geht es in den enol-Zustand über und paart dann spezifisch mit Guanin (Abb. 6.3).

Bei der Mutagenese durch 5-BU (und durch basenanaloge Mutagene im allgemeinen) bestehen zwei Möglichkeiten. Wird die Normalform des 5-BU während der Replikation in die DNA eingebaut, so kann sie während der nächsten Replikationsrunde in den seltenen enol-Zustand übergehen: dies führt dann zu einer Transition von AT nach GC (Abb. 6.4).

Die andere Möglichkeit besteht darin, daß 5-BU in seinem seltenen enol-Zustand in die DNA eingebaut wird. Dabei wird 5-BU gegenüber einem G eingebaut: Die nachfolgende Replikation nach erfolgtem Übergang des 5-BU in den normalen keto-Zustand wird dann zu einer Transition von GC nach AT führen (Abb. 6.5).

5-BU kann also Transitionen von AT nach GC oder von GC nach AT verursachen. Man kann daher durch 5-BU induzierte Transitionen wieder durch Behandlung mit 5-BU rückgängig machen. Dieser Vorgang wird als Rückmutation oder Reversion bezeichnet.

2-Aminopurin (2-AP)

2-AP ist ebenso ein Basenanalog und kommt wie 5-BU in zwei Zustandsformen vor (Abb. 6.6). In seinem Normalzustand verhält es sich wie ein Adenin und bildet mit Thymin Wasserstoffbrücken aus. In seinem selteneren Zustand verhält es sich wie Guanin und paart daher mit Cytosin. 2-AP kann also Transitionen sowohl von AT nach GC als auch von GC nach AT induzieren. Man kann daher 2-AP-induzierte Mutationen wieder mit 2-AP revertieren.

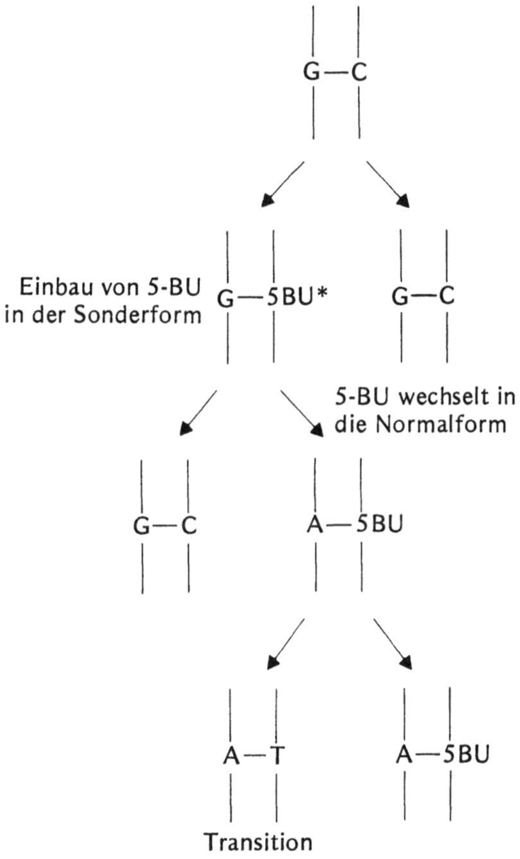

```
        |
      G — C
        |
   ↙       ↘
```

Einbau von 5-BU   G — 5BU*   G — C
in der Sonderform

                       5-BU wechselt in
                       die Normalform

       G — C   A — 5BU

              ↙   ↘

            A — T   A — 5BU
            Transition

Abb. 6.5. Mutagene Wirkung von 5-BU durch Einbau seiner Sonderform in die DNA mit anschließendem Übergang in seine Normalform während der nächsten Replikationsrunde

Salpetrige Säure (NA, vom engl. nitrous acid)

Salpetrige Säure (HNO_2) ist ein desaminierendes Agens: es entfernt Aminogruppen (NH_2) aus den Basen. Dies führt in einigen Fällen zu einer Änderung der Paarung und induziert daher Mutationen. Drei Basen besitzen eine Aminogruppe, nämlich Adenin, Guanin und Cytosin. Reagiert Adenin mit NA, so wird es in Hypoxanthin umgewandelt, das dann mit Cytosin paart. Das Ergebnis ist eine Transition von AT nach GC (Abb. 6.7a).

NA entfernt die Aminogruppe in der 2-C-Position des Guanin, wodurch Xanthin entsteht. Da sowohl Guanin als auch Xanthin mit Cytosin paaren, führt dies nicht zum Basenaustausch (Abb. 6.7b).

Die Reaktion von NA mit Cytosin führt jedoch zur Mutation. Desaminierung von Cytosin erzeugt Uracil, das natürlich dann mit Adenin paart. Dies erzeugt eine Transition

2-Aminopurin

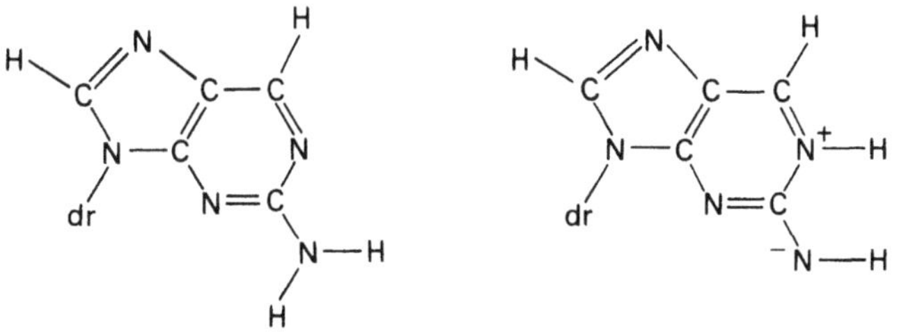

a Normalform   b Sonderform

Abb. 6.6a,b. Struktur von 2-Aminopurin. **a** In seiner Normalform paart es mit Thymin und **b** in seinem seltenen Iminozustand paart es mit Cytosin

von GC nach AT. Dieser Vorgang ist das Reziproke der Reaktion von NA mit Adenin (Abb. 6.7c). Durch NA induzierte Mutationen können demnach wieder durch Behandlung mit salpetriger Säure revertiert werden.

Hydroxylamin

Hydroxylamin (NH_2OH) induziert Mutationen, indem es spezifisch mit Cytosin reagiert. Es hydroxyliert Cytosin, so daß es dann mit Adenin paart (Abb. 6.8).

Hydroxylamin erzeugt sogenannte Einweg-Transitionen von GC nach AT. Dadurch können Hydroxylamin-induzierte Mutationen nicht durch dasselbe Mutagen revertiert werden. Reversionen können jedoch durch 5-BU, 2-AP oder NA erhalten werden, da diese Transitionen in beiden Richtungen hervorrufen können.

Acridine

Acridinbehandlung führt zur Addition oder Deletion eines Basenpaars in der DNA. Dies hat schwerwiegende Folgen, da die Aminosäuresequenz eines Proteins drastisch verändert wird. Dies wird bei der Besprechung der Translation der DNA in mRNA deutlich werden.

Werden Acridine in niedrigen Konzentrationen verwendet, so schieben sie sich zwischen benachbarte Basenpaare der DNA. Dadurch erweitert sich der Abstand benachbarter Basenpaare auf 0,68 nm; das ist genau das Doppelte der normalen Entfernung. Die Folgen dieses Einschubs hängen davon ab, ob das Acridinmolekül in den DNA-Strang eingebaut wird, der als Vorlage dient, oder in den neusyntheti-

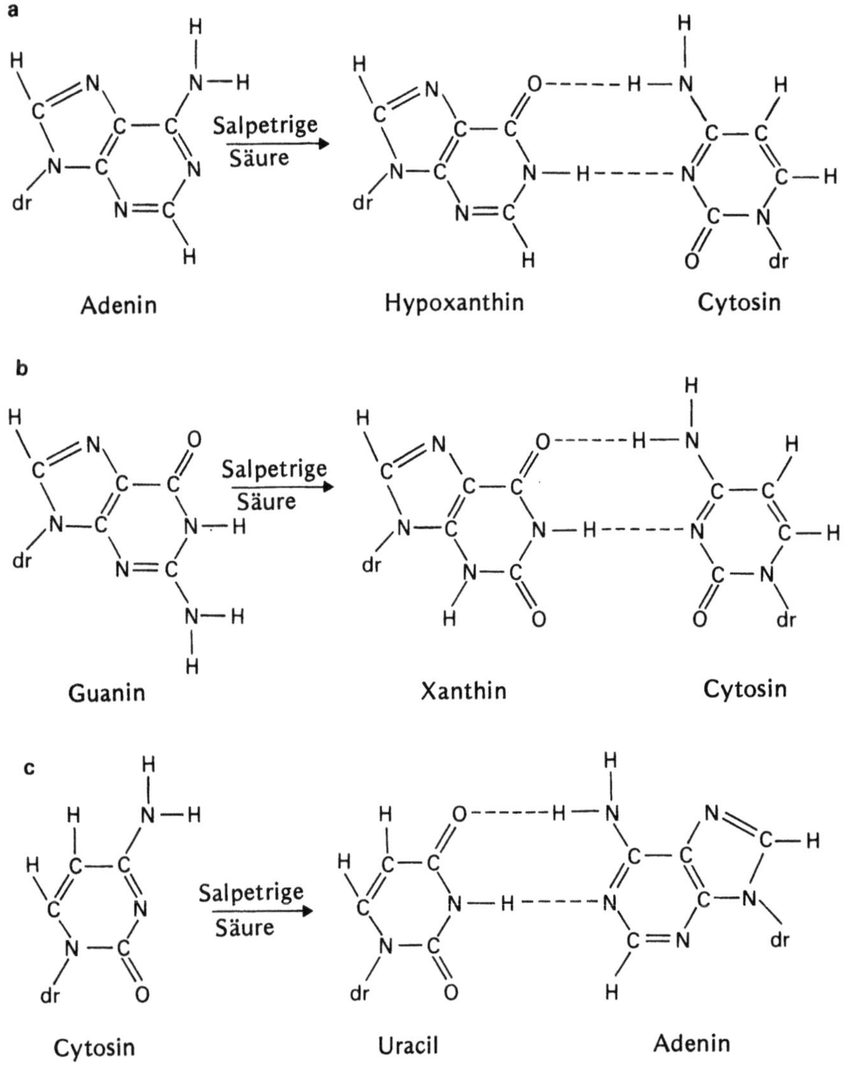

48 Mutation, Mutagenese und Selektion

Abb. 6.7a–c. Mutagene Wirkung von salpetriger Säure. **a** Desaminierung von Adenin durch salpetrige Säure führt zu Hypoxanthin, das mit Cytosin paart (Transition). **b** Desaminierung von Guanin erzeugt Xanthin, das mit Cytosin paart (keine Basenpaar-Substitution). **c** Desaminierung von Cytosin erzeugt Uracil, das mit Adenin paart (Transition)

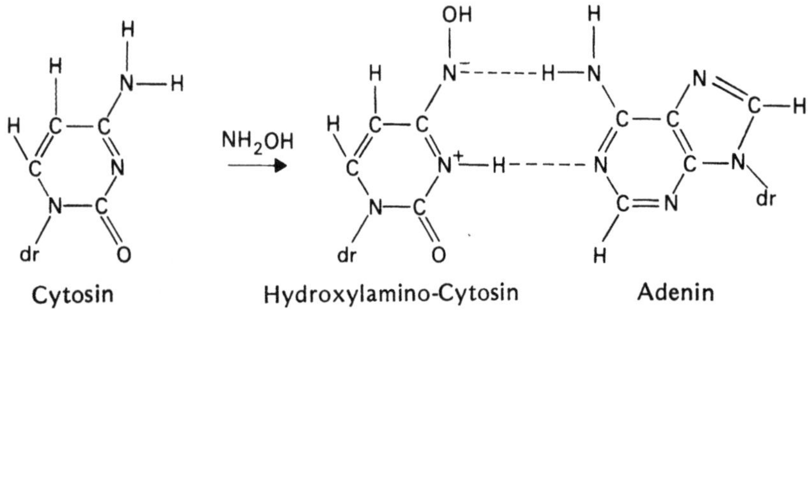

Abb. 6.8. Mutagene Wirkung des Hydroxylamin

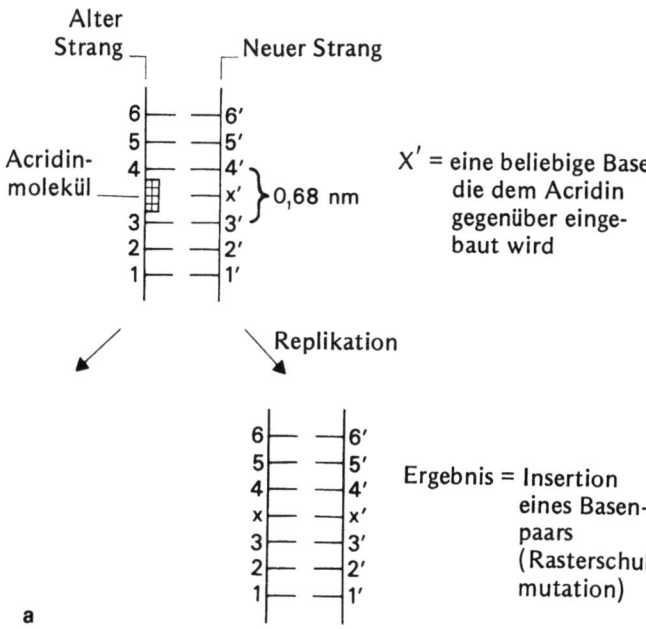

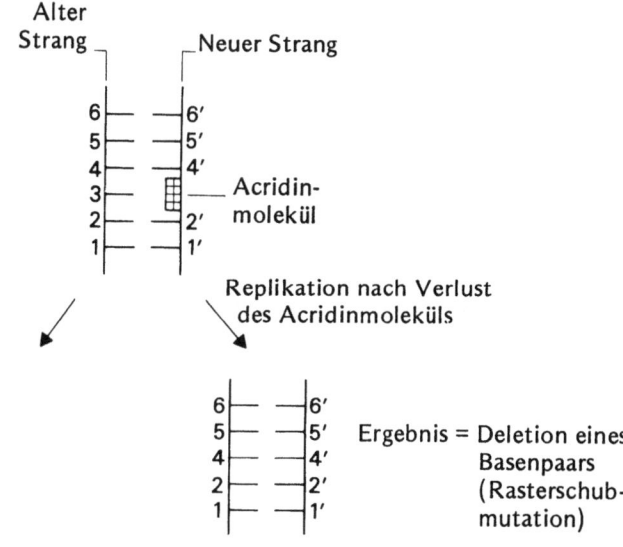

Abb. 6.9a,b. Mutagene Wirkung der Acridine durch Einbau in die DNA. a Entstehung einer Insertion durch Einbau eines Acridinmoleküls in den alten DNA-Strang. b Entstehung einer Deletion durch Einbau eines Acridinmoleküls in den neusynthetisierten DNA-Strang (W. Hayes 1968, The genetics of bacteria and their viruses. Blackwell, Oxford)

Tabelle 6.1. Zusammenfassung der Wirkungsweise verschiedener chemischer Mutagene (W. Hayes 1968, The genetics of bacteria and their viruses. Blackwell, Oxford)

Mutagen	Basenpaaraustausche	
5-Bromuracil	AT ↔ GC	Transition in beiden Richtungen
2-Aminopurin	AT ↔ GC	Transition in beiden Richtungen
Salpetrige Säure	AT ↔ GC	Transition in beiden Richtungen
Hydroxylamin	GC → AT	Transition in einer Richtung
Acridine	+1 oder −1	Insertion oder Deletion

sierten Strang. Im ersten Fall wird irgendeine Base gegenüber dem Acridinmolekül eingebaut, wenn das DNA-Molekül repliziert wird. In der nächsten Replikationsrunde wird die komplementäre Base eingebaut: das führt zum Einschub eines Basenpaars in dieser Region. Diese Mutation wird als Insertion bezeichnet. Ihre Entstehung ist in Abb. 6.9a wiedergegeben.

Wenn jedoch das Acridinmolekül in den neusynthetisierten Strang eingebaut wird, verhindert es die Paarung einer Base des Stranges, der als Vorlage dient. Gegenüber dem Acridinmolekül wird keine Base eingebaut. Wenn dann das Acridinmolekül vor der nächsten Replikationsrunde verlorengeht, führt dies zur Deletion eines Basenpaars. Man kann also eine acridininduzierte Mutante (die Insertionsmutante) durch nochmalige Acridinbehandlung (die eine Deletion verursacht) revertieren.

Die besprochenen Mutagene zeigen verschiedene Wirkungsweisen und erzeugen unterschiedliche mutative Veränderungen, die in Tabelle 6.1 zusammengefaßt sind.

Die hier beschriebenen Mutagene werden gewöhnlich in Laboratorien benutzt. Eine große Zahl anderer Chemikalien sind auch mutagen. Dieser Tatbestand ist für die Öffentlichkeit von größtem Interesse, da wir ständig mit Chemikalien in Berührung kommen, die potentielle Mutagene sein können. Daher werden in zunehmendem Umfang Abfallprodukte der Industrie, Bestandteile von Kosmetika, Konservierungsstoffe für Nahrungsmittel usw. durch geeignete Testorganismen auf ihre mutagene Wirkung untersucht.

Reparatur von DNA-Schäden

Während des ganzen Lebens sind die Zellen eines Organismus einer großen Zahl von Agentien ausgesetzt, die DNA schädigen und so zu Mutationen führen können. Beispiele solcher Agentien sind die ultraviolette Strahlung (des Son-

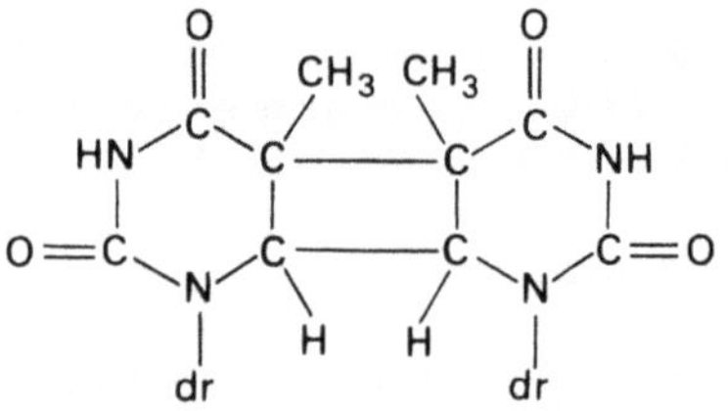

50 Mutation, Mutagenese und Selektion

Abb. 6.10. Struktur eines durch UV-Strahlung induzierten Thymindimers

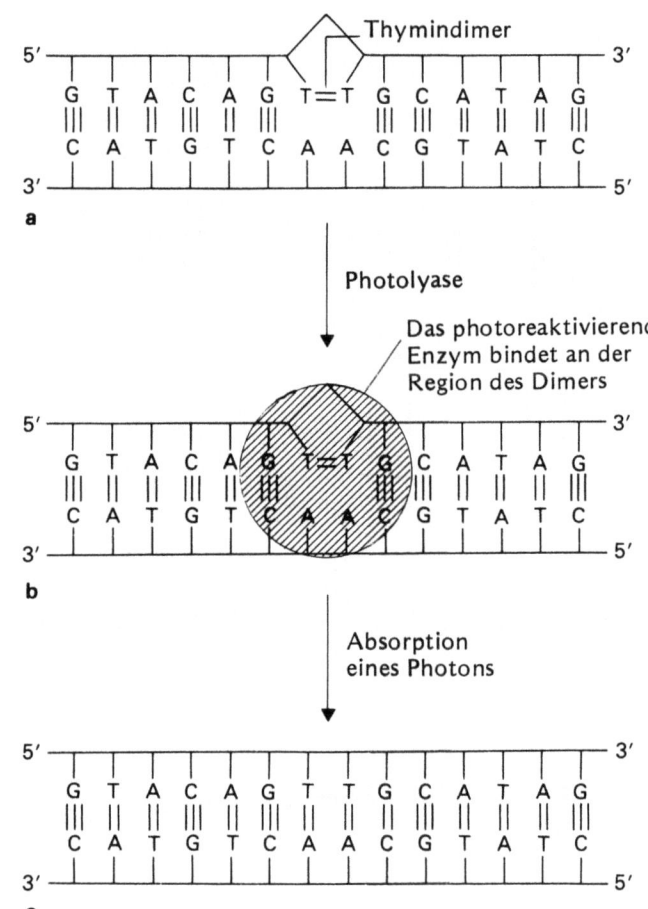

Abb. 6.11a–c. Photoreaktivierung durch Spaltung eines durch UV-Licht induzierten Thymindimers. a Das Rückgrat der Doppelhelix ist durch das Thymindimer verändert. b Bindung des photoreaktivierenden Systems (Photolyase) an die Region des Thymindimers. c Absorption eines Photons blauvioletten Lichtes aktiviert das Enzym, so daß es das Thymindimer spalten kann. Dies führt zur Wiederherstellung der normalen A-T-Paarung. Danach dissoziiert das Enzym von der DNA ab (M.W. Strickberger 1976, Genetics. Macmillan, New York)

nenlichts) und Umweltchemikalien. Die Anhäufung von DNA-Schäden führt – so die Meinung mancher Wissenschaftler – zur Umwandlung von Zellen in Tumorzellen. Damit eine Zelle überlebt, haben sich einige Reparatursysteme entwickelt, die sowohl spontane als auch induzierte Veränderungen der DNA erkennen und beseitigen können. Als ein sehr nützliches Modellsystem für die Untersuchung von Reparaturmechanismen haben sich die Pyrimidin-Dimere erwiesen. Bestrahlt man Zellen mit ultraviolettem Licht, so werden benachbarte Thymin- oder Cytosinmoleküle eines DNA-Strangs miteinander verbunden (Abb. 6.10).

Die Dimere verändern die DNA so, daß keine normale Basenpaarung mit den Purinen auf dem gegenüberliegenden Strang stattfinden können. Wenn die Zelle diese Dimere nicht entfernt, kann das letal sein. Es kann auch geschehen, daß bei der Replikation gegenüber dem Dimer falsche Nukleotide eingebaut werden, was schließlich zu einer Mutation führt. An diesem Abschnitt werden wir zwei Reparaturmechanismen, die Photoreaktivierung und die Exzisionsreparatur, besprechen.

Photoreaktivierung

Durch diesen Reparaturmechanismus werden die Pyrimidindimere aufgelöst, wodurch der normale Zustand (zwei benachbarte Pyrimidine) wieder hergestellt wird. Dieser Reparaturvorgang läuft nur am Licht ab und wird deshalb als „Photoreaktivierung" bezeichnet. Dieser reversible Prozeß wird durch das Enzym Photolyase katalysiert. Es monomerisiert die Dimere, wenn es durch ein Photon von Licht einer Wellenlänge zwischen 320 und 370 nm aktiviert wird (Abb. 6.11).

Die Photolyase-Reparaturenzyme wurden in vielen Organismen gefunden, so daß man annehmen kann, daß sie allgemein verbreitet sind.

Exzisionsreparatur

Dieses zweite Reparatursystem wurde voneinander unabhängig durch P. Boyce und P. Howard-Flanders bzw. durch R. Setlow und W. Carrier entdeckt. Nukleasen schneiden die Dimere aus der DNA heraus, und die Lücke im Einzelstrang wird durch die Enzyme Polymerase und Ligase geschlossen (Abb. 6.12).

Da diese Reaktion keine Aktivierung durch sichtbares Licht benötigt, wird sie auch „Dunkelreparatur" genannt.

Die Dunkelreparatur bei *E. coli* verläuft außerordentlich kompliziert, so daß sie hier nicht im Detail besprochen werden soll. An der Dunkelreparatur sind spezifische Nukleasen beteiligt. In einem ersten Schritt wird das Dimer in der DNA erkannt, danach wird durch eine Nuklease ein Einzelstrangschnitt gesetzt. Diese Nukleasen sind gewöhnlich kleine Proteine mit einem Molekulargewicht von etwa 30000 dalton. Alle bekannten Nukleasen schneiden direkt in der Nähe der Schadstelle in der DNA. Dadurch wird ein freies 5'-Ende geschaffen, das als Substrat für die 5'-3'-Exonukleaseaktivität der DNA-Polymerase I dient. Gleichzeitig mit der Entfernung des Einzelstrangabschnittes, der das Pyrimidindimer enthält, wird die entstehende Lücke in 5'-3'-Richtung durch die DNA-Polymerase I gefüllt. Der neusynthetisierte Einzelstrang wird mit dem alten mit Hilfe der Polynukleotid-Ligase verbunden. Es konnte gezeigt werden, daß Dunkelreparatur auch in anderen Organismen vorkommt, und eine Zahl von Enzymen wurde in den verschiedenen Systemen identifiziert.

Die genetische Steuerung der Exzisionsreparatur wurde durch Isolierung UV-sensitiver Mutanten bei verschiedenen Organismen untersucht. Mutationen in fünf verschiedenen Genen, uvrA–E, führen bei *E. coli* zur UV-Sensitivität. Ihr molekularer Mechanismus ist nur in einigen Fällen bekannt. UvrA-, uvrB- und uvrC-Mutanten sind etwa gleich sensitiv gegen UV. UvrC besitzt die normale Ausstattung an dimerspezifischen Nukleasen, während uvrA und uvrB diese Enzymaktivitäten nicht zeigen und daher keine Exzisionsreparatur durchführen können. Der Defekt der uvrC-Mutanten ist unbekannt. UvrD-Mutanten sind weniger sensitiv gegen UV als die drei anderen Mutantentypen und zeigen, aus unbekannten Ursachen, schnellen Abbau der DNA nach UV-Bestrahlung. Die uvrE-Stämme sind UV-sensibel und zeigen gegenüber dem Wildtyp eine erhöhte Spontanmutationsrate.

Bei *E. coli* wurden auch eine Reihe rekombinationsdefekter Mutanten (rec⁻) gefunden: auch sie sind UV-sensibel. Sie weisen jedoch keine Defekte in der Exzisionsreparatur auf und sind daher in irgend einem Schritt des Rekombinationsvorganges defekt. Wie zu erwarten ist, führen Mutationen in den Genen für die Polynukleotid-Ligase (lig) oder die DNA-Polymerase I (polA) zu einer Verringerung der Exzisionsreparaturkapazität. Die Genkarte in Abb. 6.13 zeigt die über das ganze Genom verstreut liegenden Gene, die am Prozeß der Dimerreparatur bei *E. coli* beteiligt sind. Es ist wahrscheinlich, daß in anderen Organismen ähnliche Enzyme gleiche Rollen spielen.

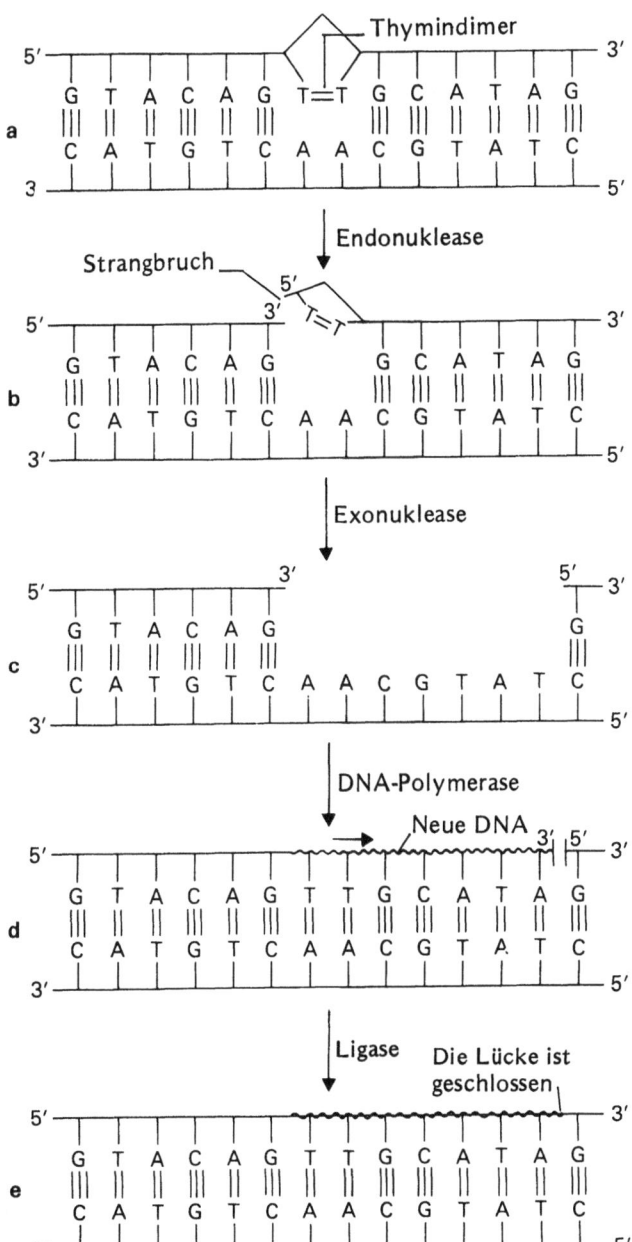

Abb. 6.12a–e. Exzisionsreparatur eines Thymindimers in der DNA. a Veränderung im Rückgrat des DNA-Moleküls durch ein UV-induziertes Thymindimer. b Eine Endonuklease erzeugt Einzelstrangbrüche am 5'-Ende des Dimers. c Eine Exonuklease entfernt das Dimer und weitere Nukleotide desselben Stranges in 5'-3'-Richtung. d Die DNA-Polymerase I füllt die Einzelstranglücke, indem sie die DNA-Synthese in 5'-3'-Richtung katalysiert. e Die Lücke zwischen „alter" und „neuer" DNA wird durch die Polynukleotid-Ligase geschlossen (M.W. Strickberger 1976, Genetics. Macmillan, New York)

52 Mutation, Mutagenese und Selektion

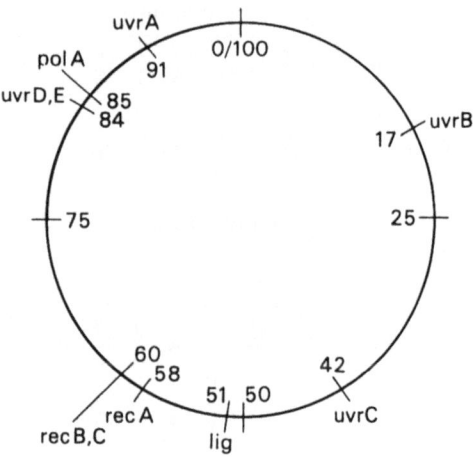

Abb. 6.13. Lokalisation der Gene, die an der DNA-Reparatur von *E. coli* beteiligt sind

Mutantenisolierung

Spontane Mutationen sind bei allen Organismen sehr selten. Deshalb benutzt der Wissenschaftler Mutagene, um die Mutationsfrequenz zu erhöhen. Mutagene bewirken spezifische Veränderungen von Basen, nicht jedoch genspezifische Veränderungen. Genetiker und Biochemiker möchten jedoch Mutationen, die zu Ausfällen ganz bestimmter Funktionen führen. Es wurden deshalb verschiedene Isolations- und Anreicherungsmethoden entwickelt, um aus einer Population mutagenisierter Zellen oder Organismen bestimmte Mutanten zu isolieren. Diese Verfahren werden im Zusammenhang mit den Mutantentypen beschrieben werden, die für genetische und/oder biochemische Untersuchungen bedeutsam sind.

Die erste Mutantenklasse ist die der „sichtbaren" oder „morphologischen" Mutanten. Wie schon der Name sagt, weichen sie in ihrem Erscheinungsbild vom normalen (Wild-

Abb. 6.14. a Morphologie des Wildtyps von *Neurospora crassa* auf festem Medium. b Morphologie einer Koloniemutante von *Neurospora* (P.J. Russell)

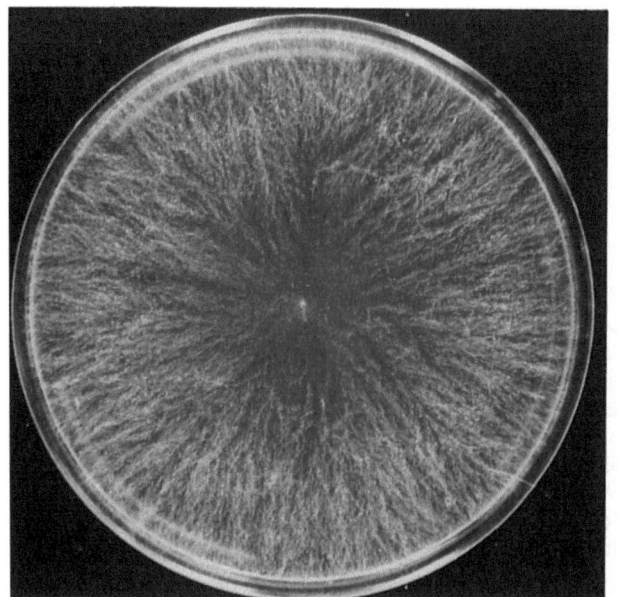

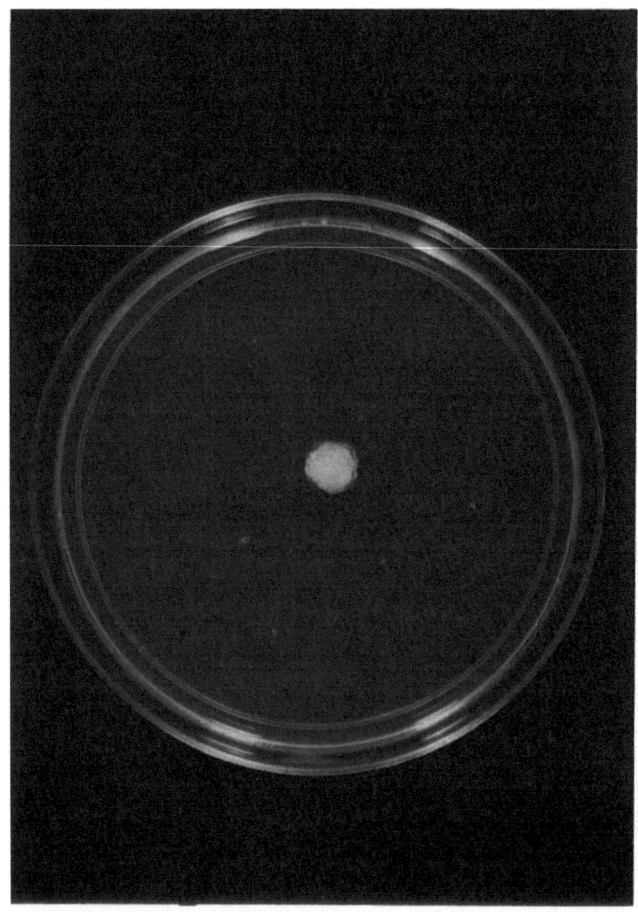

typ) Organismus ab. Diese Unterschiede können makroskopisch oder mikroskopisch erkennbar sein. In diploiden Organismen sind Mutationen, die zu solchen Phänotypen führen können, oft rezessiv, so daß sich die Mutation erst im homozygoten Zustand ausprägen kann. So tritt der Mutantenphänotyp oft erst nach Vermehrung der mutagenisierten Population des betreffenden Organismus auf. Im Gegensatz dazu erkennt man in haploiden Organismen solche morphologischen Mutanten sofort.

Man kennt eine große Zahl morphologischer Mutanten bei verschiedenen Organismen: Mutanten mit veränderter Augenfarbe, Körperfarbe oder Flügelform bei *Drosophila*, Mutanten mit anderer Fellfarbe bei Tieren oder Mutanten mit veränderten Blütenblättern bei Pflanzen.

Beispiele für morphologische Mutanten bei haploiden Organismen sind Pneumokokkenstämme, die anstelle glatter Kolonien auf Agarmedium rauhe Kolonien bilden, und Hefemutanten, die zu viel kleineren Kolonien als der Wildtyp heranwachsen (petite-Mutanten). Ferner kennt man Mutanten des Pilzes *Neurospora*, die Kolonien bilden und nicht, wie der Wildtyp, zu dem spinnwebartigen Geflecht heranwachsen (Abb. 6.14).

Die zweite Klasse bilden die sogenannten Stoffwechselmutanten, zu der die meisten Mutanten von *E. coli*, Hefe und *Neurospora* gehören. Diese Organismen vermögen auf definierten einfachen Minimalmedien zu wachsen, die eine Kohlenstoffquelle, Salze und Spurenelemente (manchmal Vitamine) enthalten. Die Zellen können daraus alle Moleküle wie Aminosäuren, Purine, Pyrimidine, Vitamine usw. selbst herstellen. Die Standard-Laborstämme eines Organismus, die auf solchen Minimalmedien wachsen können, nennt man Wildtypen oder prototrophe Stämme. Nach Mutagenese des Wildtyps kann man Stämme isolieren, die auf Minimalmedien nicht mehr zu wachsen vermögen. Diese auxotrophen Mutanten (auch Stoffwechselmutanten genannt) können eine bestimmte Substanz nicht mehr selbst herstellen, die sie zu ihrer Vermehrung benötigen. Der entsprechende Stoff muß dem Minimalmedium zugesetzt werden, damit die Mutante wachsen kann.

Bei vielen Organismen, die auf festen Medien kolonieförmig wachsen, kann man auxotrophe Mutanten dadurch selektieren, daß man die Stempelmethode von E. und J. Lederberg benutzt (Abb. 6.15).

Dazu werden Zellen einer Kultur (entweder ohne oder nach mutagener Behandlung) auf der Oberfläche eines vollständig supplementierten Nährmediums ausgestrichen. Aus

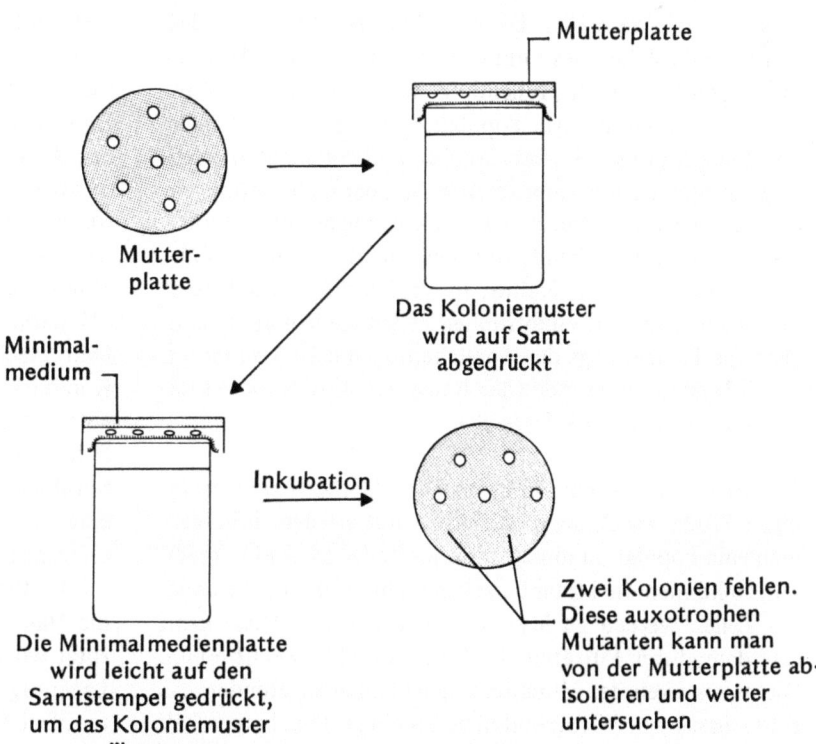

Abb. 6.15. Isolierung auxotropher Mutanten eines koloniebildenden Organismus durch die Stempeltechnik

den ausgesäten Zellen bilden sich Kolonien: auf diesem Medium wachsen sowohl prototrophe als auch auxotrophe Zellen. Das Koloniemuster kann dann auf einen sterilen Samtlappen, der wie Tausende von kleinen Impfnadeln wirkt, übertragen werden. Man drückt die Minimalmedienplatte leicht auf den Samt und kann so die Zellen vom Samt auf die Oberfläche des Mediums überführen. Auf Minimalmedium können nur prototrophe Kolonien wachsen. Durch Vergleich der Stempelabdrücke und Koloniemuster auf beiden Medien kann man auxotrophe Mutanten identifizieren und von der Mutterplatte abisolieren. Diese auxotrophen Mutanten kann man nun auf ihren Stoffwechseldefekt prüfen, indem man eine neue Mutterplatte anlegt, die man dann auf verschieden supplementierte Minimalmedien abdrückt, etwa Minimalmedium mit Aminosäuren, Minimalmedium mit Vitaminen, usw.

Ein gewisser Grad der Mutantenanreicherung kann durch entsprechende Auswahl des Mediums erzielt werden, auf das gestempelt wird. Man kann für Adeninmangelmutanten selektieren, wenn man auf ein Minimalmedium abstempelt, das alle Supplementierungen mit Ausnahme von Adenin enthält.

Es gibt noch andere Möglichkeiten zur Anreicherung auxotropher Mutanten:

1. Antibiotika-Selektion. Diese Technik beruht darauf, daß sich teilende Zellen bestimmter Organismen durch Antibiotika abgetötet werden, ruhende Zellen jedoch nicht. Wenn man eine mutagenisierte Population von *E. coli*-Zellen in ein Medium bringt, das kein Wachstum der gesuchten auxotrophen Mutanten erlaubt (restriktive oder nicht-permissive Bedingungen), so können sich nur diejenigen Zellen teilen, welche die entsprechende Substanz nicht benötigen. Gibt man Penizillin zu der Kultur, so werden die sich teilenden Zellen abgetötet, die auxotrophen Zellen bleiben am Leben. Dasselbe Prinzip liegt der Anreicherung von Hefemutanten durch Nystatin zugrunde (der Name des Antibiotikums leitet sich von *New York State* ab).

2. Anreicherung durch Filtration. Diese Methode kann bei fädigen Pilzen wie *Neurospora* angewandt werden. Inkubiert man eine Population mutagenisierter Zellen in Selektivmedium, so können die Mutantenzellen nicht wachsen, alle anderen Zellen werden zu Myzelien heranwachsen. Diese kann man dann durch Filtration der Kultur durch Gaze entfernen. Die unausgekeimten Mutantenzellen können ungehindert das Filter passieren. Wiederholt man das einige Tage lang, erhält man eine deutliche Anreicherung des gewünschten Mutantentyps.

Eine andere Mutantenklasse, die zum Studium von Makromolekülsynthesen, Zellfunktionen und Regulationsphänomenen von besonderer Bedeutung ist, stellt die Gruppe der konditionellen Mutanten dar. Am gebräuchlichsten sind die temperatursensiblen Mutanten, die im Gegensatz zum Wildtyp schlecht oder gar nicht bei höherer oder niedrigerer Temperatur wachsen. Diese hitzesensiblen (hs) oder kältesensiblen (cs, engl. = cold sensitive) Mutanten können leicht nach Mutagenese und einer entsprechenden Mutantenanreicherung isoliert werden. Die Stempeltechnik kann dabei angewandt werden, wenn man die Platten mit den überstempelten Kolonieabdrücken bei der hohen bzw. der niedrigen Temperatur bebrütet. Mit dieser Technik lassen sich auch konditionelle auxotrophe Mutanten isolieren. Wenn man solche Mutanten von vornherein ausschließen will, muß man alle verwendeten Medien vollständig supplementieren.

Zur Isolierung von hitzesensiblen oder kältesensiblen Mutanten kann man auch die Technik des „Tritium-Suizids" anwenden. Wird das radioaktive Isotop Tritium (^{3}H) in Makromoleküle wie Proteine und Nukleinsäuren eingebaut, verursacht der Zerfall des Isotops den Zelltod, was man als Tritium-Suizid bezeichnet. Diese Technik wurde bei einer Anzahl verschiedener Organismen inklusive *E. coli*, Hefe, *Neurospora* und kultivierten Säugerzellen zur Anreicherung bestimmter Mutanten angewandt. Die Mutantenselektion durch Tritiumsuizid kann sehr gezielt durchgeführt werden, wenn man bestimmte ^{3}H-markierte Vorstufen und gewisse Kulturbedingungen benutzt. In einigen kürzlich im Labor des Autors durchgeführten Experimenten wurde Tritiumsuizid zur Anreicherung hitzesensibler Mutanten von *Neurospora* verwendet. Mutagenisierte asexuelle Sporen (Konidien) wurden bei 35°C (der nicht permissiven Temperatur) in Minimalmedium inkubiert, das eine hohe Konzentration ^{3}H-markierter Aminosäuren (Bausteine der Proteine) enthielt. Nach zwei Stunden wurde die Radioaktivität aus den Konidien ausgewaschen und die Konidien im Kühlschrank aufbewahrt. Zu verschiedenen Zeiten wurden dann Proben entnommen, um die Überlebensrate und die Anzahl hitzesensibler (hs) Mutanten zu bestimmen. Als Kontrolle diente eine Kultur, die entsprechend behandelt wurde, jedoch ohne Zugabe ^{3}H-markierter Aminosäuren (Abb. 6.16).

Die Ergebnisse zeigen, daß durch Einbau von Tritium in die Makromoleküle eine beträchtliche Zahl von Zellen abgetötet wird. Zugleich zeigt sich mit zunehmender Dauer der Lagerung eine deutliche Anreicherung hitzesensibler Mutanten. Der Grund für die Anreicherung besteht darin, daß die Mutanten bei 35°C nicht wachsen können: ihr Stoffwechsel ist nahezu völlig abgeschaltet, und deshalb werden viel

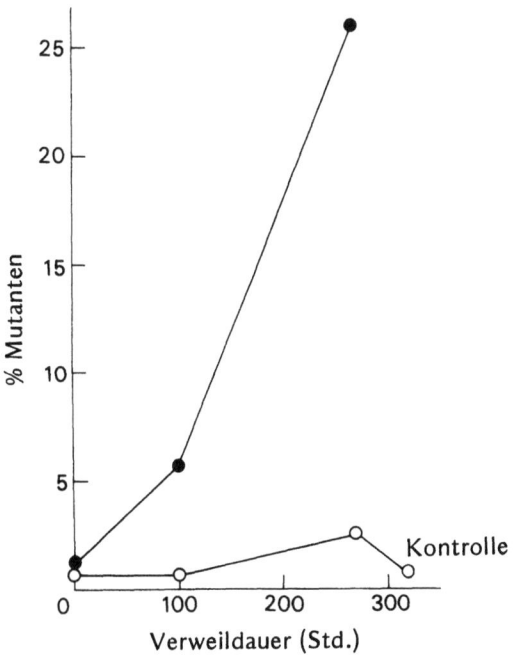

Abb. 6.16. Anreicherung hitzesensibler Mutanten von *Neurospora crassa* als Funktion der Zeit nach Einbau ^{3}H-markierter Aminosäuren. (●) ^{3}H-markierte Kultur; (○) unmarkierte Kontrollkultur (P.J. Russel u. M.P. Cohen 1976, Mut. Res. 34:359)

weniger radioaktive Vorstufen in die Makromoleküle eingebaut als in nichtmutierte Zellen. Die hohe Einbaurate führt zum Tod der Wildtypzellen, während die hitzesensiblen Mutanten eine größere Überlebenschance haben.

ÜBERSICHTSARTIKEL ZU KAPITEL 6:

Friedrich V (1979) Der „Ames-Test" zum Aufspüren mutagener und cancerogener Stoffe. Biol unserer Zeit 9:97–102
Schumann W (1980) Mechanismen der DNA-Reparatur. Biol unserer Zeit 10:33–38

LITERATUR

Auerbach C, Kilbey BJ (1971) Mutation in eukaryotes. Annu Rev Genet 5:163–218
Beadle GW, Tatum EL (1945) Neurospora. II. Methods of producing and detecting mutations concerned with nutritional requirements. Am J Bot 32:678–686
Boyce RP, Howard-Flanders (1964) Release of ultraviolet light-induced thymine dimers from DNA in *E. coli* K12. Proc Natl Acad Sci USA 51:293–300
Drake JW (1969) Mutagenic mechanisms. Annu Rev Genet 3:247–268
Freese E (1959) The specific mutagenic effect of base analogues on phage T4. J Mol Biol 1:87–105
Hanawalt PC (1972) Repair of genetic material in living cells. Endeavour 31:83–87
Howard-Flanders P (1968) DNA repair. Annu Rev Biochem 37:175–200
Kelley RB, Atkinson MR, Huberman JA, Kornberg A (1969) Excision of thymine dimers and other mismatched sequences by DNA polymerase of *E. coli*. Nature 224:495–501
Lederberg J, Lederberg EM (1952) Replica plating and indirect selection of bacterial mutants. J Bacteriol 63:399–406
Lester HE, Gross SR (1959) Efficient method for selection of auxotrophic mutants of Neurospora. Science 129:572
Littelwood BS, Davies JR (1973) Enrichment for temperature-sensitive and auxotrophic mutants in *Saccharomyces cerevisiae* by tritium suicide. Mut Res 17:315–322
Moat AG, Peters N, Srb AM (1959) Selection and isolation of auxotrophic yeast mutants with the aid of antibiotics. J Bacteriol 77:673–681
Russell PJ, Cohen MP (1976) Enrichment for auxotrophic and heat-sensitive mutants of *Neurospora crassa* by tritium suicide. Mut Res 34:359–366
Setlow RB, Carrier WL (1964) The disappearance of thymine dimers from DNA: an error-correcting mechanism. Proc Natl Acad Sci USA 51:226–231
Tatum EL, Barratt RW, Fries N, Bonner D (1950) Biochemical mutant strains of Neurospora produced by physical and chemical treatment. Am J Bot 37:38–46
Woodward VW, De Zeeuw JR, Srb AM (1954) The separation and isolation of particular biochemical mutants of Neurospora by differential germination of conidia, followed by filtration and selective plating. Proc Natl Acad Sci USA 40:192–200

KAPITEL 7
Transkription

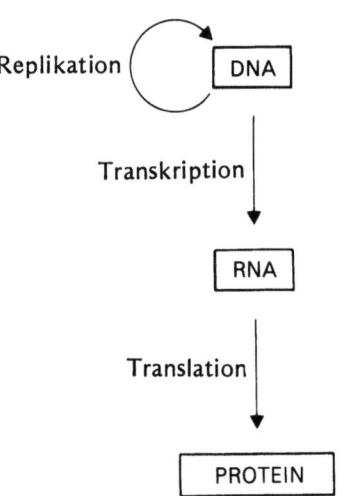

Abb. 7.1. Das zentrale Dogma der molekularen Biologie

INHALT

Das zentrale Dogma
RNA-Synthese (Transkription)
Nur ein DNA-Strang wird transkribiert
Prokaryontische RNA-Polymerasen
RNA-Spezies
Eukaryontische RNA-Polymerasen
Messenger-RNA
Transfer-RNA
Ribosomen und ribosomale RNA
Biosynthese prokaryontischer Ribosomen
Biosynthese eukaryontischer Ribosomen

Das zentrale Dogma

Das genetische Material einer Zelle hat die Hauptaufgabe, die Synthese von Proteinen zu steuern. Das Genom enthält die gesamte Information für Struktur und Funktion eines Organismus; aber nicht alle Gene sind zur gleichen Zeit aktiv. Die Regulation der Genaktivität wird in einem späteren Kapitel besprochen.

Die DNA dient nicht direkt als Vorlage für die Proteinsynthese. Die genetische Information der DNA wird erst in RNA umgeschrieben: man nennt diesen Vorgang Transkription. In einem als Translation bezeichneten Prozeß wird die RNA-Vorlage in die Sequenz der Aminosäuren eines Proteins umgeschrieben. Die Beziehung von DNA und Protein ist im zentralen Dogma der molekularen Biologie zusammengefaßt (Abb. 7.1).

Wie bereits in Kapitel 1 besprochen, unterscheiden sich RNA und DNA in zweierlei Hinsicht: RNA besitzt Ribose anstatt Desoxyribose und die Base Uracil ersetzt das Thymin. RNA-Moleküle sind gewöhnlich linear; die Ribonukleotide sind genauso wie die Desoxyribonukleotide durch 3',5'-Phosphodiesterbindungen verknüpft.

RNA-Synthese (Transkription)

Die RNA-Synthese verläuft ähnlich der DNA-Replikation. Die DNA-Doppelhelix entwindet sich an den Anfangspunkten der Transkription (dies wird durch regulatorische Signale in der Zelle gesteuert), um die RNA-Synthese zu starten. Die Grundbausteine der RNA-Transkripte sind ATP, GTP, CTP und UTP: sie werden in 5'-3'-Richtung an der Vorlage eines DNA-Einzelstrangs zusammengefügt (Abb. 7.2).

Daher besitzt das RNA-Transkript eine zur DNA komplementäre Basensequenz: diese RNA-Kopie enthält genau die gleiche Basensequenz wie der DNA-Strang, der nicht als Vorlage dient (mit Ausnahme des Uracils). In Anbetracht der großen Zahl von Startpunkten der RNA-Synthese auf dem Genom sind die RNA-Ketten relativ kurz.

Die DNA-abhängige RNA-Polymerase (gewöhnlich als RNA-Polymerase bezeichnet) katalysiert die Transkription der DNA in RNA. Dieses Enzym „beachtet" die Regeln der Basenpaarung genauso wie die DNA-Polymerase. Die RNA-Kette ist daher ein getreuliches Abbild der DNA mit der Ausnahme, daß in die RNA an den Stellen Uracil eingebaut wird, an denen im nichttranskribierten DNA-Strang Thymin steht. Das Enzym arbeitet nur in 5'-3'-Richtung und kann, wie bereits aus der Besprechung der DNA-Synthese bekannt ist, RNA-Ketten beginnen. Diese Eigenschaft der RNA-Polymerase ist wichtig, wenn man bedenkt, daß verschiedene RNA-Moleküle in verschiedenen Zellen oder zu verschiedenen Zeiten in ein und derselben Zelle benötigt werden.

Abb. 7.2. Schematische Darstellung der Transkription eines DNA-Stranges in RNA

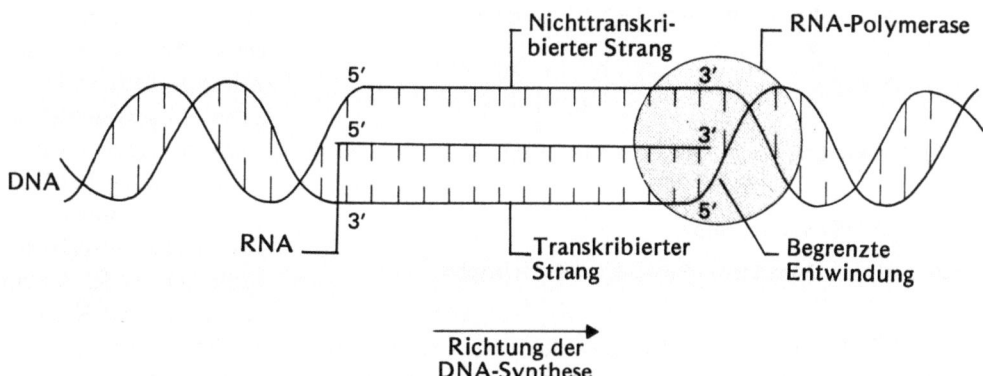

Prokaryontische RNA-Polymerasen

Aus der Schemadarstellung der Transkription (Abb. 7.2) geht hervor, daß nur einer der beiden DNA-Einzelstränge eines bestimmten DNA-Abschnitts in RNA transkribiert wird. Dafür gab es Hinweise aus den Arbeiten von J. Marmur und seinen Mitarbeitern. Sie untersuchten die RNA-Spezies, die gebildet werden, wenn *Bacillus subtilis* vom Phagen *SP8* infiziert wird. Der Phage *SP8* besitzt ein Chromosom aus doppelsträngiger DNA mit einer Dichte von 1,743 g/cm³. Die Trennung der DNA in Einzelstränge ergab Dichten von 1,756 und 1,764 für die beiden Tochterstränge. Daher konnten diese leicht durch CsCl-Dichtegradientenzentrifugation getrennt werden (Abb. 7.3).

Marmur und seine Mitarbeiter infizierten *Bacillus subtilis*, den sie in einem Nährmedium mit ^{32}P züchteten, mit dem Phagen *SP8*. Daher wurde die gesamte vom Phagengenom transkribierte RNA radioaktiv markiert. Die Annahme war, daß diese RNAs demjenigen DNA-Strang komplementär sein müßten, von dem sie transkribiert wurden. Da mehrere RNA-Moleküle während der *SP8*-Infektion gebildet werden, könnten auf den ersten Blick entweder alle von einem DNA-Strang oder von verschiedenen DNA-Strängen transkribiert werden. Man prüfte nun, ob die einzelsträngigen RNA-Moleküle mit dem einen oder anderen DNA-Einzelstrang stabile Hybride bildeten. Glücklicherweise fand man, daß stabile DNA-RNA-Hybride nur mit dem schweren DNA-Strang gebildet werden. Man zog daraus den Schluß, daß nur ein DNA-Strang transkribiert wird. Diese Schlußfolgerung trifft wohl für die meisten Organismen zu. Man fand jedoch in späteren Experimenten, daß bestimmte Transkripte von dem einen Strang, andere vom zweiten DNA-Strang gemacht werden. Verschiedene Gene codieren demnach auf verschiedenen DNA-Strängen und werden von ihnen transkribiert.

Unter den prokaryontischen RNA-Polymerasen ist die von *E. coli* die bestuntersuchte. Dieses Enzym hat einen Sedimentationskoeffizienten von 11–13S und ein Molekulargewicht von ungefähr 500000 daltons. Milde Behandlung des löslichen Enzyms spaltet ein Polypeptid von 95000 dalton ab, das man als sigma-Faktor (σ) bezeichnet; zurück bleibt der Kern der Polymerase. Dieser kann weiter in vier Polypeptide aufgespalten werden. Diese sind die beta-Strich (β')-Untereinheit (165000 daltons), die beta (β)-Untereinheit

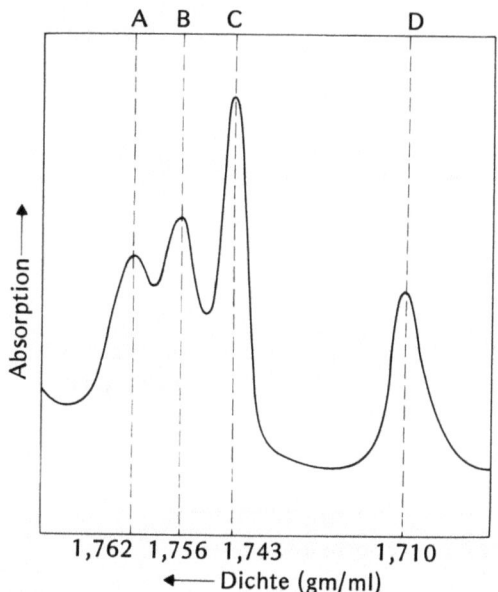

Abb. 7.3. Experiment zum Nachweis, daß beide DNA-Einzelstränge des Phagen *SP8* verschiedene Schwimmdichte besitzen. *D* Referenz-DNA, *C* native doppelsträngige DNA des Phagen *SP8*, *A,B* denaturierte „schwere" und „leichte" Einzelstränge (J. Marmur 1963, Cold Spring Harbor Symp. Quant. Biol. 28:191)

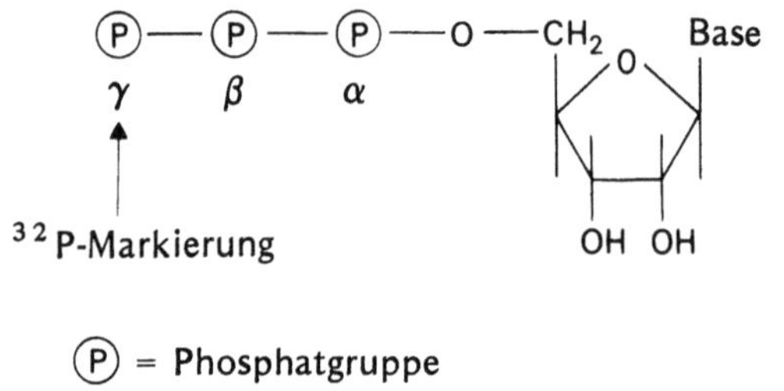

58 Transkription

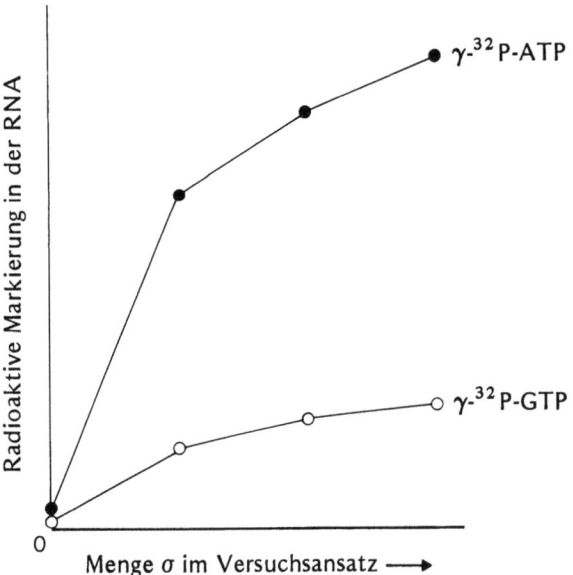

(P) = Phosphatgruppe

Abb. 7.4. γ-^{32}P-markiertes Ribonukleosid-Triphosphat

(155000 daltons) und zwei Kopien der alpha (α)-Untereinheit (je 41000 daltons). Von wenigen Forschern wurde eine fünfte Untereinheit, omega (ω), beschrieben, jedoch ist die Ansicht über ihre Zugehörigkeit zum Kern der Polymerase kontrovers.

Das Kernenzym allein kann eine RNA-Kopie der DNA herstellen. Man hat die Rolle der Untereinheiten im Transkriptionsvorgang genau untersucht. Man konnte zeigen, daß isolierte beta'-Untereinheiten in vitro an DNA binden können, was alpha- und beta-Untereinheiten nicht tun. Daher ist offensichtlich beta' die DNA-bindende Komponente. Die Kenntnis der Funktion der beta-Untereinheit stammt aus Untersuchungen an antibiotikaresistenten Mutanten. Rifampizin hemmt die Initiation der Transkription und Streptolydigin hemmt die Kettenverlängerung der RNA. Diese Antibiotika binden an der beta-Untereinheit von Wildtypzellen, nicht jedoch an der beta-Untereinheit aus antibiotikaresistenten Mutanten. Deshalb kann man annehmen, daß die beta-Untereinheit an der Bildung der Phosphodiesterbindung beteiligt ist. Die Bedeutung der alpha- und omega-Untereinheiten ist unbekannt. Der von der RNA-Polymerase abspaltbare Sigmafaktor spielt eine wichtige Rolle bei der RNA-Synthese. Diese 95000 dalton-Untereinheit ist für das Kernenzym wichtig, um die RNA-Synthese an definierten Stellen auf dem DNA-Molekül zu beginnen. Man nennt diese Regionen auf der DNA Promoterregionen. Wenn Sigma nicht mit dem Kernenzym verbunden ist, beginnt dieses an beliebiger Stelle der DNA mit der RNA-Synthese, und anstelle eines Stranges werden beide Stränge in RNA umgeschrieben.

Nach Beginn der RNA-Synthese dissoziiert der Sigmafaktor vom Kernenzym ab, welches dann die Transkription alleine fortsetzt. Der Sigmafaktor kann sich dann mit einem anderen Molekül Kernenzym verbinden, welches an diesem oder einem anderen Promoter mit der Transkription beginnen kann. Die Rolle des Sigmafaktors bei der RNA-Synthese konnte durch die Experimente von A. Travers und R. Burgess nachgewiesen werden. In einem ersten Experiment zeigten sie den in vitro-Einbau von gamma-^{32}P-ATP und gamma-^{32}P-GTP in RNA, wobei der Versuchsansatz steigende Konzentrationen von Sigmafaktor enthielt. Die radioaktive Markierung befand sich in der dritten (gamma) Phosphatgruppe (Abb. 7.4).

Bei der RNA-Synthese kann das Nukleosidtriphosphat am 5'-Ende alle drei Phosphatgruppen behalten. Bei allen folgenden Nukleosidtriphosphaten werden die beta- und gamma-Phosphatgruppen entfernt. Die Menge an ^{32}P in der neusynthetisierten RNA gibt daher die Zahl der begonnenen RNA-Ketten wieder. Die Ergebnisse dieses Experiments sind in Abb. 7.5 gezeigt.

Diese Ergebnisse zeigen deutlich, daß die Hauptwirkung des Sigmafaktors in der Steigerung der Anzahl begonnener RNA-Ketten liegt.

In einem zweiten Experiment zeigten Travers und Burgess, daß der Sigmafaktor den Start der RNA-Kette katalysiert; mit anderen Worten – der Sigmafaktor kann wiederverwendet werden (Abb. 7.6).

In diesem Falle wurde ein in vitro-System mit niedriger Ionenstärke verwendet. Unter diesen Bedingungen kommt es zwar zur Initiation von RNA-Ketten, aber das Enzym bleibt als Enzym-DNA-RNA-Komplex mit der DNA verbunden. Daher kann jedes Enzymmolekül nur eine RNA-Kette

Abb. 7.5. Nachweis der stimulierenden Wirkung des Sigma-Faktors auf die RNA-Synthese durch Erhöhung der Anzahl neubegonnener RNA-Ketten. Es wurde der Einbau von γ-^{32}P-markiertem ATP oder GTP in RNA als Maß für die Anzahl neugebildeter RNA-Ketten bestimmt, wobei steigende Konzentrationen des Sigma-Faktors eingesetzt wurden (A.A. Travers u. R.R. Burgess 1969, Nature 222:354)

beginnen. Im Experiment wurde die Kinetik der Initiation von RNA-Ketten durch Einbau von gamma-^{32}P-ATP und gamma-^{32}P-GTP in RNA nach Zugabe von Kernenzym plus Sigmafaktor gemessen. Nach einigen Minuten fand kein neuer Kettenanfang mehr statt (Kurvenzug a). Zu diesem Zeitpunkt entsprach die Anzahl der angefangenen Ketten etwa einer pro Enzymkomplex.

Wenn Sigma wirklich nur bei der Initiation beteiligt ist, dann müßten zu dieser Zeit freie Sigmafaktor-Moleküle in der Reaktionsmischung vorhanden sein. In diesem Falle müßte die Zugabe großer Mengen des Kernenzyms (ohne Sigma) den Beginn neuer RNA-Ketten bewirken, da dann neue Initiationskomplexe aus Kernenzym und Sigmafaktoren entstehen könnten. Dies führte auch wirklich zu einer erneuten RNA-Synthese (Kurve b), wodurch die Hypothese gestützt wird, daß Sigma wieder verwendet wird und nur bei der Initiation der RNA-Synthese gebraucht wird.

Es gibt mehrere Hinweise dafür, daß das RNA-Polymerase-Kernenzym Konformationsänderungen erfährt. Die Sensitivität gegen Salze, Proteasen (proteinabbauende Enzyme) und Hemmstoffe wird verändert, wenn das Enzym an DNA bindet, und wenn die RNA-Synthese abläuft. Wie bereits eingangs erwähnt, ist das Enzym dann insensitiv gegen Rifampizin, wenn die RNA-Synthese begonnen hat.

Genauso wie es Startsignale für die Initiation der RNA-Synthese gibt, terminieren bestimmte Nukleotidsequenzen die RNA-Synthese. Man kennt zwei Arten von Stopsignalen. Eins wird von einer multimeren Form eines 50000 dalton-Proteins erkannt, das als rho-Faktor bezeichnet wird. Es ist unklar, ob rho mit der RNA-Polymerase interagiert oder in vivo an DNA bindet. Der zweite Typ von Stopsignal ist eine relativ lange Sequenz von AT-Basenpaaren, die wahrscheinlich von der RNA-Polymerase selbst gelesen werden.

Die verschiedenen RNA-Spezies

Bevor wir die RNA-Polymerasen bei Eukaryonten besprechen, wollen wir kurz die verschiedenen Klassen von RNA-Molekülen in prokaryontischen und eukaryontischen Zellen besprechen. Eine genaue Beschreibung dieser Moleküle folgt später.

1. Boten-RNA (mRNA, m vom engl. messenger = Bote). Diese RNA dient als Vorlage bei der Proteinsynthese. Die Länge eines mRNA-Moleküls bestimmt die Länge der Polypeptidkette, die an der Vorlage der mRNA synthetisiert

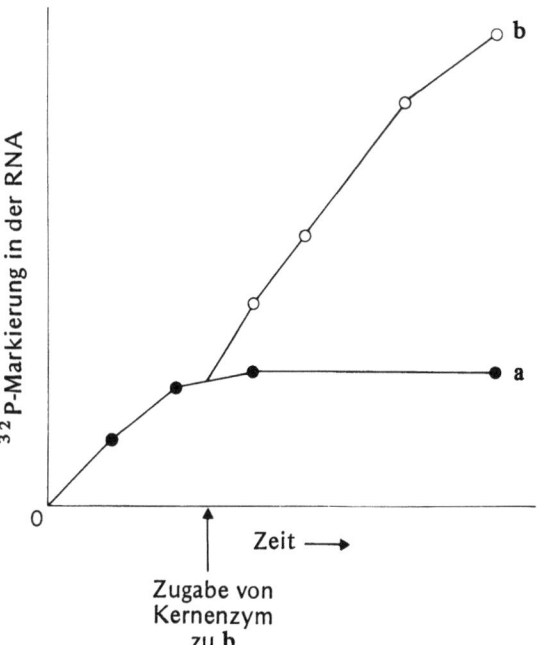

Abb. 7.6. Nachweis der katalytischen Wirkung des Sigma-Faktors bei der Initiation der RNA-Synthese. *Kurve a:* Kinetik der Initiation von RNA-Ketten mit Kernenzym und Sigma-Faktor bei Ionenbedingungen, die eine Wiederverwendung von Sigma nicht erlauben. *Kurve b:* Gibt man einen großen Überschuß an Kernenzym zum Reaktionsgemisch, dann zeigt die erneute Initiation von RNA-Ketten, daß Sigma wiederverwendet werden kann. (A.A. Travers u. R.R. Burgess 1969, Nature 222:354)

werden soll. Die mRNA-Moleküle einer Zelle bilden also eine heterogene Population von Molekülen.

2. Transfer-RNA (tRNA). Jedes tRNA-Molekül kann sich kovalent mit einer spezifischen Aminosäure verbinden und Wasserstoffbrückenbindungen mit einer Sequenz aus drei Nukleotiden (Codon oder Triplett) der mRNA eingehen. Der letztgenannte Vorgang spielt sich am Ribosom, dem Ort der Proteinsynthese, ab. Alle tRNA-Moleküle haben Molekulargewichte von 25000–30000 daltons und einen Sedimentationskoeffizienten von 4S (S steht für Svedbergeinheiten: in der Regel gilt, daß der S-Wert mit der Größe des Moleküls oder Partikels zunimmt).

3. Ribosomale RNA (rRNA). Ribosomen bestehen aus rRNA-Molekülen und Proteinen. Die rRNA-Moleküle sind bei Pro- und Eukaryonten verschieden lang: ihre Größe wird ebenfalls in S-Werten angegeben. Prokaryontische Ribosomen enthalten 23S-, 16S- und 5S-rRNA, die zytoplasmatischen (nicht in Organellen vorkommenden) Ribosomen der Eukaryonten (in diesem Buch als höhere Eukaryonten bezeichnet) 28S-, 5,8S-, 18S und 5S-rRNA-Moleküle. Wir werden die S-Werte in der allgemeinen Diskussion eukaryontischer Ribosomen benutzen, jedoch noch genauer auf die spezifischen S-Werte eingehen, wenn wir in einem späteren Kapitel die niederen Eukaryonten besprechen.

Eukaryontische RNA-Polymerasen

In einer Reihe von eukaryontischen Zellen wurden drei verschiedene RNA-Polymerasen (I, II und III) gefunden. Man konnte zeigen, daß alle verschiedene Aufgaben bei der Transkription erfüllen. Sie unterscheiden sich auch in ihrer Empfindlichkeit gegen den Hemmstoff alpha-Amanitin. Keine der eukaryontischen RNA-Polymerasen ist sensitiv gegen den Hemmstoff Rifampizin, der bei Prokaryonten die RNA-Synthese hemmt.

RNA-Polymerase I. Dieses Enzym ist insensitiv gegen alpha-Amanitin. Es ist im Nukleolus lokalisiert und verantwortlich für die Transkription der Gene für 28S-, 5,8S- und 18S-rRNA.

RNA-Polymerase II. Sie wird von niedrigen Konzentrationen alpha-Amanitin gehemmt und wird zur Synthese der meisten anderen RNA-Spezies, insbesondere mRNA, benötigt.

RNA-Polymerase III. Dieses Enzym wird durch hohe Konzentrationen von alpha-Amanitin gehemmt und katalysiert die Transkription von tRNA (4S-RNA) und 5S-rRNA.

Messenger-RNA

Allgemeine Eigenschaften

Protein-codierende Gene werden an den Ribosomen in mRNA überschrieben. In prokaryontischen Organismen, die keine Kernmembran besitzen, ist es möglich, daß Ribosomen sich mit der RNA verbinden, bevor diese fertig transkribiert ist. Durch die Kompartimentierung der eukaryontischen Zellen müssen die RNA-Moleküle aus dem Kern ins Zytoplasma wandern, wo sich die Proteinsynthese an den Ribosomen abspielt.

Der Großteil der Gene prokaryontischer und eukaryontischer Genome codiert für Proteine, und so muß auch der Hauptteil der DNA in mRNA transkribiert werden. Zu jedem beliebigen Zeitpunkt enthält die Zelle jedoch nur 10–20% der Gesamt-RNA als mRNA.

Untersucht man die mRNA-Population einer Zelle, findet man eine heterogene Population mit einer großen Variation in S-Werten vor. Dies zeigt, daß die Zahl der Nukleotidpaare eines Gens in einem direkten Zusammenhang mit der Größe des Proteins steht, für das es codiert. Wie Proteine sich in der Anzahl der Aminosäuren unterscheiden, so variieren mRNA-Moleküle in ihrer Länge.

Prokaryontische mRNA

Prokaryontische mRNA-Moleküle sind von kurzer Lebensdauer. Bei *E. coli* wird eine mRNA etwa nach zwei Minuten abgebaut. Nach etwa 10% eines Zellzyklus ist die RNA bereits zerstört. Für die Synthese eines bestimmten Proteins muß die entsprechende mRNA daher kontinuierlich synthetisiert werden. Wie wir bei der Besprechung der Genregulation sehen werden, ist dies für die Ökonomie der Zelle wichtig. Dies bedeutet, daß ein Gen nur so lange transkribiert wird, solange das entsprechende Protein benötigt wird: überschüssige mRNA wird schnell abgebaut. Dies befähigt einen Organismus, schnell auf Veränderungen seiner Umwelt zu reagieren, indem er die Transkription bestimmter Gene an- und abschalten kann. Bevor wir näher auf eukaryontische mRNAs zu sprechen kommen, muß erwähnt werden, daß es auch bei Prokaryonten relativ langlebige mRNAs gibt. Diese sind viel resistenter gegen Nukleasen, welche für den Abbau kurzlebiger mRNAs verantwortlich sind. Bei *E. coli* gibt es beispielsweise mindestens fünf Ribonukleasen (RNasen), von denen einige (vielleicht auch alle fünf) am mRNA-Abbau beteiligt sein könnten.

Eukaryontische mRNA

Langlebigkeit der mRNAs

Eukaryontische mRNAs werden im allgemeinen als langlebig bezeichnet. Vergleicht man ihre Lebensdauer mit der prokaryontischer mRNAs, so trifft dies zu. Es gibt jedoch mRNAs in eukaryontischen Zellen mit einer Lebensdauer von nur etwa 1 Stunde. Dies macht jedoch nur etwa 5–10% des gesamten Zellzyklus aus. Man könnte sie, gemessen an der Dauer des Zellzyklus, demnach auch als kurzlebig bezeichnen. Legt man die Dauer des Zellzyklus als Maß zugrunde, so ist die Lebensdauer eukaryontischer mRNAs recht variabel. Das ist eine Konsequenz der Organisation eukaryontischer Zellen. Eukaryonten besitzen nämlich eine große Zahl differenzierter Zellen, die alle unterschiedliche Aufgaben wahrnehmen müssen. Einige Zellen haben sich beispielsweise auf die Herstellung nur eines einzigen Proteins spezialisiert. Demzufolge muß die mRNA für dieses Protein sehr stabil sein.

Chromatinstruktur und Transkription

Wie in Kapitel 2 besprochen, ist die DNA in den Chromosomen mit Histonen zu sogenannten Nukleosomen organisiert. Dies wirft natürlich die Frage auf, was mit den Nukleosomen während der Transkription geschieht. Eine Reihe von Untersuchungen hat gezeigt, daß transkriptionsaktives Chromatin empfindlicher gegen Desoxyribonukleasen ist als nichttranskribiertes Chromatin. Dies zeigt, daß transkribierte Abschnitte des Chromatins anders als inaktive Chromatinsegmente organisiert sein müssen. Das ist jedoch nicht auf die Abwesenheit eines der vier Histone, H2A, H2B, H3 und H4, zurückzuführen, da diese immer noch in den Nukleosomen nachweisbar sind. Man weiß nicht, ob sich H1 noch im aktiven Chromatin befindet, oder ob die Histone etwa chemisch modifiziert sind. Letzteres ist möglich, da durch Acetylierung der Histone eine gesteigerte Transkriptionsrate in einem in vitro-System nachgewiesen werden konnte. Man kann also sagen, daß die generelle Struktur der Nukleosomen während der Transkription unverändert bleibt, obwohl einige strukturelle Veränderungen auftreten, die eine Lockerung der Bindung von DNA und Histonen bedingen.

Modifikationen am 5'- und 3'-Ende

Im Gegensatz zu prokaryontischen mRNAs sind eukaryontische mRNAs am 5'- und 3'-Ende modifiziert. Die Modifikation erfolgt nach der Transkription und wird durch spezifische Enzyme bewerkstelligt, von denen nur einige derzeit charakterisiert sind.

Die 5'-Enden der meisten eukaryontischen mRNAs besitzen kein freies 5'-Nukleosidtriphosphat, sondern eine „Kappenstruktur". Nach der Transkription findet also eine Modifikation der mRNA statt, wobei an das 5'-terminale Nukleotid mittels einer 5'-5'-Bindung ein Guaninnukleotid angeknüpft wird. Zusätzlich werden an dem nunmehr endständigen Guanin und an der 2'-Hydroxylgruppe des anschließenden Nukleotids Methylgruppen angebracht (Abb. 7.7).

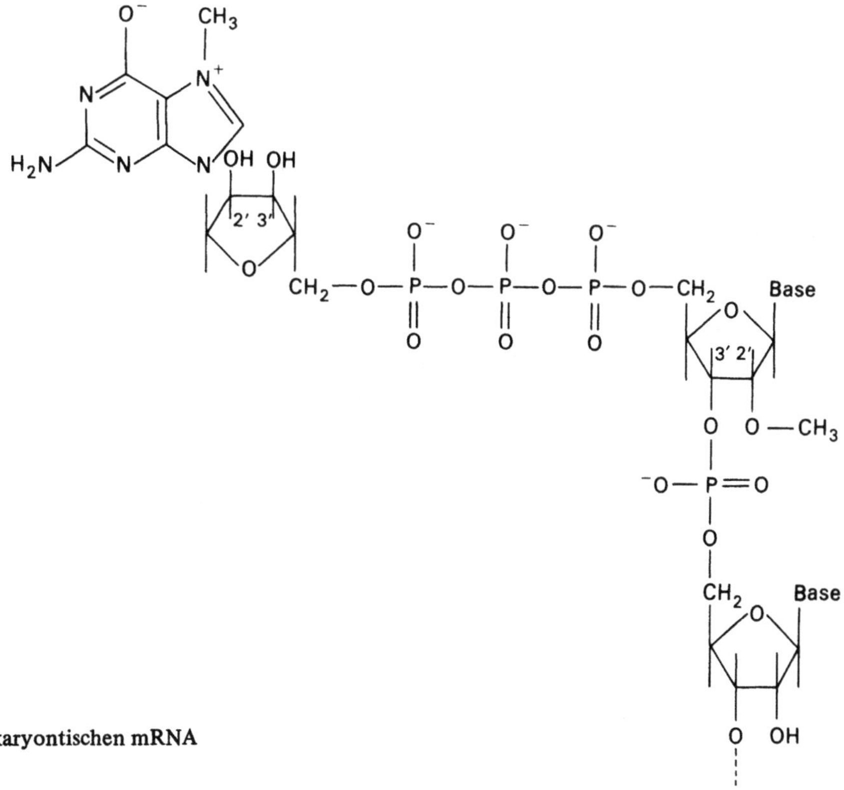

Abb. 7.7. Die „Kappenstruktur" am 5'-Ende der eukaryontischen mRNA

$$\text{RNA} + n\text{ATP} \xrightarrow[\text{Mg}^{2+}]{\text{Polyadenylat-Polymerase}} \text{RNA} - (\text{A})n + n\text{PPi}$$

Abb. 7.8. Synthese des poly(A)-Schwanzes am 3′-Ende vieler eukaryontischer mRNAs, katalysiert durch die Polyadenylat-Polymerase

Die „Kappe" wird bei allen Eukaryonten, mit leichten Variationen in der Struktur, gefunden. Sie scheint für die Bildung des mRNA-Ribosomenkomplexes und damit für die Initiation der Proteinsynthese von funktioneller Bedeutung zu sein.

Das 3′-Ende der meisten eukaryontischen mRNAs (die Histon-mRNA ist eine Ausnahme) ist durch das Anhängen von 50-200 Adeninnukleotiden modifiziert. Diese sog. poly(A)-Enden werden nach der Transkription durch das Enzym poly(A)-Polymerase angehängt. Es scheint mehrere Formen dieses Enzyms in der Zelle zu geben, die alle dieselbe Reaktion katalysieren, die in Abb. 7.8 dargestellt ist.

Die Bedeutung des poly(A)-Segments ist noch unklar, obwohl man glaubt, daß es die mRNA gegen Nukleaseabbau schützt. Einige Hinweise auf die Bedeutung des poly(A)-Segments kommen von Untersuchungen über die Translatierbarkeit von mRNA in vitro, bei denen man das poly(A)-Segment enzymatisch entfernt hat. Verglichen mit der Kontrolle war die mRNA sehr viel labiler.

Nichtcodierende Sequenzen

Nicht alle Nukleotidsequenzen zwischen der 5′-Kappe und dem 3′-poly(A)-Segment der eukaryontischen mRNAs codieren für Aminosäuresequenzen. Am 5′-Ende befindet sich höchstwahrscheinlich ein kurzes nichttranslatiertes Stück, das an der Erkennung des Ribosoms bei der Initiation der Proteinsynthese beteiligt ist. Dies findet man auch bei prokaryontischen mRNAs. Der Vergleich der Aminosäuresequenzen von Proteinen mit den Basensequenzen der entsprechenden eukaryontischen mRNAs hat gezeigt, daß am 3′-Ende eine ähnliche nichttranslatierte Sequenz liegt. Die Anzahl der Nukleotide in der nichttranslatierten Sequenz [jetzt ohne poly(A)-Segment] kann bis etwa ein Drittel oder die Hälfte der Nukleotide der codierenden Sequenz ausmachen. Daher kann die reife mRNA wesentlich länger sein, als sie aufgrund ihrer Codierungskapazität sein müßte. Derzeit sind die Funktionen dieser nichttranslatierten Sequenzen noch weitgehend unbekannt, aber man hat gefunden, daß diese Sequenzen Erkennungsregionen für Proteine beinhalten, die an der Synthese, dem Processing, dem Transport, der Bindung an die Ribosomen und dem Abbau der mRNA beteiligt sind. Da diese Eigenschaften allen mRNAs gemeinsam sind, sollte man Nukleotidsequenzen finden, die in den nichttranslatierten Abschnitten vieler mRNAs gleich oder zumindest ähnlich sind. Man findet auch wirklich in einer Anzahl eukaryontischer mRNAs, wie etwa der für Hühnerovalbumin, der leichten Kette des Mäuseimmunoglobulins und dem alpha- und beta-Globin aus Ratte eine Sequenz AAUAAA in nahezu identischer Position, nämlich ungefähr 20 Nukleotide vor dem poly(A)-Segment.

Vorstufen der mRNA

Aus Kernen eukaryontischer Zellen läßt sich eine stark radioaktiv markierbare RNA-Spezies isolieren, die sich deutlich von der ribosomalen RNA, der Transfer-RNA und deren Vorstufen unterscheidet. Diese RNA wird als heterogene nukleäre RNA (hnRNA) bezeichnet. Im allgemeinen besitzt sie im Kern eine relativ kurze Lebensdauer. Die hnRNA-Moleküle sind von unterschiedlicher Länge und sind viel länger als andere zytoplasmatische RNAs. Die hnRNA besitzt wie die zytoplasmatischen mRNAs die 5′-Kappe und das 3′-poly(A)-Segment am Ende. Man glaubt daher, daß die hnRNA eine Vorstufe der mRNA darstellt. Das Processing von hnRNA zu mRNA müßte demnach im Kern ablaufen. Bei den meisten Eukaryonten findet man jedoch, daß ein hoher Prozentsatz (etwa 90%) der hnRNA sofort abgebaut wird und nur ein kleiner Teil in Form von mRNA ins Zytoplasma ausgeschleust wird. Die Gründe für diese „Verschwendung" sind unbekannt.

Es gibt derzeit eine Reihe von Hinweisen, daß mRNA in der Tat aus hnRNA entsteht. Ein Hinweis kommt von den Untersuchungen an dem Tiervirus *Adenovirus 2 (Ad2)*. Infiziert man tierische Zellkulturen, so codiert die virale DNA im Spätstadium der Infektion für 13 verschiedene mRNA-Spezies. Eine dieser mRNAs wird in eine Proteinuntereinheit des Kapsids (das Hexon-Polypeptid) translatiert. Am 5′-Ende dieser mRNA findet man drei Sequenzen, die von separaten Regionen des viralen Genoms transkribiert werden. Diese „Leader"-Sequenzen werden an den Hexon-codierenden Bereich der mRNA angefügt. Ordnung und Polarität der drei Segmente ist die gleiche wie im viralen Genom. Untersucht man Kerne virusinfizierter Zellen, so findet man RNA-Moleküle, die wesentlich länger sind als die an der Proteinsynthese beteiligten. Man hat die Hypothese entwickelt, daß von der *Ad2*-DNA im Spätstadium der In-

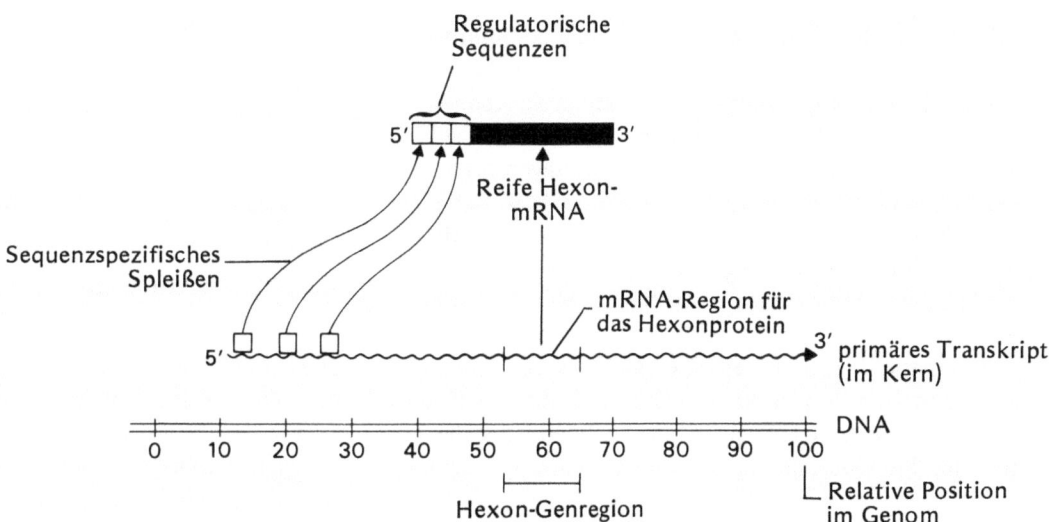

Abb. 7.9. Modell für die Reifung von *Adenovirus 2*-Hexon-mRNA durch RNA-RNA-Spleißen von RNA-Segmenten aus einem langen Transkript, das in einem späten Stadium der Virusinfektion gebildet wird (J.M. Berget et al. 1977, Cold Spring Harbor Symp. Quant. Biol. 42:523)

fektion ein großes primäres Transkript gebildet wird, das schließlich zur reifen Hexon-mRNA prozessiert wird (Abb. 7.9).

Dasselbe primäre Transkript wird offensichtlich in vielfacher Weise prozessiert, um die verschiedenen proteincodierenden mRNAs zu bilden. In allen Fällen ist das Endprodukt eine mRNA von Mosaikstruktur, die aus Sequenzen besteht, die im viralen Genom voneinander getrennt waren.

Der meistdiskutierte Mechanismus für das Processing langer Vorstufen der RNA läuft über Schlaufenbildung und Herausschneiden der unerwünschten intervenierenden Sequenz ab. Durch anschließendes RNA-RNA-Spleißen oder Ligieren werden die konservierten Segmente zum endgültigen mRNA-Molekül zusammengeschweißt. Die Funktionen der intervenierenden Sequenzen sind weitgehend unbekannt. Man glaubt jedoch, daß sie regulatorische Funktionen für das Processing der Vorläufer-RNA ausüben. Den Mechanismus der Processings kennt man auch von anderen virusinduzierten mRNAs, von Immunglobulin-mRNA, von Ovalbumin-mRNA und weiteren zellulären mRNAs. Es scheint, daß mRNA-Processing bei Eukaryonten allgemein verbreitet ist. Sehr wahrscheinlich sind die Modifikationen der hnRNA und mRNA am 5'- und 3'-Ende für diesen Prozeß von Bedeutung. Der molekulare Mechanismus des RNA-RNA-Spleißens wird derzeit intensiv untersucht. Aus den bisher vorliegenden Ergebnissen wird klar, daß ein Gen bei Eukaryonten schwer zu definieren ist.

Transfer-RNA

Transfer-RNA-Moleküle spielen bei der Proteinsynthese eine zentrale Rolle. Sie interagieren mit einer großen Zahl anderer Moleküle. Diese Molekülgruppe befindet sich hauptsächlich im löslichen Zytoplasma (daher ihr früherer Name lösliche RNA) und macht etwa 10–15% der gesamten zellulären RNA bei Pro- und Eukaryonten aus. Jedes Molekül kann spezifisch eine bestimmte Aminosäure binden. Dies wird durch eines der Enzyme katalysiert, die man Aminoacyl-Synthetasen nennt. Aminoacyl-tRNAs wandern zu spezifischen Stellen an den Ribosomen und binden an bestimmten Sequenzen aus drei Nukleotiden (Codons) der mRNA. Dadurch kann die richtige Aminosäure in die wachsende Polypeptidkette eingebaut werden. Diese Vorgänge werden in Kapitel 8 näher ausgeführt werden.

Man kann tRNAs aus fast allen Zellen mit gepuffertem wäßrigem Phenol extrahieren. Es sind kleine Moleküle mit einem S-Wert von 4S und einem Molekulargewicht von etwa 15000–30000 daltons. Die Kettenlänge ist bei allen tRNAs aus Pro- und Eukaryonten ähnlich, nämlich 76 bis 85 Nukleotide. Da alle tRNAs etwa gleiche Eigenschaften und etwa gleiche Länge besitzen, ist es schwierig, einzelne tRNA-Spezies zu isolieren. Schon sehr früh wurde von R. Holley und seinen Kollegen das Gegenstromprinzip ausgenutzt, um spezifische tRNAs zu isolieren. Die erste tRNA, die Holley und Mitarbeiter isolierten und sequenzierten, war die tRNA für die Aminosäure Alanin ($tRNA_{Ala}$) aus Hefe. Die damalige Methode der Sequenzierung erforderte große Mengen reiner tRNA, während nur wenig radioaktive ^{32}P-markierte tRNA zur heute gebräuchlichen Methode der Sequenzierung nach F. Sanger und Mitarbeitern nötig ist. Diese als Fingerabdruck- (fingerprint-) Technik bezeichnete Methode beruht auf dem kontrollierten enzymatischen Abbau von RNA und der

64 Transkription

Auftrennung der Oligonukleotide in einer zweidimensionalen Elektrophorese.

Alle bis jetzt sequenzierten tRNA-Moleküle können als Kleeblattstruktur dargestellt werden. Sie bestehen aus einem Stiel, drei Armen aus gepaarten und ungepaarten Abschnitten und gelegentlich einem weiteren Arm. Die allgemeine Nomenklatur für die Strukturelemente eines tRNA-Moleküls sind in Abb. 7.10 gezeigt.

Einige der modifizierten Basen sind in Abb. 7.11 wiedergegeben.

Bestimmte Regionen des tRNA-Moleküls sind konstant. So scheint zum Beispiel die 3'-terminale Sequenz -CCA.OH und die Sequenz T-ψ-C (ψ = griechischer Buchstabe Psi, steht für Pseudouridin) in Schlaufe IV universell zu sein.

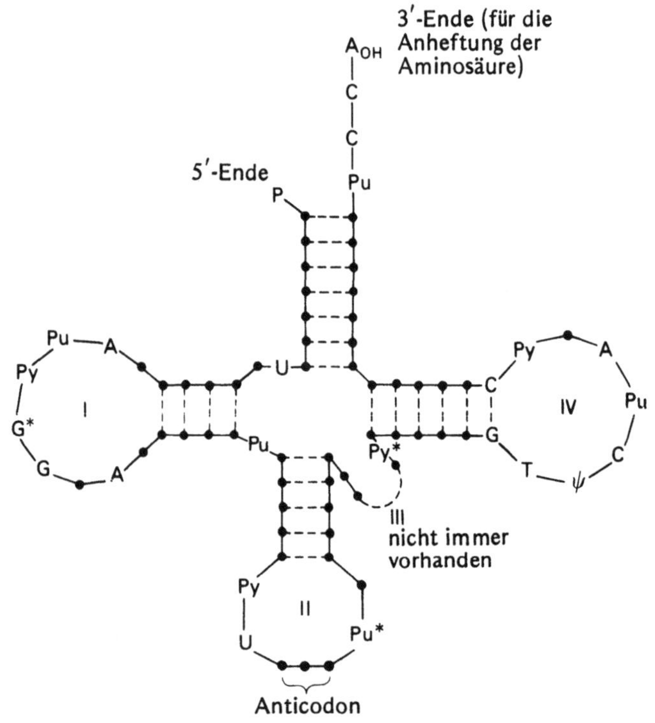

Abb. 7.11. Strukturformeln einiger modifizierter Basen in der tRNA

Das Anticodon besteht aus einer Folge von drei Nukleotiden, die bei der Proteinsynthese mit dem entsprechenden Codon der mRNA paaren müssen. Daher muß diese Region für jede tRNA verschieden sein. Die nächste Base am 5'-Ende des Anticodons ist jedoch immer ein U und die nächste in 3'-Richtung immer ein modifiziertes Purin. Die Nukleotidsequenz in den Stammregionen (gepaarte Regionen) ist sehr variabel, doch ist die Anzahl der Basenpaare pro Stamm ziemlich konstant.

Trotz der vielen bekannten tRNA-Sequenzen kann man keine allgemeine Aussage über die Funktion der Einzelabschnitte des Moleküls machen. Eine Ausnahme stellt die Sequenz T-ψ-C-G dar, die wahrscheinlich die Ribosomenbindungsstelle für die tRNA darstellt. Es ist daher wahrscheinlich, daß die Funktion der tRNA von deren Tertiärstruktur abhängt.

Es ist leicht einzusehen, daß tRNAs im Gegensatz zu mRNAs stark modifiziert sein müssen. Diese Modifikationen finden posttranskriptional statt. Reife tRNAs besitzen nicht nur modifizierte Basen, sondern sind auch beachtlich kürzer (etwa 40 Nukleotide) als die primären Transkripte. Es gibt sowohl bei Prokaryonten als auch bei Eukaryonten Hinweise auf tRNA-Vorstufen, die erst in die reife tRNA prozessiert werden müssen. In Prokaryonten enthalten diese Vorläufer entweder nur eine tRNA mit Leader- und Schwanzsequenz am 5'- bzw. 3'-Ende, oder sie enthalten mehrere tRNAs in einem langen Vorläufermolekül. Die Struktur des Vorläufers entspricht der Anordnung der tRNA-Gene und läßt sich folgendermaßen darstellen:

5'-Leader − (tRNA-Spacer)n − tRNA − Schwanz-3'

Für das Processing dieser Prä-tRNAs sind mindestens zwei Enzyme nötig. Eines davon, RNase P, katalysiert die Entfernung der 5'-Leader-Sequenz, und ein anderes, RNase Q, katalysiert die Entfernung des 3'-Schwanzstücks. Man konnte dies an Mutanten von *E. coli* mit temperatursensiblen Defekten in diesen Enzymaktivitäten untersuchen. Bei der

Pu = Purin
Py = Pyrimidin
P = Phosphat
A,U,G,C = normale RNA-Basen
* = modifizierte Basen
T = Ribothymidin
ψ = Pseudouridin
---- = Wasserstoffbrückenbindung

Abb. 7.10. Schematische Darstellung eines Prototyps eines tRNA-Moleküls in der Kleeblattstruktur (A.L. Lehninger 1975, Biochemistry, Worth Publishers, New York)

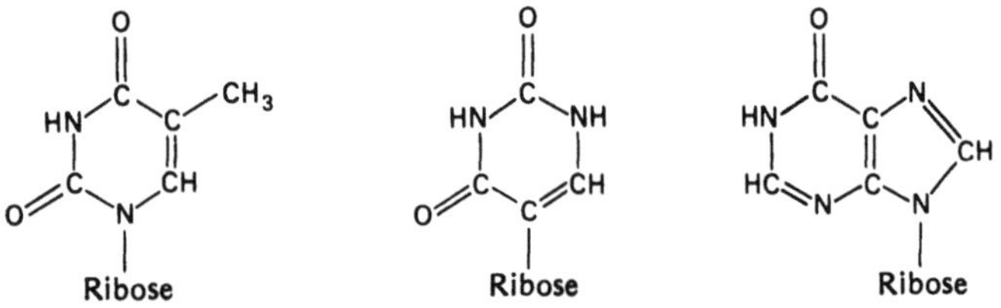

nichterlaubten Temperatur sammelten sich nur teilweise prozessierte Prä-tRNAs an. Diese konnten isoliert und ihre Sequenz mit der der reifen tRNA verglichen werden.

Auch bei Eukaryonten gibt es gute Hinweise auf Prä-tRNAs, doch wurden diese im allgemeinen nur am Molekülgemisch und nicht, wie bei Prokaryonten, an gereinigten Molekülspezies durchgeführt. Prä-tRNAs verschiedener Eukaryonten sedimentieren mit 4,8S, während der S-Wert reifer tRNAs 3,8S beträgt. Diese Moleküle werden von der RNA-Polymerase III transkribiert. Durch die Anwendung denaturierender Agentien konnte gezeigt werden, daß an den Prä-tRNAs noch weitere 15–35 Nukleotide hängen. Das Processing der Prä-tRNAs erfolgt wahrscheinlich im Kern. Allerdings sind die daran beteiligten Enzyme und ihre Wirkorte noch nicht im Detail untersucht.

Tertiärstruktur der tRNAs

Wie bereits erwähnt, kann man alle bisher sequenzierten tRNA-Moleküle als Kleeblattstruktur falten. Das Kleeblattmodell ist jedoch ausschließlich aus der Nukleotidsequenz und der Optimierung von Wasserstoffbrückenbindungen entwickelt worden. Die Anwendung der Röntgenstrukturanalyse bei tRNA-Kristallen (das erste Objekt war die Phenylalanin-tRNA) erlaubte die Aufklärung der Tertiärstruktur bei einer Auflösungsgenauigkeit von 0,3 nm, inklusive der Lokalisierung der spezifischen Domänen des Moleküls (Abb. 7.12).

Aus diesen Daten konnte man schließen, daß alle vom Kleeblattmodell geforderten Stammstrukturen tatsächlich existierten. Es bestehen jedoch zusätzliche Wasserstoffbrückenbindungen, welche die Kleeblattstruktur in eine Tertiärstruktur von L-Form umwandeln. In dieser Form liegt die Aminosäureakzeptorgruppe CCA am 3'-Ende der Kette, die Anticodonschleife am entgegengesetzten Ende der Molekülstruktur.

Ribosomen und ribosomale RNA

Ribosomen sind die Orte der Proteinsynthese in der Zelle. Die meisten Vorgänge an den Ribosomen sind bei Pro- und Eukaryonten gleich. In der Tat besteht der Hauptunterschied zwischen bakteriellen und eukaryontischen Ribosomen in der Größe.

Man gewinnt Ribosomen gewöhnlich durch Aufschluß der Zellen in Pufferlösung mit Magnesiumionen. Man zen-

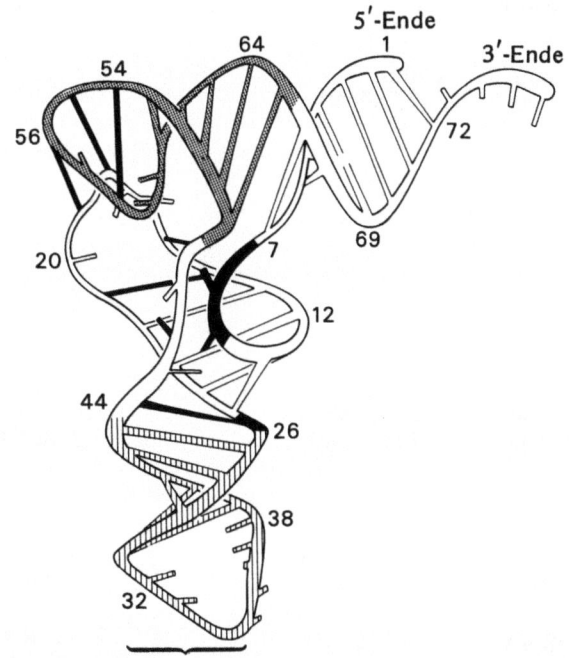

Abb. 7.12. Modell der Phenylalanin-tRNA aus Hefe. Das Ribose-Phosphat-Rückgrat ist als durchgehender Zylinder gezeichnet. Die Sprossen sind Wasserstoffbrücken-gebundene Basenpaare. Ungepaarte Basen sind durch kurze Fortsätze des Rückgrats angedeutet. Der TψC-Arm ist *gerastert*, der Anticodonarm *gestrichelt*. Für die Tertiärstruktur wichtige Wechselwirkungen sind *schwarz* angelegt. Die Zahlen bezeichnen die Nukleotide, beginnend vom 5'-Ende (S.H. Kim et al. 1974, Science 185:435–440)

trifugiert das Zellysat und erhält ein Zentrifugat aus Zelltrümmern und Zellorganellen: der Überstand wird dann eine Stunde bei 250000 × g zentrifugiert. Das Zentrifugat besteht dann aus ribosomalem Material, aus dem nach einigen Reinigungsschritten Ribosomen isoliert werden können.

Eine wichtige Eigenschaft der Ribosomen ist, daß sie in vitro in bestimmtem Ionenmilieu in ihre Untereinheiten zerfallen. Drastische Erniedrigung der Magnesiumkonzentration bewirkt normalerweise diesen Zerfall. Durch diese Möglichkeit wird die Untersuchung des intakten Ribosoms sehr erleichtert.

Ribosomen werden gewöhnlich durch ihren Sedimentationskoeffizienten im alkalischen Dichtegradienten charakterisiert. Eukaryontische Ribosomen sedimentieren bei 80S, bakterielle Ribosomen bei 70S. Beide Typen von Ribosomen zeigen ähnlichen Aufbau. Sie sind Komplexe aus rRNA und Protein mit Molekulargewichten von 2,7 Millionen daltons (Mdal) bei bakteriellen Ribosomen, bis zu etwa 4 Mdal

66 Transkription

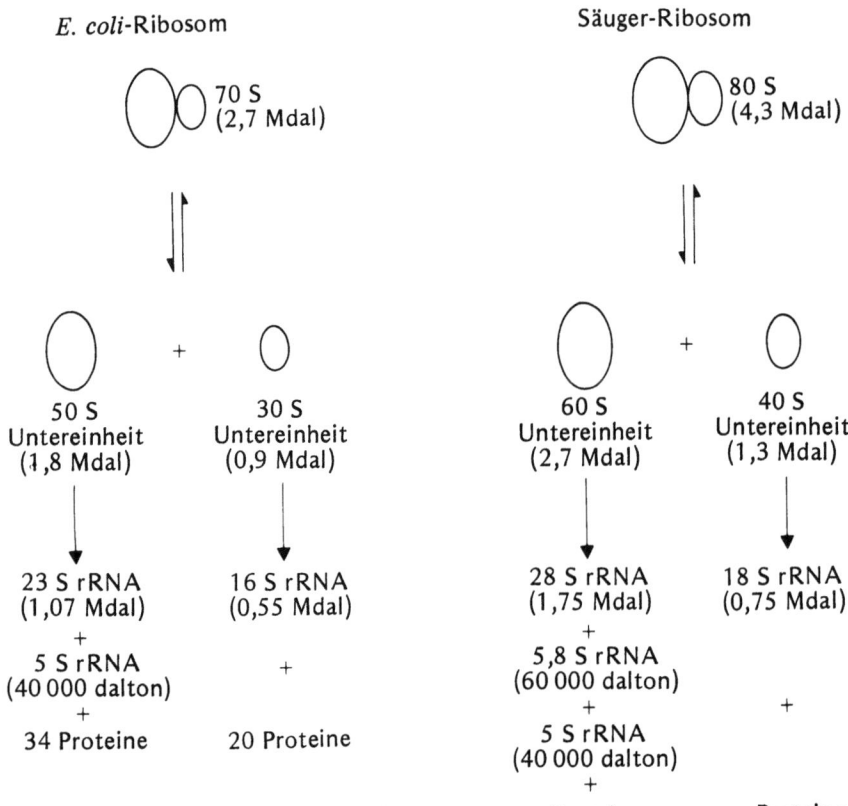

Abb. 7.13. Vergleich von Molekulargewicht und Zusammensetzung der Ribosomen aus *E. coli* und Säugerzellen (Mdal = 10⁶ daltons)

bei Säugerribosomen. Bei eukaryontischen Ribosomen nimmt das Molekulargewicht des undissoziierten (monomeren) Ribosoms mit steigender Komplexität des Organismus zu.

Jedes Ribosom besteht aus zwei ungleich großen Untereinheiten. Um Proteinsynthese ausführen zu können, müssen sich die beiden Untereinheiten zusammenlagern. Die entsprechenden S-Werte für Ribosomen und ihre Untereinheiten und die entsprechenden Molekulargewichte der rRNA-Moleküle sind in Abb. 7.13 zusammengefaßt.

Mehr als die Hälfte der Masse einer ribosomalen Untereinheit besteht aus rRNA, der Rest aus Protein. Sowohl in Prokaryonten als auch in Eukaryonten enthält die kleine Untereinheit nur eine Spezies von rRNA, assoziiert mit einer Reihe von Proteinen. Die große ribosomale Untereinheit der Prokaryonten enthält 2 rRNA-Spezies, 23S und 5S, wiederum mit Proteinen vergesellschaftet. Bei Eukaryonten enthält die größere Untereinheit drei rRNA-Spezies, 28S, 5,8S und 5S, und eine große Zahl von Proteinen.

Das Molekulargewicht der 28S-rRNA schwankt zwischen 1,3 Mdal bei höheren Pflanzen, Algen, Protozoen und Pilzen und 1,75 Mdal bei höheren Eukaryonten. Extrahiert man rRNAs aus der größeren Untereinheit, findet man die 5,8S- mit Wasserstoffbrücken an die 23S-rRNA gebunden. Sie kann durch leichte Erwärmung abgelöst werden.

Die ribosomalen Proteine von *E. coli* sind sehr genau untersucht. Da eine große Zahl von Proteinen sich vorübergehend mit den Ribosomen verbindet, erhebt sich die Frage, wie ein ribosomales Protein definiert werden soll. Man kann ein ribosomales Protein als eine Komponente definieren, die beim Waschen mit hohen Salzkonzentrationen (wodurch vorübergehend gebundene Proteine abgelöst werden) mit dem Ribosom verbunden bleibt, vorausgesetzt daß es etwa in molaren Mengen vorliegt. Die meisten ribosomalen Proteine sind basische Proteine. Die kleine Untereinheit des *E. coli*-Ribosoms besteht aus 20 Proteinen, die größere aus 34 Proteinen. Alle 54 Proteine lassen sich immunologisch unterscheiden, mit Ausnahme zweier, die nur in einer Acetylgruppe voneinander abweichen. Die Proteine sind hinreichend unterschiedlich in Masse und Ladung, so daß sie in einer zweidimensionalen Acrylamid-Gelelektrophorese aufgetrennt werden können. Es ist jedoch noch nicht die Rolle jedes Proteins bezüglich der Struktur und der Funktion des Ribosoms bekannt.

Bei eukaryontischen Ribosomen ist die Zahl der Proteine etwa entsprechend. Man kann sicherlich sagen, daß die Grundaussagen über prokaryontische Ribosomen auch für die eukaryontischen zutreffen.

Biosynthese prokaryontischer Ribosomen

Über das Problem, wie Proteine mit RNA-Molekülen zu einem funktionsfähigen Ribosom zusammengefügt werden, ist viel geforscht worden. Einer der möglichen experimentellen Ansätze wurde von M. Nomura und seinen Mitarbeitern beschrieben. Sie nahmen gereinigte ribosomale Untereinheiten von *E. coli* und dissoziierten sie chemisch in rRNAs und Proteine. Dann ließen sie die Komponenten in geeignetem Ionenmilieu reassoziieren. Zuerst wurde die 30S-Untereinheit mit dieser Methode untersucht. Man fand, daß sich bei 37°C, der normalen physiologischen Temperatur für *E. coli*, die 20 Proteine und die 16S-rRNA zu einer funktionsfähigen Untereinheit zusammenfügen. Da in der Lösung keine anderen Faktoren anwesend waren, mußten die einzelnen Komponenten von alleine zusammengefunden haben. Diesen Vorgang bezeichnet man im englischen als self-assembly, was so viel wie „von selbst zusammenfinden" bedeutet. Das von Nomuras Gruppe 1969 publizierte Experiment ist in Abb. 7.14 zusammengefaßt.

Ähnliche Resultate wurden unlängst für die 50S-Untereinheit von *E. coli* gefunden. Weitere Rekonstitutionsexperimente von Nomuras Gruppe, in denen jeweils ein Protein im Reaktionsgemisch fehlte, führten sowohl zur Aufstellung einer Reaktionsfolge beim Zusammenbau des Ribosoms, als auch zur Erkenntnis, daß alle Proteine für eine funktionsfähige Untereinheit nötig sind.

Diese eleganten Rekonstitutionsexperimente spiegeln jedoch nicht genau den Zusammenbau der ribosomalen Untereinheit von *E. coli* in vivo wider. Bei *E. coli* sind die rRNA-Gene in Tandemanordnung reiteriert und zwar in der Abfolge 16S, 23S und 5S-rRNA. Das Primärtranskript jeder Grundeinheit ist ein 30S-Vorläufer (p30S), der dann in die Vorstufen p16S, p23S und p5S umgewandelt wird (p steht für precursor = Vorläufer). Diese Moleküle sind die unmittelbaren Vorläufer der reifen 16S-, 23S- und 5S-rRNA. Normalerweise kann man das p30S-Molekül in der Wildtypzelle nicht nachweisen, da die Spaltung des p30S-Intermediats bereits während dessen Transkription erfolgt. Diese Spaltung ist jedoch in RNase III-defekten Mutanten teilweise blockiert, so daß sich p30S-Moleküle anhäufen. Die Untersuchung dieser RNA zeigte, daß sie die Sequenzen für 16S-,

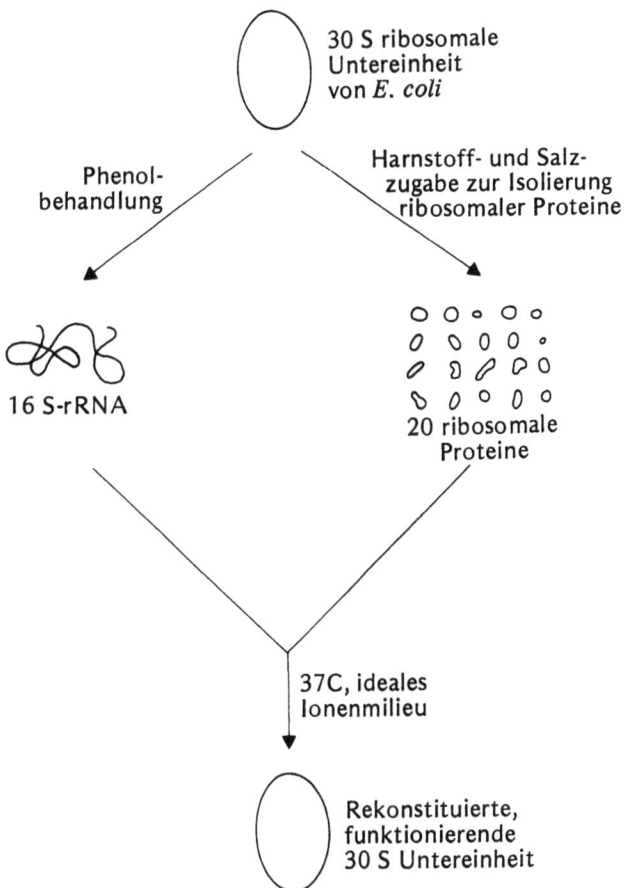

Abb. 7.14. Schematische Darstellung eines Experiments zum Nachweis der Befähigung zur Rekonstitution der 30S ribosomalen Untereinheit von *E. coli* aus RNA und den Proteinkomponenten (M. Nomura 1969, Sci. Am. 221:28)

23S- und 5S-rRNA enthält. Die Folge der rRNAs in der p30S-RNA ist:

$$5' - 16S - 23S - 5S - 3'$$

Ein Modell des Reifungsprozesses, das aus in vitro-Spaltungsversuchen mit RNase III abgeleitet wurde, zeigt Abb. 7.15.

Man nimmt an, daß nicht RNase III, sondern ein anderes Enzym die endonukleolytische Spaltung bewerkstelligt, die das Intermediat in die reifen RNAs überführt. Diese Abspaltungen finden statt, wenn die Vorläufer-RNAs noch mit den Ribosomen in präribosomalen Partikeln vereinigt sind. Man muß daher bei der Übertragung der Ergebnisse Nomuras aus den in vitro-Daten auf die in vivo-Situation sehr vorsichtig sein, da die Konformation dieser Vorläufer-RNA

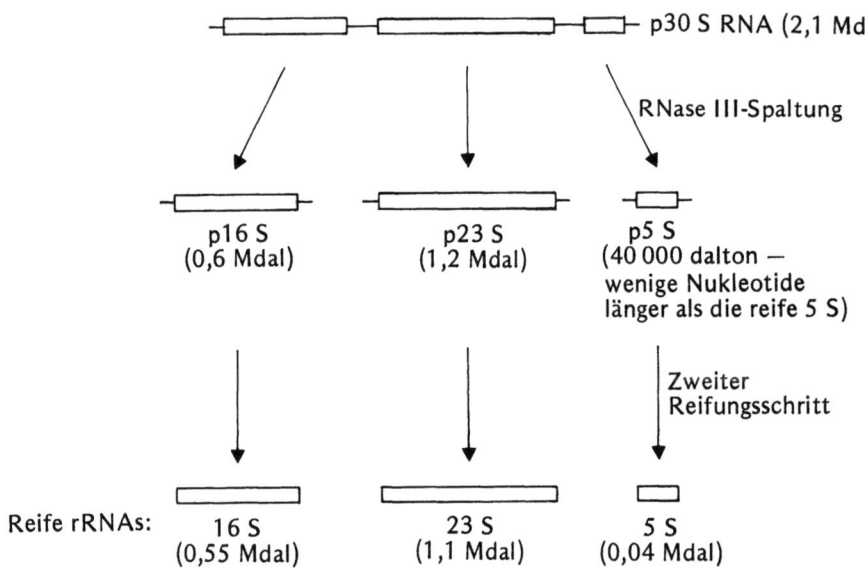

Abb. 7.15. Mögliche Entstehung reifer rRNAs durch Spaltung einer Vorläufer-RNA (p30S) bei *E. coli*

andere Protein-Protein- oder Protein-RNA-Wechselwirkungen als die reifen rRNAs ermöglichen. Mit anderen Worten gesagt, ist das Endprodukt der in vitro- und der in vivo-Synthese dasselbe, nur die Zwischenstufen sind unterschiedlich.

Damit der Zusammenbau der Ribosomen erfolgen kann, müssen die 16S- und die 23S-rRNA methyliert werden. Diese Methylierung erfolgt posttranskriptional, wobei die meisten Methylgruppen an die Basen angefügt werden, wenige an der 2'OH-Position der Ribose. Alle Methylierungen in der 23S-rRNA finden an der p30-RNA statt, wohingegen die meisten, wenn nicht alle, Methylierungen der 16S-rRNA bei der reifen Form vorgenommen werden. Demnach ist die Methylierung der 23S-rRNA ein früher Vorgang in der RNA-Reifung, die Methylierung der 16S-rRNA ein später.

Biosynthese eukaryontischer Ribosomen

In groben Zügen werden eukaryontische Ribosomen wie folgt synthetisiert: Die rRNA-Gene werden in eine hochmolekulare ribosomale Vorläufer-RNA (Prä-rRNA) transkribiert, die dann modifiziert wird und an verschiedenen Stellen in eine Anzahl von Intermediärprodukten gespalten wird. Aus ihnen entstehen schließlich die reifen 18S-, 5,8S- und 28S-rRNAs. Der Zusammenbau mit den ribosomalen Proteinen und der 5S-rRNA (die von räumlich getrennten rRNA-Genen transkribiert wird) erfolgt im Nukleolus während der Reifung der Prä-rRNA. Die dadurch entstandenen ribosomalen Untereinheiten werden dann aus dem Kern ins Zytoplasma transportiert. Die Reifung der ribosomalen RNA ist bei einer Reihe von Eukaryontensystemen wie Säugerzellen, Amphibien, Insekten, höheren Pflanzen und Pilzen untersucht. Die Ergebnisse zeigen, daß alle Eukaryonten ähnliche Synthesewege für die Ribosomen benutzen. Zum Zweck des Vergleichs und der Herausarbeitung der Gemeinsamkeiten soll im folgenden die Entstehung der Ribosomen bei höheren Eukaryonten und Pilzen (Hefe) beschrieben werden.

Gene für ribosomale RNA

Bei allen bisher untersuchten Eukaryonten liegen die Gene für 18S-, 5,8S- und 26S-rRNA in zahlreichen Kopien vor, die in der Region des Nukleolusorganisators liegen. Durch Sättigungshybridisierung mit gereinigter rRNA und Kern-DNA konnte die Multiplizität dieser Gene bestimmt werden: sie schwankt innerhalb der untersuchten Organismen zwischen 100 und 1000. Im allgemeinen gilt, daß umsomehr Kopien vorliegen, je höher die systematische Stellung des betreffenden Organismus ist. Bei den meisten Organismen wird die 5S-rRNA von Genen außerhalb der Nukleolusregion codiert, deren Multiplizität gewöhnlich höher als die der anderen rRNA-Gene ist. Die 5S-rRNA-Gene können zu einem Cluster zusammengefaßt sein, wie etwa beim Menschen oder, wie bei dem südafrikanischen Krallenfrosch *Xenopus laevis*, über das ganze Genom verteilt sein. Zumindest bei der Hefe und den Schleimpilzen liegen die 5S-rRNA Gene zwischen den anderen rRNA-Genen.

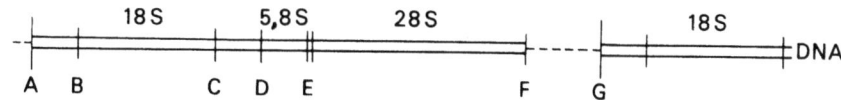

Abb. 7.16. Schematischer Aufbau der repetitiven Einheit der ribosomalen DNA bei Eukaryonten. *A–G* ist die repetitive Einheit. *B–C, D–E* und *E–F* codieren für 18S-, 5,8S und 28S-rRNA. *A–B* und *C–D* sind transkribierte Spacer, *F–G* ist ein nicht transkribierter Spacer

Die DNA-Region, welche die Gencluster 18S + 5,8S + 28S enthält, besteht aus drei Grundelementen:

a) Sequenzen, welche der reifen rRNA entsprechen,
b) Sequenzen, welche zwar transkribiert werden, jedoch nicht mehr in der reifen rRNA auftreten [transkribierte Spacer (TS)] und
c) nichttranskribierte Spacer (NTS), welche zwischen den transkribierten Sequenzen liegen.

Untersuchungen an isolierter rDNA lieferten ein allgemeines Bild von der repetitiven Einheit der rDNA bei Eukaryonten (Abb. 7.16).

A–G sei in unserer Darstellung die repetitive Einheit. Innerhalb dieser Region codiert B-C für die 18S-, D-E für die 5,8S- und E-F für die 28S-rRNA. Die Regionen A-B und C-D sind TS-Sequenzen, die in jeder repetitiven Einheit gleich sind. F-G ist eine NTS-Sequenz, welche in den einzelnen repetitiven Einheiten bei höheren Eukaryonten wie *Xenopus* von unterschiedlicher Länge ist. Bei *Drosophila* zeigt sie nur leichte Heterogenität und bei niedrigen Eukaryonten wie Hefe ist sie bei jeder repetitiven Einheit von gleicher Länge. Die Unterschiede in der Länge der TS-Sequenzen und die geringen Längenunterschiede in der 28S-rRNA-Sequenz sind für die unterschiedliche Länge der Prä-rRNA bei verschiedenen Organismen verantwortlich.

Transkription und Reifung der Prä-rRNA

Die Bildung der Ribosomen beginnt mit der Transkription einer Prä-rRNA. Bei *HeLa-* (Säuger-) Zellen ist dies ein 45S-Molekül mit einem Molekulargewicht von etwa 4,5 Mdal. Bei Hefe (einem niedrigen Eukaryonten) hat es einen Sedimentationskoeffizienten von 35S und ein Molekulargewicht von etwa 2,5 Mdal. Innerhalb der Prä-rRNA ist die Anordnung der rRNA-Gene 5' – 18S – 5,8S – 28S – 3'; also ähnlich der Anordnung der rRNA-Gene in prokaryontischen Prä-rRNA-Molekülen.

Zur Herstellung reifer Ribosomen wird die Prä-rRNA modifiziert (Methylierung und Pseudourydilierung), sie verbindet sich mit den ribosomalen Proteinen und der 5S-rRNA und reift schließlich enzymatisch durch die Entfernung der TS-Sequenzen. Dies ereignet sich im Nukleolus, und viele der nichtribosomalen Proteine sind vermutlich stabile, spezifische Proteine des Nukleolus.

Bei *HeLa*-Zellen finden an dem 45S-rRNA-Vorläufer über 100 Methylierungen statt. Die Methylierung erfolgt dicht am Wirkort der RNA-Polymerase, das heißt, während der Transkription. Man kennt die Bedeutung der Methylierung noch nicht, doch man weiß, daß sie für die Ribosomenreifung von Bedeutung ist. Bei *HeLa*-Zellen liegen alle Methylgruppen in Teilen der 45S-rRNA, die später auch in der reifen rRNA erscheinen. Alle mit Ausnahme von sechs Methylgruppen sind am 2'-OH der Ribose (Abb. 7.17).

Reife 18S-, 28S- und 5S-rRNAs eukaryontischer Zellen enthalten auch viele Pseudouridine (siehe auch tRNA-Modifikationen). Diese Modifikationen erfolgen ebenfalls im Nukleolus an der Prä-rRNA; ihre Bedeutung ist jedoch auch noch unklar.

Das 45S-Prä-rRNA-Molekül verbindet sich im Nukleolus mit ribosomalen Proteinen, die im Zytoplasma synthetisiert und dann in den Nukleolus transportiert worden sind, und mit 5S-rRNA, die in den meisten Organismen anderswo im Kern transkribiert wird. Man kann also ribosomale Partikel im „statu nascendi" aus Nukleoli aktiv wachsender Zellen isolieren.

Die Reifung der Ribosomen benötigt spezifische Spaltungen der Prä-rRNA, wodurch TS-Regionen eliminiert werden und nur die reife rRNA übrigbleibt. Die Spaltungen finden im naszierenden ribosomalen Partikel statt, und die Bil-

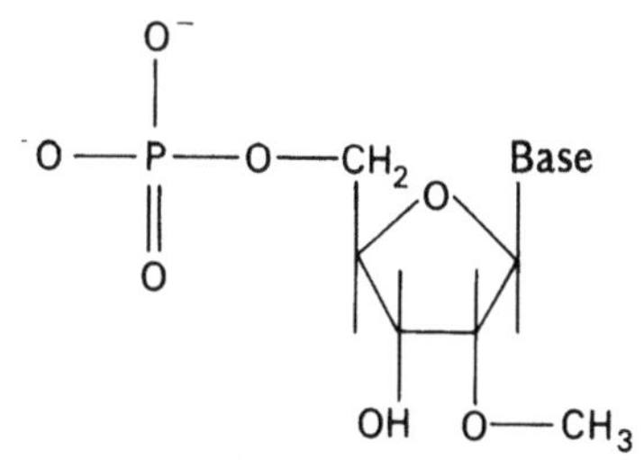

2'-O-Methylribonukleotid

Abb. 7.17. Methylierung der Ribose in der rRNA

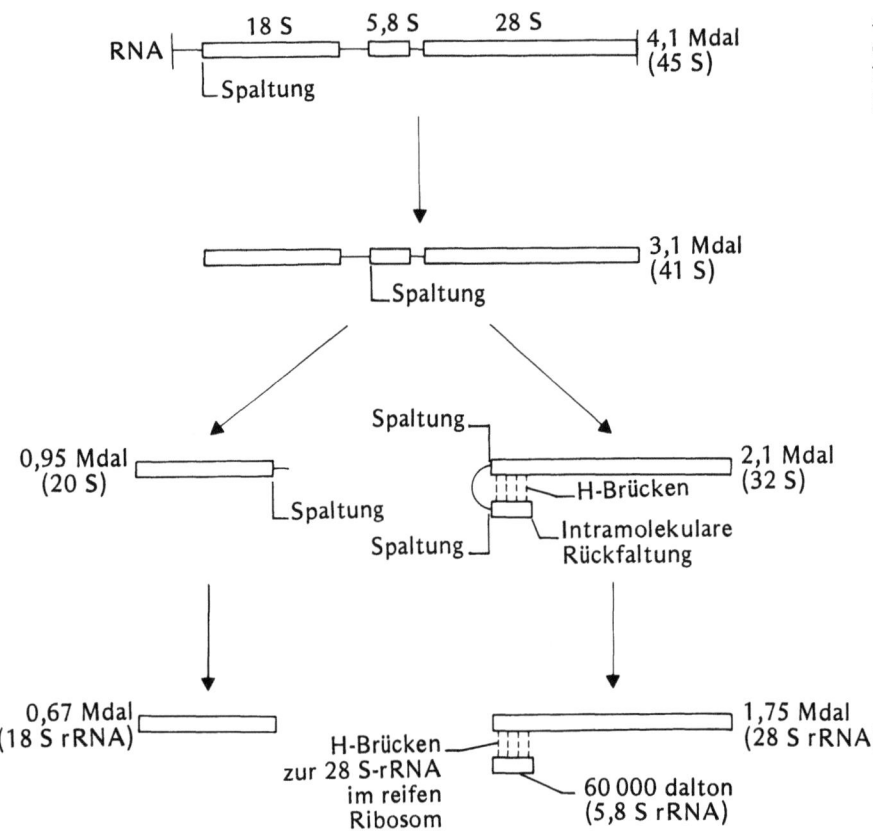

Abb. 7.18. Möglicher Ablauf des Processings einer 45S-Vorläufer-RNA in die reifen rRNAs bei *HeLa*-Zellen (B.C.H. Maden 1971, Prog. Biophys. Mol. Biol. 22:127)

dung reifer ribosomaler Partikel ist von der Ausbildung spezifischer Protein-Protein- und Protein-Nukleinsäure-Wechselwirkungen begleitet. Durch radioaktive Markierung, entweder durchgehend oder als Pulsmarkierung, und anderen Experimenten konnten die Reifungsschritte der rRNA bei *HeLa*-Zellen zeitlich geordnet werden (Abb. 7.18).

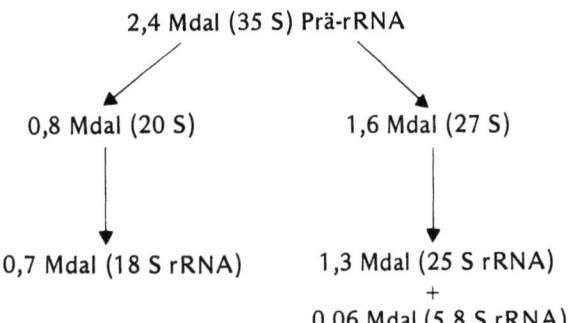

Abb. 7.19. Möglicher Ablauf der Bildung reifer rRNAs aus einer 35S-Prä-RNA bei der Hefe *Saccharomyces cerevisiae* · (S.A. Udem u. J.R. Warner 1972, J. Mol. Biol. 65:227)

Bei *HeLa*-Zellen machen die TS-Sequenzen etwa 50% des primären Transkripts aus. Sie werden während des Reifungsprozesses abgespalten. Der Vorgang der Reifung verläuft bei allen Eukaryonten weitgehend gleich.

Im Detail unterscheidet sich die Reifung bei den verschiedenen Eukaryonten durch die Größe des primären Transkripts und der reifen rRNA, im Ausmaß der RNA-Modifikationen und in der Zahl der stabilen (und daher nachweisbaren) Intermediärprodukte. Im allgemeinen wird der prozentuale Anteil der Spacer am primären Transkript geringer, je höher man in der Hierarchie der Organismen geht. Bei Hefe verläuft die Reifung beispielsweise wie in Abb. 7.19 abgebildet. Hier sind etwa 20% des primären Transkripts nicht konserviert.

Es muß betont werden, daß nicht alle Organismen ein Intermediat zwischen Prä-rRNA und der 18S-rRNA ausbilden. Beispiele dafür sind *Xenopus* und *Neurospora*.

Der ganze Ablauf der Ribosomensynthese ist am Beispiel der *HeLa*-Zellen in Abb. 7.20 zusammengefaßt. Die Zahlen geben die Sedimentationskoeffizienten der RNAs an.

Abb. 7.20. Schematische Darstellung der Ribosomensynthese bei *HeLa*-Zellen unter Bildung von Vorläufer-Ribonukleoprotein-Partikeln und ihrer Reifung zu fertigen Ribosomen. In dem Schema sind die *Rechtecke* die Vorläufer, die *Kreise* die reifen Partikel. Die Zahlenangaben *außerhalb* der Partikel sind S-Werte der Partikel, die Zahlen *innerhalb* der Partikel sind die S-Werte der entsprechenden rRNAs (B.E.H. Maden 1971, Prog. Biophys. Mol. Biol. 22: 127)

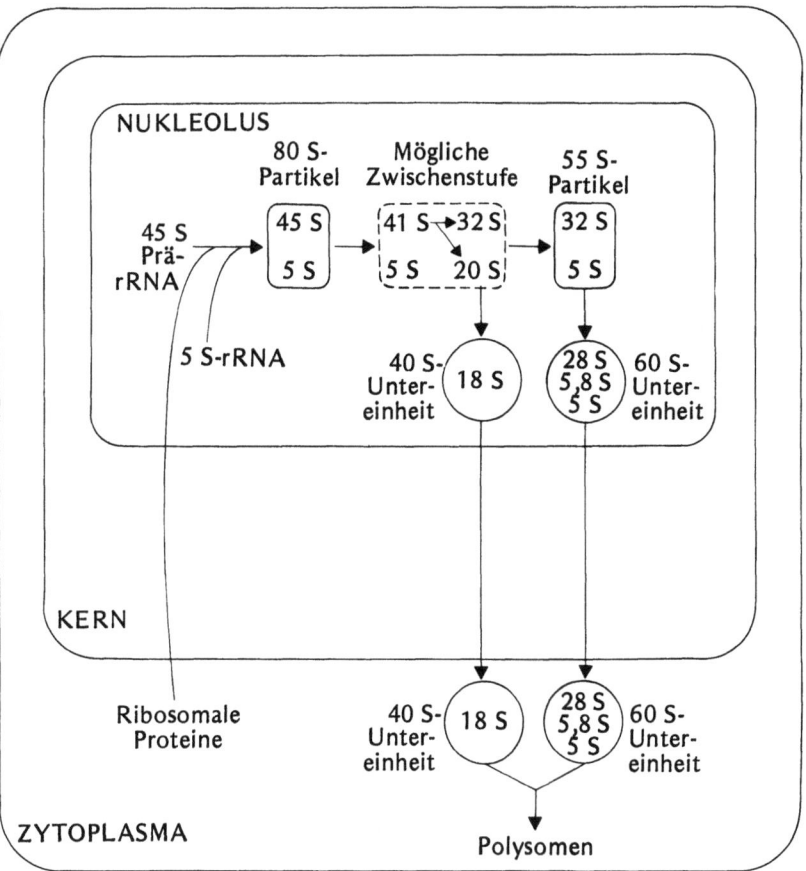

Man weiß sehr wenig über die Enzyme, die in der Eukaryontenzelle an der Reifung der RNA beteiligt sind. Unlängst wurden einige mögliche Reifungsenzyme nachgewiesen, z.B. eine spezifische Endoribonuklease und eine 3′-OH-spezifische Exonuklease.

Sicherlich ist die Synthese der Ribosomen ein sehr komplexer Vorgang. Eukaryontische Zellen müssen deshalb einen ausgeklügelten Mechanismus der Regulation dieses Prozesses besitzen. Die Kontrolle der Ribosomensynthese könnte auf der Ebene der Transkription der Prä-rRNA und/oder posttranskriptional erfolgen. Darüber gibt es jedoch sehr wenig experimentelle Daten.

ÜBERSICHTSARTIKEL ZU KAPITEL 7:

Krämer G (1981) Warum sind eukaryontische Gene anders? Biol unserer Zeit 11:169–173

Puschendorf B (1974) Biogenese der Messenger-RNA in Säugerzellen. Biol unserer Zeit 4:139–145

Thien W (1980) Die Ribonukleinsäure der Ribosomen. Biol unserer Zeit 10:97–103

LITERATUR

Allgemein

Adhya S, Gottesman (1978) Control of transcription termination. Annu Rev Biochem 47:217–249

Biswas BB, Mandal RK, Stevens A, Cohn WE (eds) (1974) Control of transcription. Plenum, New York

Brenner S, Jacob F, Meselson M (1961) An unstable intermediate carrying information from genes to ribosomes for protein synthesis. Nature 190:576–581

Chamberlin MJ (1974) The selectivity of transcription. Annu Rev Biochem 43:721–775

Chambon P (1977) Summary: The molecular biology of the eukaryotic genome is coming of age. Cold Spring Harbor Symp Quant Biol 42:1209–1234

Cold Spring Harbor Symposium for Quantitative Biology (1970) Transcription of genetic material, vol 35. Cold Spring Harbor Laboratory, New York

Darnell JE (1968) Ribonucleic acids from animal cells. Bacteriol Rev 32:262–290

Darnell JE (1977) Gene regulation in mammalian cells: Some problems and the prospects for their solution. In: Saunders G (ed) Cell differentiation and neoplasia, 30th Annual Symposium on

Fundamental Cancer Research. M.D. Anderson Hospital and Tumor Institute, Houston, TA

Davidson EH, Britten R (1973) Organization, transcription, and regulation in the animal genome. Q Rev Biol 48:565–613

Gilbert W (1976) Starting and stopping sequences for the RNA polymerase. In: Losick R, Chamberlin M (eds) RNA polymerase. Cold Spring Harbor Laboratory, New York, pp 193–206

Losick R (1972) In vitro transcription. Annu Rev Biochem 41:409–446

Marmur J, Greenspan CM, Palecek E, Kahan FM, Levine J, Mandel M (1963) Specificity of the complementary RNA formed by *Bacillus subtilis* infected with bacteriophage SP8. Cold Spring Harbor Symp Quant Biol 28:191–199

Perry RP (1976) Processing of RNA. Annu Rev Biochem 45:605–629

Sanger F, Brownlee GG, Barrell BG (1965) A two-dimensional fractionation procedure for radioactive nucleotides. J Mol Biol 13:373–398

Schweizer E, MacKechnie C, Halvorson HO (1969) The redundancy of ribosomal and transfer RNA genes in *Saccharomyces cerevisiae*. J Mol Biol 40:261–277

Sirlin JL (1972) The biology of RNA. Academic Press, New York

Stewart PR, Letham DS (eds) (1977) The ribonucleic acids, 2nd edn. Springer, New York

Travers A (1974) Bacterial transcription. In: Burton K (ed) Biochemistry of nucleic acids. Butterworths, London (MTP international review of science, vol 6, pp 191–218)

Weinberg RA (1973) Nuclear RNA metabolism. Annu Rev Biochem 42:329–354

Weissbach H, Pestka S (eds) (1977) Molecular mechanisms of protein biosynthesis. Academic Press, New York

RNA-Polymerase

Burgess RR (1969) Separation and characterization of the subunits of ribonucleic acid polymerase. J Biol Chem 244:6168–6176

Burgess RR (1971) RNA polymerase. Annu Rev Biochem 40:711–740

Chambon P (1975) Eukaryotic nuclear RNA polymerases. Annu Rev Biochem 44:613–638

Losick R, Chamberlin M (eds) (1976) RNA polymerase. Cold Spring Harbor Laboratory, New York

Pribnow D (1975) Nucleotide sequence of an RNA polymerase binding site at an early T7 promotor. Proc Natl Acad Sci USA 72:784–788

Travers AA, Buckland R, Goman M, Le Grice SSG, Scaife JG (1978) A mutation affecting the sigma subunit of RNA polymerase changes transcriptional specificity. Nature 273:354–358

Travers AA, Burgess RR (1969) Cyclic reuse of the RNA polymerase sigma factor. Nature 222:537–540

Messenger-RNA

Berget SM, Berk AJ, Harrison T, Sharp PA (1977) Spliced segments at the 5′ termini of adenovirus-2-late mRNA: A role for heterogeneous nuclear RNA in mammalian cells. Cold Spring Harbor Symp Quant Biol 42:523–529

Bonner J, Wallace RB, Sargent TD, Murphy RF, Dube SK (1977) The expressed portion of eukaryotic chromatin. Cold Spring Harbor Symp Quant Biol 42:851–857

Both GW, Banergee AK, Shatkin AJ (1975) Methylation-dependent translation of viral messenger RNAs in vitro. Proc Natl Acad Sci USA 72:1189–1193

Brawerman G (1974) Eukaryotic messenger RNA. Annu Rev Biochem 43:621–642

Brawerman G (1976) Characteristics and significance of the polyadenylate sequence in mammalian messenger RNA. Prog Nucl Acid Res Mol Biol 17:117–148

Breathnach R, Mandel JL, Chambon P (1977) Ovalbumin gene is split in chicken DNA. Nature 270:314–318

Chang CC, Brownlee GG, Carey NH, Doel MT, Gillam S, Smith M (1976) The 3′-terminal sequence of chicken ovalbumin messenger RNA and its comparison with other messenger RNA molecules. J Mol Biol 107:527–547

Darnell JE (1978) Implications of RNA.RNA splicing in evolution of eukaryotic cells. Science 202:1257–1260

Darnell JE, Evans R, Fraser N, Goldberg S, Nevens J, Salditt-Georgieff M, Schwartz H, Weber J, Ziff E (1977) The definition of transcription units for mRNA. Cold Spring Harbor Symp Quant Biol 42:515–522

Darnell JE, Wall R, Tushinski RJ (1971) An adenylic acid-rich sequence in messenger RNA of HeLa cells and its possible relationship to reiterated sites in DNA. Proc Natl Acad Sci USA 68:1321–1325

Edmonds M, Vaughan MH, Nakazoto H (1971) Polyadenylic acid sequences in the heterogeneous nuclear RNA and rapidly labelled polyribosomal RNA of HeLa cells: Possible evidence for a precursor relationship. Proc Natl Acad Sci USA 68:1336–1340

Edmonds M, Winters MA (1976) Polyadenylate polymerases. Prog Nucleic Acid Res Mol Biol 17:149–179

Furuichi Y, Morgan M, Muthukrishnan S, Shatkin AJ (1975) Reovirus messenger RNA contains a methylated, blocked 5′-terminal structure: m7G(5′)-ppp(5′)GmpCp. Proc Natl Acad Sci USA 72:362–366

Furuichi Y, Morgan M, Shatkin AJ, Helenik W, Salditt-Georgieff M, Darnell JE (1975) Methylated, blocked 5′ termini in HeLa cell mRNA. Proc Natl Acad Sci USA 72:1904–1908

Geiduschek EP, Haselkorn R (1969) Messenger RNA. Annu Rev Biochem 38:647–676

Goodman HM, Olson MV, Hall BD (1977) Nucleotide sequence of mutant eukaryotic gene: The yeast tyrosine-inserting ochre suppressor SUP4-0. Proc Natl Acad Sci USA 74:5453–5457

Jeffreys AJ, Flavell RA (1977) The rabbit beta-globin gene contains a large insert in the coding sequence. Cell 12:1097–1108

McKnight SL, Mustin M, Miller OL (1977) Electron microscopic analysis of chromosome metabolism in the *Drosophila melanogaster* embryo. Cold Spring Harbor Symp Quant Biol 42:741–754

Nevins JR, Darnell JE (1978) Groups of adenovirus type 2 mRNA's derived from a large primary transcript: Probable nuclear origin and possible common 3′ ends. J Virol 25:811–823

Perry RP, Kelley DE, Frederici K, Rottman F (1975a) The methylated constituents of L cell messenger RNA: Evidence for an unusual cluster at the 5′ terminus. Cell 4:387–394

Perry RP, Kelley DE, Frederici K, Rottman F (1975b) Methylated constituents of heterogeneous nuclear RNA: Presence of blocked 5′ terminal structures. Cell 6:13–19

Proudfoot NJ (1976) Sequence analysis of the 3' noncoding regions of rabbit alpha- and beta-globin messenger RNAs. J Mol Biol 107:491–525

Reeves R (1977) Structure of *Xenopus* ribosomal gene chromatin during changes in genomic transcription rates. Cold Spring Harbor Symp Quant Biol 42:709–722

Sripati CE, Groner Y, Warner JR (1976) Methylated, blocked 5' termini of yeast mRNA. J Biol Chem 251:2898–2904

Tilghman SM, Tiemeir DC, Seidman JG, Peterlin BM, Sullivan M, Maizel JV, Leder P (1978) Intervening sequence of DNA identified in the structural portion of a mouse beta-globin gene. Proc Natl Acad Sci USA 78:725–729

Tonegawa S, Maxam AM, Tizard R, Bernhard O, Gilbert W (1978) Sequence of a mouse germ-line gene for a variable region of an immunoglobulin. Proc Natl Acad Sci USA 75:1485–1489

Wei CM, Gershowitz A, Moss B (1976) 5'-terminal and internal methylated nucleotide sequences in HeLa cell mRNA. Biochemistry 15:397–401

Weintraub H, Groudine M (1976) Chromosomal subunits in active genes have an altered configuration. Science 193:848–856

Winicov I, Perry RP (1976) Synthesis, methylation, and capping of nuclear RNA by a subcellular system. Biochemistry 15:5039–5046

Transfer-RNA

Holley RW, Apgar J, Everettt GA, Madison JT, Marquisee M, Merrill SH, Penswick JR, Zamir A (1965) Structure of a ribonucleic acid. Science 147:1462–1465

Nishimura S (1974) Transfer-RNA: Structure and biosynthesis. In: Burton K (ed) Biochemistry of nucleic acids. Butterworths, London (MTP International review of science, pp 289–322)

Smith JD (1972) Genetics of transfer RNA. Annu Rev Genet 6:235–256

Smith JD (1976) Transcription and processing of transfer RNA precursors. Progr Nucl Acid Res Mol Biol 16:25–73

Sussman JL, Kim SH (1976) Three-dimensional structure of a transfer RNA in two crystal forms. Science 192:853–858

Ribosomen

Attardi G, Amaldi F (1970) Structure and synthesis of ribosomal RNA. Annu Rev Biochem 39:183–226

Brimacombe R, Stoffler G, Wittmann HG (1978) Ribosome structure. Annu Rev Biochem 47:217–249

Craig NC (1974) Ribosomal RNA synthesis in eukaryotes and its regulation. In: Burton K (ed) Biochemistry of nucleic acids. Butterworths, London (MTP International review of science, pp 255–288)

Davies J, Nomura M (1972) The genetics of bacterial ribosomes. Annu Rev Genet 6:203–234

Kurland CG (1972) Structure and function of bacterial ribosomes. Annu Rev Biochem 41:377–408

Kurland CG (1977) Structure and function of bacterial ribosomes. Annu Rev Biochem 46:173–200

Kurland CG (1977) Aspects of ribosome structure and function. In: Weissbach H, Pestka S (eds) Molecular mechanisms of protein biosynthesis. Academic Press, New York, pp 81–116

Maden BEH (1976) Ribosomal precursor RNA and ribosome formation in eukaryotes. Trends in Biochem Science 1:196–199

Maden BEH, Salim M, Summers DF (1972) Maturation pathway for ribosomal RNA in HeLa cell nucleolus. Nature New Biol 237:5–9

Nomura M (1969) Ribosomes. Sci Am 221:28–35

Nomura M (1970) Bacterial ribosome. Bacteriol Rev 34:228–277

Nomura M (1973) Assembly of bacterial ribosomes. Science 179:864–873

Nomura M, Tissieres A, Lengyel P (eds) (1974) Ribosomes. Cold Spring Harbor Laboratory, New York

Russell PJ, Hammett JR, Selker EU (1976) *Neurospora crassa* cytoplasmic ribosomes: ribosomal ribonucleic acid synthesis in the wild type. J Bacteriol 127:785–793

Udem SA, Warner JR (1972) Ribosomal RNA synthesis in *Saccharomyces cerevisiae*. J Mol Biol 65:227–242

Wellauer PK, Dawid IG, Brown DD, Reeder RH (1976) The molecular basis for length heterogeneity in ribosomal DNA from *Xenopus laevis*. J Mol Biol 105:461–486

KAPITEL 8
Proteinbiosynthese (Translation)

INHALT

Bausteine der Proteine
Peptidbindung
Proteinstruktur
Proteinsynthese
Polypeptidketten werden vom N-terminalen zum C-terminalen Ende hin synthetisiert
Die Einzelschritte der Proteinsynthese bei Prokaryonten
    Initiation
    Elongation
    Termination
    Polysomen
    Zusammenhang von Transkription und Translation
Proteinsynthese bei Eukaryonten
    Initiation
    Elongation
    Termination
    Proteinsynthese und Kompartimentierung der Zelle

In den vorangegangenen Kapiteln haben wir die Transkription der Gene in RNA besprochen. Alle drei Klassen von RNA sind am Vorgang der Proteinsynthese beteiligt. Die mRNAs sind Transkripte sogenannter Strukturgene, die für bestimmte, aus Aminosäuren zusammengesetzte Proteine codieren. Die mRNA heftet sich an das Ribosom an, worauf sie translatiert wird. Dabei wird die genetische Information der mRNA, die in der Folge der Ribonukleotide niedergelegt ist, in die lineare Abfolge von Aminosäuren übersetzt. Das entstehende Protein hat eine enzymatische, strukturelle oder regulatorische Funktion in der Zelle zu erfüllen. Die Übersetzung der Sprache der vier Nukleotide der Nukleinsäuren in die Sprache der zwanzig Aminosäuren der Proteine wird durch den genetischen Code ermöglicht. Die Abfolge von drei Nukleotiden (ein Codon oder ein Triplett) auf der mRNA codiert für den Einbau einer Aminosäure in die wachsende Polypeptidkette. Dieser am Ribosom ablaufende Vorgang benötigt die bereits erwähnten tRNA-Moleküle, mit denen die Aminosäuren kovalent verbunden sind.

Bausteine der Proteine

Die Grundbausteine der Proteine (Polypeptide) sind die Aminosäuren. Es gibt 20 natürliche Aminosäuren, deren Strukturformeln in Abb. 8.1 wiedergegeben sind.

Mit Ausnahme von Prolin besitzen alle Aminosäuren dieselbe Grundstruktur, bestehend aus einem zentralen Kohlenstoffatom (dem alpha-Kohlenstoffatom), an welchem eine alpha-Aminogruppe ($-NH_3^+$) eine alpha-Carboxylgruppe (COO^-) und ein Wasserstoffatom (Proton) gebunden ist. Der andere Teil der Aminosäure wird mit R bezeichnet. Dieser Rest R ist bei allen Aminosäuren unterschiedlich. Er verleiht der Aminosäure ihre chemischen Eigenschaften, und die Sequenz der Aminosäuren verleiht einem Protein letztendlich seine Eigenschaften. Die allgemeine Struktur einer Aminosäure ist in Abb. 8.2 wiedergegeben.

Die Peptidbindung

Proteine sind lange Polypeptidketten. Die Aminosäuren sind miteinander durch Peptidbindungen verbunden. Sie werden zwischen der alpha-Carboxylgruppe einer Aminosäure und der alpha-Aminogruppe einer anderen Aminosäure unter Abspaltung eines Moleküls Wasser geknüpft (Abb. 8.3).

Jedes Polypeptid hat daher ein Aminoende mit einer freien Aminogruppe und ein Carboxylende mit einer freien Carboxylgruppe. Diese werden oft als N-Terminus und C-Terminus des Moleküls bezeichnet. Alle anderen Aminogruppen und Carboxylgruppen sind an den Peptidbindungen beteiligt (Abb. 8.4).

Wie bei den Nukleinsäuren enthält das Rückgrat der Polypeptidkette keine Information; vielmehr sind es die Folge der Reste (R) und ihre chemischen Eigenschaften, welche die Charakteristika eines Proteins bestimmen.

Proteinstruktur

Man unterscheidet vier strukturelle Ebenen eines Proteins.

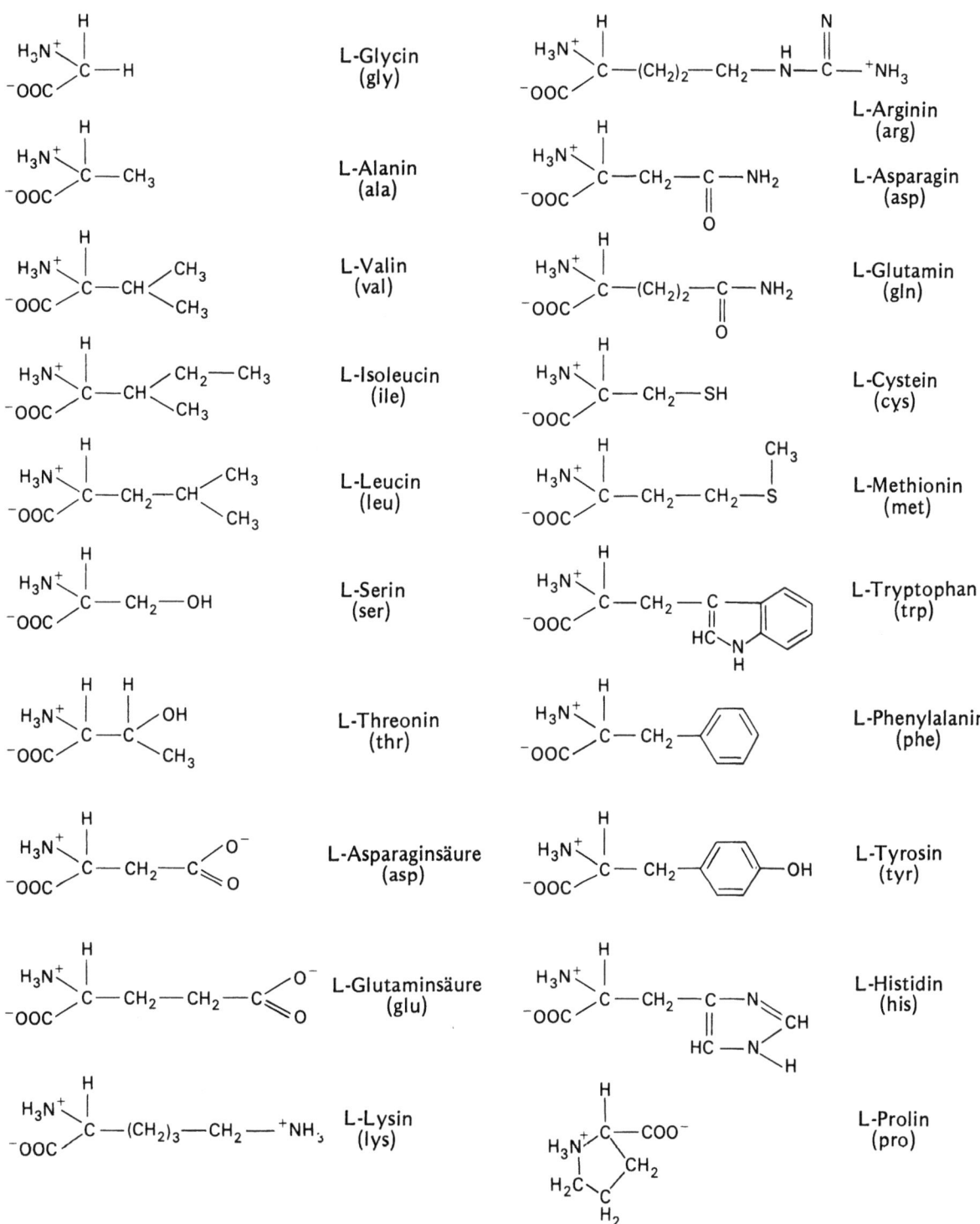

Abb. 8.1. Strukturformeln der natürlich vorkommenden Aminosäuren

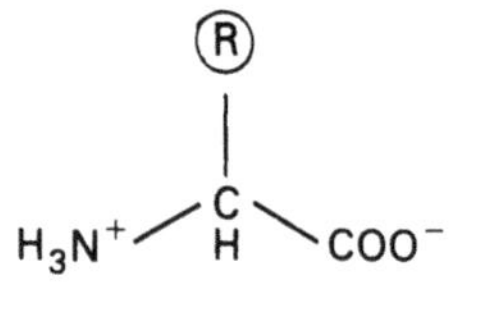

76 Proteinbiosynthese (Translation)

Abb. 8.2. Allgemeine Formel einer Aminosäure

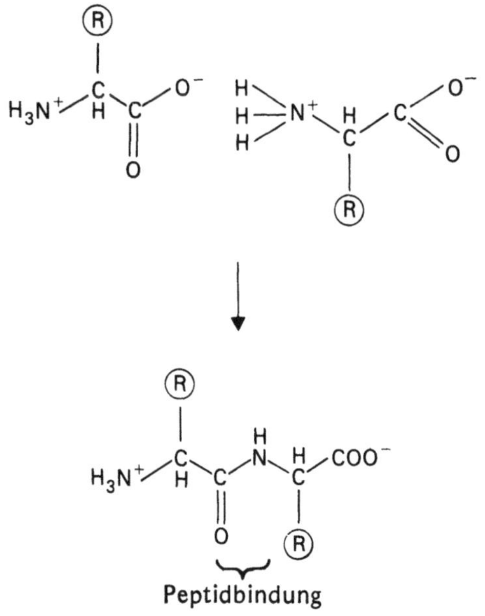

Abb. 8.3. Die Bildung der Peptidbindung

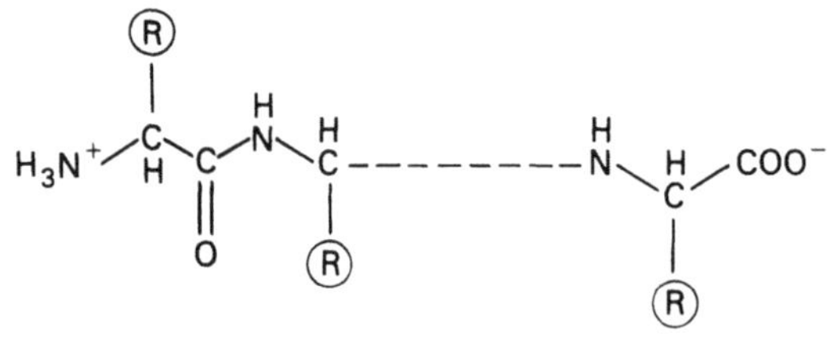

Abb. 8.4. Allgemeine Struktur einer Polypeptidkette

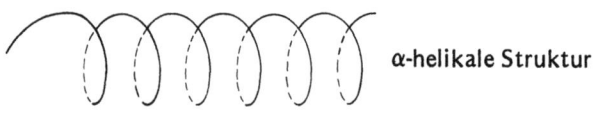

α-helikale Struktur

Abb. 8.5. Schematische Darstellung eines α-helikalen Abschnitts einer Polypeptidkette

Primärstruktur. Diese ist in der Aminosäuresequenz der Polypeptidkette niedergelegt. Sie bestimmt auch die Sekundär- und Tertiärstruktur der Polypeptidkette.

Sekundärstruktur. Sie besteht aus der Faltung der Kette in einfache Überstrukturen und wird durch die Bildung elektrostatischer Bindungen (z.B. zwischen Carboxyl- und Aminogruppen) und Wasserstoffbrücken zwischen eng benachbarten Aminosäuren der Ketten verursacht. Die sogenannte alpha-Helix, die man in vielen Teilen von Polypeptidketten findet, ist ein Beispiel einer Sekundärstruktur (Abb. 8.5).

Tertiärstruktur. Man spricht von Tertiärstruktur, wenn sich die Helices und andere Teile der Polypeptidkette zu einem dichten globulären Molekül zusammenfalten. Die Tertiärstruktur eines Polypeptids (Protein) kehrt oft hydrophobe (wasserabstoßende) Gruppen nach innen und hydrophile (wasserfreundliche) nach außen.

Quartärstruktur. Bei der Ausbildung einer Quartärstruktur lagern sich mehrere Polypeptidketten zu einem Proteinmolekül zusammen. So besteht beispielsweise das Hämoglobinmolekül aus vier Polypeptidketten, zwei alpha-Ketten und zwei beta-Ketten. Die Quartärstruktur ermöglicht die enzymatische Funktion des Moleküls. (Wir können am Beispiel des Hämoglobins sehen, daß ein Protein entsprechend seiner Funktion definiert werden muß und daher aus mehr als einer Polypeptidkette bestehen kann.)

Proteinsynthese

Eine Polypeptidkette wird vom N-terminalen Ende zum C-terminalen Ende hin synthetisiert. Die mRNA, welche für ein bestimmtes Polypeptid codiert, wird durch das Ribosom (den Ort der Proteinsynthese) vom 5'-Ende aus hindurchgezogen. Die Nukleotidsequenz wird in Dreiergruppen (Codons oder Tripletts genannt) gelesen, so daß jeweils eine Aminosäure pro mRNA-Codon in die Polypeptidkette eingebaut wird. Ein bestimmtes Codon ist einem Anticodon auf dem tRNA-Molekül (im Sinne der Basenpaarung) komplementär; jedes tRNA-Molekül trägt eine spezifische Aminosäure, so daß die richtige Aminosäure in die Polypeptidkette eingebaut werden kann, wenn das entsprechende Codon am Ribosom erscheint. Wie wir später bei der Besprechung des genetischen Codes sehen werden, gibt es 64 mögliche Codons: 61 davon codieren für Aminosäuren. Daher gibt es gewöhnlich mehrere Codons für eine bestimmte Aminosäure, und es müßte daher auch mindestens 61 tRNA-Moleküle mit den passenden Anticodons geben. Wie wir bereits erwähnt haben, besitzen alle tRNA-Moleküle ähnliche Sekundärstruktur, durch die ihre Funktion in der Proteinsynthese ermöglicht wird. Es ist nötig, daß die richtige Aminosäure mit ihrer tRNA verbunden wird, so daß der genetische Code getreulich „abgelesen" werden kann. Es gibt 20 Enzyme, Aminoacyl-Synthetasen genannt, die die sogenannte „Beladung" der tRNA vornehmen. Jedes Enzym bewirkt spezifisch die Bindung einer Aminosäure an ein tRNA-Molekül. Daher müssen alle tRNA-Moleküle für eine bestimmte Aminosäure (auch wenn dabei verschiedene Anticodons beteiligt sind) eine gemeinsame Nukleotidsequenz und/oder eine dreidimensionale Struktur besitzen, die von der dafür vorgesehenen spezifischen Aminoacylsynthetase erkannt werden kann. Die alpha-Carboxylgruppe der Aminosäure ist mit der terminalen Ribose des 3'-Adeninnukleotids der tRNA kovalent gebunden (Abb. 8.6).

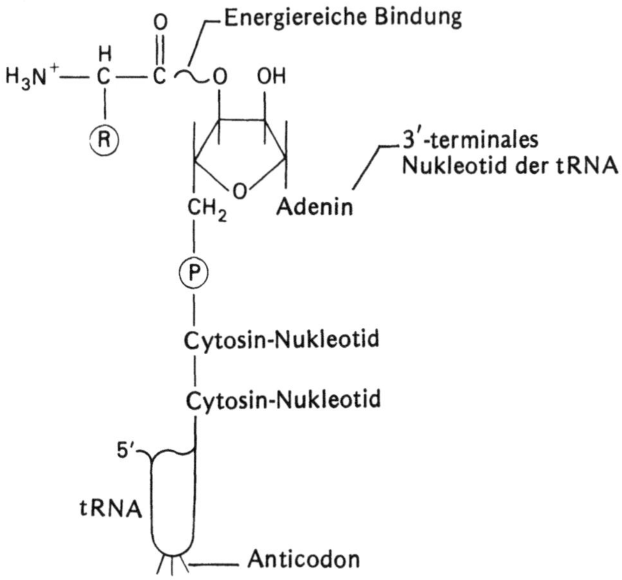

Diese Bindung ist sehr energiereich, und man spricht daher gewöhnlich von „aktivierter" oder beladener tRNA. Die Energie dieser Bindung wird zur Knüpfung der Peptidbindung während des Wachstums der Polypeptidkette benutzt. Die Energiequelle ist ATP: der Reaktionsablauf der Bildung der Aminoacyl-tRNA ist in Abb. 8.7 zusammengefaßt.

Abb. 8.6. Aminoacyl-tRNA

Polypeptidketten werden vom N-terminalen zum C-terminalen Ende hin synthetisiert

Die Synthese einer Polypeptidkette beginnt mit dem aminoterminalen Ende. Dies wurde von H. Dintzis durch Versuche an Kaninchenretikulozyten gezeigt. Retikulozyten sind junge Blutkörperchen, die ausschließlich Hämoglobin herstellen. Durch radioaktive Markierung konnte Dintzis zeigen, daß in einer in vitro-Kultur von Retikulozyten pro Minute etwa eine beta-Polypeptidkette des Hämoglobins hergestellt wird. In einem weiteren Experiment gab er für etwa 30 Sekunden radioaktives Leucin zur Zellsuspension; danach stoppte er die Proteinsynthese durch schnelles Abkühlen. Er isolierte die gesamten Hämoglobinmoleküle (alpha$_2$ beta$_2$) und reinigte sie, wobei unfertige Ketten eliminiert wurden. Dann trennte er die beiden Typen von Polypeptiden und zerlegte die Ketten mit Hilfe des Enzyms Trypsin in Fragmente (Peptide). Die Fragmente wurden elektrophoretisch aufgetrennt und die Verteilung der Radioaktivität auf die einzelnen Fragmente gemessen. Die Überlegung bei diesem Experiment war die folgende: Da der radioaktive Puls nur etwa halb so lang war wie die Synthese einer ganzen Kette brauchen würde, und da hier nur vollständige Ketten erfaßt wurden, sollte sich die Radioaktivität nur in den Peptiden finden, die dem Ende der zuletzt synthetisierten Kette entsprechen. Wenn also die Synthese vom N- zum C-Terminus erfolgt, sollte man das in Abb. 8.8 abgebildete Ergebnis erhalten.

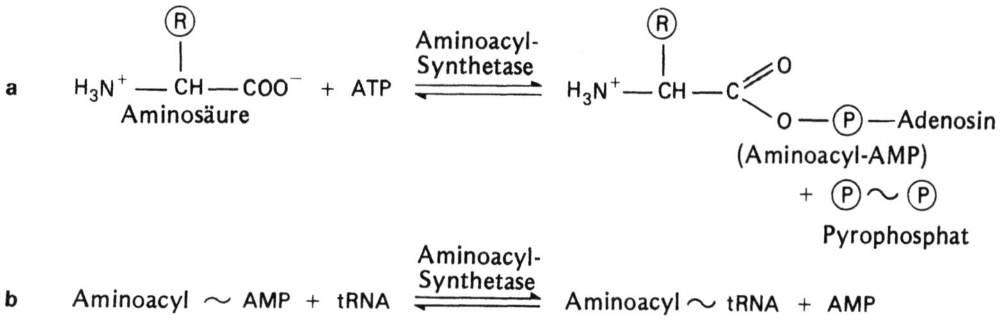

Abb. 8.7. Diese Reaktionen werden bei der Synthese von Aminoacyl-tRNA durch die Aminoacyl-Synthetase katalysiert

78 Proteinbiosynthese (Translation)

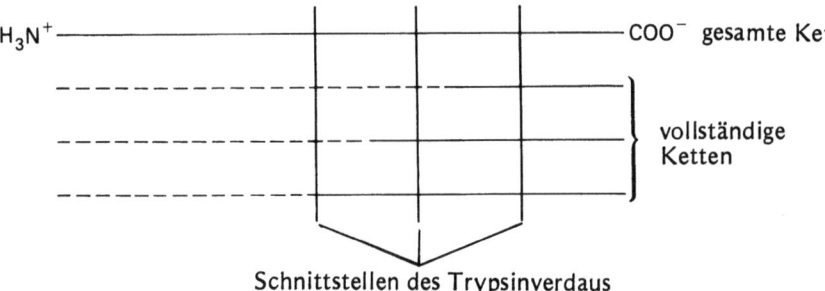

Abb. 8.8. Der Beweis, daß Polypeptide vom N-terminalen Ende zum C-terminalen Ende hin synthetisiert werden

– – – – = unmarkiert
———— = markiert

Die Voraussage war, daß die Markierung am C-terminalen Ende zu finden wäre: am N-terminalen Ende sollte also keine Markierung nachzuweisen sein. Dieses Ergebnis wurde auch tatsächlich gefunden, wodurch bewiesen war, daß die Polypeptidsynthese vom N- zum C-terminalen Ende hin erfolgt.

Neuere Experimente mit einem in vitro Proteinsynthesesystem bestätigten Dintzis' Schlußfolgerungen.

Die Einzelschritte der Proteinsynthese bei Prokaryonten

Die Proteinsynthese läßt sich in drei Abschnitte, die Initiation, die Elongation und die Termination, einteilen: Sie werden in dieser Reihenfolge besprochen werden.

Initiation

Initiator-tRNA

Die erste Aminosäure bei der Synthese aller bakteriellen Polypeptide ist N-Formylmethionin (fmet). Fmet ist ein modifiziertes Methionin, bei dem die alpha-Aminogruppe „blockiert" ist, so daß sie keine Peptidbindung eingehen kann. Die Formylgruppe wird an das Methionin angeheftet, nachdem es bereits an seine spezifische tRNA, die tRNA.fmet oder tRNA.f genannt, gebunden wurde. Diese Reaktion wird durch das Enzym Transformylase katalysiert (Abb. 8.9).

In vielen Fällen wird die Polypeptidkette zwar mit fmet begonnen, das jedoch anschließend gleich wieder enzymatisch entfernt wird.

Biochemische Untersuchungen haben gezeigt, daß bei allen Prokaryonten mindestens zwei mit Methionin beladbare tRNA-Spezies vorkommen: eine der beiden tRNAs ist an der Initiation beteiligt, die andere ist für den Einbau von Methionin innerhalb der Polypeptidkette verantwortlich. Letztere wird als tRNA.m met oder tRNA.m bezeichnet. Bei Bakterien werden beide tRNAs vom selben Enzym aminoacyliert, als Substrat für die transformylase-katalysierte Reaktion dient jedoch nur die tRNA.fmet. Beide tRNAs erkennen AUG (das einzige Methionincodon), die tRNA.fmet kann jedoch zusätzlich GUG und UUG erkennen. Durch Sequenzierung konnte gezeigt werden, daß beide Moleküle ein dem AUG komplementäres Anticodon besitzen. Die zwei tRNA-Moleküle unterscheiden sich aber in

Methionin + tRNA·fmet ⟶ met-tRNA·fmet
⏐
↓ Formiat
⏐
↓

$$\begin{array}{c}
CH_3 \\
| \\
S \\
| \\
(CH_2)_2 \\
O \quad H \quad | \\
\backslash\!\!\!/ \quad | \quad CH \\
C - N - \\
/ \quad \quad | \\
H \quad \quad C=O \\
\quad \quad \quad | \\
\quad \quad \quad O \\
\quad \quad \quad | \\
\quad \quad tRNA·fmet
\end{array}$$

Formyl-
gruppe

N-Formylmethionyl-tRNA-fmet

Abb. 8.9. Synthese der N-Formylmethionyl-tRNA

5'---ACA|AGGA|AACAGCUAUG ---

β-Galaktosidase-mRNA-Ribosomenbindungsstelle

Abb. 8.10. Nukleotidsequenz der Ribosomenbindungsstelle der β-Galaktosidase-mRNA von *E. coli*. Die Sequenz AGGA (*eingerahmt*) ist bei den meisten mRNAs zu finden. Das Startcodon ist unterstrichen

anderen Eigenschaften. Die Bindung der fmet-rRNA an die Ribosomen wird beispielsweise durch einen (später zu besprechenden) Initiationsfaktor katalysiert, während die Bindung der met-tRNA.m durch Elongationsfaktoren katalysiert wird. Die zwei tRNAs binden offensichtlich an unterschiedlichen Stellen am Ribosom. Daraus wird verständlich, daß die fmet-tRNA.f eine Struktur besitzen muß, die sie für ihre Rolle bei der Initiation befähigt.

Ribosomen-Bindungsstellen

Bei Bakterien ist der erste Schritt der Initiation die Bildung eines Komplexes der 30S-ribosomalen Untereinheit, fmet-tRNA und einem mRNA-Molekül. Die 50S-Untereinheit wird später hinzugefügt, und man erhält ein aktives 70S-Ribosom (Monosom). Eine mRNA kann die Information für eine oder mehrere verschiedene Polypeptidketten tragen. Für jeden polypeptidcodierenden Abschnitt gibt es eine spezifische Nukleotidsequenz, durch welche die mRNA an der richtigen Stelle und im richtigen Leserahmen mit dem Ribosom verbunden wird. Diese Sequenzen bezeichnet man als Ribosomenbindungsstellen. Ist die 30S-Untereinheit an einer Bindungsstelle mit der mRNA verknüpft, ist die RNA resistent gegen Verdauung durch Ribonukleasen. Dadurch war es möglich, die gegen Ribonukleaseabbau geschützten Regionen zu sequenzieren, und so kennen wir heute die Sequenz der Ribosomenbindungsstelle auf einer Anzahl von mRNA-Molekülen, wie z.B. dem für das Enzym β-Galaktosidase (Abb. 8.10).

Das Initiationscodon AUG steht am 3'-Ende der Sequenz. Die weitere Sequenz ist von mRNA zu mRNA unterschiedlich, mit Ausnahme der Sequenz AGGA (eingerahmt) oder einer ähnlichen Sequenz, die man in fast allen Molekülen findet.

Initiationsfaktoren und Initiation

Neben mRNA, fmet-tRNA und den ribosomalen Untereinheiten werden drei Protein-Initiationsfaktoren (IF-1, IF-2 und IF-3) und GTP zum Initiationsvorgang benötigt. Wir werden die Eigenschaften dieser Initiationsfaktoren besprechen und dann den Ablauf des Initiationsprozesses der Proteinsynthese anhand eines Schemas darstellen.

1. IF-3. Das Molekulargewicht des Faktors IF-3 beträgt 23000 dalton: seine Aufgabe ist die Bindung der mRNA an die 30S-Untereinheit. Er wirkt auch als Dissoziationsfaktor für die 30S- und 50S-Untereinheit nach Beendigung der Polypeptidsynthese. Wie alle IFs ist auch IF3 an freie 30S-Untereinheiten gebunden und kann durch 0,5M Ammoniumchlorid abgelöst werden.

Versuche mit radioaktivem IF-3 haben gezeigt, daß dieser sowohl an 30S-Untereinheiten als auch an mRNA-Moleküle binden kann. In einem in vitro-Proteinsynthesesystem verstärkt IF-3 die Bindung der fmet-tRNA an den Komplex aus mRNA und 30S-Untereinheit. Eine plausible Erklärung dafür wäre, daß IF-3 die mRNAs an ihren Initiationscodons AUG oder GUG erkennt; diese Hypothese ist jedoch unbewiesen. Untersuchungen an isoliertem IF-3 zeigten ein interessantes chemisches Problem. Früher nahm man an, daß dieser Faktor sehr instabil sei; heute jedoch weiß man, daß er sehr stabil ist. Die alten Versuchsergebnisse können heute leicht erklärt werden: IF-3 bindet stark an Glas. Man kann die Initiationsreaktion, an der IF-3 beteiligt ist, so formulieren:

IF-3 + mRNA + 30S-Untereinheit → (IF-3 – mRNA – 30S)-Komplex

2. IF-2. Das IF-2-Protein (80000 dalton) ist an der Bindung der Initiator-tRNA an den Komplex IF-3-mRNA-30S beteiligt. Auch hier wird der Energieträger GTP benötigt. In vitro-Experimente haben gezeigt, daß sich IF-2 und GTP zu einem Komplex verbinden, der dadurch stabilisiert wird, daß er einen Komplex mit der fmet-tRNA bildet. Dieser Komplex wiederum verbindet sich mit dem Komplex IF-3-mRNA-30S und dem Proteinfaktor IF-1 (9000 dalton) zum 30S-Initiationskomplex (Abb. 8.11).

3. Dissoziation der Initiationsfaktoren vom Initiationskomplex. Die Aufgabe der Initiationsfaktoren besteht darin, fmet-tRNA, mRNA und die 30S-Untereinheit zusammenzufügen. Der nächste Schritt ist die Anlagerung der

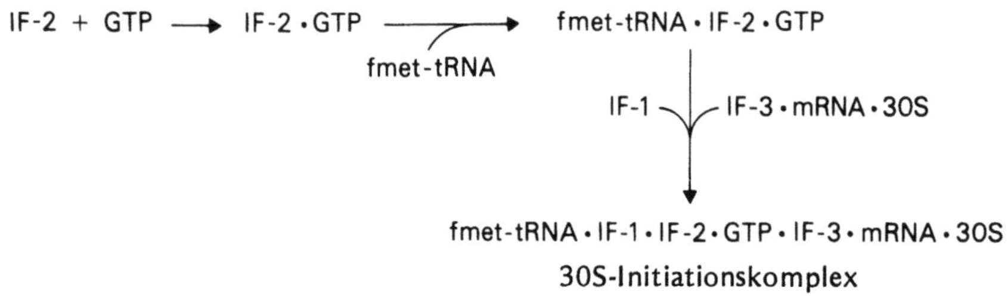

80 Proteinbiosynthese (Translation)

IF-2 + GTP → IF-2·GTP →(fmet-tRNA)→ fmet-tRNA·IF-2·GTP

IF-1 ↘ ↙ IF-3·mRNA·30S

↓

fmet-tRNA·IF-1·IF-2·GTP·IF-3·mRNA·30S
30S-Initiationskomplex

Abb. 8.11. Initiation der Proteinsynthese: die Einzelschritte bei der Bildung des 30S-Initiationskomplexes

50S-Untereinheit, die zur Bildung eines 70S-Initiationskomplexes führt. Dies wiederum bewirkt die Hydrolyse von GTP in GDP + P und die Freisetzung der drei Initiationsfaktoren (Abb. 8.12).

Diese können wiederum zur Bildung neuer Initiationskomplexe mit derselben oder einer anderen mRNA verwendet werden.

Eine Zusammenfassung der Initiationsreaktionen zeigt Abb. 8.13.

Elongation

Das 70S-Ribosom besitzt zwei Bindungsstellen für Aminoacyl-tRNA. Bei der Proteinsynthese bindet die beladene tRNA zuerst an der „A" (Aminoacyl)-Position. In der „P"-(Peptidyl)-Position sitzt eine weitere tRNA, an der eine wachsende Polypeptidkette hängt. Durch eine Peptidbindung wird die Aminosäure in der A-Position mit der Aminosäure in der P-Position verknüpft.

Man weiß nicht, ob die fmet-tRNA zuerst in die A-Position eintritt und dann in die P-Position überwechselt, oder ob sie sofort die P-Position einnimmt. Damit die Proteinsynthese weitergehen kann, muß die fmet-tRNA in die P-Position gebracht werden und muß mit Wasserstoffbrücken mit dem Startcodon auf der mRNA verbunden werden. Danach beginnt eine Reaktionsfolge, bei der eine Aminosäure nach der anderen an die Polypeptidkette angefügt wird. Man nennt diesen Vorgang Elongation (Abb. 8.14). Die Einzelschritte werden noch genauer besprochen werden.

Bindung der Aminoacyl-tRNA

Die beladene Aminosäure sitzt nun mit ihrem komplementären Anticodon am entsprechenden Codon in der A-Position. Zur Bindung an die A-Position wird ein Elongationsfaktor T (EF-T) und GTP benötigt. Dieser Faktor läßt sich aus den löslichen Proteinen von *E. coli* isolieren. Durch Säulenchromatographie kann man ihn in zwei Polypeptide auftrennen: den stabilen Faktor Ts mit einem Molekulargewicht von etwa 30000 dalton und den instabilen Faktor Tu mit einem Molekulargewicht von 42000 dalton. EF-T bindet an GTP: man nimmt an, daß er dadurch in zwei Polypeptide gespalten wird, was zur Bildung eines EF-Tu.GTP-Komplexes und zur Freisetzung von EF.Ts führt. Der nächste Schritt im Elongationsprozeß ist die Bindung von Aminoacyl-tRNA an den Komplex, wodurch der Komplex Aminoacyl-tRNA.Tu.GTP entsteht. Es gibt Hinweise, daß dieser Komplex eine Zwischenstufe der Bindung von Aminoacyl-tRNA an die Ribosomen darstellt. Wenn die beladene tRNA in der A-Position gebunden ist, wird GTP durch die enzymatische Wirkung eines oder mehrerer Proteine der 50S-ribosomalen Untereinheit hydrolysiert. Die Hydrolyse führt zur Freisetzung eines Komplexes aus EF-Tu und GDP. GDP wird freigesetzt, und der Elongations-

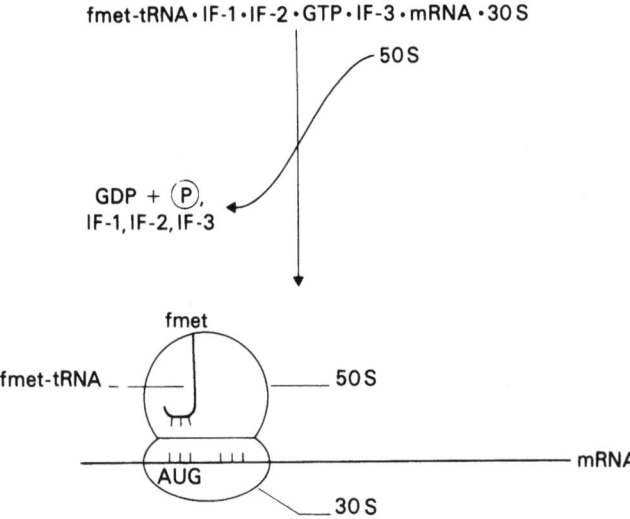

Abb. 8.12. Initiation der Proteinsynthese: Bindung der 50S-Untereinheit an den 30S-Initiationskomplex führt zur Bildung des 70S-Ribosoms an der richtigen Stelle der mRNA

Abb. 8.13. Zusammenfassung der Einzelschritte der Initiation der Proteinsynthese bei Prokaryonten (J.D. Watson 1977, The molecular biology of the gene. Benjamin, Menlo Park)

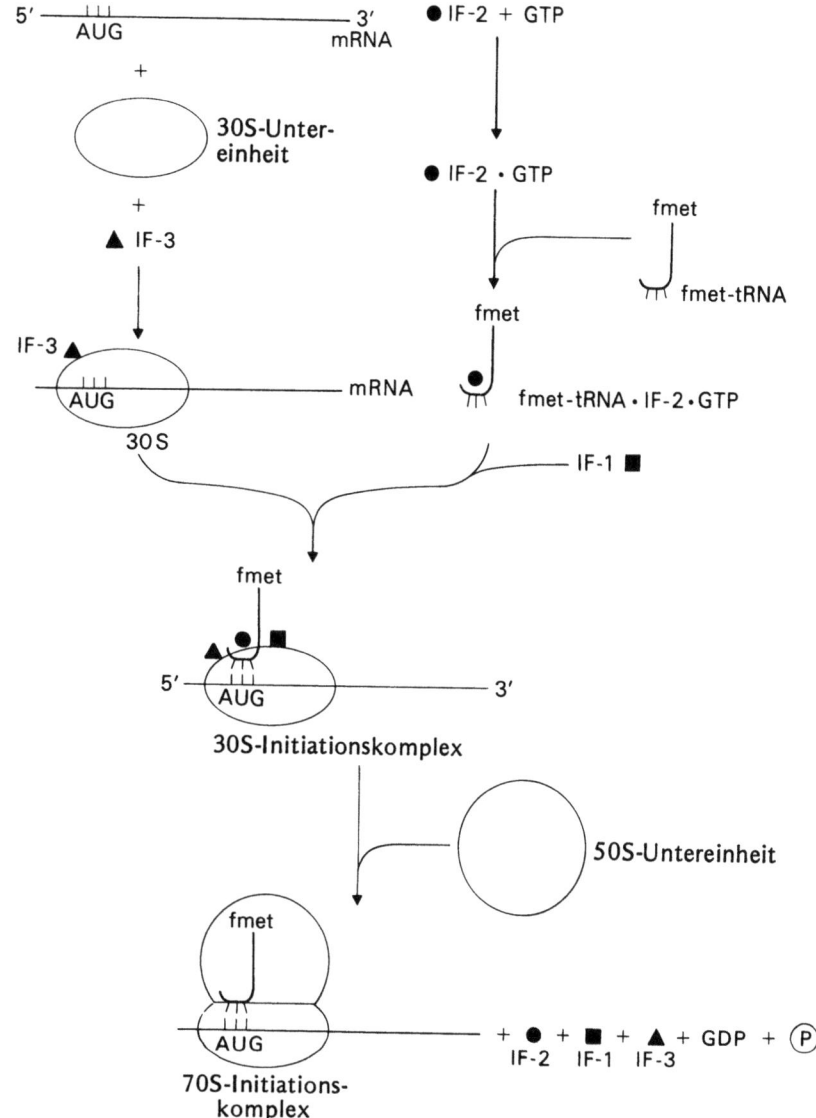

faktor kann sich wieder mit EF-Ts verbinden. Dieser Vorgang kann dann mit anderen Aminoacyl-tRNAs wiederholt werden.

Eine Zusammenfassung dieser Reaktionen ist in Abb. 8.15 wiedergegeben.

Versuche mit einem nichthydrolysierbaren Analog des GTP haben gezeigt, daß die Hydrolyse des GTP für die Freisetzung von EF-Tu vom Ribosom benötigt wird, nicht aber für die Bindung der Aminoacyl-tRNA an das Ribosom. Andere Versuche haben gezeigt, daß die Bindung von fmet-tRNA an das Ribosom kein EF-Tu benötigt.

Peptidbindung

Zu Beginn sitzt eine tRNA mit ihrer angehängten wachsenden Polypeptidkette in der P-Position; in der A-Position sitzt eine Aminoacyl-tRNA. Diese beiden tRNAs werden durch eine Wasserstoffbrückenbindung zwischen den Codons und Anticodons und durch die Tertiärstruktur des Ribosoms in ihrer nachbarlichen Stellung fixiert, so daß die Peptidbindung geknüpft werden kann. Die Peptidbindung bewerkstelligt ein Enzym, die Peptidyltransferase, welches ein Protein der 50S-Untereinheit ist. Im Endeffekt wird die Polypeptidkette dadurch um eine Aminosäure länger, und die gesamte Polypeptidkette ist von der tRNA in der P-Position zu der

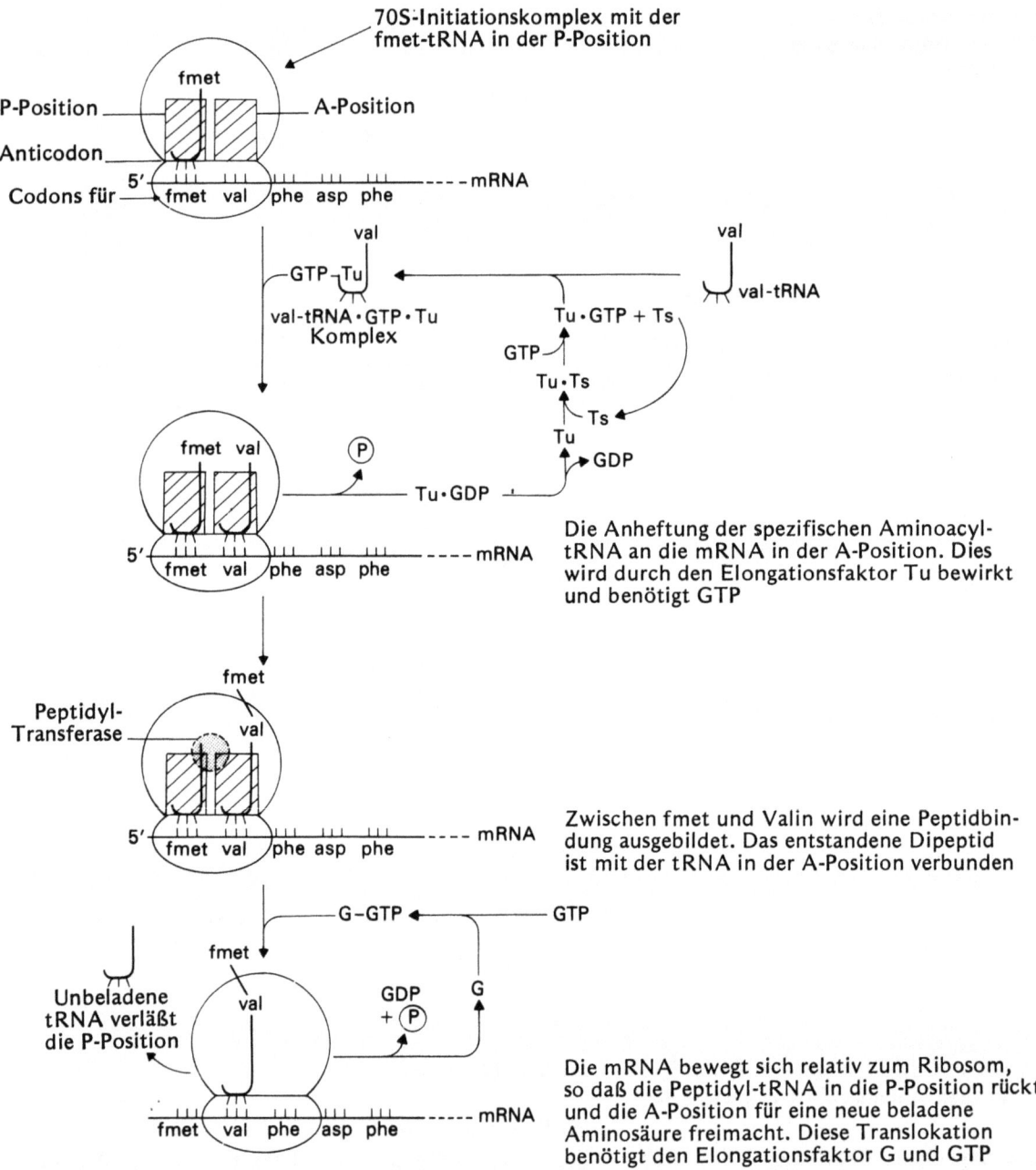

Abb. 8.14. Zusammenfassung der Vorgänge der Elongation (Peptidbindung) und der Translokation bei der Proteinsynthese (J.D. Watson 1977, The molecular biology of the gene. Benjamin, Menlo Park)

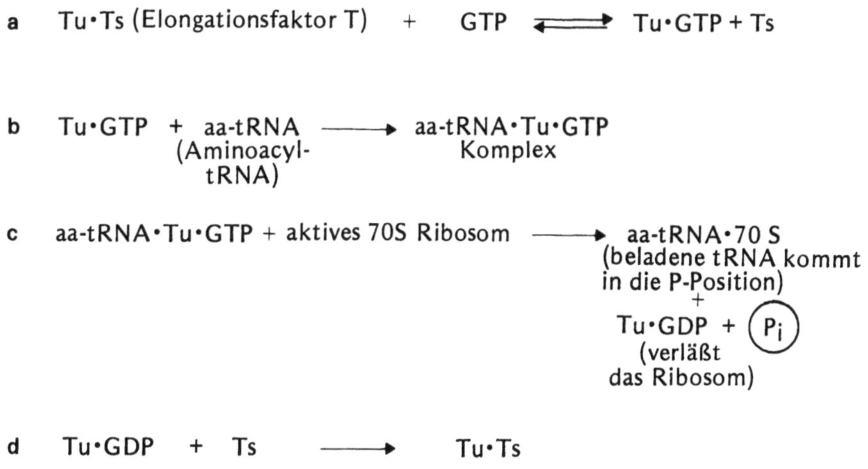

Abb. 8.15. Reaktionsschritte der Proteinsynthese, an denen die prokaryontischen Elongationsfaktoren EF-Tu und EF-Ts beteiligt sind

a   Tu·Ts (Elongationsfaktor T) + GTP ⇌ Tu·GTP + Ts

b   Tu·GTP + aa-tRNA ⟶ aa-tRNA·Tu·GTP Komplex
             (Aminoacyl-tRNA)

c   aa-tRNA·Tu·GTP + aktives 70S Ribosom ⟶ aa-tRNA·70 S (beladene tRNA kommt in die P-Position) + Tu·GDP + P_i (verläßt das Ribosom)

d   Tu·GDP + Ts ⟶ Tu·Ts

tRNA in der A-Position verschoben worden. Dieser Vorgang ist in Abb. 8.16 schematisch dargestellt.

Translokation

Wenn die Peptidbindung ausgebildet ist, und sich die Polypeptidkette nun an die in der A-Position befindliche tRNA hängt, rückt als nächstes das Ribosom um genau ein Codon (drei Nukleotide) auf der mRNA weiter. Während dieser Translokation bleibt die Peptidyl-tRNA mit Hilfe ihrer Codon-Anticodon-Paarung mit der mRNA verbunden und wird so in die P-Position gebracht. Die A-Position ist somit frei, und eine dem hier befindlichen Codon der mRNA entsprechende Aminoacyl-tRNA wird in der bereits beschriebenen Weise gebunden. Die nach Ausbildung der Peptidbindung unbeladene tRNA in der P-Position wird während der Translokation vom Ribosom freigesetzt. Für die Translokation wird der Elongationsfaktor G (EF-G), ein 72000–84000 dalton-Protein zur Hydrolyse von GTP benötigt. Es ist jedoch bis heute unbekannt, wie der Mechanismus der Translokation funktioniert. Bei jedem Translokationsschritt wird ein Molekül GTP hydrolysiert. Es scheint, daß EF-G nach der Translokation das Ribosom verläßt, da EF-Tu und EF-G nicht gleichzeitig mit dem Ribosom interagieren.

Termination

Das Ende der Polypeptidkette wird durch ein Stopcodon auf der mRNA signalisiert. Man kennt drei dieser Codons: UAA, UAG und UGA. Keine natürlich vorkommende tRNA hat ein Anticodon für eines dieser drei Stopcodons; daher kann an dieser Stelle keine Aminosäure eingebaut werden. Das Wachstum der Kette hört also nicht aufgrund dessen auf, daß keine Aminosäure mehr zur Verfügung steht. Man konnte zeigen, daß drei spezifische Terminationsfaktoren an der Erkennung des Stopcodons beteiligt sind. Sie unterscheiden sich in ihrer Codonspezifität und ihrer Abhängigkeit von GTP (Tabelle 8.1).

Wie man sieht, zeigen RF1 und RF2 eine überlappende Spezifität für die Stopcodons. Man konnte zeigen, daß RF1 und RF2 an der A-Position mit den Terminationscodons interagieren. Der Faktor RF3 stimuliert wahrscheinlich die Aktivität von RF1 und RF2. Es gibt auch Hinweise für das GTP-Bedürfnis des Faktors RF3. Auf jeden Fall wird der durch die drei Faktoren katalysierte Kettenabbruch durch die Abspaltung der Carboxylgruppe des C-terminalen Endes der Polypeptidkette von der tRNA in der P-Position bewirkt. Dies führt zur Freisetzung der Polypeptidkette und der nunmehr unbeladenen tRNA. Das Ribosom bewegt sich nun an der mRNA entlang, bis es auf eine neue Initiationssequenz stößt, oder es löst sich von der mRNA ab. IF-3 dient dazu, die beiden ribosomalen Untereinheiten getrennt zu halten. Wenn also ein neuer 70S-Initiationskomplex ge-

Tabelle 8.1. Eigenschaften prokaryontischer Terminationsfaktoren

Terminationsfaktor	Molekulargewicht (daltons)	Erkennt folgende Stopcodons	GTP-Abhängigkeit
RF1*	44000	UAA & UAG	nein
RF2	47000	UAA & UGA	nein
RF3 (früher S)	46000	keines	ja

* RF steht für *release factor*, vom engl. release = freisetzen

84 Proteinbiosynthese (Translation)

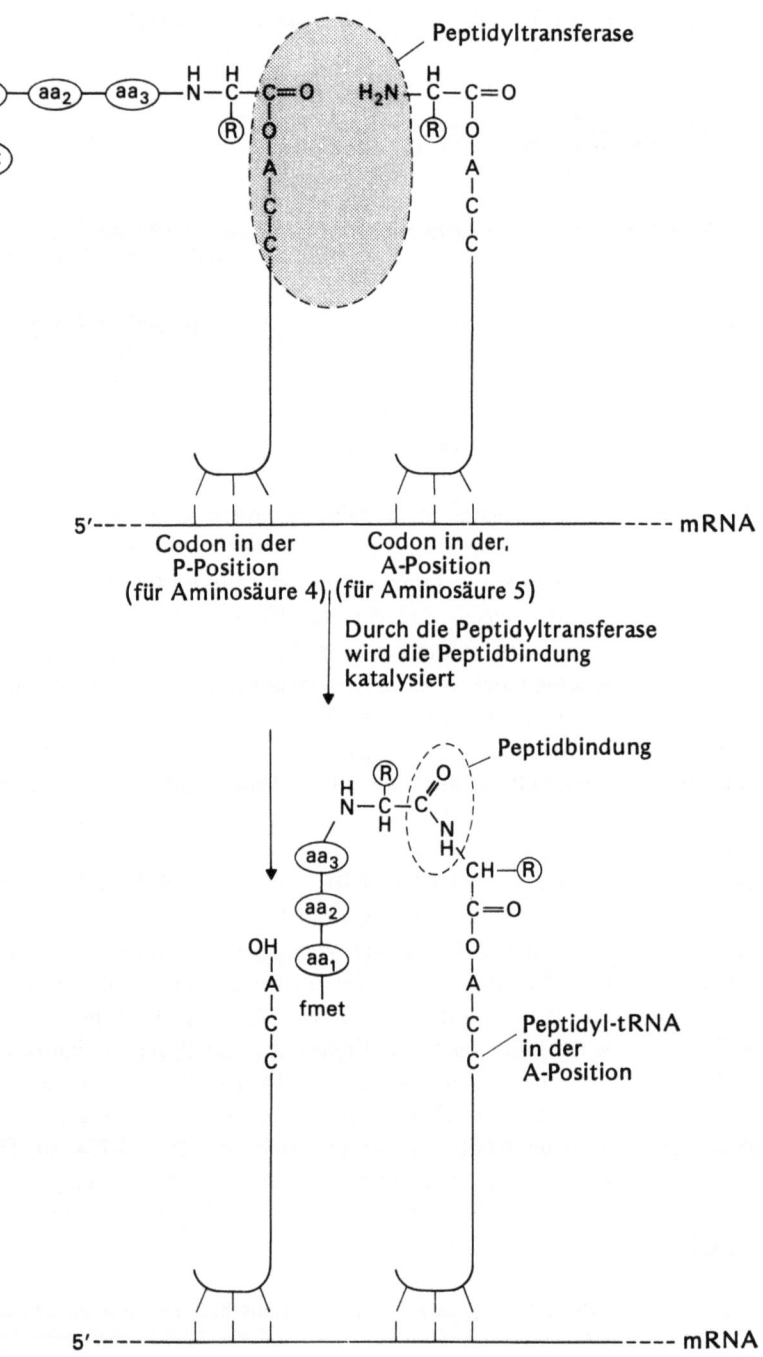

Abb. 8.16. Schematische Darstellung der durch die Peptidyltransferase geknüpften Peptidbindung

bildet wird, kommen die beiden Untereinheiten zufällig aus dem Reservoir an freien 30S- und 50S-Partikeln.

Während das Polypeptid noch fertig synthetisiert wird, leitet die Primärsequenz der Aminosäuren bereits die Faltung der Kette zu einer dreidimensionalen Struktur ein. Die Kette der Aminosäuren nimmt also bereits während ihrer Synthese ihre endgültige Gestalt an. In der Tat kann man dies bereits enzymatisch an Ribosomen nachweisen, welche die Synthese eines Polypeptids noch nicht vollendet haben.

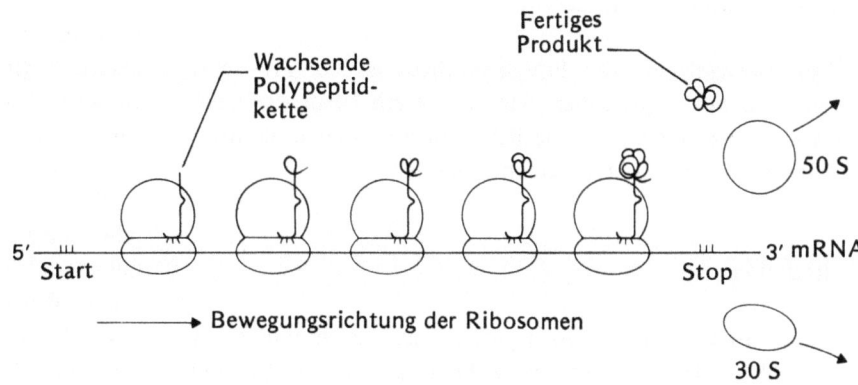

Abb. 8.17. Schematische Darstellung von Polysomen bei der Proteinsynthese

Polysomen

Durch ein einzelnes Ribosom kann kein hoher Wirkungsgrad bei der Translation eines mRNA-Moleküls erreicht werden. Der Raum, den ein Ribosom auf der mRNA einnimmt, ist relativ klein, und so können zur selben Zeit mehrere Ribosomen an einem mRNA-Molekül arbeiten. Die Verbindung mehrerer Ribosomen mit einer einzelnen RNA-Kette wird Polyribosom oder Polysom genannt. Die Anordnung ermöglicht die gleichzeitige Synthese mehrerer Polypeptidketten von einer einzigen Vorlage. Die Länge der Polypeptidkette an einem Ribosom ist direkt dem Weg proportional, den das Ribosom vom 5'-Ende angefangen auf dem mRNA-Molekül zurückgelegt hat. Das Vorkommen von Polysomen erklärt, warum eine Zelle so wenig mRNA braucht, während sie gleichzeitig so viel mehr Proteine enthält (Abb. 8.17).

Zusammenhang zwischen Transkription und Translation

Es gibt Beweise dafür, daß sich die mRNA der Bakterien bereits mit den Ribosomen verbindet, während ihre Synthese noch nicht abgeschlossen ist. Dies ist aufgrund der fehlenden Kernmembran möglich. Das 5'-Ende des wachsenden mRNA-Moleküls wird von der DNA abgelöst, während sich die Doppelhelix erneut bildet, und die Ribosomenbindungsstelle wird zugänglich. Dann setzen sich in rascher Folge Ribosomen auf die mRNA, und zwar gleich hinter der RNA-Polymerase (Abb. 8.18).

Um eine Vorstellung von der Geschwindigkeit dieser Vorgänge zu bekommen, sollen folgende Zahlenangaben dienen. Die mRNA für das Tryptophanoperon (siehe Kapitel 19) wird mit einer Geschwindigkeit von etwa 1000 Nukleotiden pro Minute transkribiert und etwa mit derselben Geschwindigkeit translatiert. Demnach werden ungefähr 350 Aminosäuren pro Minute zu einer Polypeptidkette verknüpft.

Ein weiterer wichtiger Gesichtspunkt der Translation ist die Instabilität der mRNA. Wie bereits erwähnt, betrachtet man die prokaryontische mRNA als relativ kurzlebig, da der Abbau des Moleküls durch eine 5'-Endonuklease mit der Initiation der Proteinsynthese durch die Ribosomen konkurriert. Für den Ablauf der Proteinsynthese ist daher andauernde mRNA-Synthese nötig.

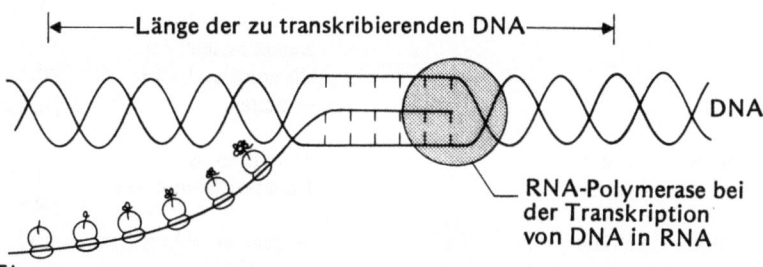

Abb. 8.18. Schematische Darstellung des Translationsvorganges einer mRNA während der noch ablaufenden Transkription bei Prokaryonten

Proteinsynthese bei Eukaryonten

Der Mechanismus der Proteinsynthese ist bei Pro- und Eukaryonten vergleichbar. Wie wir bereits besprochen haben, unterscheiden sich die Ribosomen und auch die löslichen Proteinfaktoren in beiden Systemen.

Initiation

Zur Initiation der Proteinsynthese ist die Bindung der mRNA an die Ribosomen nötig. Bei Eukaryonten ist es nun bewiesen, daß die 5'-Kappenstruktur für eine effektive Bindung notwendig ist. Der 3'-Poly(A)-Schwanz ist offensichtlich dafür nicht nötig. Es gibt Beweise dafür, daß die Poly(A)-Sequenz die mRNA während des Translationsprozesses stabilisiert. Der genaue Mechanismus der Bindung des eukaryontischen Messengers an das Ribosom ist nicht bekannt, doch gilt es als wahrscheinlich, daß RNA-RNA- und RNA-Protein-Wechselwirkungen daran beteiligt sind. Derzeit sind für mehrere eukaryontische mRNAs die Nukleotidsequenzen am 5'-Ende vor dem AUG-Startcodon bekannt: es gibt jedoch nur sehr wenige Übereinstimmungen. Es scheint, daß im Gegensatz zu den Prokaryonten für die Bindung der Ribosomen an die mRNA keine bestimmte Nukleotidsequenz nötig ist.

Wie in Prokaryonten ist das Startcodon AUG, und es gibt eine besondere Initiator-Methionyl-tRNA, die das Signal auf der mRNA erkennt. Im Gegensatz zu den Prokaryonten wird das an die tRNA gebundene Methionin nicht formyliert, da das entsprechende Enzymsystem in der eukaryontischen Zelle nicht existiert. Die Initiator-tRNA läßt sich jedoch von der met-tRNA, welche innerhalb der mRNA die AUG-Codons erkennt, unterscheiden. Sie kann in einem in vitro-System aus *E. coli*-Zellextrakten formyliert werden. Es ist daher auch bei Eukaryonten angebracht, die zwei methioninakzeptierenden tRNAs als tRNA.f und tRNA.m zu bezeichnen. Bei Eukaryonten, zumindest aber bei Säugern, gibt es wesentlich mehr Initiationsfaktoren als bei Prokaryonten. In vielen Fällen wurden diese Proteine nicht bis zur Homogenität gereinigt, und daher ist ihre genaue Bedeutung für die Proteinsynthese unsicher. Tabelle 8.2 faßt die bekannten Fakten bezüglich Zahl, Molekulargewicht und Funktion für die Initiationsfaktoren aus Säugersystemen zusammen. Wie man sieht, erfüllen auch sie die gleichen Aufgaben wie die drei prokaryontischen IFs. Es bleibt zu prüfen, inwieweit die Situation bei Säugern für alle Eukaryonten verallgemeinert werden kann.

Tabelle 8.2. Eigenschaften einiger der vielen tierischen Initiationsfaktoren

Initiationsfaktor	Molekulargewicht (daltons)	Anzahl der Untereinheiten	Funktion bei der Initiation
eIF-1	1500	1	Bildung des 40S-Komplexes
eIF-2	150000	3 (verschieden)	Bindung von met-tRNA und GTP
eIF-3	300000–500000	viele	Bindung von mRNA; Dissoziation der Untereinheiten
eIF-4A	50000	1	Bindung der mRNA
eIF-4B	80000 (?)	1	Erkennung der 5'-Kappe der mRNA; Bindung der tRNA; Zusammenbau der ribosomalen Untereinheiten
eIF-4C	17000	1	Stabilisierung des Initiationskomplexes
eIF-5	125000	1	Bildung des 80S-Ribosoms; GTPase

Elongation

Wie bei Prokaryonten gibt es zwei Elongationsfaktoren, eEF-1 (entspricht dem prokaryontischen EF-T) und eEF-2 (entspricht dem prokaryontischen EF-G). Ersterer ist in einer Reihe von Systemen gut untersucht und kommt im allgemeinen in multiplen Formen vor. Gereinigter eEF-1 aus Kaninchen-Retikulozyten hat ein Molekulargewicht von 186000 und besteht aus drei Untereinheiten mit je 62000 dalton Molekulargewicht. In einigen Systemen schließen sich die Untereinheiten zu Komplexen von Molekulargewichten von mehr als 1 Million dalton zusammen. Über die Funktion von eEF-1 ist jedoch viel weniger bekannt als für den entsprechenden Faktor bei Prokaryonten. Der Faktor EF-1 aus Kaninchen-Retikulozyten kann an Aminoacyl-tRNA und an GTP binden und so die Bindung der Aminoacyl-tRNA an die A-Position des Ribosoms erleichtern. Während dieser Schritt abläuft, wird GTP als Folge einer

GTPase-Aktivität des Elongationsfactors zu GDP hydrolysiert, und ein eEF-1-GDP-Komplex wird aus dem Ribosom freigesetzt.

Der eukaryontische eEF-2 ist dem prokaryontischen EF-G sehr ähnlich, obwohl die beiden in einem in vitro-System nicht austauschbar sind. Der Faktor aus Kaninchen-Retikulozyten hat ein Molekulargewicht von 96500–110000 dalton und bindet, nachdem er sich mit GTP verbunden hat, an das Ribosom. Dies führt zur Hydrolyse von GTP zu GDP, Translokation des Ribosoms um ein Codon auf der mRNA und Freisetzung eines Komplexes aus eEF-2 und GDP.

Alle diese Schritte sind denen bei Prokaryonten sehr ähnlich, mit der einen Ausnahme, daß der eukaryontische Faktor mit GTP einen stabilen Komplex bildet, der prokaryontische Faktor hingegen nicht.

Termination

Sowohl bei Eukaryonten als auch bei Prokaryonten findet man dieselben Terminationscodons. Aus Kaninchen-Retikulozyten wurde ein Terminationsfaktor isoliert, der ein Molekulargewicht von 115000 dalton besitzt und wahrscheinlich ein Dimer darstellt. Dieser Faktor erkennt alle drei Stopcodons und benötigt GTP für seine Funktion. Bei Eukaryonten wurde bisher kein stimulierender Faktor ähnlich dem prokaryontischen RF-3 gefunden.

Proteinsynthese und Kompartimentierung der Zelle

Bei Prokaryonten gibt es keine Kernmembran, welche den Transkriptionsprozeß vom Translationsprozeß trennt. Die Anwesenheit einer Kernmembran und die spezifisch eukaryontischen Modifikationen der mRNAs ermöglichen die Regulation der Genexpression auf vielen Ebenen. Regulation kann auf der Ebene der Transkription, des Processing des primären Transkripts in die reife mRNA, des RNA-RNA-Spleißens und des Transports der mRNA aus dem Kern ins Zytoplasma eingreifen. In diesem Abschnitt wollen wir das Schicksal der RNA nach ihrem Eintritt ins Zytoplasma besprechen.

Das Zytoplasma eukaryontischer Zellen enthält ein Netzwerk untereinander verbundener Kanäle, die von Membranen umschlossen sind. Man nennt dies das Endoplasmati-

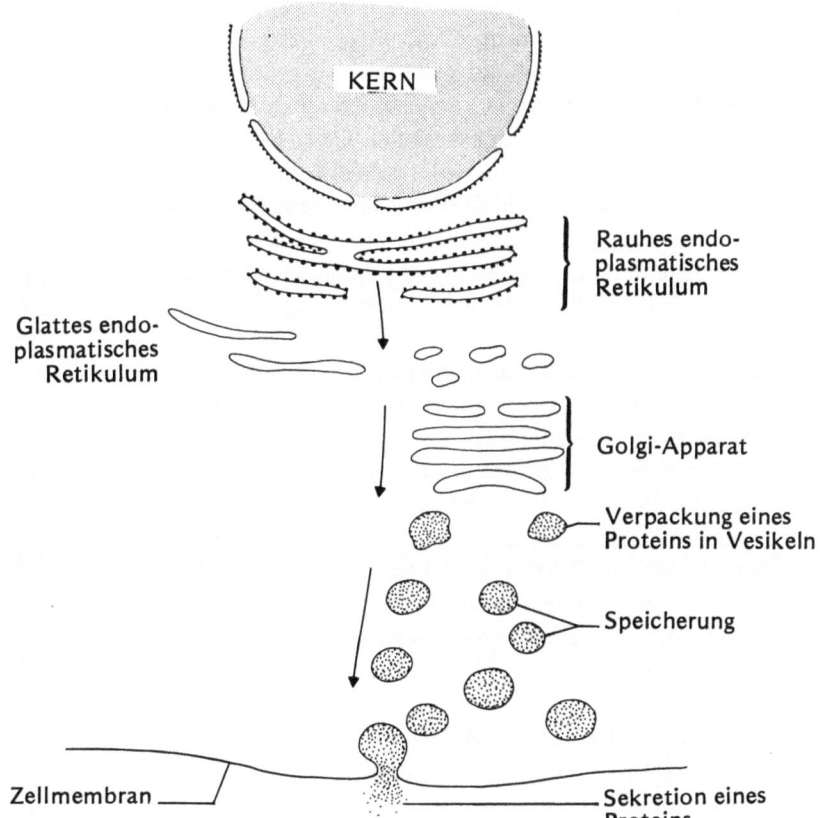

Abb. 8.19. Schematische Darstellung einer Zelle mit dem Ablauf der Sekretion eines Proteins. Die Einzelschritte sind im Text besprochen. Der Weg des sekretorischen Proteins ist durch Pfeile gekennzeichnet. Das am rauhen ER synthetisierte Protein wird in das Kanalsystem eingeschleust. Danach wird es im Golgiapparat in Vesikeln verpackt. Die Vesikeln werden in der Zelle gespeichert, und die darin enthaltenen Proteine können aus der Zelle durch Fusion der Vesikeln mit der Zellmembran ausgeschleust werden

sche Retikulum (ER). Die daran beteiligten Membranen sind durchgehend und können in die Kern- und Zellmembran übergehen. Betrachtet man das ER genauer, so kann man zwei verschiedene Strukturen unterscheiden, das glatte ER und das rauhe ER. Die beiden ER-Typen unterscheiden sich dadurch, daß sie am rauhen Ribosomen gebunden sind (daher die rauhe Oberfläche), am glatten jedoch nicht. Wenn man die Ribosomen des Zytoplasmas betrachtet, kann man sie in zwei Klassen einteilen: die freien und die membrangebundenen Ribosomen. Diese zwei Klassen erfüllen unterschiedliche Aufgaben in der Zelle. Die freien Ribosomen synthetisieren im Plasma frei schwimmende Proteine, während die membrangebundenen Ribosomen sekretorische Proteine herstellen. So sind beispielsweise Pankreaszellen, welche Enzyme in die Eingeweide sekretieren, reich an rauhem ER. Wir werden einige Vorgänge der Sekretion noch näher beschreiben.

Abbildung 8.19 zeigt eine schematische Übersicht des sekretorischen Systems einer Eukaryontenzelle. Die sekretorischen Proteine werden an den Ribosomen des rauhen ER gemacht und dann durch die Membran in das Kanalsystem eingeschleust. Es ist verständlich, daß die mRNA für die sekretorischen Proteine irgendwie mit den Ribosomen des rauhen ER in Kontakt kommen muß. G. Blobel und B. Dobberstein haben diesen Vorgang durch die Signalhypothese zu deuten versucht. Demzufolge sollte nach dem Startcodon AUG eine Folge von Codons liegen, welche nur in mRNAs für Proteine vorkommen, die durch Membranen transportiert werden. Die Translation dieser Sequenz führt zu einer spezifischen Aminosäuresequenz am N-Terminus des Proteins. Es wird postuliert, daß dieses N-terminale Ende des Proteins die Anheftung des Ribosoms an die Membran erleichtert, so daß das Protein durch die Membran geschleust werden kann. Ist das Protein fertig, so sollte das Ribosom vom ER abdissoziieren.

Befinden sich die sekretorischen Proteine im Kanalsystem, so bewegen sie sich zur Peripherie der Zelle und werden im Golgiapparat, der aus flachen Vesikeln besteht, konzentriert. Im Golgiapparat werden die angesammelten Proteine mit einer Membran umhüllt, und die so entstandenen Vesikeln wandern zur Zelloberfläche, wo sie durch Fusion mit der Zellmembran ihren Inhalt (d.h. das sekretorische Protein) nach draußen ergießen. Dies ist natürlich ein viel komplizierterer Vorgang als der bei prokaryontischen Zellen vorgefundene.

ÜBERSICHTSARTIKEL ZU KAPITEL 8:

Kreil G (1979) Synthese und Export sekretorischer Polypeptide. Biol unserer Zeit 9:141–146

LITERATUR

Allgemein

Blobel G (1972) Protein tightly bound to globin mRNA. Biochem Biophys Res Commun 47:88–93

Blobel G, Dobberstein B (1975) Transfer of proteins across membranes. 1. Presence of proteolytically processed and unprocessed nascent immunoglobulin light chains on membrane-bound ribosomes of murine myeloma. J Cell Biol 67:835–851

Cold Spring Harbor Symposium for Quantitative Biology, vol 35 (1970) Transcription of genetic material. Cold Spring Harbor Laboratory, New York

Felicetti L, Lipmann F (1968) Comparison of amino acid polymerization factors isolated from rat liver and rabbit reticulocytes. Arch Biochem Biophys 125:548–557

Ganoza MC, Williams CA (1969) In vitro synthesis of different categories of specific protein by membrane-bound and free ribosomes. Proc Natl Acad Sci USA 63:1370–1376

Hardesty B, Arlinghaus R, Shaeffer J, Schweet R (1963) Hemoglobin and polyphenylalanine synthesis with reticulocyte ribosomes. Cold Spring Harbor Symp Quant Biol 28:215–222

Hardesty B, Culp W, McKeehan W (1969) The sequence of reactions leading to the synthesis of a peptide bond on reticulocyte ribosomes. Cold Spring Harbor Symp Quant Biol 34:331–344

Haselkorn R, Rothman-Denes LB (1973) Protein synthesis. Annu Rev Biochem 43:397–438

Huez G, Marbaix G, Hubert E, Leclereq M, Nudel U, Salomon R, Lebleu B, Revel M, Littauer UA (1974) Role of the polyadenylate segment in the translation of globin messenger RNA in *Xenopus* oocytes. Proc Natl Acad Sci USA 71:3143–3146

Humphries S, Doel M, Williamson R (1973) The translation of mouse globin mRNA from which the polyadenylic acid sequence has been removed in a reinitiating protein synthesis system. Biochem Biophys Res Commun 58:927–931

Pestka S (1976) Insights into protein biosynthesis and ribosome function through inhibitors. Prog Nucleic Acid Res Mol Biol 17: 217–245

Revel M (1977) Initiation of messenger RNA translation into proteins and some aspects of its regulation. In: Weissbach H, Pestka S (eds) Molecular mechanisms of protein biosynthesis. Academic Press, New York, pp 246–321

Revel M, Groner Y (1978) Post-transcriptional and translational controls of gene expression in eukaryotes. Annu Rev Biochem 47:1079–1126

Schreier MH, Noll H (1971) Conformational changes in ribosomes during protein synthesis. Proc Natl Acad Sci USA 68:805–809

Shafritz DA (1974) Protein synthesis with messenger ribonucleic acid fractions from membrane-bound and free liver polysomes. Translation characteristics of liver polysomal ribonucleic acids and evidence for albumin production in a messenger-dependent reticulocyte cell-free system. J Biol Chem 249:81–93

Shatkin AJ, Banerjee AK, Both GW, Furuichi Y, Muthukrishnan S (1976) Dependence of translation on 5'-terminal methylation of mRNA. Fed Proc 35:2214–2217

Smith AE (1976) Protein biosynthesis. Chapman and Hall, London

Spirin AS (1969) A model of the functioning ribosome: Locking and unlocking of the ribosome subparticles. Cold Spring Harbor Symp Quant Biol 34:197–207

Sussman M (1970) Model for quantitative and qualitative control of mRNA translation in eukaryotes. Nature 225:1245–1248

Travers A (1973) Control of ribosomal RNA synthesis in vitro. Nature 233:15–18

Weissbach H, Ochoa S (1976) Soluble factors required for eukaryotic protein synthesis. Annu Rev Biochem 45:191–216

Weissbach H, Pestka S (eds) (1977) Molecular mechanisms of protein biosynthesis. Academic Press, New York

Yanofsky C, Drapeau GR, Guest JR, Carlton BC (1967) The complete amino acid sequence of the tryptophan synthetase A protein (or subunit) and its colinear relationship with the genetic map of the A gene. Proc Natl Acad Sci USA 57:296–298

Initiation

Caskey CT, Redfield B, Weissbach H (1967) Formylation of guinea-pig liver methionyl-sRNA. Arch Biochem Biophys 120:119–123

Gupta NK, Chatterjee B, Chen YC, Majumdar A (1975) Protein synthesis in rabbit reticulocytes. A study of met-tRNA.fmet binding factor(s) and met-tRNA.fmet. J Biol Chem 250:853–862

Miller DL, Weissbach H (1977) Factors involved in the transfer of aminoacyl-tRNA to the ribosome. In: Weissbach H, Pestka S (eds) Molecular mechanisms of protein biosynthesis. Academic Press, New York, pp 323–373

Petrissant G (1973) Evidence for the absence of the G-T-ψ-C sequence from two mammalian initiator transfer RNAs. Proc Natl Acad Sci USA 70:1046–1049

Revel M, Herzberg M, Greenspan H (1969) Initiator protein dependent binding of messenger RNA to the ribosome. Cold Spring Harbor Symp Quant Biol 34:261–275

Steitz JA, Jakes K (1975) How ribosomes select initiator regions in mRNA: Base pair formation between the 3' terminus of 16S rRNA and the mRNA during initiation of protein synthesis in E. coli. Proc Natl Acad Sci USA 72:4734–4738

Elongation

Arlinghaus R, Favelukes G, Schweet R (1963) A ribosome-bound intermediate in polypeptide synthesis. Biochem Biophys Res Commun 11:92–96

Brot N (1977) Translocation. In: Weissbach H, Pestka S (eds) Molecular mechanisms of protein biosynthesis. Academic Press, New York, pp 375–411

Brot N, Yamasaki E, Redfield B, Weissbach H (1972) The properties of an E. coli ribosomal protein required for the function of factor G. Arch Biochem Biophys 148:148–155

Caskey CT (1977) Peptide chain formation. In: Weissbach H, Pestka S (eds) Molecular mechanisms of protein biosynthesis. Academic Press, New York, pp 443–465

Jaskunas SR, Lindahl L, Nomura M, Burgess RR (1975) Identification of two copies of the gene for the elongation factor EF-Tu in E. coli. Nature 257:458–462

Rohrbach MS, Dempsey ME, Bodley JW (1974) Preparation of homogeneous elongation factor G and examination of the mechanism of guanosine triphosphate hydrolysis. J Biol Chem 249: 5094–5101

Tocchini-Valentini GP, Mattocia F (1968) A mutant of E. coli with an altered supernatant factor. Proc Natl Acad Sci USA 61:146–151

Weissbach H, Redfield B, Hackman J (1970) Studies on the role of factor Ts in aminoacyl-tRNA binding to ribosomes. Arch Biochem Biophys 141:384–386

Weissbach H, Redfield B, Moon H (1973) Further studies on the interaction of elongation factor 1 from animal tissues. Arch Biochem Biophys 156:267–275

Termination

Brot N, Tate WP, Caskey CT, Weissbach H (1974) The requirement for ribosomal proteins L7 and L12 in peptide-chain termination. Proc Natl Acad Sci USA 71:89–92

Goldstein J, Milman G, Scolnick E, Caskey CT (1970) Peptide chain termination VI. Purification and site of action of S. Proc Natl Acad Sci USA 65:430–437

Milman G, Goldstein J, Scolnick E, Caskey CT (1969) Peptide chain termination, III. Stimulation of in vitro termination. Proc Natl Acad Sci USA 63:183–190

Shine J, Dalgarno L (1974) The 3'-terminal sequence of *Escherichia coli* 16S ribosomal RNA: complementarity to nonsense triplet and ribosome-binding sites. Proc Nat Acad Sci USA 71:1342–1346

Tompkins RK, Scolnick EM, Caskey CT (1970) Peptide chain termination, VII. The ribosomal and release factor requirements for peptide release. Proc Natl Acad Sci USA 65:702–708

KAPITEL 9
Der genetische Code

Tabelle 9.1. Wirtsbereich des Wildtyps und der *rII*-Mutanten des Phagen *T4*

Genotyp des	Phagenlysat auf *E. coli*	
	B	K12 (*lambda*)
r^+	r^+-Typ (trüb)	r^+-Typ
rII	*r*-Typ (klar)	keine Vermehrung

INHALT

Beweis des Dreiercodes
Entschlüsselung des genetischen Codes
Eigenschaften des genetischen Codes
„Wobble"
Mutationen und der genetische Code

Beweis des Dreiercodes

Wie wir bereits mehrfach erwähnt haben, ist die Information für die Aminosäuresequenz eines Polypeptids in der Nukleotidsequenz der mRNA niedergelegt. Dieser genetische Code wurde 1961 von F. Crick und seinen Mitarbeitern „geknackt". Wir wollen hier die Beweise für die Natur des genetischen Codes besprechen.

Es wurde schon a priori gefordert, daß der Code zumindest ein Triplettcode sein müßte. Ein einbuchstabiger Code, bei dem nur ein Nukleotid für eine bestimmte Aminosäure steht, würde nicht ausreichen, um die 20 in den Proteinen vorkommenden Aminosäuren zu codieren. Ein zweibuchstabiger Code hätte $4 \times 4 = 16$ „Worte", was ebenfalls unzureichend wäre. Ein Dreiercode jedoch ermöglicht $4 \times 4 \times 4 = 64$ Codeworte, und das ist mehr als genug zur Codierung von nur 20 Aminosäuren. Es gibt unumstößliche Beweise für einen Dreiercode. Der Beweis des Dreiercodes kam aus Versuchen am Phagen *T4*, welcher *E. coli* infizieren und lysieren kann. Im Experiment wurden zwei Typen des *T4* verwendet, der Wildtyp und *rII*-Mutanten, welche sich durch ihre Plaque-Gestalt und ihren Wirtsbereich vom Wildtyp unterscheiden. Gibt man Phagen zu einem Bakterienrasen auf der Oberfläche eines festen Nährmediums in einer Petrischale, so erzeugt die aufeinanderfolgende Infektion und Lyse klare Bezirke im Bakterienrasen, die man als Plaques bezeichnet. Wildtyp-*T4* (r^+) erzeugt kleine trübe Plaques, während *rII*-Mutanten große klare Plaques machen (Abb. 9.1).

Wildtyp und *rII*-Mutanten unterscheiden sich auch in ihrem Wirtsbereich. Der Wildtyp vermehrt sich in *E. coli B* und *E. coli K12* (*lambda*), wohingegen sich die rII-Mutanten nur in *E. coli B* vermehren können. Diese Eigenschaften sind in Tabelle 9.1 zusammengefaßt.

Crick und seine Mitarbeiter begannen mit einer proflavininduzierten *rII*-Mutante. Proflavin erzeugt entweder die Addition oder die Deletion eines Basenpaares in der DNA. Sie behandelten die *rII*-Mutante mit Proflavin und isolierten eine Anzahl von r^+-Revertanten, die durch ihre Befähigung, auf *K12* (*lambda*) zu wachsen, leicht identifiziert werden konnten. Die genetische Analyse zeigte, daß mehrere der Revertanten durch eine zweite Mutation im *rII*-Gen entstanden waren, so daß die Kombination der beiden Mutationen nahezu zum Wildphänotyp führte (Pseudowildtyp). Die zweite Mutation alleine führte auch zum *rII*-Phänotyp. Wenn man nun einen Stamm mit nur dieser zweiten Mutation mit Proflavin behandelte, so erhielt man eine neue Serie von Revertanten, von denen viele zwei Mutationen trugen. Die Interpretation dieser Mutanten ist einfach. Nehmen wir an, eine Wildtyp-DNA-Sequenz wurde in die mRNA-Sequenz von Abb. 9.2 transkribiert.

Wenn wir in Dreiergruppen lesen, so erhalten wir ein Polypeptid aus sieben gleichen Aminosäuren. Falls die ursprüngliche proflavininduzierte *rII*-Mutation durch die Deletion (−) eines Nukleotidpaars der DNA entstanden war, müßte die mRNA wie in Abb. 9.3 aussehen.

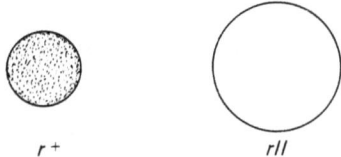

Abb. 9.1. Schematische Darstellung der Plaque-Gestalt von r^+- und *rII*-Stämmen des Phagen *T4* auf einem Rasen von *E. coli*

```
mRNA:       CAG CAG CAG CAG CAG CAG CAG
Aminosäure:  1   1   1   1   1   1   1
```

Abb. 9.2. Eine hypothetische mRNA, bestehend aus einem einzigen sich wiederholenden Triplett codiert für ein Polypeptid aus einer einzigen Aminosäure

Hier wäre nur die erste Aminosäure wie beim Wildtyp, der Rest verändert. Alle Pseudowildtyp-Revertanten dieser Mutante sind also höchstwahrscheinlich durch eine Additionsmutation (+) in der Nähe der ersten (−) Mutation entstanden. Wie man sieht, wird dadurch der Leserahmen wieder hergestellt, und nur ein paar Aminosäuren zwischen den beiden Mutationsorten sind falsch. Das dabei entstehende Protein funktioniert wahrscheinlich fast ebenso gut wie das Wildtyp-Protein (Abb. 9.4).

Analog dazu müssen die Pseudowildtyp-Revertanten der zweiten (+)-Mutationen durch nahegelegene Deletions (−)-Mutanten entstanden sein. Auf diese Weise kann man

```
                −C
                ↓
mRNA:       CAG AGC AGC AGC AGC AGC AGC
Aminosäure:  1   2   2   2   2   2   2
```

Abb. 9.3. Die Folge der Deletion eines Nukleotidpaars auf die Codonabfolge und Nukleotidsequenz (s. Abb. 9.2)

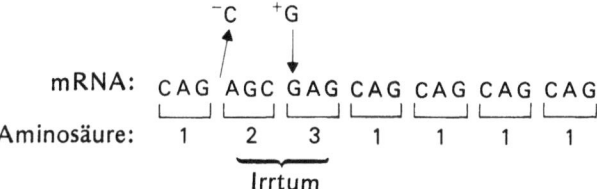

Abb. 9.4. Wiederherstellung des Leserahmens in der mRNA durch Addition eines Nukleotidpaars in der Nähe der Deletion

eine Serie von (+)- und (−)-Mutanten isolieren. (Man beachte, daß die Bezeichnungen (+) und (−) von Crick und seinen Mitarbeitern willkürlich gewählt wurden, da es zur damaligen Zeit nicht möglich war, zu entscheiden, ob eine Addition oder eine Deletion vorlag.) Nun konnte man durch genetische Kreuzungen eine Anzahl von (+)-Mutationen in einem einzigen Stamm vereinigen. Falls die (+)-Mutationen nahe genug auf der DNA benachbart waren, (das kann man durch genetische Analysen prüfen) ergaben Rekombinanten mit drei (+)-Mutationen manchmal funktionelle Genprodukte, wie man leicht an der Befähigung, sich auf *K12 (lambda)* zu vermehren, sehen konnte. Ein ähnliches Ergebnis erhielt man mit bestimmten Kombinationen von drei (−)-Mutationen, während Kombinationen von zwei (−)- oder zwei (+)-Mutationen nicht zu Pseudowildtypen führten. Daraus zog man den Schluß, daß der genetische Code ein Dreiercode sein müsse, da die Dreifachmutation wieder den richtigen Leserahmen herstellte (Abb. 9.5).

```
              +A     +C      +C
              ↓      ↓       ↓
Wildtyp-mRNA: UUC CUG AAU UAU CGA GUU GCC AAA
Aminosäuren: —①—②—③—④—⑤—⑥—⑦—⑧
              phe leu asn tyr arg val ala lys
```

Drei (+)-Mutationen in der DNA führen zu Codonveränderungen in der mRNA

```
mRNA:       UUC ACU GCA AUU AUC CGA GUU GCC AAA
Aminosäuren: —①—▨—▨—▨—▨—⑤—⑥—⑦—⑧—
              phe thr ala leu leu arg val ala lys
                  └─────────┘
                  Falsche Aminosäuren
                   im Polypeptid
```

Abb. 9.5. Schematische Darstellung der Wiederherstellung des Leserasters in einer mRNA durch drei unabhängige, nahe benachbarte Einschübe von Nukleotidpaaren in die DNA. Die Polypeptidkette wird dadurch um eine Aminosäure länger

Das Polypeptid wird um eine Aminosäure länger

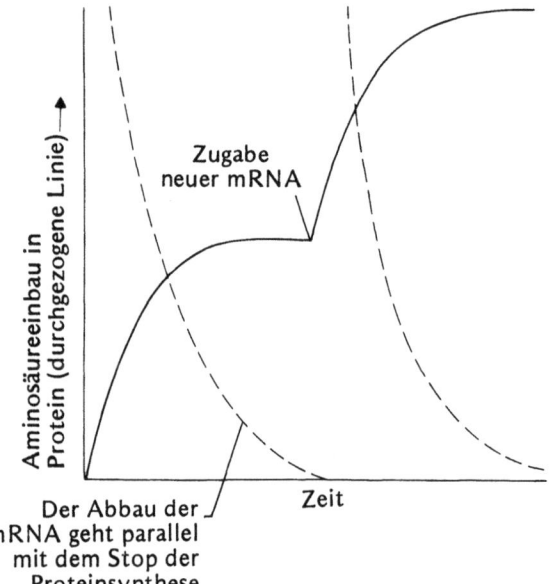

Abb. 9.6. Schematische Darstellung des Versuches, welcher die Abhängigkeit des in vitro-Proteinsynthesesystems von der Gegenwart der mRNA zeigt. Die Proteinsyntheserate nimmt im gleichen Maße ab, wie die mRNA abgebaut wird. Sie steigt wieder, wenn neue mRNA zugegeben wird (M. Nirenberg u. J. Matthaei)

Entschlüsselung des genetischen Codes

Um nun die Aminosäurebedeutung der einzelnen Tripletts zu erfahren, benutzte man ein zellfreies Proteinsynthesesystem. M. Nirenberg fand 1961, daß ein Extrakt aus *E. coli*, der Ribosomen, tRNAs, Aminoacylsynthetasen, mRNA, Aminosäuren und andere Zusätze enthielt, Aminosäuren zu Proteinen verknüpfen konnte. Diese Reaktion lief zwar nur einige Minuten, doch konnte man sie leicht wieder durch erneute Zugabe von mRNA starten (Abb. 9.6).

Dies war eine außerordentlich wichtige Entdeckung, da nach Aufbrauchen der natürlichen mRNA eine künstliche, enzymatisch synthetisierte mRNA in das System gegeben werden konnte. Man fand, daß sie, wenn auch schlecht, translatiert wurde. Im Experiment wurden die Ionenbedingungen gegenüber den normalen physiologischen Bedingungen so verändert, daß die Translation an beliebigen Stellen, ohne Benutzung eines Startcodons, begann. In den ersten Experimenten bereiteten Nirenberg und Matthaei eine Reihe von Reaktionsgemischen, von denen jedes 20 Aminosäuren enthielt. In jedem der Ansätze war jedoch jeweils eine andere Aminosäure radioaktiv markiert. Jeder Ansatz enthielt alle Zutaten für ein in vitro-Proteinsynthesesystem, mit Ausnahme natürlicher mRNA. Die Reaktion wurde durch Zugabe synthetischer mRNA gestartet, beispielsweise mit einem Polynukleotid aus einer einzigen Base, wie etwa poly(U). Diese synthetischen mRNAs wurden mit Hilfe des Enzyms Polynukleotid-Phosphorylase hergestellt, das die in Abb. 9.7 beschriebene Reaktion katalysiert. Normalerweise verläuft diese Reaktion von links nach rechts; in Gegenwart hoher Diphosphatkonzentrationen wird das Reaktionsgleichgewicht nach rechts verschoben, und RNA wird gebildet.

Nach Inkubation des Reaktionsgemisches mit der RNA wurden die Proteine in jedem Röhrchen durch Trichloressigsäure (TCA, vom engl. *t*richloroacetic *a*cid) gefällt und die Radioaktivität im Präzipitat gemessen. Radioaktivität im Präzipitat bedeutet, daß radioaktive Aminosäuren im Protein eingebaut worden waren. Mit Hilfe dieser Methode fanden sie, daß poly(U) zum Einbau radioaktiven Phenylalanins in TCA-unlösliches Protein führte. Daher muß UUU ein mRNA-Codon für die Aminosäure Phenylalanin darstellen. Ähnliche Experimente zeigten, daß AAA ein Leucincodon und CCC ein Prolincodon ist.

Die Aminosäurebedeutung der restlichen Codons wurde durch eine Reihe von experimentellen Ansätzen bestimmt. Diese beruhten auf der Wahl von mRNAs aus Mischungen von zwei Nukleotiden, mRNAs mit alternierenden Basen wie UCUCUCU..., oder einer Folge von je drei Basen wie AAGAAGAAG.... Die letztgenannte mRNA führte wegen des willkürlichen Anfangs der Translation zu drei Polypeptiden, da in allen drei möglichen Leserahmen translatiert wurde: Polylysin (AAG), Polyarginin (AGA) und Polyglutaminsäure (GAA).

In einem eleganten Versuchsansatz entwickelten M. Nirenberg und P. Leder eine tRNA-Bindungstechnik, bei der durch Zusatz synthetischer Trinukleotide bekannter Sequenz zum Reaktionsgemisch aus Ribosomen, tRNA, Aminoacylsynthetasen, Aminosäuren, GTP usw. ein Komplex aus einer Aminoacyl-tRNA, einem Ribosom und einem Trinukleotid gebildet wurde. Genauer gesagt bindet das Trinukleotid genau wie eine mRNA an die 30S-Untereinheit und ermöglicht so die Bindung einer Aminoacyl-tRNA mit ihrem komplementären Anticodon. So wird im Falle des Trinukleotids 5'-GAG-3' Glutaminsäure-tRNA ans Ribosom

$$\text{RNA} + \text{P}_i \;\underset{\text{anorganisches Phosphat}}{\overset{\text{Polynukleotid-phosphorylase}}{\rightleftarrows}}\; \text{XDP}\;\text{Ribonukleosid-Diphosphat}$$

Abb. 9.7. Durch Polynukleotid-Phosphorylase katalysierte Reaktion

gebunden. Dieser Komplex kann von den nicht gebundenen Aminoacyl-tRNAs durch Filter abgetrennt werden, welche Aminoacyl-tRNA durchlassen, nicht aber den Komplex. Wenn man also 20 Versuchsansätze mit je einer verschiedenen radioaktiven Aminosäure zubereitet, wird nur bei einem Röhrchen Radioaktivität im Filter zu messen sein. Dies bedeutet, daß die entsprechende Aminosäure für das vorgelegte Triplett eingesetzt wurde. So wird beispielsweise radioaktives Glutamin im Filter zurückgehalten, wenn GAG das eingesetzte Triplett war.

Keine dieser Methoden für sich alleine genommen lieferte eindeutige Ergebnisse. Durch eine Kombination der Techniken konnten jedoch 61 der 64 möglichen Codons ihren spezifischen Aminosäuren zugeordnet werden. Wir wissen nun, daß die drei übrigen Codons keine Aminosäurebedeutung haben: sie signalisieren den Stop der Polypeptidkette. Die Bedeutung der Codons für den Einbau bestimmter Aminosäuren und für den Kettenabbruch bei der Proteinsynthese wird als genetischer Code bezeichnet: er ist in Abb. 9.8 zusammengefaßt.

Eigenschaften des genetischen Codes

1. Der Code ist kommafrei, d.h. er wird in Gruppen von drei Nukleotiden ohne Überlappung gelesen.
2. Der Code ist universell; d.h. alle Organismen benutzen dieselbe Sprache. Das bedeutet, daß die mRNA einer tierischen Zelle dasselbe Protein hervorbringt, gleichgültig, ob es in einer tierischen Zelle oder in *E. coli* translatiert wird. Hier muß jedoch eine Einschränkung gemacht werden. In jüngster Zeit zeigte sich durch die Sequenzanalyse mitochondrialer DNA, daß der genetische Code offensichtlich nicht universell ist. So werden zum Beispiel in menschlichen Mitochondrien UGA und UGG nicht als Stopcodons, sondern als Tryptophan gelesen; AUU wird nicht in Isoleucin übersetzt, sondern in Methionin.
3. Der Code ist degeneriert, d.h. mit zwei Ausnahmen (AUG und UGG) gibt es mehr als ein Codon für jede Aminosäure. Analysiert man die Codeworttabelle in Fig. 9.8, so erkennt man, daß vielfach die beiden ersten Nukleotide eines Tripletts gleich sind, das dritte Nukleotid kann entweder C oder U sein. Alle Tripletts codieren für die selbe Aminosäure, bilden also eine Codewortfamilie. Ähnliches gilt auch für A und G in der dritten Position.
4. Der Code benutzt spezifische Codons für Start und Stop. AUG ist das Startsignal: sein Fehlen am 5'-Ende synthetischer RNA erklärt die ineffiziente Translation. Die Kettenabbruchcodons sind UAG, UAA und UGA. In manchen natürlich vorkommenden mRNAs sind mehrere Stopcodons hintereinandergeschaltet, wahrscheinlich um die Beendigung der Polypeptidkette sicherzustellen.

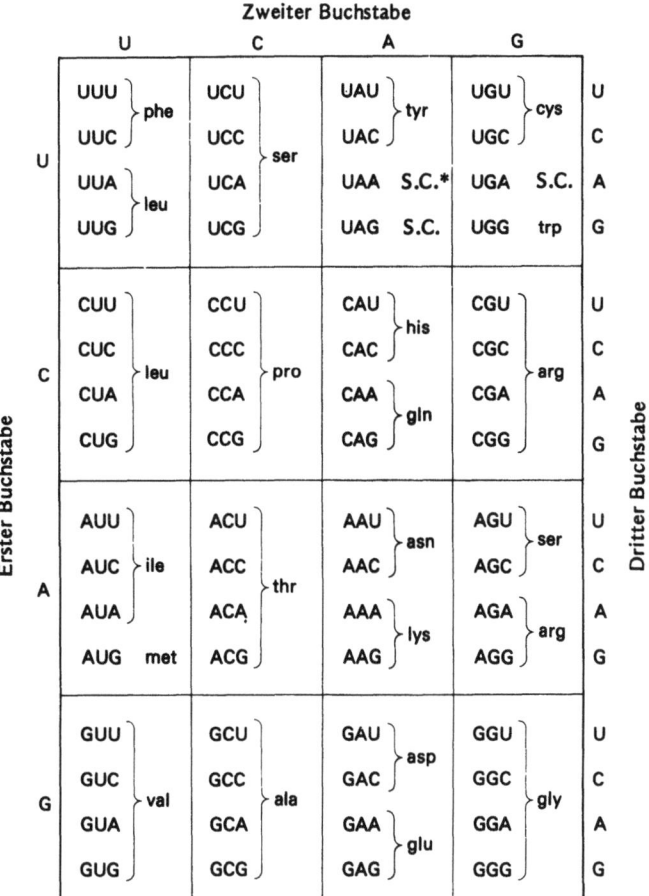

Abb. 9.8. Der genetische Code
* S.C. = Stopcodon

„Wobble"

Man glaubte zuerst, daß 61 verschiedene tRNA-Moleküle mit spezifischen Anticodons für jedes aminosäurecodierende Triplett gebraucht würden. Man weiß heute, daß gereinigte tRNA-Spezies mehrere verschiedene Codons erkennen können. Durch Sequenzanalyse von tRNA-Molekülen wußte man, daß einige der tRNAs Inosin als Base in ihrem Anticodon besitzen. Die Formel des Inosins ist in Abb. 9.9 wiedergegeben. Inosin hat mehrere Möglichkeiten zur Paarung, wie wir sehen werden.

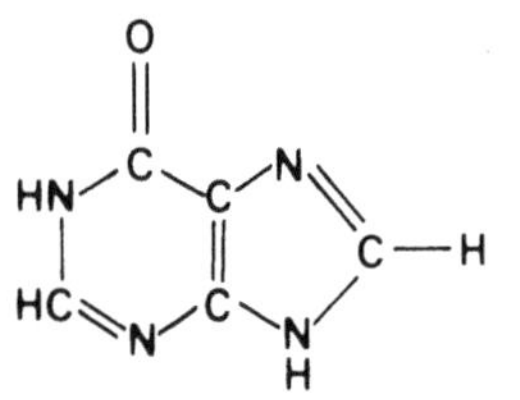

94 Der genetische Code

Inosin

Abb. 9.9. Strukturformel des Inosins, einer Base, die im Anticodon mancher tRNAs vorkommt

Tabelle 9.2. Zusammenfassung der „Wobble-Paarungen"

Base am 5'-Ende des Anticodons	paart mit	Base am 3'-Ende des Codons
G		U oder C
C		G
A		U
U		A oder G
I (Inosin)		A, U oder C

Die Sequenzanalyse von tRNAs zeigte, daß die Base am 5'-Ende des Anticodons (komplementär zum dritten Buchstaben des Codons) nicht in ordnungsgemäßer sterischer Konfiguration gepaart sein muß: daher kann sie mit verschiedenen Basen am 3'-Ende des Codons paaren. Diese Basenpaarung wird als „wobble" (vom engl. wackeln) bezeichnet. Die Wobble-Regeln lassen jedoch nur bestimmte Basenpaarungen zu (Tabelle 9.2).

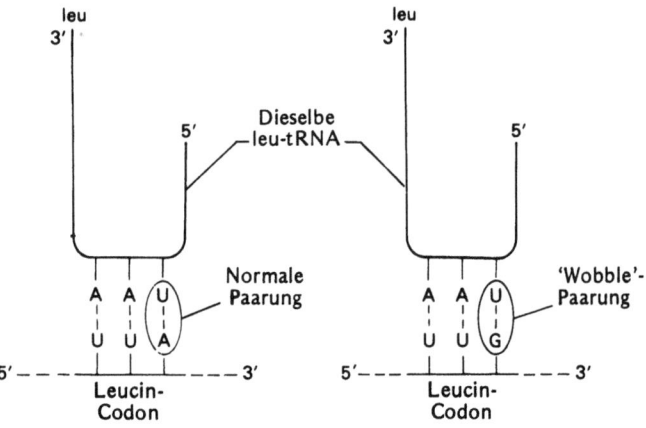

Abb. 9.10. Beispiel einer „Wobble"-Paarung. Eine einzige leu-tRNA erkennt zwei verschiedene Leucincodons

Wie man aus der Tabelle ersehen kann, erlaubt die Wobble-Hypothese keinem einzigen tRNA-Molekül, alle vier verschiedenen Codons zu lesen. Als Beispiel ist in Abb. 9.10 gezeigt, wie eine einzelne tRNA mit verschiedenen Codons paaren kann. Dabei kann das Anticodon 5'-UAA-3' (normalerweise wird es in 5'-3'-Richtung geschrieben) die beiden Leucincodons UUA und UUG erkennen.

Mutationen und der genetische Code

Wir haben schon früher die Reaktionsmechanismen verschiedener chemischer Mutagene besprochen. Kurz gesagt, erzeugen sie Basenpaar-Transitionen, Deletionen oder Additionen, wobei die Auswirkungen dieser mutagenen Veränderungen davon abhängen, ob ein Aminosäureaustausch stattgefunden hat, der die Funktion eines Polypeptids vermindert oder verhindert. Im Hinblick darauf kann man drei Grundtypen von Mutationen definieren. Alle drei führen zu einem funktionslosen Protein und damit zum Mutantenphänotyp.

Fehlsinn (Missense)-Mutationen. Hier führt ein Basenpaaraustausch in der DNA zu einem veränderten Codon in der mRNA, das wiederum für eine andere Aminosäure im Polypeptid codieren kann. Ob die Veränderung der Aminosäuresequenz sich auf die Funktion des Polypeptids auswirkt, hängt von der Lage in der Polypeptidkette ab.

Unsinn (Nonsense)-Mutationen. Es ist möglich, daß ein einzelner Basenpaaraustausch in der DNA zu einem frühzeitigen Stopcodon auf der mRNA führt. Dies ergibt eine verkürzte Polypeptidkette, welche sehr wahrscheinlich funktionslos ist.

Rasterschub (Frameshift)-Mutationen. Deletion oder Addition eines Basenpaares in der DNA führt zu einer mRNA, in welcher der Leserahmen um eine Position verschoben ist. Nach dem durch Mutation veränderten Codon ist die Basensequenz der mRNA so verändert, daß sie eine völlig andere Aminosäuresequenz codiert. Dies führt sehr wahrscheinlich zu einem funktionslosen Protein (außer die Mutation liegt sehr nahe am C-terminalen Ende des Polypeptids). Das wurde in diesem Kapitel bereits ausführlich diskutiert.

ÜBERSICHTSARTIKEL ZU KAPITEL 9:

Wolf K (1982) Wie wird der genetische Code gelesen? Biol unserer Zeit 12:94–96

LITERATUR

Barell BG, Bankier AT, Drouin J (1979) A different genetic code in human mitochondria. Nature 282:189–194

Cold Spring Harbor Symposia for Quantitative Biology, vol 31 (1966) The genetic code. Cold Spring Harbor Laboratory, New York

Crick FHC (1966) Codon-anticodon pairing: the wobble hypothesis. J Mol Biol 19:548–555

Crick FHC, Barnett L, Brenner S, Watts-Tobin RJ (1961) General nature of the genetic code for proteins. Nature 192:1227–1232

Garen A (1968) Sense and nonsense in the genetic code. Science 160:149–159

Khorana HG (1966–67) Polynucleotide synthesis and the genetic code. Harvey Lectures 62:79–105

Khorana HG, Buchi H, Ghosh H, Gupta N, Jacob TM, Kossel H, Morgan R, Narang SA, Ohtsuka E, Wells RD (1966) Polynucleotide synthesis and the genetic code. Cold Spring Harbor Symp Quant Biol 31:39–49

Morgan AR, Wells RD, Khorana HG (1966) Studies on polynucleotides, LIX. Further codon assignments from amino acid incorporation directed by ribopolynucleotides containing repeating trinucleotide sequences. Proc Natl Acad Sci USA 56:1899–1906

Nichols JL (1970) Nucleotide sequence from the polypeptide chain termination region of the coat protein cistron in bacteriophage R17 RNA. Nature 225:147–151

Nirenberg M, Leder P (1964) RNA code words and protein synthesis. Science 145:1399–1407

Nirenberg M, Matthaei JH (1961) The dependence of cell-free protein synthesis in *E. coli* upon naturally occurring or synthetic polyribonucleotides. Proc Natl Acad Sci USA 47:1588–1602

Nirenberg M, Caskey T, Marshall R, Brimacombe R, Kellog D, Doctor B, Hartfield D, Levin J, Rottman F, Pestka S, Wilcox M, Anderson F (1966) The RNA code and protein synthesis. Cold Spring Harbor Symp Quant Biol 31:11–24

Streisinger G, Okada Y, Emrich J, Newton J, Tsugita A, Terzaghi E, Inouye M (1966) Frameshift mutations and the genetic code. Cold Spring Harbor Symp Quant Biol 31:77–84

KAPITEL 10
Phagengenetik

INHAHT

Der Phage *T4*
   Lebenszyklus
   Rekombination
   Genetische Feinstrukturkartierung
   Einheit der Funktion
Der Phage $\phi X174$
   Lebenszyklus
   Genomorganisation

Wir kommen nun aus dem Gebiet der molekularen Genetik in die mehr klassischen Bereiche der Genetik. Mit unserem Hintergrundwissen in molekularer Genetik sollten wir in der Lage sein, den Inhalt der weiteren Kapitel unter molekularen Aspekten zu verstehen.

Der Phage *T4*

In einem früheren Kapitel haben wir über Phagen, ihre Chromosomen und wie sie Bakterien infizieren und lysieren, gesprochen. In diesem Kapitel wollen wir uns ganz auf den Phagen *T4* konzentrieren. Er ist ein virulenter Phage, d.h. er tritt sogleich nach der Infektion einer *E. coli*-Zelle in den lytischen Zyklus ein.

Der Lebenszyklus des *T4*

Der Lebenszyklus verläuft in groben Zügen etwa so: Das Phagenpartikel nimmt mit der Bakterienzelle Kontakt auf und injiziert seine DNA in das Wirtsbakterium, nachdem es sich an der Wand oder der Membran mit Hilfe seiner Spikes und der Schwanzfasern angeheftet hat. Die DNA wird dann repliziert und transkribiert: die daraus entstehenden phagenspezifischen Proteine werden mit der DNA zu Phagenpartikeln zusammengebaut. Zur gleichen Zeit wird ein Enzym gebildet, welches die Bakterienzelle lysiert, das Lysozym. Es bewirkt die Öffnung der Zelle, wobei die Nachkommenphagen freigesetzt werden. Pro infiziertem Bakterium werden etwa 200 Phagenpartikel gebildet.

Der Lebenszyklus des Phagen *T4* wurde 1940 von M. Delbrück untersucht. Er nahm an, daß zu einer kinetischen Analyse der Einzelschritte des Lebenszyklus eine große Zahl von Zellen gebraucht würde, in denen synchron Phagensynthese stattfindet. In seinem Experiment ließ Delbrück die Phagen während kurzer Zeit die Bakterien infizieren. Dann entfernte er die nicht adsorbierten Phagen durch Behandlung mit Antikörpern gegen die Phagenpartikel. Die infizierte Bakterienkultur wurde bei 37°C bebrütet: zu verschiedenen Zeiten wurden Proben entnommen und zu einem Bakterienrasen in eine Petrischale gegeben. Die entstandenen Plaques wurden gezählt und die Anzahl der Plaques als Funktion der Zeit nach der Infektion dargestellt. Dies ergab die Einschritt-Wachstumskurve, die in Abb. 10.1 dargestellt ist.

Man kann die Kurve in drei Bereiche unterteilen:

1. Die Latenzperiode. Während dieser Phase werden die Bakterien infiziert, und die Biosynthese der Phagenbestandteile läuft ab. Per definitionem werden in dieser Zeit keine Phagenpartikel freigesetzt. Wenn man während dieser Peri-

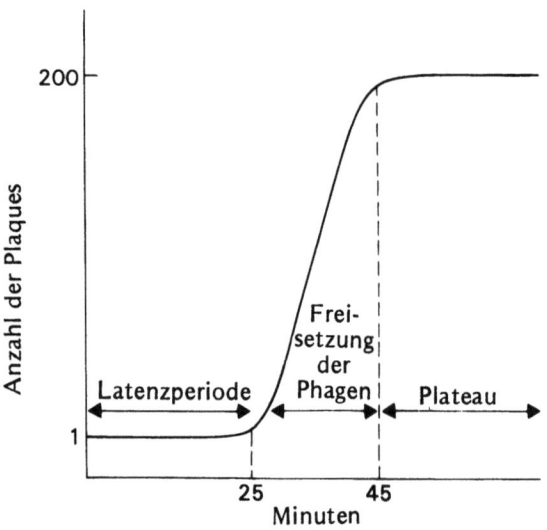

Abb. 10.1. Ein-Schritt-Vermehrungskurve des Phagen *T4* nach Infektion von *E. coli*

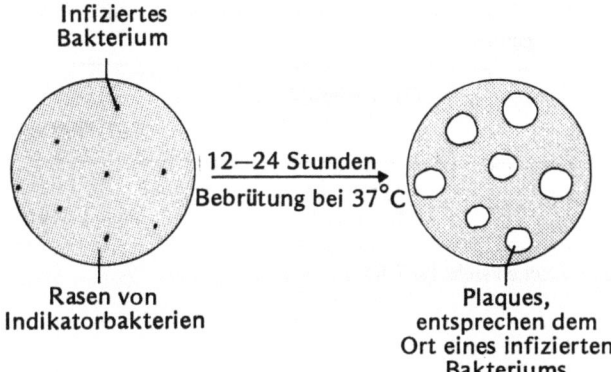

Abb. 10.2. Schematische Darstellung der Entstehung eines Phagenplaques auf einem Bakterienrasen, auf den phageninfizierte Bakterien plattiert wurden

ode Proben entnimmt und auf einen Rasen mit Indikatorbakterien ausplattiert, so hat man ausschließlich infizierte Bakterien. Diese werden nach einer bestimmten Zeit lysiert und setzen Nachkommenphagen frei, welche wiederum die umliegenden Bakterien auf der Platte infizieren. Nach mehrmaliger Wiederholung dieses Vorgangs wird auf dem Rasen aus Indikatorbakterien ein Plaque sichtbar (Abb. 10.2).

2. Freisetzung der Phagen. Zu Beginn dieses Abschnittes sind bereits einige infizierte Zellen lysiert worden und haben ihre Nachkommenphagen freigesetzt. Während der nächsten 20 Minuten bei 37°C lysieren nach und nach alle übrigen Zellen. Die Proben, die man während dieser Zeit plattiert, enthalten ein Gemisch aus infizierten Bakterien und Nachkommenphagen.

3. Plateau. Alle infizierten Bakterien sind lysiert, und deshalb enthalten die während dieser Periode plattierten Proben ausschließlich Nachkommenphagen.

Aus dieser Einschritt-Wachstumskurve konnte man ableiten, daß der Lebenszyklus des Phagen *T4* bei 37°C etwa 25–45 Minuten dauert. Weitere Experimente von A. Doermann, bei denen er Zellen zu verschiedenen Zeiten während der Latenzperiode aufbrach, zeigten, daß die ersten reifen Phagenpartikel nach etwa 12 Minuten entstehen. Das ist genau der Zeitraum der Phagensynthese. Während der Zeit zwischen 12 und 25 Minuten sammeln sich in der Zelle reife Phagenpartikel an. Die Lyse der Zellen tritt dann ein, wenn die lytischen Enzyme eine genügend hohe Konzentration erreicht haben.

Rekombination beim Phagen *T4*

Da der Phage *T4* haploid ist, lassen sich keine Letalmutationen erhalten. Nützliche Mutationstypen gehören zwei Hauptklassen an: Das sind erstens Mutanten mit sichtbarem Phänotyp, gewöhnlich mit veränderter Plaque-Morphologie (der Nachteil dabei ist, daß Mutationen in nur sehr wenigen der etwa 80 Gene des *T4* zu veränderten Plaques führen); zweitens sind es konditionell-letale Mutanten. Infiziert man ein Bakterium mit solchen Phagenmutanten, so bilden sich bei der nichterlaubten Temperatur keine intakten Phagenpartikel. Mit Hilfe dieser beiden Mutantentypen und durch Rekombinationsanalysen war es möglich eine ziemlich vollständige genetische Karte des *T4* zu erstellen.

Genetische Rekombination am *T4* wurde erstmals von M. Delbrück und A. Hershey im Jahre 1946 entdeckt. Sie kreuzten Phagen, indem sie *E. coli*-Zellen mit zwei Typen von Mutanten infizierten: die eine war eine Mutante des Wirtsbereichs (*h*, steht für host = Wirt), die andere betraf die Gestalt der Plaques (*r*, steht für rapid lysis = schnelle Lyse: der Phänotyp dieser Mutanten äußert sich in der Bildung klarer Plaques).

Nach einer Replikationsrunde wurden vier Typen von Phagenpartikeln freigesetzt, nämlich die beiden Parentaltypen (*h* und *r*) und zwei Rekombinantentypen (die Doppelmutante *hr* und ein Wildtyp). Bei diesen Versuchen zeigte sich, daß sich die Rekombination zwischen Mitgliedern zweier großer Populationen von Phagen-DNA-Molekülen abspielt. Diese Tatsache und der Sachverhalt, daß sich Rekombinationsereignisse während der gesamten Replikationsphase der DNA ereignen, fordert eine mehr statistische als rein genetische Analyse. Trotzdem läßt sich der Vorgang einer Phagenkreuzung hier recht einfach darstellen (Abb. 10.3).

Rekombination ereignet sich also an jedem Punkt des *T4*-Genoms mit gleicher Wahrscheinlichkeit. Jedes Rekombinationsereignis zwischen zwei Genorten führt zu zwei rekombinanten Phagentypen, *ab* und *++* in diesem Falle. Kommt es zwischen den beiden Genen nicht zur Rekombination, so treten unter den Nachkommenphagen nur die Parentaltypen, *a+* und *+b*, auf. Da Rekombinationsereignisse zufällig erfolgen, ist die Wahrscheinlichkeit der Trennung der beiden Gene durch Rekombination eine Funktion ihres Abstandes auf der DNA. Wenn daher 2% der Phagen Rekombinanten sind, würden wir sagen, daß die beiden Gene relativ dicht beieinander liegen (d.h. zwei Karteneinheiten). Bei dieser Art der Analyse muß man jedoch alle vier Nachkommentypen unterscheiden können.

98 Phagengenetik

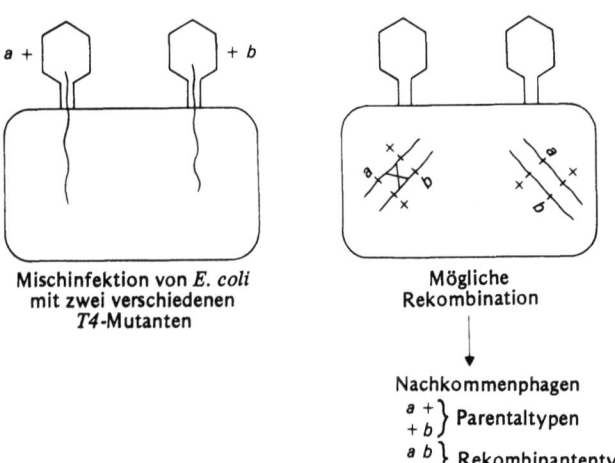

Abb. 10.3. Schema zur Genkartierung bei Bakteriophagen

Tabelle 10.1. Wirtsbereich und Plaque-Gestalt von r^+- und rII-Stämmen des Phagen T4

Stamm	Plaque-Gestalt auf B	K12 (lambda)
r^+ (+)*	+-Typ (trüb)	+
rII	r-Typ (klar)	keine Plaques

* Das +-Zeichen steht für Wildtyp

Durch eine Reihe von Zweifaktor-Kreuzungen wie die hier beschriebene und durch Dreifaktor-Kreuzungen (z.B. abc × +++) wurde schließlich eine genetische Karte erstellt. Die Karte ist zirkulär, obwohl das Chromosom linear ist. Das kommt durch die zirkuläre Permutation des Genoms, die wir bereits besprochen haben.

Dieselben Methoden der genetischen Analyse wie beim Phagen T4 wurden auch bei anderen Phagen wie lambda, T2 und T7 angewandt. Einzige Voraussetzung dafür sind Mutanten, deren Phänotypen einzeln und in Kombination unterscheidbar sind. Mit Hilfe solcher Mutanten kann man Zwei- und Dreifaktorkreuzungen ausführen. Besonders nützlich sind temperatursensible, Wirtsbereichs-, morphologische und Unsinn-Mutanten. Die genetischen Analysen haben zur Identifizierung der meisten Gene auf den entsprechenden Phagengenomen und zur Erstellung genauer Genkarten geführt.

Genetische Feinstrukturkartierung

Die klassische Definition eines Gens war die der Einheit des genetischen Materials, die zu alternativen Formen mutieren kann, mit anderen Genen kombiniert werden kann, und im Organismus eine funktionelle Einheit darstellt. In der Tat betrachteten viele die Gene als Perlen auf einer Kette, wobei Rekombination nur zwischen den einzelnen Perlen vorkommen sollte. Diese klassische Vorstellung mußte verworfen werden, als S. Benzer in den fünfziger Jahren eine Serie eleganter Experimente ausführte, um die Feinstruktur eines Gens zu analysieren. Mit seinen Experimenten wollte er die Einheit der Mutation, der Rekombination und der Funktion auf molekularer Ebene definieren.

Für seine Untersuchungen wählte Benzer den Phagen T4, da er in kurzer Zeit viele Nachkommenphagen hervorbringt. Er arbeitete mit rII-Mutanten, die wir bereits kennengelernt haben, da sie Plaques erzeugen, die deutlich von den Wildtyp-Plaques unterscheidbar sind. Fernerhin kann man rII-Mutanten dadurch erkennen, da sie sich nicht in E. coli K12 (lambda) vermehren können (Tabelle 10.1).

Benzer erkannte, daß die Unfähigkeit der rII-Mutanten, sich in K12 zu vermehren, eine gute Selektionsmethode für wenige r^+-Phagen unter einer großen Zahl von rII-Mutanten sein müßte. Mit Hilfe dieser Eigenschaft der rII-Mutanten ist es möglich, seltene r^+-Rekombinanten aus genetischen Kreuzungen zwischen zwei rII-Mutanten mit sehr eng benachbarten Mutationsorten zu selektieren.

Ursprünglich wurden 60 rII-Mutanten isoliert und in allen paarweisen Kombinationen untereinander gekreuzt. Die Nachkommenschaft jeder Kreuzung wurde bezüglich ihrer Zahl an Rekombinanten ausgewertet, um daraus eine genetische Karte zu konstruieren. Der experimentelle Ablauf einer solchen Kreuzungsanalyse ist in Abb. 10.4 gezeigt.

Die Nachkommenphagen werden dann sowohl auf B als auch auf K12 plattiert. Um zu einer statistisch abgesicherten Aussage zu kommen, werden entsprechende Verdünnungen der Phagensuspension auf Platten gegeben. Der Phagentiter kann dann unter Berücksichtigung des Verdünnungsfaktors errechnet werden. Alle Nachkommenphagen können auf B Plaques bilden, und so ist die Zahl der Plaques gleich der Zahl der Nachkommenphagen. Man drückt dies als plaquebildende Einheit pro Milliliter (pfu/ml = plaque forming units/ml) einer Suspension aus. Andererseits können die auf K12 entstandenen Plaques nur auf Wildtyprekombinanten zurückgehen. Eine schematische Darstellung einer hypothetischen Kreuzung ist in Abb. 10.5 gezeigt.

Dabei entstehen vier Typen von Nachkommenphagen:

Genetische Feinstrukturkartierung 99

Abb. 10.4. Versuch zur Bestimmung der Wildtyprekombinanten (= 1/2 der Gesamtrekombinanten) aus einer Kreuzung zweier rII-Mutanten des Phagen T4

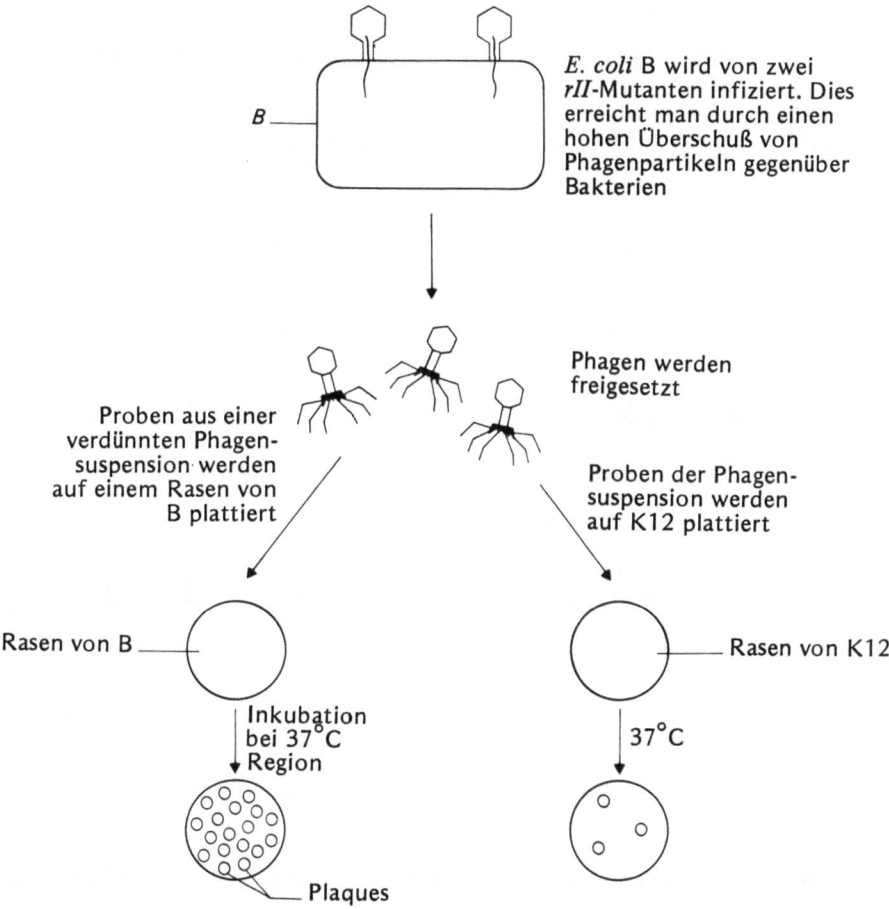

r7
r12 } Parentaltypen – klare Plaques auf B

r7,r12
r⁺   } Rekombinantentypen – r7,r12 erzeugt klare Plaques auf B; r⁺ vermehrt sich auf K12 und B

$$\frac{2 \times \text{Zahl der } r^+\text{-Plaques auf } K12}{\text{Gesamtzahl der Plaques auf } B} \times 100\%$$

Daraus ergibt sich der Abstand in Karteneinheiten.

Aus der Plaque-Zahl auf B errechnet man die Gesamtnachkommenschaft pro Milliliter Suspension; die Zahl der Wildtyprekombinanten ergibt sich aus der Plaque-Zahl auf K12. Jedes crossover-Ereignis, welches zu einer r⁺-Rekombinante führt, erzeugt auch eine r7,r12-Doppelmutante, welche auf B klare Plaques bildet, sich jedoch nicht auf K12 vermehren kann. Die Kartendistanz zweier Mutationsorte wird als Prozentsatz an Rekombinanten unter den Nachkommenphagen angegeben. Im Falle dieser rII-Kreuzungen ist die Zahl der Rekombinanten das Doppelte der r⁺-Plaques auf K12. In unserem Beispiel würde sich dann die Kartendistanz zwischen r7 und r12 wie folgt errechnen:

Aus den zusammengefaßten Rekombinationsdaten der Kreuzungen von rII-Mutanten erstellte Benzer eine vorläufige genetische Feinstrukturkarte, in welcher die Mutationsorte in linearer Folge angeordnet sind. Unter den ersten 60 Mutanten wurden einige Paare gefunden, die keine r⁺-Rekombinanten ergaben. Dies wurde so interpretiert, daß beide Mutationsorte entweder eng benachbart sein mußten, oder daß die Mutation dasselbe Basenpaar betroffen haben mußte. (Die zweite Möglichkeit erinnert uns daran, daß die Arbeiten im Hinblick auf die Definition der kleinsten durch Rekombination auflösbaren Einheit unternommen wurden.) Solche Mutationen werden als Homoallele bezeichnet. Diejenigen Paare, welche r⁺-Rekombinanten ergaben, trugen

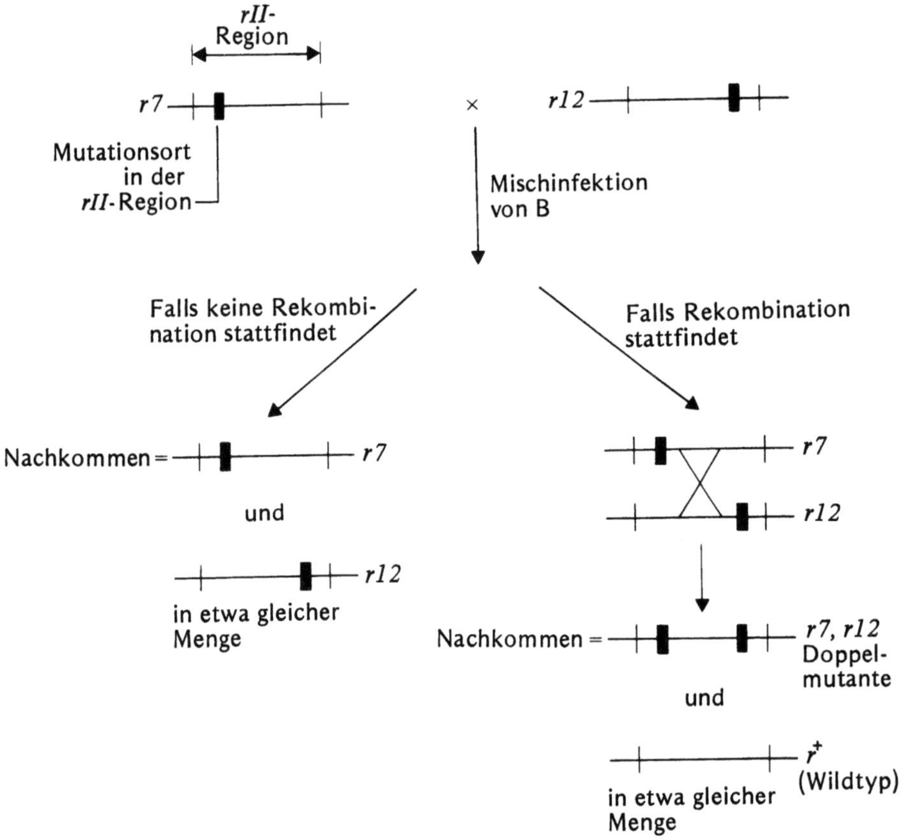

Phagengenetik

Abb. 10.5. Schematische Darstellung der Rekombinantenbildung in einer Kreuzung zweier *rII*-Mutanten, *r7* und *r12* des Phagen *T4*

demnach heteroallele Mutationen. Durch die Kartierung ergab sich, daß die niedrigste Frequenz von r^+-Rekombinanten aus Kreuzungen zwischen zwei *rII*-Mutanten 0,01% betrug: dies war wesentlich höher als die Auflösungsgrenze des Experiments, die bei 0,0001% liegt. Mit Hilfe dieser Zahlen läßt sich eine grobe Abschätzung der physischen Distanz zweier Mutationsorte auf der DNA treffen. Der Prozentsatz an Rekombinanten beträgt 2 × 0,01%, was 0,02 Karteneinheiten zwischen den beiden Mutationsorten entspricht. Das Gesamtgenom des *T4* enthält 700 Karteneinheiten und ist 2×10^5 Nukleotidpaare lang. Die 0,02 Karteneinheiten entsprechen also:

$$\frac{0{,}02}{700} \times 2 \times 10^5 = 6 \text{ Nukleotidpaaren.}$$

Damit war die kleinste Rekombinationsdistanz gefunden. Wir wissen heute, daß genetische Rekombination zwischen benachbarten Basenpaaren der DNA stattfinden kann, und daher das Nukleotidpaar die kleinste Einheit der Rekombination darstellt.

Die Einheit der Mutation

Die kleinste Einheit der Mutation ist das Nukleotidpaar. Eine Veränderung eines einzelnen Nukleotidpaars wird als Punktmutation bezeichnet. Jede Punktmutation sollte also einen bestimmten Punkt auf der genetischen Karte markieren. Jede Punktmutante in der *rII*-Region sollte in der Kreuzung mit einer anderen Punktmutante r^+-Rekombinanten ergeben, wenn nicht beide im selben Nukleotidpaar verändert sind. Daher sollte es möglich sein, Punktmutanten zum Wildtyp zu revertieren.

Einige der *rII*-Mutanten verhielten sich jedoch nicht als Punktmutanten, da sie in Kreuzungen mit zwei oder mehr, vorher als nicht allel definierten, Punktmutanten keine r^+-Rekombinanten ergaben. Diese *rII*-Mutanten revertierten auch nicht. M. Nomura und S. Benzer entdeckten, daß diese Typen von *rII*-Mutanten auf Deletionen mehrerer Nukleotidpaare der DNA beruhen. Diese Deletionen konnten durch genetische Experimente nachgewiesen werden: Wir wollen ein Beispiel eines solchen Nachweises besprechen. Die Mutante *r1695* wurde für eine Deletionsmutante gehal-

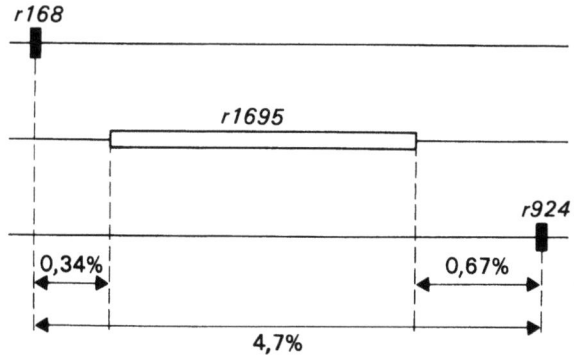

Abb. 10.6. Struktur dreier *rII*-Mutanten: *r168* und *r924* sind Punktmutationen im Abstand von 4,7 Karteneinheiten, *r1695* besitzt eine Deletion, die sich fast über die gesamte Region zwischen den beiden Mutationsorten erstreckt

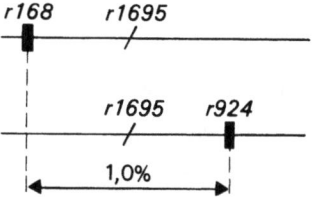

Abb. 10.7. Die Kartendistanz zwischen *r168* und *r924* beträgt 1,0 Karteneinheiten bei der Kreuzung *r168,r1695* × *r1695,r924*. Dies zeigt, daß *r1695* eine Deletion von 3,7 Karteneinheiten darstellt. (Vergl. Abb. 10.6)

ten, weil sie in Kreuzungen mit bekannten Punktmutanten keine Wildtyp-Rekombinanten ergab und auch nicht revertierte. Im Experiment wurden zwei Punktmutanten (*r168* und *r924*) verwendet, die an den Flanken von *r1695* kartieren, nicht aber von der Deletion überlappt werden (d.h. keine der beiden Mutanten ergab in der Kreuzung mit *r1695* r^+-Rekombinanten). Die Häufigkeit von r^+-Rekombinanten aus einer Kreuzung zwischen *r168* und *r924* ist in Abb. 10.6 angegeben.

Die Doppelmutanten *r168,r1695* und *r1695,r924* wurden durch Kreuzungen konstruiert. Diese Doppelmutanten wurden in *E. coli B* miteinander gekreuzt und die Nachkommenschaft isoliert. Wenn *r1695*, wie erwähnt, eine Deletion sein sollte, dann mußte der Kartenabstand zwischen *r168* und *r924* kürzer als der Kartenabstand von 4,7 Karteneinheiten sein, der aus der Kreuzung *r168* × *r924* bestimmt wurde. Das Ergebnis zeigt, daß der Kartenabstand zwischen den beiden Mutationsorten nunmehr nur 1,0 Karteneinheiten beträgt. Dies bewies, daß *r1695* eine Deletionsmutante ist. Wie man später feststellte, beträgt die Größe der Deletion 800 Nukleotidpaare (Abb. 10.7).

Man muß beachten, daß es in diesen Experimenten nicht möglich ist, r^+-Rekombinanten zu finden, da jeder Nachkommenphage die *r1695*-Deletion trägt und deshalb alle Nachkommenphagen den *rII*-Phänotyp aufweisen. Man mußte daher alle Nachkommenphagen der Kreuzung getrennt vermehren und wieder mit den drei „Großeltern" *r168*, *r1695* und *r924* rückkreuzen, um die Genotypen der Nachkommenphagen zu bestimmen. Daraus konnte man dann Parental- und Rekombinantentypen ermitteln und die Kartendistanzen berechnen (Tabelle 10.2).

Durch Vorhandensein oder Abwesenheit von r^+-Rekombinanten kann dann der Genotyp der Nachkommenphagen bestimmt werden.

Zusammenfassend läßt sich sagen, daß Phagenmutanten sowohl Punktmutationen als auch Deletionen von mehreren Hundert Basenpaaren tragen können.

Tabelle 10.2. Kreuzung der Nachkommenphagen aus der Kreuzung *r168, r1695* × *r1695, r924* mit den „Großeltern". − = keine r^+-Rekombinanten; + = r^+-Rekombinanten

	Parentaltypen		Rekombinantentypen	
	r168, r1695	*r1695, r924*	*r1695*	*r168, r1695, r924*
r168	−	+	+	−
r1695	−	−	−	−
r924	+	−	+	−

Deletionskartierung

Deletionsmutanten eröffnen eine neue Kartierungsmöglichkeit in der *rII*-Region, mit Hilfe derer man nicht mehr jede Mutante mit jeder anderen kreuzen muß, um ihre Mutationsorte zu lokalisieren. Benzer benutzte eine Serie überlappender Deletionen, deren Enden durch Kreuzungen mit Punktmutanten definierter Lage bestimmt wurden. In frühen Experimenten wurde die *rII*-Region in eine Anzahl von Segmenten unterteilt, die durch eine bestimmte Deletion abgedeckt wurden (Segmente *A1* bis *A6* und *B* in Abb. 10.8).

Mit Hilfe eines Satzes überlappender Deletionen ist es relativ einfach, eine beliebige neue *rII*-Mutante einem bestimmten Segment zuzuordnen. Man kreuzt die Mutante mit jeder der Deletionsmutanten und prüft, mit welcher der Deletionsmutanten r^+-Rekombinanten entstehen und mit welcher nicht. So ergäbe z.B. eine Punktmutation in der Region *A4* mit den Deletionen *V*, *VI* und *VII* r^+-Rekombinanten, jedoch nicht mit den übrigen. In der Versuchssituation könnte man also durch die umgekehrte Argumentation jede beliebige *rII*-Mutante kartieren.

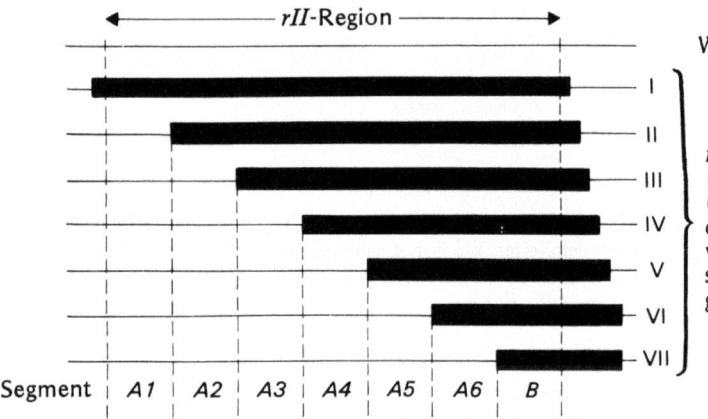

Abb. 10.8. Unterteilung der *rII*-Region in Segmente mit Hilfe überlappender Deletionen

Als alle vorhandenen Mutationen in den sieben Regionen lokalisiert waren, benutzte Benzer eine Reihe weiterer Deletionen, die an verschiedenen Stellen in den sieben Segmenten endeten. In zwei weiteren Kreuzungsserien mit immer feiner unterteilten Deletionen konnten Punktmutationen einem von 47 Segmenten der *rII*-Region zugeordnet werden. Der letzte Schritt in der Feinstrukturkartierung innerhalb jedes Segments führte zu einer linearen Anordnung der Mutationsorte in einer Karte.

Zusammenfassend besteht die Rekombinationsanalyse der *rII*-Mutanten aus folgenden Schritten:

1. Kreuzung zweier *rII*-Punktmutanten in *E. coli* B.
2. Bestimmung der Plaque-Zahl auf *E. coli* B zur Berechnung der Gesamtnachkommenschaft.
3. Bestimmung der Plaque-Zahl auf *E. coli* K12 zur Berechnung der r^+-Rekombinanten.
4. Kartendistanz = 2 × Häufigkeit der r^+-Rekombinanten in %.

Einheit der Funktion

Die drei Aspekte, unter denen man Gene betrachten kann, sind die der Mutation, der Rekombination und der Funktion. Wir werden nun die Rolle des Gens als Funktionseinheit besprechen. Wie wir wissen, codieren viele Gene für Polypeptide, welche in der Zelle strukturelle, regulatorische oder funktionelle Aufgaben haben können. Die Eigenschaft eines bestimmten Polypeptids ist durch seine Aminosäuresequenz und seine dreidimensionale Struktur bestimmt. Eine Veränderung der Basensequenz der DNA führt dann zu einer sichtbaren Mutation, wenn an der entsprechenden Stelle des Polypeptids ein Aminosäureaustausch stattgefunden hat, der die Funktion des Polypeptids verändert. Solch eine mutative Veränderung kann nun zum vollständigen Verlust oder zur Verminderung der Aktivität des Polypeptids führen. Punktmutationen können zweifelsohne zu verminderter Aktivität führen, während Deletionen meist ein nichtfunktionelles Polypeptid zur Folgen haben. Benzer führte seine Experimente zur Definition der Einheit der Funktion an der *rII*-Region aus. Der Tatbestand, daß er eine große Zahl von *r*-Mutanten besaß, die denselben Phänotyp

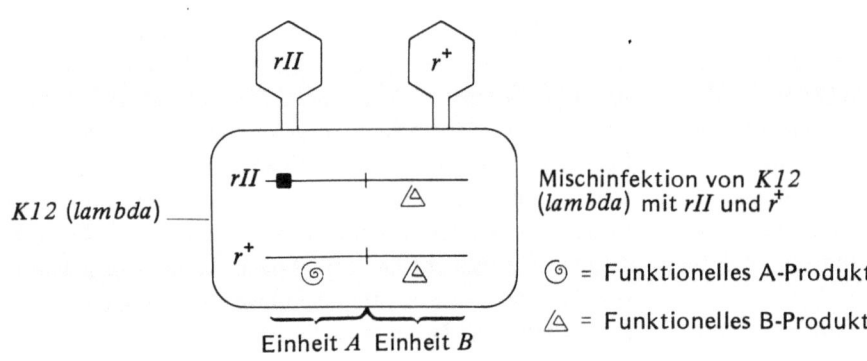

Abb. 10.9. Kontrollexperiment zur Komplementationsanalyse von *rII*-Mutanten. Das nichtpermissive Wirtsbakterium, *K12* (λ) wird mit dem Wildtyp (r^+) und einer *rII*-Mutante mischinfiziert. Da beide Typen wieder unter den Nachkommenphagen auftreten, ist erwiesen, daß das r^+-Genprodukt die Replikation beider Genome ermöglicht

Abb. 10.10. Komplementationstests zur Bestimmung der funktionellen Einheiten bei *rII*-Mutanten. Wird der nichtpermissive Wirt *K12* (λ) mit zwei *rII*-Mutanten infiziert, von denen die eine im Cistron *A*, die andere im Cistron *B* mutiert ist, so können die beiden Mutanten einander komplementieren, und es werden Nachkommenphagen gebildet. Nach Mischinfektion mit zwei *rIIA*-Mutanten oder zwei *rIIB*-Mutanten entstehen keine Nachkommenphagen, d.h. diese Mutanten komplementieren einander nicht

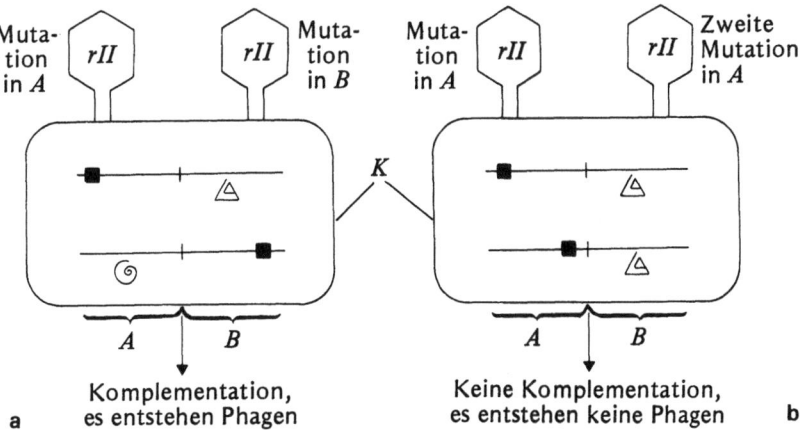

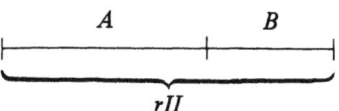

Abb. 10.11. Aufteilung der *rII*-Region in zwei funktionelle Einheiten (Cistrons *A* und *B*)

zeigten und nahe beieinander kartierten, bedeutete nicht notwendigerweise, daß alle Mutationen in derselben funktionellen Einheit (im selben Gen) liegen. Um die Zahl der funktionellen Einheiten der *rII*-Region zu bestimmen, adaptierte Benzer das System des „cis-trans"-Tests oder des „Komplementationstests", das von E. Lewis bei *Drosophila* erstmals angewandt worden war. Der Einfachheit halber wollen wir vorwegnehmen, daß die *rII*-Region aus zwei funktionellen Einheiten, *A* und *B*, besteht. Sowohl Mutationen in *A* als auch in *B* führen zum *rII*-Phänotyp. Diese Schlußfolgerung konnte aus den Experimenten gezogen werden, die wir nun im Folgenden beschreiben werden.

Eine frühe Beobachtung ist für diesen Test von Bedeutung: Infiziert man eine *K12 (lambda)*-Zelle gleichzeitig mit einer *rII*-Mutante und einem Wildtyp-Phagen, so replizieren sich beide Phagengenome, und in der Nachkommenschaft finden sich beide Phagentypen (Abb. 10.9). Dies läßt sich dadurch erklären, daß das intakte *rII*-Gen (z.B. der Abschnitt *A*) des Wildtyps die notwendige Funktion zur Vermehrung in *K12* für beide Phagen zur Verfügung stellt. Dieses Ergebnis erhält man für *rII*-Mutanten mit Defekten in *A* und in *B*.

In einem weiteren Schritt wurde der *K12*-Stamm mit je zwei *rII*-Mutanten infiziert und geprüft, ob Nachkommenphagen entstanden. Falls dies der Fall war, bezeichnete man dies als Komplementation: die zwei Mutanten mußten also in unterschiedlichen funktionellen Einheiten defekt sein (Abb. 10.10).

Im Beispiel (a) beobachtet man Komplementation, da eine Mutante mit einer Mutation in *A* ein funktionelles *B*-Produkt herstellen kann, und die Mutante *B* ein funktionelles *A*-Produkt macht. In „Zusammenarbeit" stellen also beide Mutanten die Produkte her, die zur Vermehrung der Phagen in *K12* nötig sind: aufgrund der Komplementation können also Phagen synthetisiert und freigesetzt werden.

Im Beispiel (b) findet keine Komplementation statt, da beide Mutanten in der *A*-Funktion defekt sind, wodurch ihre Vermehrung in *K12* verhindert wird.

Mit Hilfe dieses Tests fand Benzer, daß die *rII*-Mutanten zu zwei funktionellen Gruppen gehören, nämlich *A* und *B*. Das bedeutet, daß alle *rIIA*-Mutanten sämtliche *rIIB*-Mutanten komplementieren und daß *rIIB*-Mutanten untereinander nicht komplementieren. Man kann die beiden Mutantengruppen bestimmten Regionen auf der *rII*-Genkarte zuordnen. Man findet keine *A*-Mutante in der *B*-Region und umgekehrt (Abb. 10.11).

A und *B* werden als Komplementationsgruppen bezeichnet. Da für diese Untersuchungen der cis-trans-Test benutzt wurde, bezeichnete Benzer die beiden Regionen als Cistrons. Cistron ist in gewissem Sinne ein Pseudonym für Gen: ein Cistron codiert für ein Polypeptid. Das *rIIA*-Cistron ist 6 Karteneinheiten bzw. 1700 Nukleotidpaare lang, das *rIIB*-Cistron erstreckt sich über 4 Karteneinheiten, d.h. 1100 Nukleotidpaare. Es ist bemerkenswert, daß Benzer während seiner ganzen Untersuchungen die Bedeutung dieser Polypeptide unbekannt war. Man nimmt heute an, daß die beiden Cistrons für Proteine codieren, die an der Membran des Wirtsbakteriums binden und dadurch das Aufbrechen der Zellen erleichtern.

Der Phage φX174

Wir wollen hier kurz auf die Genomorganisation des Bakteriophagen φX174 zu sprechen kommen, da sie in mancher Hinsicht ungewöhnlich ist. φX174 ist ein icosahedrischer Bakteriophage und damit entfernt dem Phagenkopf des T4 ähnlich. Das Genom des φX174 besteht aus zirkulärer, einsträngiger DNA. Es ist nicht redundant wie das der Phagen T2 und T4.

Lebenszyklus des φX174

Nach Infektion der *E. coli*-Zelle heftet sich die einzelsträngige DNA des Phagen an die Membran der Wirtszelle an und wird dann zum Doppelstrang ergänzt. Die Herstellung des komplementären Stranges erfolgt mit Hilfe von Enzymen der Wirtszelle. Der infizierende DNA-Strang wird als (+)-Strang bezeichnet, da er dieselbe Basensequenz (mit Ausnahme von T, anstelle dessen U steht) wie die phagencodierte mRNA besitzt. Der zum (+)-Strang komplementäre Strang wird als (−)-Strang bezeichnet. Die membrangebun-

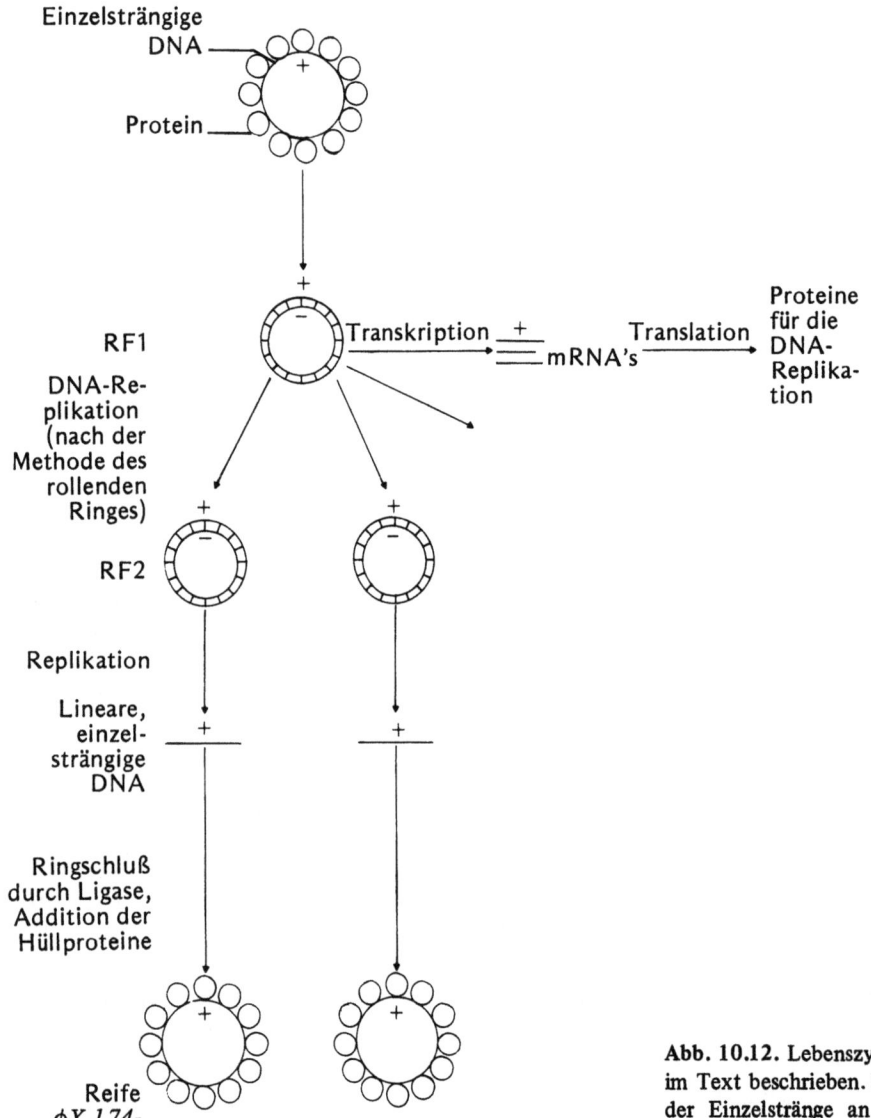

Abb. 10.12. Lebenszyklus des Phagen φX174. Die Einzelheiten sind im Text beschrieben. Das (+)- und (−)-Zeichen gibt die Orientierung der Einzelstränge an. Der ursprüngliche infizierende Einzelstrang wird als (+)-Strang bezeichnet. Er entspricht der mRNA in seiner Basensequenz

dene doppelsträngige DNA wird als Replikative Form 1 (RF1) bezeichnet.

Sobald sich die RF1 gebildet hat, werden an ihr mRNA-Moleküle transkribiert. Sie sind mit dem (+)-Strang (dem infizierenden Strang) sequenzgleich. Diese mRNAs codieren für Proteine zur Replikation der Phagen-DNA und für Komponenten zum Zusammenbau der Phagenpartikel. Die elterliche RF1 repliziert sich und wiederholt nach dem Prinzip des rollenden Ringes den Replikationsvorgang viele Male, wobei viele Kopien nicht-membrangebundener Replikativer Formen entstehen, die man als RF2 bezeichnet. Dann entstehen aus der RF2 wieder nach der Methode des rollenden Ringes lineare virale DNA-Moleküle, die dem (+)-Strang, also dem ursprünglichen infizierenden Strang, entsprechen. Diese linearen Moleküle werden durch Ligase zirkularisiert, mit Proteinen umgeben und schließlich als reife Phagenpartikel bei der Lyse der Zellen freigesetzt.

Die Genomorganisation des ϕX174

Der Phage ϕX174 ist ein relativ kleiner Phage. Sein einzelsträngiges DNA-Genom besitzt eine Länge von etwa 5375 Nukleotiden und enthält 9, durch Mutationen identifizierte Gene. Diese codieren für neun phagenspezifische Proteine, die nach Infektion von E. coli mit ϕX174 identifiziert wurden.

Protein A ist an der Replikation doppelsträngiger DNA beteiligt, die Proteine B, C und D bewirken die Herstellung der einzelsträngigen Produkte, die Proteine F, G, H und I sind Bestandteile des Phagenpartikels (Kapsid genannt) und Protein E ist für die Lyse der Wirtszellen verantwortlich. Die Anordnung der Gene auf der Karte ist ABCDEIFGH, der Anfang der DNA-Replikation liegt innerhalb des Gens A.

Als man die Zahl der Nukleotide ermittelte, welche für die Aminosäuresequenz der 9 Proteine nötig ist, bemerkte man, daß das Genom des ϕX174 etwa 700 Nukleotide zu wenig besitzt. F. Sanger und seine Mitarbeiter wollten diesen offensichtlichen Widerspruch klären und bestimmten zu diesem Zweck die vollständige Nukleotidsequenz des ϕX174.

Aus der Nukleotidsequenz erhielten sie die folgenden Informationen über die Anordnung der Gene.

1. Die codierende Sequenz des Gens B ist vollständig in der Gensequenz A enthalten; der Leserahmen für die mRNAs der Proteine A und B ist um ein Nukleotid verschoben. Das Gen A erstreckt sich 86 Nukleotide (28 Aminosäuren) über das Ende des B-Gens hinaus. Die Gene A und B sind also Beispiele überlappender Gene.

2. Das Gen C liegt zwischen den Genen B und D und stellt einen zweiten Typ überlappender Gene dar. Die Nukleotidsequenz für das Initiationscodon der mRNA von Gen C überlappt mit einem Nukleotid die Sequenz für das Terminationscodon von Gen A (Abb. 10.13a). Eine ähnliche Überlappung zeigen die Gene D und I (Abb. 10.13b).

3. Die Gene D und E zeigen ein weiteres Beispiel für die vollständige Überlappung zweier Gene, wobei ein Gen vollständig in einem anderen enthalten ist. Wiederum unterscheiden sich die beiden Gene in ihrem Leseraster. Die beiden Genprodukte haben vollständig verschiedene Funktionen in der Zelle, d.h. D codiert für ein Protein zur Herstellung einzelsträngiger viraler DNA und E codiert für ein Protein, das an der Lyse beteiligt ist. In der genetischen Analyse verhalten sich die Gene vollständig unabhängig. (Das war in der Tat ein Hinweis dafür, daß unterschiedliche Leserahmen benutzt wurden.) So resultieren Unsinnmutanten im Gen E gewöhnlich nur in Fehlsinnmutanten im Gen D, oder es entsteht wegen der Degeneriertheit des Codes überhaupt keine Mutante mit verändertem D-Protein. Dasselbe gilt auch für Unsinnmutanten im Gen E.

4. Nach der Terminationssequenz des Gens I, also vor der Initiationssequenz des Gens F, liegt eine Lücke von 39 Nukleotiden. Zwischen F und G liegen 111 Nukleotide und

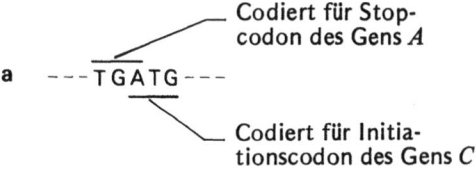

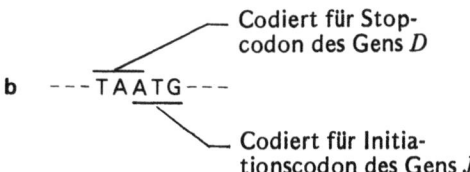

Abb. 10.13a,b. Beispiele überlappender Gene beim Phagen ϕX174. a Die gezeigte DNA-Sequenz enthält die Sequenz für das Terminationscodon des Gens A, das mit einem Nukleotid die DNA-Sequenz für das Initiationscodon des Gens C überlappt. b Überlappung der Sequenzen für das Terminationscodon des Gens D und für das Initiationscodon des Gens I um ein Nukleotid

zwischen H und A 66 Nukleotide. Ob und welche Funktionen diesen Lücken zukommen, ist unbekannt. Die Gene F, G und H zeigen keine Überlappung mit anderen Genen.

Zusammenfassend läßt sich sagen, daß $\phi X174$ ein Paradebeispiel für überlappende Gene darstellt: sowohl für solche, die total in einem anderen liegen, als auch für solche, die sich nur teilweise überlappen. Diese Situation ist nicht einzigartig im Organismenreich. So fanden z.B. T. Platt und C. Yanofsky ein Beispiel teilweiser Überlappung bei den mRNAs des Tryptophanoperons von *E. coli*. Auch die DNA des *SV40*-Virus, einem doppelsträngigen DNA-Virus, das Säugerzellen infiziert, wurde von V.B. Reddy und seinen Mitarbeitern sequenziert. Ihre Ergebnisse zeigen ebenfalls die teilweise Überlappung von Genen. Wie wir bereits aus Kapitel 7 wissen, werden die mRNAs des *SV40* durch RNA-RNA-Spleißen eines großen Transkripts hergestellt.

ÜBERSICHTSARTIKEL ZU KAPITEL 10:

Wackernagel W (1977) Genetische Rekombination bei Bakterien und Phagen. Biol unserer Zeit 7:1–6

LITERATUR

Barrell BG, Air GM, Hutchison CA (1976) Overlapping genes in bacteriophage ϕX174. Nature 264:34–41

Benbow RM, Hutchison CA, Fabricant JD, Sinsheimer RL (1971) Genetic map of bacteriophage ϕX174. J Virol 7:549–558

Benzer S (1959) On the topology of the genetic fine structure. Proc Natl Acad Sci USA 45:1607–1620

Benzer S (1961) On the topography of the genetic fine structure. Proc Natl Acad Sci USA 47:403–415

Delbrück M (1940) The growth of bacteriophage and lysis of the host. J Gen Physiol 23:643–660

Doermann AH (1952) The intracellular growth of bacteriophages I. Liberation of intracellular bacteriophage T4 by premature lysis with another phage or with canide. J Gen Physiol 35:645–656

Eisenberg S, Scott JF, Kornberg A (1976) Enzymatic repliaction of viral and complementary strands of duplex DNA of phage ϕX174 proceeds by separate mechanisms. Proc Natl Acad Sci USA 73:3151–3155

Ellis EL, Delbrück M (1939) The growth of bacteriophage. J Gen Physiol 22:365–384

Hayes W (1968) The genetics of bacteria and their viruses, 2nd edn. Wiley, New York

Hershey AD, Rotman R (1949) Genetic recombination between host-range and plaque-type mutants of bacteriophage in single bacterial cells. Genetics 34:44–71

Reddy VB, Thimmappaya B, Dhar R, Subramanian KN, Zain BS, Pan J, Ghosh PK, Celma ML, Weissmann SM (1978) The genome of simian virus 40. Science 200:494–502

Sanger F, Air GM, Barrell BG, Brown NL, Coulson AR, Fiddes JC, Hutchison CA, Slocombe PM, Smith M (1977) Nucleotide sequence of bacteriophage ϕX174. Nature 265:687–695

Smith M, Brown NL, Air GM, Barrell BG, Coulson AR, Hutchison CA, Sanger F (1977) DNA sequence at the C terminal of the overlapping genes A and B in bacteriophage ϕX174. Nature 265:702–705

KAPITEL 11
Bakteriengenetik

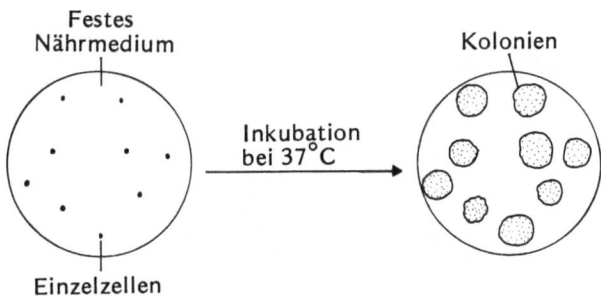

Abb. 11.1. Schematische Darstellung der Entstehung einer Bakterienkolonie auf festem Nährmedium

INHALT

Konjugation bei *E. coli*
  Der Sex-Faktor
  Hfr-Stämme
  DNA-Transfer aus einer Spender- in eine Empfängerzelle
  Kartierung durch Chromosomentransfer
Transduktion
  Allgemeine Transduktion
  Spezielle Transduktion
Transformation
  Mechanismus der Transformation
  Bestimmung der Genkopplung durch Transformation

Wir werden uns nun den Bakterien zuwenden, die im genetischen Sinn viel komplexer sind als die Bakteriophagen. In diesem Kapitel werden wir drei Wege des Austausches genetischen Materials zwischen Bakterienzellen kennenlernen. Es sind Konjugation, Transduktion und Transformation. Bevor wir die Besprechung beginnen, müssen wir uns kurz über die Möglichkeiten informieren, wie man Bakterien, etwa *E. coli*, züchten kann.

Bakterien können entweder auf festen Nährböden (gewöhnlich mit Agar verfestigt) oder in Flüssigmedien gezüchtet werden. In beiden Medien müssen Nährstoffe, essentielle Salze und Mineralstoffe vorhanden sein. In Flüssigkultur vermehren sich die Bakterien exponentiell, bis alle Nährstoffe aufgebraucht sind und sich toxische Stoffwechselprodukte anhäufen. Die Zahl der Bakterien in einer bestimmten Wachstumsphase in einer Flüssigkultur kann recht einfach bestimmt werden. Eine kleine Probe wird nach geeigneter Verdünnung auf eine Petrischale mit festem Nährboden pipettiert und mit einem Glasbügel auf deren Oberfläche verteilt. Dabei werden die Bakterienzellen gleichmäßig auf der Agaroberfläche verteilt. Jede Zelle teilt sich bei der Bebrütung und bildet einen Klon zusammenhängender Zellen, eine Kolonie. Aus jeder Zelle geht also eine separate Kolonie hervor (Abb. 11.1).

Konjugation bei *E. coli*

Die sexuelle Konjugation bei *E. coli* wurde erstmals von J. Lederberg und E. Tatum aufgrund folgender Beobachtungen entdeckt. Aus einer Mischung des auxotrophen Stammes $a^-b^-c^-d^+e^+f^+$ (er benötigt a, b und c zur Vermehrung) und des auxotrophen Stammes $a^+b^+c^+d^-e^-f^-$ (er benötigt d, e und f zur Vermehrung) erhielt er prototrophe Stämme des Genotyps $a^+b^+c^+d^+e^+f^+$ (sie tragen die Wildtypallele der Gene a bis f). Da drei Auxotrophien in jeder Mutante vorhanden waren, erschien es höchst unwahrscheinlich, daß die Prototrophen durch Reversion des einen oder anderen Stammes entstanden sein könnten. Um zu zeigen, daß für die Entstehung prototropher Zellen Zellkontakt nötig ist, wurde ein U-Rohr benutzt (Abb. 11.2).

Die beiden Schenkel des U-Rohrs waren mit Nährmedium gefüllt; die beiden Stämme befanden sich in je einem Schenkel und waren durch ein bakteriendichtes Filter getrennt, durch das nur Medium passieren konnte. Durch Hineinblasen und Ansaugen an einem Schenkel des U-Rohrs wurde das Medium in beiden Schenkeln vermischt. Solange das Filter vorhanden war, wurden jedoch keine Prototrophen gebildet. Sie traten erst auf, wenn das Filter entfernt wurde, wodurch die Notwendigkeit eines Zellkontaktes für dieses Phänomen bewiesen war.

Der Sex-Faktor

W. Hayes stellte die Hypothese auf, daß der oben besprochene Transfer genetischer Information über einen infek-

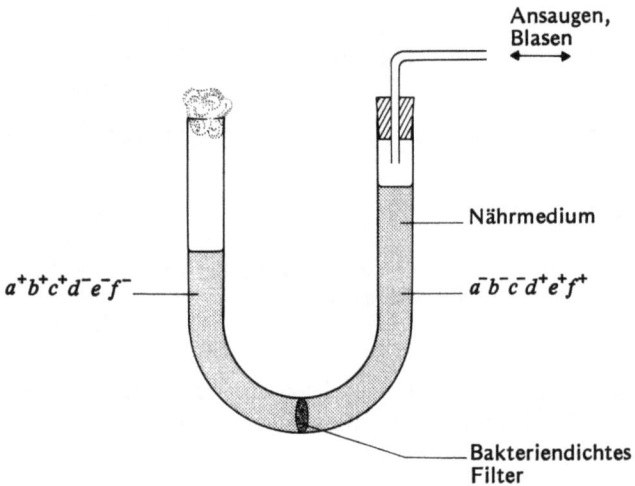

Abb. 11.2. U-Rohr zum Nachweis, daß Zellkontakt zur Bildung Prototropher aus unterschiedlichen Mangelmutanten von *E. coli* nötig ist

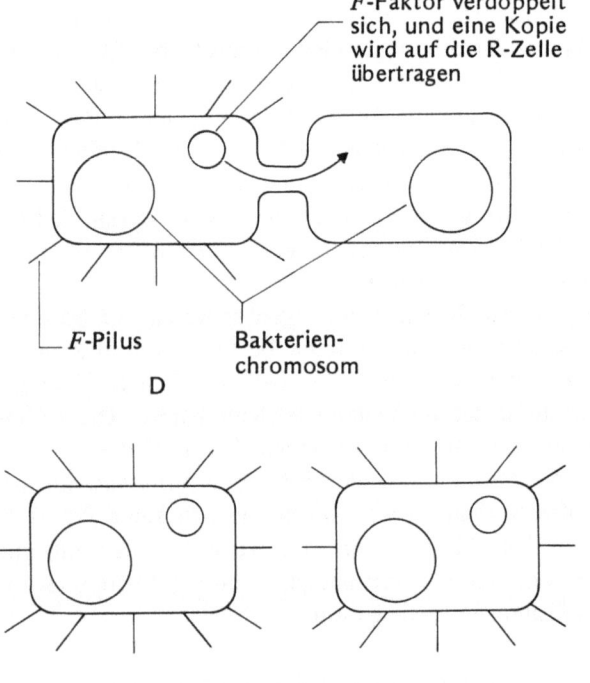

Abb. 11.3. Die Konjugation einer F^+-Zelle (Donor) mit einer F^--Zelle (Rezipient) von *E. coli* und der darauffolgende Transfer einer Kopie des F-Faktors wandeln die F^--Zelle in eine F^+-Zelle um

tiösen Vektor zustande kommt, der in der sog. „Spender"- oder „Donor" (D)-Zelle ist. Dieser Vektor sollte dann den Transfer von Genen aus einer Donorzelle in eine Empfängerzelle (Rezipient = R) ermöglichen. Die D- und R-Zellen unterscheiden sich durch die Anwesenheit (F^+) oder die Abwesenheit (F^-) eines extrachromosomalen Sexfaktors oder F-Faktors (F steht für Fertilität). Die D-Zellen übertragen den F-Faktor mit großer Häufigkeit auf R-Zellen, die dann ihrerseits zu D-Zellen werden. Die Übertragung des F-Faktors geschieht unabhängig von der Übertragung chromosomaler Gene der Spenderzelle (Abb. 11.3).

Der F-Faktor selbst besteht aus zirkulärer, doppelsträngiger DNA von etwa 100000 Nukleotidpaaren (etwa 1/40 des Chromosoms). Die F^+-Zelle (Donor) enthält eine Kopie des F-Faktors pro Zelle, die sich gemeinsam mit dem Chromosom repliziert. Dazu heftet sich der F-Faktor an einer bestimmten Stelle der Bakterienmembran an. Der F-Faktor trägt Gene, die für die Ausbildung haarfeiner Fortsätze der Zelloberfläche verantwortlich sind und die man F-Pili (Einzahl Pilus) nennt. Jeder Pilus einer F^+-Zelle ist dünn und flexibel und kann sehr lang sein. Wieder andere Gene sind für die Bildung der Konjugationsbrücke zwischen D- und R-Zelle verantwortlich, die für die Übertragung des F-Faktors nötig ist. Nach Ausbildung der Konjugationsbrücke repliziert sich der F-Faktor unabhängig vom Chromosom. Eine Kopie des F-Faktors gelangt durch die Konjugationsbrücke in den Rezipienten (R): dadurch wird der F^--Rezipient ebenfalls zu einem F^+-Donor.

Hfr-Stämme

L. Cavalli-Sforza und W. Hayes entdeckten, daß einige F^+-Populationen Donorzellen enthielten, die chromosomale Gene mit großer Häufigkeit übertragen konnten. Diese wurden *Hfr*-Stämme genannt. Die Bezeichnung kommt vom Englischen *h*igh *f*requency of *r*ecombination, was so viel wie sehr häufige Rekombination bedeutet. Diese Zellen sehen wie F^+-Zellen aus, da sie F-Pili besitzen. Kreuzt man einen *Hfr*-Stamm mit F^--Stämmen, so gibt es graduelle Unterschiede in der Häufigkeit des Auftretens von Genorten aus dem *Hfr*-Donor bei den Rekombinantenzellen (Empfängerzellen). Die Rekombinantenzellen bleiben jedoch F^- (Abb. 11.4).

Daraus wurde geschlossen, daß das chromosomale Gen a^+ des *Hfr*-Stammes zuerst in der F^--Zelle eintraf und daher die größte Chance hatte, einrekombiniert zu werden. Die übrigen Gene b^+ bis z^+ trafen nacheinander in dieser Ordnung

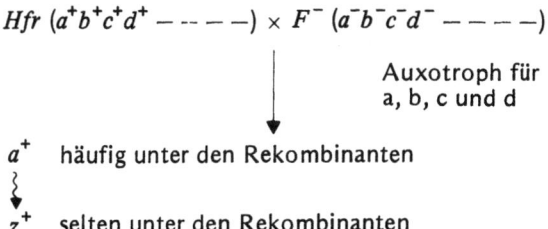

$Hfr\ (a^+b^+c^+d^+----) \times F^-\ (a^-b^-c^-d^-----)$

↓ Auxotroph für a, b, c und d

a^+ häufig unter den Rekombinanten

⋮

z^+ selten unter den Rekombinanten

Abb. 11.4. In der hypothetischen Kreuzung eines *Hfr*-Stammes mit einem F^--Stamm wird die Reihenfolge bestimmt, mit der die Gene vom Spender in den Empfänger transferiert werden

in der Empfängerzelle ein. Die Rekombinationshäufigkeit wurde also durch die zeitliche Aufeinanderfolge des Eintreffens der Gene bestimmt.

Der Unterschied zwischen F^+- und *Hfr*-Zellen besteht darin, daß in den *Hfr*-Zellen der *F*-Faktor im bakteriellen Chromosom eingebaut ist. Da die *F*-Gene in der Zelle vorhanden sind, werden sie auch exprimiert. Das bedeutet, daß Zellen des *Hfr*-Stammes mit *F*-Zellen konjugieren können und ihren *F*-Faktor in *F*-Zellen übertragen können. Da aber der *F*-Faktor im Chromosom integriert vorliegt, ist der Transfer mit der Übertragung chromosomaler DNA durch die Konjugationsbrücke verbunden. Die Integration des *F*-Faktors erfolgt durch ein Rekombinationsereignis. Ein *Hfr*-Stamm kann wieder in den F^+-Zustand zurückkehren, wobei das *F*-Episom in einem umgekehrten Rekombinationsvorgang frei wird (Abb. 11.5).

Der *F*-Faktor kann an mehreren Stellen ins Chromosom integriert werden. Daher ist die Aufeinanderfolge der Gene bei der Übertragung von Chromosomenabschnitten in einen F^--Stamm für jeden *Hfr*-Stamm unterschiedlich. Da der *F*-Faktor zusätzlich noch in zwei Orientierungsrichtungen eingebaut werden kann, transferieren *Hfr*-Stämme Gene in zwei verschiedenen Schieberichtungen (Abb. 11.6).

Auf der Genkarte in Abb. 11.6 geben die Pfeile die Integrationsorte der *F*-Faktoren verschiedener *Hfr*-Stämme an; die Richtung der Pfeile zeigt die Schieberichtung. So schiebt z.B. der Stamm *Hfr* H (H steht für den Forscher Hayes) seine Gene in der Aufeinanderfolge $a^+b^+c^+d^+e^+ \cdots$, während der Stamm *Hfr* J4, dessen *F*-Faktor nahe der Integrationsstelle des *Hfr* H eingebaut ist, die Gene in der Reihenfolge $u^+t^+s^+r^+q^+ \cdots$ transferiert.

Bei einem Chromosomentransfer-Versuch kann nur außerordentlich selten das gesamte Chromosom einer *Hfr*-Zelle in eine F^--Zelle übertragen werden, da die Konjugationsbrücke ziemlich fragil ist. Daher bricht der Transfer meist schon vor den 90 Minuten ab, die bei 37 °C für die

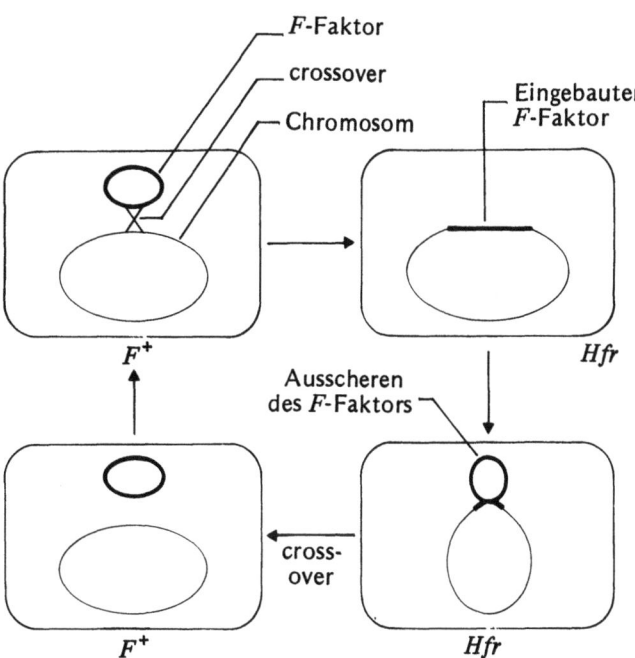

Abb. 11.5. Schematische Darstellung der Entstehung eines *Hfr*-Stammes durch Integration des *F*-Faktors und die Umwandlung des *Hfr* in den F^+-Zustand durch Umkehrung des Vorganges

Übertragung eines ganzen Chromosoms nötig wären. Um dennoch zu einer Karte des gesamten *E. coli*-Chromosoms zu kommen, benutzt man eine Reihe von *Hfr*-Stämmen mit unterschiedlichen Startpunkten des Transfers und unterschiedlicher Orientierung des *F*-Faktors. Zu Beginn des Chromosomentransfers bricht der *F*-Faktor in der Mitte, so daß ein Teil des *F*-Faktors zuerst übertragen wird; der andere Teil hängt am Ende des Chromosoms. Daher bleiben die Rezipienten für gewöhnlich F^-, da nur nach Übertragung

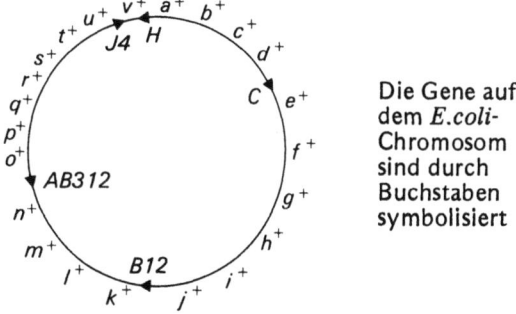

Die Gene auf dem *E. coli*-Chromosom sind durch Buchstaben symbolisiert

Abb. 11.6. Vereinfachte Darstellung des *E. coli*-Chromosomes. Die Gene sind durch Buchstaben symbolisiert, die Pfeile geben die Integrationsstelle und die Orientierung des *F*-Faktors in den verschiedenen *Hfr*-Stämmen an

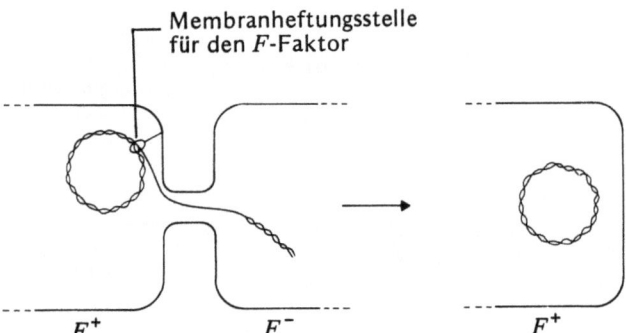
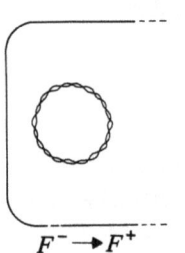

Abb. 11.7. Replikation des *F*-Faktors und seine Übertragung auf einen F^--Stamm bei der Konjugation

des gesamten Chromosoms der vollständige *F*-Faktor im Rezipienten vorhanden ist.

DNA-Transfer aus einer Spender- in eine Empfängerzelle

$F^+ \times F^-$-Kreuzungen

Die beiden Zellen bilden ein Konjugationspaar, wobei eine Kopie des *F*-Faktors nach Replikation in die F^--Zelle hinübergebracht wird. Dies geschieht so, daß nur ein Einzelstrang des *F*-Faktors die Konjugationsbrücke passiert. Der Komplementärstrang wird dann im Rezipienten synthetisiert und das doppelsträngige Molekül zum Ring geschlossen. Dadurch ist die Zelle vom F^-- in den F^+-Zustand übergegangen (Abb. 11.7). Da der *F*-Faktor (im Verhältnis zum Chromosom) klein ist, ist die Chance für den Transfer des gesamten *F*-Faktors vor Abbruch der Konjugationsbrücke sehr groß.

Die dabei nötige DNA-Replikation läuft nach dem von W. Gilbert und D. Dressler vorgeschlagenen Modus des rollenden Ringes (rolling circle) ab (Abb. 11.8).

Hfr $\times F^-$-Kreuzungen

Der Chromosomentransfer erfolgt nach denselben Mechanismen wie die $F^+ \times F^-$-Kreuzung. Es wird eine Konjugationsbrücke ausgebildet, der *F*-Faktor bricht auseinander, und die chromosomalen Gene werden in den Empfänger hinübergeschoben, voran der eine Teil des *F*-Faktors (Abb. 11.9). Auch hier wird nur ein Einzelstrang transferiert, der Komplementärstrang wird vom F^--Rezipienten gemacht. Falls Donor und Rezipient unterschiedliche Allele der zu untersuchenden Gene tragen, kann man Rekombinationsereignisse in der Empfängerzelle nachweisen und analysieren. Die Rekombinationsereignisse sind auf crossover zwischen homologen DNA-Abschnitten zurückzuführen. Da der Rest des *F*-Faktors erst in der Empfängerzelle eintrifft, wenn das gesamte Chromosom übertragen worden ist (was sehr un-

Abb. 11.8. Das Rolling-circle-Modell der DNA-Replikation

wahrscheinlich ist, wird die F^--Zelle äußerst selten zur
Hfr-Zelle.

Die in Abb. 11.9 dargestellten crossover-Ereignisse würden zu Rekombinanten des a^+-Phänotyps führen. Alle Nachkommen dieser F^--Zelle trügen dann diesen Phänotyp. Während des Transfers kann das Donorchromosom an jeder beliebigen Stelle brechen, so daß immer nur Bruchstücke des Chromosoms übertragen werden. Wo der Bruch erfolgt, ist rein zufällig, und so ist die Rekombination zwischen der DNA des Donors und des Rezipienten auf das Stück DNA beschränkt, welches bei der Konjugation übertragen wurde.

Sogar wenn das gesamte Chromosom übertragen würde, käme es nicht notwendigerweise zur Rekombination mit dem Chromosom des Empfängers. Glücklicherweise ist die Chance, einrekombiniert zu werden, für jedes chromosomale Gen gleich hoch. Enthält eine Bakterienzelle zusätzlich zu ihrem Chromosom ein DNA-Fragment der Donorzelle, so nennt man diese Zelle eine Merodiploide oder Merozygote.

Kartierung durch Chromosomentransfer

F. Jacob und E. Wollman erkannten, daß das zufällige Brechen der Konjugationsbrücke eine Möglichkeit zur Kartierung von Genen darstellt, da man die zeitliche Aufeinanderfolge des Eintreffens von Genen in eine Empfängerzelle bestimmen kann. Sie benutzten die Technik des unterbrochenen Chromosomentransfers, bei dem Hfr- und F^--Zellen zusammengegeben werden. Zu verschiedenen Zeiten wurden aus der Kultur Proben entnommen und in einem Mixer behandelt, um die Konjugationsbrücken zu zerbrechen. (Das schadet den Zellen nicht, da nur die konjugierenden Paare getrennt werden.) Die Länge des Chromosomenstücks, das in die F^--Zelle gelangt, wurde durch den zeitlichen Abstand zwischen dem Beginn der Konjugation und der Behandlung im Mixer bestimmt. Die Experimente wurden so ausgeführt, daß Rekombinanten für eine Anzahl von Genorten zu verschiedenen Zeiten selektiert werden konnten. Man konnte daher die Lagebeziehung der Gene auf einem Chromosom als Funktion der Transferzeit ausdrücken. Man beachte, daß zuerst ein Teil des F-Faktors hinübergeschoben werden muß – und das braucht etwas Zeit. Im Experiment bestimmt man die Entfernung chromosomaler Gene, gemessen als Zeiteinheiten nach begonnenem Transfer. Hier nun ein Beispiel für die Experimente von Jacob und Wolman. Wir wollen die folgende Kreuzung näher betrachten:

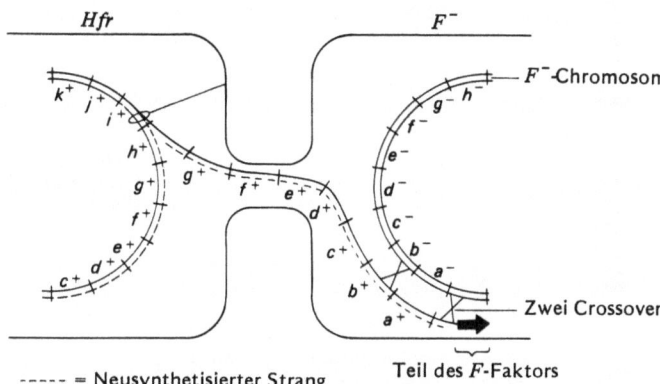

Abb. 11.9. Transfer von Spendergenen in eine Empfängerzelle bei der Kreuzung $Hfr \times F^-$

$HfrH\ str^s \times F^-\ thr^-\ leu^-\ azi^-\ tonA\ lac^-\ gal^-\ str^R$

Die F^--Zelle trägt also eine Reihe mutierter Allele: sie ist auxotroph für Threonin (thr^-) und Leucin (leu^-), sie ist sensitiv gegen Azid (azi^-) und gegen Infektion mit dem Phagen T1 ($tonA$, t steht für T, on für one, also die Zahl 1), und sie kann nicht auf Laktose (lac^-) oder Galaktose (gal^-) als einziger Kohlenstoffquelle wachsen. Sie ist auch resistent gegen das Antibiotikum Streptomyzin, welches Wildtypzellen abtötet. Die Hfr-Zellen tragen hingegen die Wildtyp-Allele aller dieser Gene und sind sensibel gegen Streptomyzin.

Die beiden Zelltypen werden im Nährmedium gemischt, um die Paarung der Zellen einzuleiten. Nach einigen Minuten wird das Paarungsgemisch verdünnt, so daß keine neuen Paare mehr gebildet werden können. Dadurch erreicht man eine Synchronisierung des Chromosomentransfers bei den bereits gebildeten Paaren. Dann entnimmt man zu verschiedenen Zeiten Proben, mixt sie, und plattiert sie auf die entsprechenden Selektivmedien aus. Diese sind so zusammengesetzt, daß bestimmte Rekombinanten auf ihnen wachsen, die Parentaltypen (Hfr oder F^-) jedoch nicht. In unserem Beispiel werden die Gene thr^+ und leu^+ zuerst übertragen: daher enthält das entsprechende Selektivmedium weder Threonin noch Leucin, aber alle anderen notwendigen Supplementierungen. Auf diesem Medium können alle $thr^+\ leu^+$-Rekombinanten wachsen, die F^--Zellen jedoch nicht. Das Medium enthält auch Streptomyzin, so daß auch der Hfr-Elternstamm auf ihm nicht wachsen kann. Die F^--Rekombinanten sind natürlich resistent gegen das Antibiotikum. Auf diese Weise können $thr^+\ leu^+$-Rekombinanten selektiert werden. Jede dieser Rekombinantenkolonien muß also aus der Rekombination eines übertragenen Donorchro-

112 Bakteriengenetik

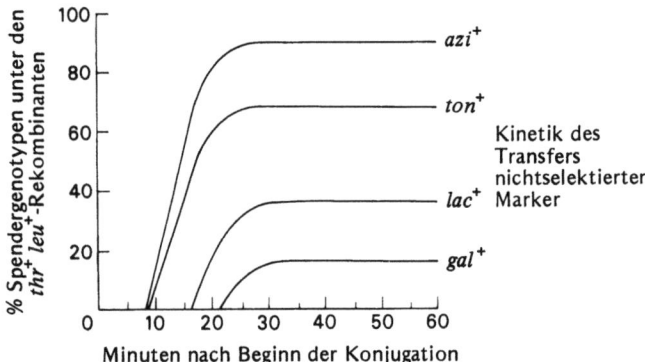

Abb. 11.10. Kinetik des Transfers unselektierter Donorgenotypen unter den selektierten thr^+-leu^+-Rekombinanten als Funktion der Konjugationszeit (F. Jacob u. E.L. Wollman 1961, Sexuality and the genetics of bacteria. Academic Press, New York)

mosoms mit einem Rezipientenchromosom entstanden sein. Falls man für ein sehr früh übertragenes Gen selektiert, erhält man eine große Zahl von Rekombinanten.

Nun kann man die thr^+ leu^+-Rekombinanten prüfen, ob sie auch andere Gene einrekombiniert haben, indem man sie auf weitere Selektivmedien plattiert. Die Ergebnisse eines solchen unterbrochenen Chromosomentransfers sind in Abb. 11.10 dargestellt.

Nach 8 Minuten traten azi^+-Rekombinanten auf: daher mußte das Gen auf dem Spenderchromosom in der Empfängerzelle eingetroffen sein. Nach 10 Minuten war das ton^+-Gen nachzuweisen, das lac^+-Gen nach 17 Minuten und das gal^+-Gen nach 23 Minuten. Man kann daraus ableiten, daß die Gene in der Reihenfolge: Beginn des Transfers (Teil des F-Faktors) – thr – leu – azi – ton – lac – gal übertragen wurden. Der Abstand zwischen den einzelnen Genen kann aus dem Zeitpunkt ihres Eintreffens, d.h. aus dem Zeitpunkt, an dem ein bestimmter Rekombinantentyp nachweisbar ist, errechnet werden. So beträgt der Abstand zwischen ton und lac 7 Minuten auf der Genkarte.

Wie wir bereits vorher erwähnten, braucht man eine Reihe von Hfr-Stämmen, um das gesamte E. coli-Chromosom zu kartieren, da die Konjugationsbrücke gewöhnlich abreißt, bevor alle Gene übertragen worden sind. Die ermittelte Entfernung bestimmter Gene voneinander ist für verschiedene Hfr-Stämme weitgehend gleich, so daß diese Methode der Kartierung als verläßlich angesehen werden muß. Die gesamte Genkarte von E. coli wird in 90 Minuten unterteilt, wobei das Threonin-Gen (nach Übereinkunft) bei 0 Minuten liegt.

Transduktion

Die meist angewandte Methode zur Kartierung bakterieller Gene ist die Transduktion, bei der Teile bakterieller DNA durch einen Phagen von Bakterium zu Bakterium übertragen werden. Wir werden zwei Arten der Transduktion besprechen – die allgemeine und die spezielle – welche sich in ihren Mechanismen grundlegend unterscheiden. Zuvor müssen wir jedoch noch die zwei unterschiedlichen Phagentypen kennenlernen. Infiziert man mit „virulenten" Phagen, wie etwa T2 oder T4, so führt dies immer zur Lyse, dh. zur Produktion von Nachkommenphagen. Andere Phagen sind „temperent" – ihre Infektion kann entweder zur Lyse führen, oder die Phagen-DNA verharrt ruhig in der Zelle. Dieses Phänomen wird Lysogenie genannt: der Phage wird in diesem Zustand als Prophage bezeichnet. Der Prophage kann jederzeit in den freien Zustand übergehen und so den lytischen Zyklus einleiten, in dem Nachkommenphagen gebildet werden. Lysogenie ist für das Bakterium von Vorteil, da es dann vor der Superinfektion durch Phagenpartikel der gleichen Art geschützt ist.

Allgemeine Transduktion

N. Zinder und J. Lederberg konnten 1952 zeigen, daß temperente Phagen als Genüberträger von einer Bakterienzelle zur anderen funktionieren können. Sie wollten prüfen, ob der Austausch genetischen Materials bei E. coli (die Konjugation) auch beim Erreger des Mäusetyphus, Salmonella typhimurium, nachgewiesen werden kann. Sie mischten zwei doppelt auxotrophe Mutanten, phe^- trp^- und met^- his^- auf Minimalmedium und fanden Wildtyperkombinanten. Da diese erst nach Mischung der beiden Mutanten auftraten, mußten sie auf Austausch genetischen Materials zurückzuführen sein. Die Austauschrate war für alle geprüften Stämme unterschiedlich. Die Kombination der Stämme LA22 und LA2 ergab die meisten Wildtyperkombinanten bezüglich vieler geprüfter Genpaare.

Zinder und Lederberg benutzten ein U-Rohr, wie wir es bereits vorher (s. Abb. 11.11) kennengelernt haben. Wildtypbakterien erschienen im rechten Schenkel, nicht aber im linken. Dies zeigte, daß der Stamm LA2 etwas produzierte, was das Filter passieren konnte und das im Stamm LA22 zu Wildtyperkombinanten führte. Die Wirkung des Agens, welches das Filter passieren konnte, war nur dann zu beobachten, wenn beide Stämme, zwar getrennt durch das Filter, im selben Nährmedium waren. Dieses Agens war weder

Abb. 11.11. U-Rohr-Versuch zum Beweis, daß der Austausch genetischen Materials zwischen zwei Stämmen von *Salmonella typhimurium* keinen Zellkontakt benötigt

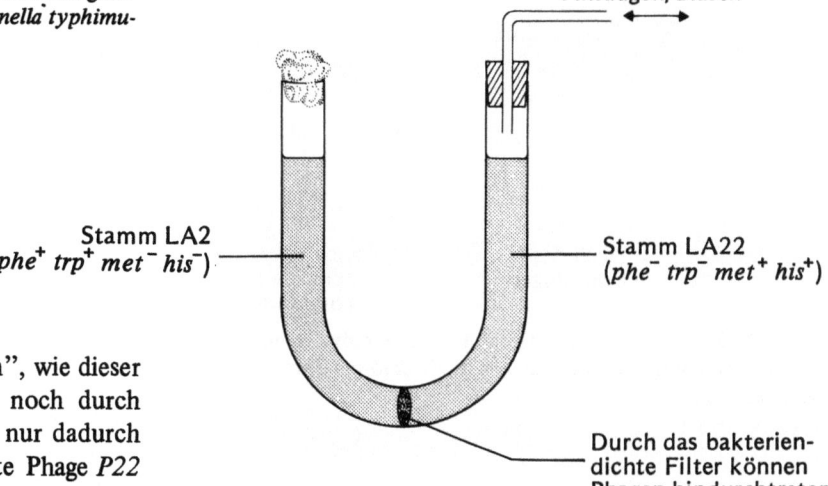

nackte DNA oder RNA, da die „Transduktion", wie dieser Vorgang genannt wird, weder durch DNase noch durch RNase verhindert werden konnte. Das konnte nur dadurch erklärt werden, daß das Agens der temperente Phage *P22* ist, der den Stamm *LA22* lysogenisieren kann. Im Versuch entstanden aus *LA22*-Bakterien einige *P22*-Phagenpartikel, da der Prophage in den vegetativen Zustand überwechselte. Diese Phagen konnten das Filter passieren, wenn man das Medium durch Ansaugen und Hineinblasen zwischen den Schenkeln des U-Rohrs hin und her bewegte. Die Phagen infizierten dabei den nichtlysogenen Stamm *LA2*, wodurch im lytischen Zyklus Phagen produziert wurden. Dabei konnte es nun vorkommen, daß Teile der bakteriellen DNA in Phagenköpfe verpackt wurde. Die Phagenpartikel wanderten dann zum anderen Schenkel des U-Rohrs und lysogenisierten die *LA22*-Zellen. Dabei trugen einige Phagenpartikel Genmaterial des Bakteriums *LA2*. Einige Gene dieses Bakteriums liegen bei *LA2* im Wildtypzustand vor, im Stamm *LA22* im mutierten Zustand. Daher wurden unter den *LA22*-Zellen Wildtyprekombinanten gefunden. Der Phage *P22* hat also aus dem *LA2*-Chromosom Wildtypsequenzen auf den Stamm *LA22* übertragen. Mit anderen Worten: der Stamm *LA22* wurde transduziert. Im Stamm *LA2* wurden keine Wildtyp-Transduktanten gefunden, da dieser Stamm nicht lysogen ist.

Die Transduktionshäufigkeit ist sehr gering. Der relative Wirkungsgrad der Transduktion eines *P22*-Phagenlysats errechnet sich aus dem Verhältnis von Transduktanten pro Zahl infizierender *P22*-Partikel. Die Effizienz beträgt rund 10^{-5} bis 10^{-7}.

Transduktion ist nicht auf *Salmonella typhimurium* beschränkt. Bei *E. coli* kennt man den transduzierenden Phagen *P1* und in *Bacillus subtilis* den Phagen *SP10*.

Wie kann man nun die allgemeine Transduktion zur Kartierung heranziehen? Die DNA-Menge des *P22* beträgt etwa 1 Hundertstel der einer *Salmonella typhimurium*-Zelle. Daher können transduzierende Partikel nur einen kleinen Teil des Wirtschromosoms aufnehmen. Man kann durch Transduktion prüfen, ob zwei Mutationsorte eng gekoppelt sind und die Abfolge etwa drei verschiedener Gene bestimmen. Ein Beispiel für die Kartierung mit dem transduzierenden Phagen *P1* von *E. coli* sei hier erwähnt. Es wurden zwei *E. coli*-Stämme benutzt: der Donor war leu^+, thr^+, azi^r und der Rezipient leu^-, thr^-, azi^s. Der Phage *P1* wurde auf dem Donor gezogen und der Rezipient wurde mit den Nachkommenphagen transduziert. Man kann in einem solchen Experiment auf jedes der Donorgene selektieren und, wie im Konjugationsexperiment, unter den Transduktanten auf die nichtselektierten Gene prüfen (Tabelle 11.1).

In dem vorliegenden Experiment wurde auf leu^+ selektiert, und es zeigte sich, daß die Gene *leu* und *azi* nahe beieinander liegen und weiter entfernt von *thr* kartieren. Selektiert man auf thr^+, so zeigt sich, daß das *leu*-Gen näher am *thr*-Gen als am *azi*-Gen liegt. Die Genordnung ist also:

thr   leu   azi

Tabelle 11.1. Cotransduktionsfrequenzen für Gene in einem Experiment mit dem Phagen *P1*, einem Donorstamm des Genotyps leu^+ thr^+ azi^r und einem Rezipientenstamm des Genotyps leu^- thr^- azi^s

Selektierte Gene	Nichtselektierte Gene
leu^+	50% = azi^r
	2% = thr^+
thr^+	3% = leu^+
	0% = azi^r

114 Bakteriengenetik

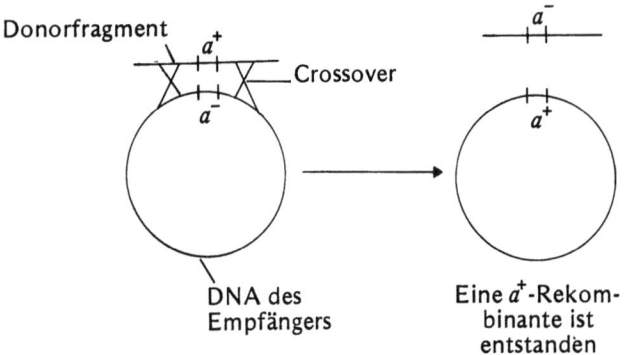

Abb. 11.12. Austausch eines Gens auf der transduzierenden DNA mit dem homologen Gen auf dem Wirtschromosom durch ein Doppel-crossover

In diesem Experiment entstehen die Rekombinanten dadurch, daß das durch den Phagen eingebrachte lineare DNA-Fragment des Donors mit der zirkulären DNA des Rezipienten rekombiniert. Für jeden genetischen Austausch ist hier ein Doppel-crossover nötig (Abb. 11.12).

Spezielle Transduktion

E. Lederberg entdeckte, daß *E. coli K12* ein lysogener Stamm ist, der den temperenten Phagen *lambda* trägt. Man entdeckte die Lysogenie des *K12* [daher *K12* (*lambda*), siehe Benzers Arbeiten mit *rII*-Mutanten], nachdem man zufälligerweise nichtlysogene Varianten isolierte. Der Phage *lambda* ist ein DNA-Phage, dessen Genom etwa 50000 Nukleotidpaare lang ist, was etwa einem Viertel der Genomlänge der geradzahligen *T*-Phagen entspricht. Die DNA des Phagen *lambda* ist größtenteils doppelsträngig, nur die Enden des Chromosoms sind einzelsträngig und aufgrund terminaler Redundanz komplementär. Infiziert man *E. coli* mit *lambda*, schließt sich das *lambda*-Genom zum Ring, oder es baut sich als Prophage in das Wirtschromosom ein. Die Integration ist ähnlich der des *F*-Faktors und erfolgt an einer spezifischen Anheftungsstelle (attachment site = *att-lambda*-Stelle) auf dem Wirtschromosom, die einer bestimmten DNA-Sequenz des Phagen (b) homolog ist. Die Integration erfolgt durch ein Rekombinationsereignis, an dem sowohl phagenspezifische als auch wirtszellspezifische Enzyme beteiligt sind (Abb. 11.13). Dabei wird das *lambda*-Genom zwischen die

Einzelschritte der *lambda*-Integration

a Infektion von *E. coli*

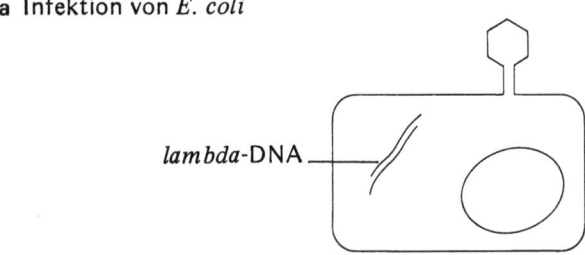

b Zirkularisierung des *lambda*-Genoms

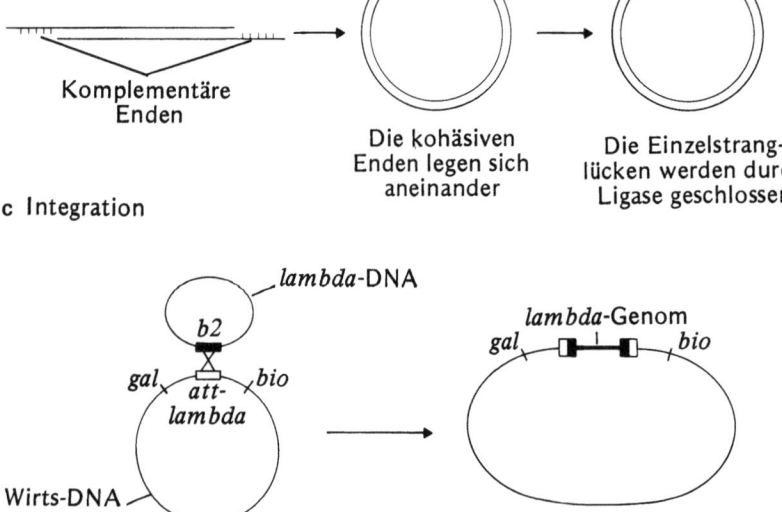

c Integration

Abb. 11.13. Einzelschritte der Integration des Phagen *lambda* in das *E. coli*-Chromosom an der normalen Erkennungsregion *att-lambda*

Genorte *gal* (Galaktose) und *bio* (Biotin) des *E. coli*-Chromosoms eingebaut.

Die Lysogenie des *lambda*-Phagen wird durch einen Repressor bewirkt, der von einem Gen des Phagen codiert wird. Der Repressor ist ein Protein aus vier gleichen Untereinheiten mit einem Molekulargewicht von je 38000. Der Repressor blockiert die Transkription der Phagengene.

J. Lederberg prüfte 1956, ob *lambda E. coli*-Gene aus einem Spender in einen Empfänger transferieren kann. Er nahm einen lysogenen Wildtypstamm [*K12 (lambda)*] und induzierte den *lambda*-Prophagen durch Bestrahlung mit ultraviolettem Licht. Dadurch wird der Repressor zerstört, der Phage durchläuft den lytischen Zyklus und erzeugt ein Lysat von *lambda*-Phagen. Dann infizierte er eine Reihe genetisch markierter nicht lysogener Kulturen von *K12* mit den Phagen und plattierte die Zellen auf Selektivmedien aus. Er wollte prüfen, ob irgendeines der Wildtypgene der *K12 (lambda)*-Donorzellen auf die nunmehr lysogenisierten Rezipienten übertragen worden war. Das Ergebnis war fast durchwegs negativ, mit Ausnahme der Tatsache, daß etwa 1 unter 10^6 *lambda*-infizierten *gal⁻*-Bakterien (welche unfähig zur Vergärung von Galaktose sind) den *gal⁺*-Phänotyp des Donors zeigte. Die Transduktion durch den Phagen *lambda* war also auf die *gal*-Gene beschränkt, die neben der *att-lambda*-Region kartieren.

Die meisten Transduktanten sind genetisch instabil, so daß jede *gal⁺*-Kolonie etwa 1–10% *gal⁻*-Zellen enthält. Die *gal*-Transduktanten sind nämlich *gal⁺/gal⁻*-Heterozygote; d. h. das durch den transduzierenden Phagen hineingebrachte *gal⁺*-Donorfragment liegt in den meisten Fällen als zusätzliches DNA-Stück vor, in selteneren Fällen (in unserem Beispiel) ist es anstelle des *gal⁻*-Gens in das Empfängerchromosom eingebaut. Liegt das *gal⁺*-tragende DNA-Fragment nicht integriert vor, so kann es leicht verlorengehen. Wir wollen nun die Einzelschritte der speziellen Transduktion zusammenfassen. Der erste Schritt besteht in einem fehlerhaften Ausscheren des *lambda*-Genoms bei der Induktion des Prophagen (Abb. 11.14).

Durch ein crossover entsteht ein zirkuläres DNA-Molekül, das den Hauptteil, jedoch nicht das ganze, des *lambda*-Genoms und zusätzlich ein Stück des Wirtsgenoms enthält – in unserem Fall die *gal⁺*-Gene. Die zirkuläre DNA wird enzymatisch linearisiert und in Phagenpartikel eingebaut. Dadurch entstehen defekte Phagenpartikel, die man als *lambda-dg* (*d* steht für defekt, *g* für Galaktose) bezeichnet und die bakterielle *gal⁺*-Gene tragen. Dieses fehlerhafte Ausschneiden ereignet sich sehr selten bei der Exzision des Prophagen.

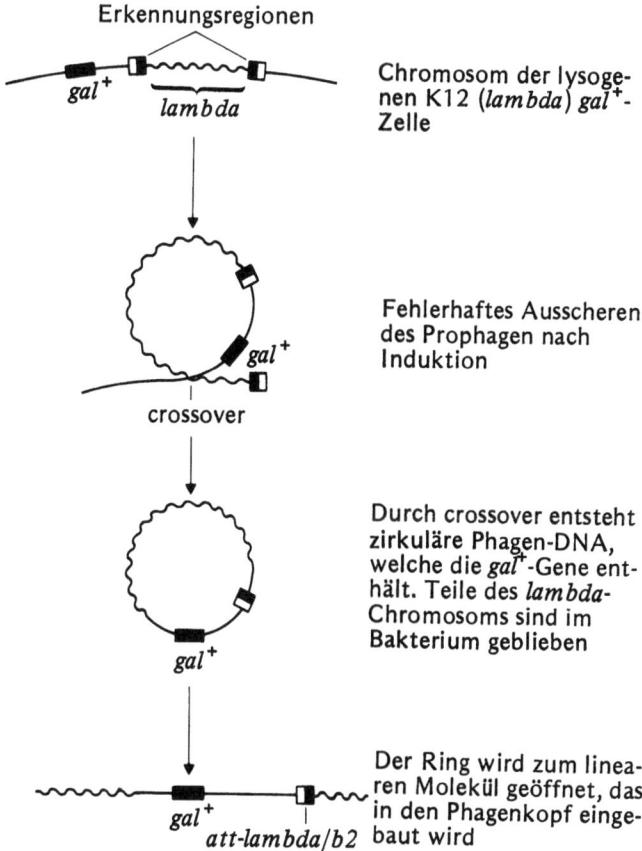

Abb. 11.14. Entstehung transduzierender *lambda*-Phagen (*lambda-dg*) mit einem *gal⁺*-Gen durch fehlerhaftes Ausschneiden des Prophagen aus dem *E. coli*-Chromosom

Der *lambda-dg*-Phage ist ein transduzierender Phage, da er die *gal⁺*-Gene auf eine nichtlysogene Empfängerzelle übertragen kann. Infiziert er eine Zelle, so kann der *lambda-dg* durch crossover mit der homologen *gal*-Region ins Empfängerchromosom integriert werden (Abb. 11.15). Dabei entsteht durch das crossover ein durchgehender DNA-Abschnitt, in dem der defekte Prophage (*lambda-def*, *def* steht für defekt) zwischen zwei bakteriellen *gal*-Genen liegt. Das *gal⁺*-Gen des Donors ist über das *gal⁻*-Gen des Empfängers dominant, wodurch die Zelle *gal⁺*-Phänotyp zeigt. Die Umkehrung des oben geschilderten Vorgangs bei der Transduktion führt zu einer *gal⁻*-Zelle.

Wie bereits gesagt, ist die Anzahl der *lambda-dg*-Phagen in einem Phagenlysat sehr gering. Wenn man die Bakterien mit einer großen Zahl von Phagen infiziert, so ist es möglich, daß ein *lambda*-Phage zusammen mit einem *lambda-dg*-Phagen eine Zelle infiziert. In diesem Fall kann das *lambda*-

116 Bakteriengenetik

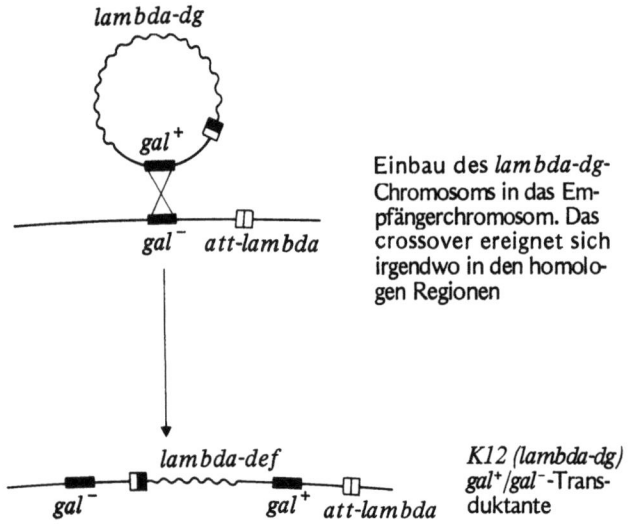

Einbau des *lambda-dg*-Chromosoms in das Empfängerchromosom. Das crossover ereignet sich irgendwo in den homologen Regionen

K12 (lambda-dg) gal⁺/gal⁻-Transduktante

Abb. 11.15. Integration der DNA des transduzierenden Phagen *lambda-dg* in das Chromosom von *E. coli K12* durch ein crossover in der *gal*-Region. Dies führt zu einer *K12 (lambda-dg) gal⁺/gal⁻*-Transduktante

Genom an der normalen Integrationsstelle eingebaut werden, wodurch ein doppelt lysogener *K12 (lambda) (lambda-dg)* entsteht (Abb. 11.16).

Wenn man die *K12 (lambda) (lambda-dg) gal⁺/gal⁻*-Transduktante (welche *gal⁺*-Phänotyp zeigt), mit ultraviolettem Licht bestrahlt, so entstehen durch Umkehrung des Vorgangs etwa gleiche Mengen *lambda* und *lambda-dg*. Das entstandene Lysat kann daher mit großer Effizienz *gal⁻*-Zellen transduzieren und wird daher *HFT*-Lysat (*HFT* = *h*igh *f*requency *t*ransduction = sehr häufig transduzierend)

bezeichnet. Im Gegensatz dazu bezeichnet man das vorher besprochene Lysat, welches 1 transduzierendes unter 10^6 Phagenpartikeln enthält, als *LFT*-Lysat (*l*ow *f*requency *t*ransduction = selten transduzierend). Wozu kann man die spezielle Transduktion verwenden? Man kann beispielsweise Komplementationsanalysen mit Mutanten in der *gal*-Region durchführen, um die Zahl der Cistrons in der *gal*-Region zu bestimmen. (Die *gal*-Region ist ein Operon aus drei Cistrons.) Man geht dabei von lysogenen Donorzellen aus, die eine bestimmte *gal⁻*-Mutation tragen und gewinnt daraus transduzierende Phagen, mit denen man nicht-lysogene Empfängerzellen mit einer anderen *gal⁻*-Mutation infiziert. Falls die beiden Mutationsorte in unterschiedlichen Cistrons (Komplementationsgruppen) kartieren, findet Komplementation statt, und der Empfänger wird *gal⁺*. Wenn die beiden Mutationsorte im selben Cistron liegen, findet man keine *gal⁺*-Transduktanten.

Transformation

Wir haben bislang gezeigt, wie man durch Konjugationsexperimente oder durch transduzierende Phagen Genkarten erstellen kann. Es gibt noch eine dritte Möglichkeit der Übertragung von DNA von Bakterium zu Bakterium — die Transformation. Sie wird unter anderem für die Genkartierung derjenigen Bakterienarten verwendet, bei denen entweder kein Konjugationssystem oder kein Transduktionssystem gefunden wurde. Wir haben bereits in Kapitel 1 ein Beispiel für Transduktion besprochen, wodurch nachgewiesen wurde, daß DNA das genetische Material darstellt. In diesem Abschnitt werden wir im Hinblick auf eine Genkar-

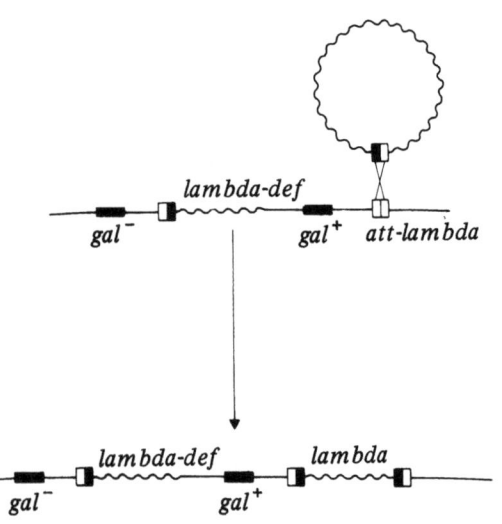

Paarung von *lambda* an seiner normalen Erkennungsstelle (Integration ist auch über die Paarung homologer Regionen auf dem *lambda*- bzw. *lambda-def*-Genom möglich)

Crossover führt zu einem normalen, sowie einem defekten *lambda*-Prophagen, und zu zwei *gal*-Genen. Das Ergebnis ist eine *K12 (lambda) (lambda-dg) gal⁺/gal⁻*-Transduktante

Abb. 11.16. Entstehung eines *K12 (lambda) (lambda-dg) gal⁺/gal⁻*-Transduktante durch gleichzeitige Integration von *lambda*- und *lambda-dg*-DNA in das *E. coli*-Chromosom. Die *lambda-dg*-DNA integriert wie in Abb. 11.15 gezeigt, die *lambda*-DNA integriert an ihrer Erkennungsregion *att-lambda*

tierung das allgemeine Prinzip der Transformation besprechen.

Der Mechanismus der Transformation

Bei der Transformation nehmen Bakterien DNA-Fragmente auf, die dann anstelle homologer DNA-Abschnitte ins Chromosom eingebaut werden können. Wie in der Besprechung der Transduktion verwenden wir auch hier die Begriffe Spender (Donor) und Empfänger (Rezipient). Für die Kartierung werden auch hier Stämme mit unterschiedlichen Genotypen benutzt. Man extrahiert die DNA aus den Donorzellen und gibt die Molekülfragmente zu einer Population von Empfängerzellen. Diese nehmen dann DNA-Stücke auf.

Nicht alle Bakterienarten können DNA aufnehmen, und diejenigen, die dazu fähig sind, müssen in einem bestimmten physiologischen Zustand sein, oder sich in einem genau definierten Nährmedium befinden, um für die Aufnahme von DNA kompetent zu sein.

Diplococcus pneumoniae (siehe Kapitel 1) und *Bacillus subtilis* sind relativ leicht kompetent zu machen, während bei *E. coli* erst durch Mutation zwei Exonukleasen ausgeschaltet werden müssen. Auch muß das Medium hohe Calciumchlorid-Konzentrationen aufweisen, damit die Zellmembran für DNA permeabel wird. Das Transformationssystem von *E. coli* wurde bislang noch nicht für die Genkartierung benutzt: Konjugation und Transduktion sind ja in diesem Organismus gut möglich. Wie wir jedoch im nächsten Kapitel besprechen werden, ist die Transformation bei *E. coli* ein wichtiger Bestandteil der Gentechnologie.

Zur effizienten Transformation eines Bakteriums wie etwa *Bacillus subtilis* muß die DNA doppelsträngig und von relativ hohem Molekulargewicht sein ($1-8 \times 10^6$ dalton). Sobald die DNA die Membran eines kompetenten Bakteriums durchdringt, wird ein Strang abgebaut, um daraus die Energie für den Transfer zu erhalten. Die Einzelstrang-DNA kann dann gegen homologe Regionen des Empfängerchromosoms ausgetauscht werden. Dies kann man durch entsprechende genetische Markierung von Donor und Rezipient nachweisen.

Bestimmung der Genkopplung durch Transformation

Nehmen wir an, unser Donorstamm hätte den Genotyp a^+b^+, der Empfänger den Genotyp a^-b^-, und wir wollten prüfen, ob die beiden Gene gekoppelt sind. In einem ersten Schritt transformiert man den Empfänger mit Donor-DNA und selektiert die Transformanten. Man kann daraus die Transformationsrate für a und b (d.h. die Anzahl Empfängerzellen, die zum Wildphänotyp transformiert wurden) getrennt bestimmen. In solch einem Transformationsexperiment ist die Transformationsrate für ein einzelnes Gen recht niedrig und schwankt zwischen 1 unter 10^6 bis 1 unter 10^3, abhängig von der Menge der eingesetzten DNA. (Es ist daher wichtig, dieselbe Menge an DNA einzusetzen, wenn man Transformationshäufigkeiten vergleichen will.) In einem zweiten Schritt wird dasselbe Experiment wiederholt, nur daß man diesmal die Häufigkeit der gemeinsamen Transformation von a^+ und b^+ bestimmt (die Cotransformationshäufigkeit der Gene a^+ und b^+). Falls die beiden Gene a^+ und b^+ in der Donorzelle nicht eng gekoppelt sind, wird Cotransformation nur dann auftreten, wenn der Rezipient mindestens zwei DNA-Stücke, eines mit dem a^+-Gen und eines mit dem b^+-Gen, aufnimmt. Die Wahrscheinlichkeit einer Cotransformation ist dann in diesem Falle das Produkt der Wahrscheinlichkeiten für die Transduktion der beiden Gene. Wenn also die beobachtete Cotransformationshäufigkeit signifikant größer ist als der Erwartungswert, so müssen die beiden Gene auf dem Chromosom eng gekoppelt sein. Falls die Cotransformationsrate der Transformationsrate der einzelnen Gene sehr ähnlich ist, so wurden die beiden Gene höchstwahrscheinlich durch ein DNA-Stück gemeinsam auf den Empfänger übertragen.

Man kann ganz allgemein die Kopplung von Genen dadurch bestimmen, daß man die Cotransformationshäufigkeit mit der Transformationshäufigkeit der einzelnen Marker vergleicht. Wenn man nun genetisch unterschiedliche Spender- und Empfängerstämme benutzt, kann man mit dieser Methode Genkarten konstruieren.

LITERATUR

Konjugation

Campbell A (1969) Episomes. Harper and Row, New York
Curtiss R (1969) Bacterial conjugation. Annu Rev Microbiol 23: 69–136
Gilbert W, Dressler D (1969) DNA replication: the rolling circle model. Cold Spring Harbor Symp Quant Biol 33:473–484
Susman M (1970) General bacterial genetics. Annu Rev Genet 4: 135–176
Vielmetter W, Bonhoeffer F, Schutte A (1968) Genetic evidence for transfer of a single DNA strand during bacterial conjugation. J Mol Biol 37:81–86

Wollman E.L, Jacob F, Hayes W (1962) Conjugation and genetic recombination in *E. coli K-12*. Cold Spring Harbor Symp Quant Biol 21:141–162

Transduktion

Campbell AM (1962) Episomes. Adv Genetics 11:101–145

Jacob F (1955) Transduction of lysogeny in *Escherichia coli*. Virology 1:207–220

Jacob F, Wollman EL (1961) Sexuality and the genetics of bacteria. Academic Press, New York

Lennox E (1955) Transduction of linked characters of the host by bacteriophage P1. Virology 1:190–206

Morse ML, Lederber EM, Lederberg J (1956) Transduction in *Escherichia coli K-12*. Genetics 41:142–156

Ozeki H, Ikeda H (1968) Transduction mechanisms. Annu Rev Genet 2:245–278

Zinder ND, Lederberg JL (1952) Genetic exchange in *Salmonella*. J Bacteriol 64:679–699

Transformation

Archer LJ (1973) Bacterial transformation. Academic Press, New York

Dubnau D, Goldthwaite D, Smith I, Marmur J (1967) Genetic mapping in *Bacillus subtilis*. J Mol Biol 27:163–185

Goodgal SH (1961) Studies on transformation of *Hemophilus influenzae*. IV. Linked and unlinked transformations. J Gen Physiol 45:205–228

Hotchkiss RD, Gabor M (1970) Bacterial transformation, with special reference to recombination processes. Annu Rev Genet 4:193–224

Hotchkiss RD, Marmur J (1954) Double marker transformations as evidence of linked factors in deoxyribonucleate transforming agents. Proc Natl Acad Sci USA 40:55–60

Lacks S, Greenberg B, Neuberger M (1974) Role of a deoxyribonuclease in the genetic transformation of *Diplococcus pneumoniae*. Proc Natl Acad Sci USA 71:2305–2309

Ravin AW (1961) The genetics of transformation. Adv Genet 10:61–163

Tomaz A (1969) Some aspects of the competent state in genetic transformation. Annu Rev Genet 3:217–232

KAPITEL 12
Rekombinierte DNA

INHALT

Restriktionsendonukleasen
    Restriktion und Modifikation
    Eigenschaften der Restriktionsenzyme
Vektoren zur Klonierung
Konstruktion und Klonierung rekombinierter DNA-Moleküle
    Insertion von DNA in Plasmide
    Klonierung rekombinierter DNA
    Selektion spezifischer rekombinierter Klone
Anwendung der Technik rekombinierter DNA

In den letzten Jahren wurden experimentelle Methoden entwickelt, mit Hilfe derer man im Reagenzglas rekombinierte DNA-Moleküle herstellen konnte, in denen zwei unterschiedliche Genomstücke in einem einzigen Molekül vereinigt waren. Die Gentechnologie ermöglicht neue und interessante Forschungsprojekte; ihre bisherigen Anwendungsmöglichkeiten bestärken uns in der Einschätzung der Notwendigkeit dieser Forschungsrichtung. In diesem Kapitel wollen wir uns mit der Herstellung rekombinierter DNA beschäftigen. Wir wollen auch diskutieren, wie diese Technologie zur Kenntnis der Struktur und Funktion pro- und eukaryontischer Gene beitragen kann. Rekombinierte DNA kann man folgendermaßen herstellen: Ein Stück DNA aus einem bestimmten Organismus wird in ein Plasmid oder den Phagen *lambda* (man bezeichnet diese Moleküle als Vektoren) eingebaut. Das chimäre Molekül wird zur Transformation oder Injektion einer Wirtszelle benutzt. Solch ein Empfängerstamm ist oftmals so beschaffen, daß er (etwa ein *E. coli*-Stamm) ohne spezielle Kulturbedingungen nicht vermehrungsfähig ist. Dadurch wird das Risiko verringert, daß die Menschheit mit neuen Genkombinationen in Berührung kommt, die normalerweise in der Natur nicht vorkommen, und deren Wirkung auf den menschlichen Organismus unbekannt sind. Die Vervielfachung des rekombinierten Plasmids in *E. coli* führt zur Klonierung des rekombinierten DNA-Moleküls (man nennt dies molekulare Klonierung), so daß für die Analyse des chimären Moleküls genügend Kopien vorhanden sind. Zu Beginn dieser Art von Experimenten hielt man es für riskant, eukaryontische DNA in Bakterien zu klonieren. Durch die Initiative amerikanischer Wissenschaftler in den USA wurden Richtlinien für derartige Forschungsprojekte formuliert. Diese Richtlinien sind für Forscher gedacht, die durch Forschungsgelder der USA gefördert werden. Auch in Deutschland unterliegen solche Forschungen der Anzeige- und Genehmigungspflicht. Diese Richtlinien werden ständig in neuer Version veröffentlicht, je mehr Erkenntnisse erzielt werden; wir werden sie deshalb hier nicht in Einzelheiten besprechen. Ähnliche Richtlinien gibt es auch in anderen Ländern.

Restriktionsendonukleasen

Das Phänomen der Restriktion und Modifikation

Einer der Gründe für die rasante Entwicklung der Gentechnologie war die Entdeckung einer großen Anzahl von Enzymen, welche die Spaltung von DNA in Stücke definierter Länge reprodzierbar katalysieren. Diese Enzyme werden als Restriktionsendonukleasen oder kurz Restriktionsenzyme bezeichnet. (Wir erinnern uns, daß Endonukleasen innerhalb von Nukleinsäureketten schneiden.)

S. Luria und seine Mitarbeiter fanden in den vierziger Jahren, daß die Nachkommenphagen aus einer Infektion des Stammes *B/4* von *E. coli* mit dem Phagen *T2* sich nun nicht mehr in einem normalen *E. coli*-Stamm vermehren konnten. Sie interpretierten ihre Ergebnisse so, daß die Phagen durch den Wirt *E. coli B/4* in gewisser Weise modifiziert worden waren, so daß sie sich nicht mehr in dem normalen Wirtsbakterium für *T2* vermehren konnten. Diese Phänomene wurden als Modifikation und Restriktion durch das Wirtsbakterium bezeichnet.

In den sechziger Jahren brachten die Forschungen von W. Arber und D. Dussoix etwas Licht in das Phänomen der Restriktion. Die Forscher zogen den Phagen *lambda* in *E. coli K* und versuchten dann, mit den Nachkommenphagen *E. coli B* zu infizieren. Das Ergebnis war, daß fast die gesamte Phagen-DNA abgebaut wurde. Offensichtlich blieben aber einige DNA-Moleküle verschont, da aus dem Stamm *B* einige Nachkommenphagen entstanden. Diese konnten nun ganz normal *E. coli B* infizieren und etwa 2%

dieser Phagen war auch für *K12* infektiös. Um dies genauer zu untersuchen, zog Arbers Gruppe den Phagen *lambda* in *E. coli*, das in einem Medium mit den schweren Isotopen ^{15}N und ^{2}H (Deuterium) vermehrt wurde. Dadurch war die DNA der Nachkommenphagen schwerer als normale Phagen-DNA. Die „schweren" Phagen wurden dann zur Infektion von *E. coli B* in normalem „leichtem" Medium benutzt. Danach bestimmte man die Dichte der DNA der Nachkommenphagen durch Cäsiumchlorid-Dichtegradientenzentrifugation. Die meisten Phagen enthielten normale „leichte" DNA, welche ausschließlich aus neusynthetisiertem Material bestand. Diese Phagen konnten sich nicht in *E. coli K* vermehren. Einige der Nachkommenphagen waren „schwer": sie hatten die Fähigkeit behalten, sich in *E. coli K* zu vermehren. Die Forscher schlossen daraus, daß die Phagen in bestimmten Bakterienstämmen in einer stammspezifischen Weise modifiziert würden. Weiterhin fanden sie, daß die Modifikation in der DNA selbst erfolgte und die modifizierten Stellen kovalent gebunden waren, da sie während der Passage durch den bakteriellen Wirt nicht verloren gingen. Man weiß heute, daß bei der Modifikation Methylgruppen an bestimmte Basen definierter DNA-Sequenzen im Genom angeheftet werden.

Im Jahre 1970 kam schließlich der entscheidende Durchbruch: die Identifizierung der Restriktionsenzyme. Sie erkennen eine spezifische Nukleotidsequenz der DNA, worauf diese gespalten werden kann. Im Folgenden wird dargestellt, wie Restriktion und Modifikation zusammenwirken. Eine Bakterienzelle besitzt zwei Enzyme (oder zwei Sätze von Enzymen, je nachdem welche Art von Modifikation sie ausführen kann), welche die gleiche Nukleotidsequenz erkennen. Das Modifikationssystem katalysiert die Anheftung einer modifizierenden Gruppe (oft einer Methylgruppe) an eines oder mehrere Nukleotide der DNA-Sequenz. Das Restriktionsenzym erkennt nur die nichtmodifizierte Nukleotidsequenz und kann deshalb nur nichtmodifizierte DNA verdauen. Heute sind zahlreiche Restriktions- und Modifikationssysteme bei Bakterien bekannt. Man muß jedoch betonen, daß nicht alle Enzyme, die heute in der Gentechnologie verwendet werden, auch in den entsprechenden Bakterien an der Restriktion und Modifikation beteiligt sind, obwohl sie in einem anderen System als solche wirken.

Eigenschaften der Restriktionsenzyme

Bislang wurde eine große Zahl von Enzymen isoliert, die DNA endonukleolytisch spalten können. Alle diese Enzyme stammen aus Prokaryonten; aus den wenigen untersuchten Eukaryonten wurde bislang kein Enzym mit ähnlichen Eigenschaften isoliert.

Entsprechend ihrer Spezifität lassen sich die Restriktionsendonukleasen in zwei Klassen einteilen. Die erste Klasse von Enzymen erkennt eine spezifische Nukleotidsequenz und spaltet dann die DNA in einer unspezifischen Weise in einiger Entfernung von der Erkennungsstelle. Die Enzyme der zweiten Klasse spalten die DNA an ihrer spezifischen Erkennungsstelle. Die Erkennungssequenz für diese Restriktionsenzyme ist spiegelbildlich symmetrisch. Wie wir sehen werden, ist dies eine wichtige Voraussetzung für die Herstellung rekombinierter DNA (Abb. 12.1). Restriktionsenzyme der zweiten Klasse wurden aus verschiedensten Mikroorganismen isoliert. Alle sind sequenzspezifisch und daher ist

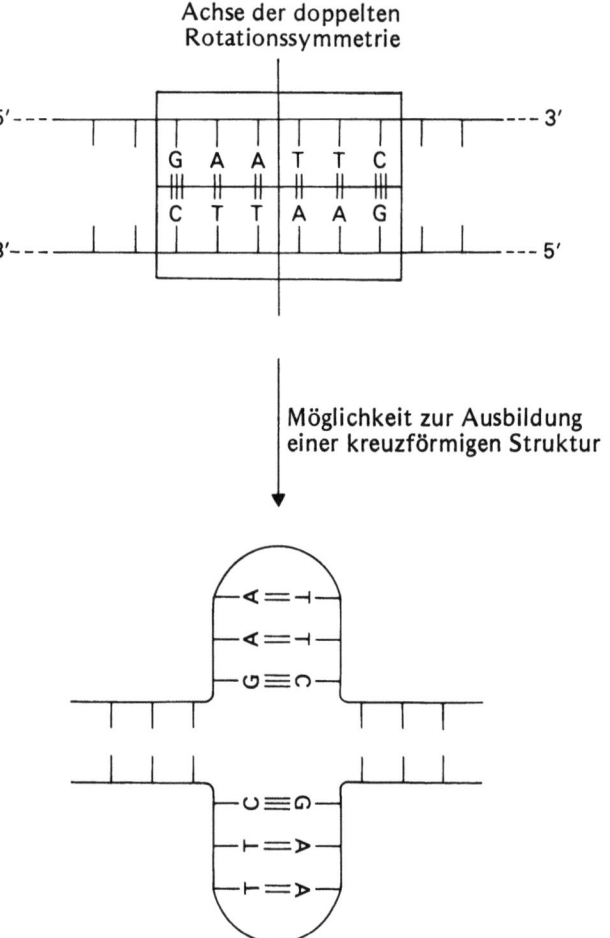

Abb. 12.1. DNA-Region mit doppelter Rotationssymmetrie der Nukleotidsequenz. Die DNA-Region stellt die Erkennungsstelle der Restriktionsendonuklease *EcoRI* dar

Tabelle 12.1. Charakteristika einiger Restriktionsendonukleasen (R.J. Roberts 1976, Crit. Rev. Biochem. 4:123)

Name des Enzyms	Organismus, aus dem das Enzym isoliert wurde	Erkennungssequenz und Schnittstelle	Zahl der Schnittstellen im Genom von:		
			lambda	Ad2	SV40
BamHI	*Bacillus amyloliquefaciens H*	5'G↓GATCC 3'[a]	5	3	1
BglIII	*Bacillus globigii*	A↓GATCT	5	12	0
EcoRI	*E. coli RY13*	G↓AATTC	5	5	1
HaeIII	*Haemophilus aegyptius*	GG↓CC	50	50	18
HhaI	*Haemophilus haemolyticus*	GCG↓C	50	50	2
HindIII	*Haemophilus influenzae* R_d	A↓AGCTT	6	11	6
HpaI	*Haemophilus parainfluenzae*	GTT↓AAC	11	6	5
PstI	*Providencia stuartii*	CTGCA↓G	18	25	3
SmaI	*Serratia marcescens*	CCC↓GGG	3	12	0
SalI	*Streptomyces albus G*	G↓TCGAC	2	3	0

[a] In dieser Spalte sind nur die Einzelstränge mit den entsprechenden Schnittstellen dargestellt, da zweifache Rotationssymmetrie der Erkennungsstellen vorliegt. In ausführlicher Schreibweise lautet die Erkennungssequenz für BamHI

5' G↓GA | TCC 3'
3' C CT | AG↑G 5',

wobei man bei beiden Einzelsträngen dieselben Nukleotidsequenzen in 5'-3'-Richtung findet. Die vertikalen Linien bezeichnen die Achse der zweifachen Rotationssymmetrie, die Pfeile die Spaltstellen. Die geschnittenen DNA-Moleküle besitzen komplementäre Einzelstrangenden:

5' G   5' GATCC 3'
3' CCTAG 5' und   G 5'.

Für andere Enzyme ergibt sich eine ähnliche Situation. Ausnahmen bilden HaeIII, HpaII und SMA, welche den Doppelstrang glatt, ohne überstehende Einzelstrangenden, schneiden

die Zahl ihrer Schnittstellen von der Wiederholungshäufigkeit der spezifischen DNA-Sequenz abhängig. Die Erkennungssequenzen einiger Enzyme sind in Tabelle 12.1 zusammengestellt. Dazu ist die Anzahl der Schnittstellen für die DNA des Phagen *lambda*, die des *Adenovirus-2* (*Ad-2*) und des *SV-40* angegeben. Der Forscher braucht diese Informationen, um für einen bestimmten Versuch das richtige Enzym auszuwählen. Wie man sieht, schneiden einige Enzyme den DNA-Doppelstrang am selben Basenpaar, wobei glatte Enden entstehen. Andere wiederum scheiden versetzt, wobei freie überstehende Einzelstrangenden entstehen.

Vektoren zur Klonierung

Um ein Stück DNA zu klonieren, muß es zuerst in einen Klonierungsvektor eingebaut werden. Ein Typ von Klonierungsvektoren sind die Plasmide. Die DNA wird in das Plasmid eingebaut, und mit diesem chimären Molekül wird ein Wirtsbakterium, etwa *E. coli*, transformiert. Das Plasmid repliziert sich im Wirt während dessen Vermehrung; in gleicher Weise wird auch ein chimäres Plasmid vermehrt.

Plasmide sind extrachromosomale genetische Elemente, die sich in Bakterien autonom replizieren. Ihre DNA ist zirkulär und doppelsträngig und trägt die Gene für die Replikation des Plasmids und auch für andere Funktionen des Plasmids. Im allgemeinen besitzen die Plasmide eine andere Schwimmdichte als die Wirts-DNA, so daß sie leicht von ihr abgetrennt werden können. Einige Plasmide können sich in das Wirtschromosom einbauen: diese werden Episomen genannt. Der an der Konjugation bei *E. coli* beteiligte *F*-Faktor ist ein Beispiel eines solchen Episoms. Nur einige wenige Plasmide können die Konjugation einleiten.

Zwei der für molekulare Klonierung verwendeten Plasmide sind *pSC 101* (Abb. 12.2a) und *pBR 322* (Abb. 12.2b). Beide Plasmide werden nicht durch Konjugation übertragen. Jede mit diesem Plasmid transformierte Zelle enthält 6–8 Kopien pro Chromosomen.

Das Plasmid *pSC 101* hat ein Molekulargewicht von $5,8 \times 10^6$ dalton (das *E. coli*-Chromosom besitzt ein Molekulargewicht von etwa 2500×10^6 dalton) und besteht aus 9200 Basenpaaren. Das Plasmid trägt je eine Spaltstelle für die Restriktionsenzyme *EcoRI*, *HindIII*, *BamHI* und *SalI*; die *SalI*-Schnittstelle liegt in der Genregion, die für Resistenz

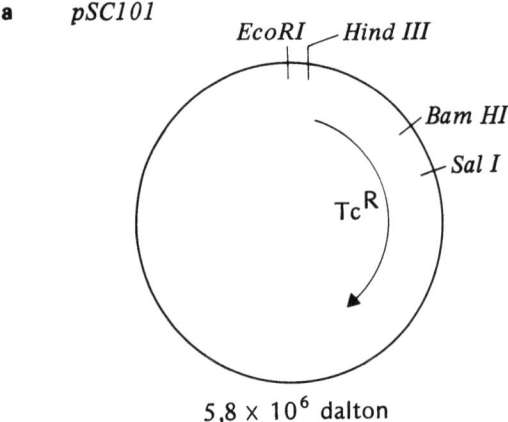

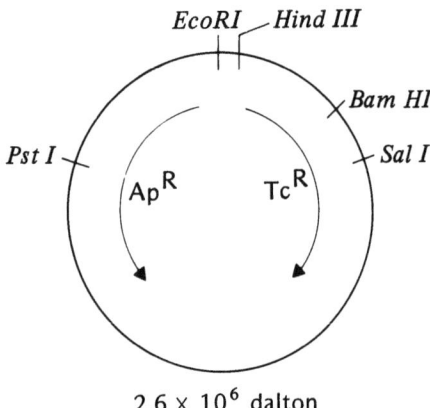

Abb. 12.2a,b. Eigenschaften nicht durch Konjugation übertragbarer Plasmide, die gewöhnlich bei Klonierungsexperimenten verwendet werden. Die Abbildungen zeigen die Antibiotika-Resistenzgene und die Schnittstellen der Restriktionsenzyme. **a** Plasmid *pSC101*, **b** Plasmid *pBR322*

gegen das Antibiotikum Tetrazyklin (Tc^R) codiert. *E. coli*-Zellen, welche dieses Gen besitzen, sind resistent gegen das Antibiotikum. Das Plasmid *pBR 322* ist von *pSC 101* abgeleitet. Es hat ein Molekulargewicht von $2,6 \times 10^6$ dalton und enthält auch je eine Schnittstelle für die oben erwähnten Enzyme. Zusätzlich enthält es noch eine Schnittstelle für *PstI*. Dieses Plasmid trägt die Gene für Tetrazyklinresistenz (Tc^R) und Ampizillinresistenz (Ap^R). Die Schnittstellen für *BamHI* und *SalI* liegen in der Tc^R-Region, die für *PstI* in der Ap^R-Region. Die *EcoRI*- und die *HindIII*-Schnittstelle liegt zwischen den beiden Genorten für die Antibiotikaresistenzen.

Wie im folgenden Abschnitt näher besprochen wird, sind die Schnittstellen der Restriktionsenzyme für den Einbau von Fremd-DNA in den Vektor nötig. Um den Einbau von Fremd-DNA gezielt vornehmen zu können, darf nur je eine Schnittstelle für jedes Enzym vorhanden sein. Vielfach werden die Plasmide von den Forschern selbst „konstruiert", damit sie diejenigen Schnittstellen enthalten, mittels derer man bestimmte DNA-Sequenzen aus den untersuchten Organismen herausschneiden konnte. Selbstverständlich dürfen die Schnittstellen für den Einbau der Fremd-DNA nicht im Replikator oder anderen Genen für die Replikation des Plasmids liegen und diese dadurch inaktivieren. Auch sollten dabei die Gene Tc^R und Ap^R nicht beeinflußt werden, welche dem Experimentator anzeigen, ob eine Zelle mit dem Plasmid transformiert wurde.

Konstruktion und Klonierung rekombinierter DNA-Moleküle

Wir haben bereits Vektoren und Restriktionsenzyme besprochen und werden nun beschreiben, wie beides zur Herstellung rekombinierter DNA-Moleküle verwendet wird, d.h. zum Einbau von Fremd-DNA in den Plasmidvektor.

Insertion von DNA in Plasmide

Es gibt zwei Vorgehensweisen zum Einbau eines DNA-Segments in einen Plasmidvektor.

1. Kohäsive Enden. Aus Tabelle 12.1 ersieht man, daß eine Reihe von Restriktionsenzymen versetzt schneiden. Man kann also mit ein und demselben Enzym sowohl die Fremd-DNA in Stücke schneiden, als auch den Plasmidvektor in ein lineares Molekül umwandeln.

Abbildung 12.3 zeigt dies am Beispiel der Restriktionsendonuklease *EcoRI*. *EcoRI* schneidet an einer bestimmten Erkennungssequenz und erzeugt ein lineares Plasmidmolekül, dessen Einzelstrangenden zu den Einzelstrangenden des *EcoRI*-Fragments aus der Fremd-DNA komplementär sind. Durch die Wasserstoffbrücken der komplementären Einzelstrangenden können die DNA-Fragmente in Lösung zu einem großen DNA-Ring zusammengefügt werden.

Durch das Enzym Polynukleotid-Ligase werden die Lücken im Zucker-Phosphat-Rückgrat der Einzelstränge geschlossen und die Struktur dergestalt stabilisiert. Da die Enden der mit *EcoRI* geschnittenen DNA-Fragmente alle die gleiche Nukleotidsequenz aufweisen, kann die Fremd-DNA

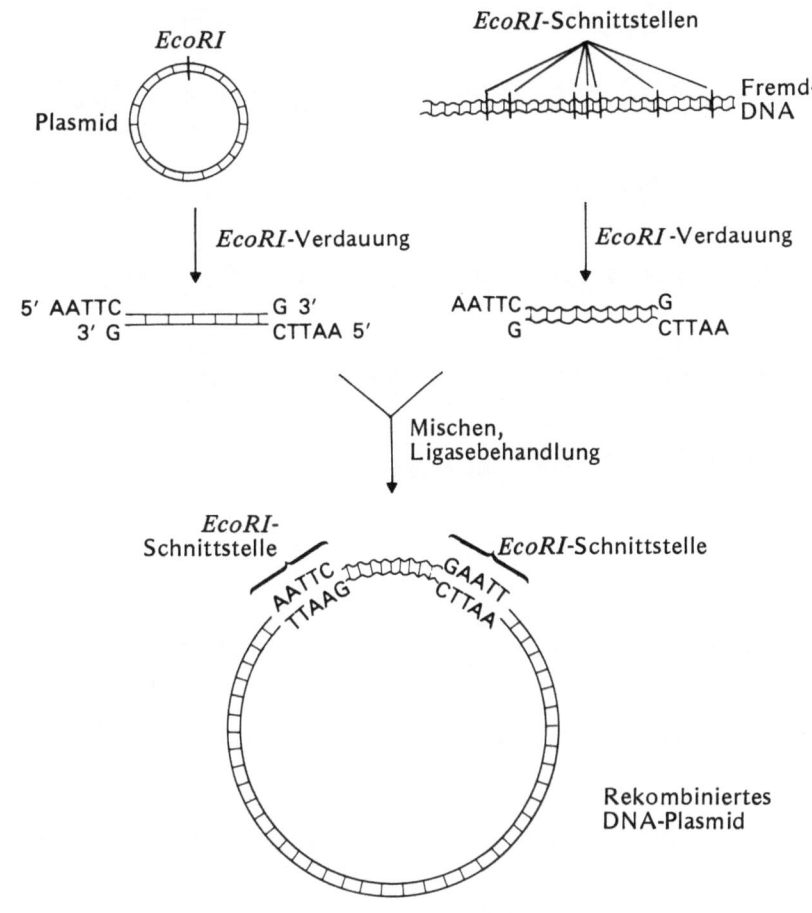

Abb. 12.3. Konstruktion eines rekombinierten DNA-Plasmids unter Verwendung des Restriktionsenzyms *EcoRI*. Einzelheiten der Methode sind im Text angegeben

in zwei Orientierungen im Plasmidvektor eingebaut werden, was rein zufällig geschieht. Die Orientierung des DNA-Stücks kann sich auf die Transkription der Gene oder Genfragmente auf der Fremd-DNA auswirken, da die Initiation der Transkription sehr wahrscheinlich von der Lage des Promoters und anderer Kontrollsequenzen auf dem Vektor abhängt.

2. Synthetische komplementäre Enden (dA:dT-Methode).
Die Einzelstrangenden, die durch Verdauung mit einem versetzt schneidenden Enzym entstehen, sind nur kurz. Daher ist die Wahrscheinlichkeit, daß sich Moleküle mit komplementären Enden in der Lösung finden, relativ klein. Auch machen einige Enzyme nur glatte Enden. In diesem Falle kann man durch das Enzym Terminale Desoxyribonukleotid-Transferase an das DNA-Molekül einzelsträngige Polynukleotidketten ansynthetisieren. In Anwesenheit von dATP katalysiert dieses Enzym die Synthese eines poly(A)-Schwanzes am 3'-Ende des DNA-Fragments. Zum Zwecke der Insertion eines DNA-Fragments in den Plasmidvektor kann man an das linearisierte Plasmid einen Poly(dA)-Schwanz (etwa 100 Nukleotide lang) anfügen; zugleich polymerisiert man an die Fremd-DNA Poly(dT)-Schwänze derselben Länge an (Abb. 12.4).

Der Vorteil dieser Methode liegt daran, daß es nur dann zum Ringschluß des Vektors kommen kann, wenn Fremd-DNA inseriert ist.

Klonierung rekombinierter DNA

Ist das rekombinierte DNA-Molekül gebildet, so kann man mit ihm *E. coli* (oder andere Bakterienarten) transformieren. Wie bereits im vorangegangenen Kapitel besprochen, kann man die *E. coli*-Zellen mit $CaCl_2$ permeabel machen, so daß man mit relativ langen DNA-Stücken transformieren

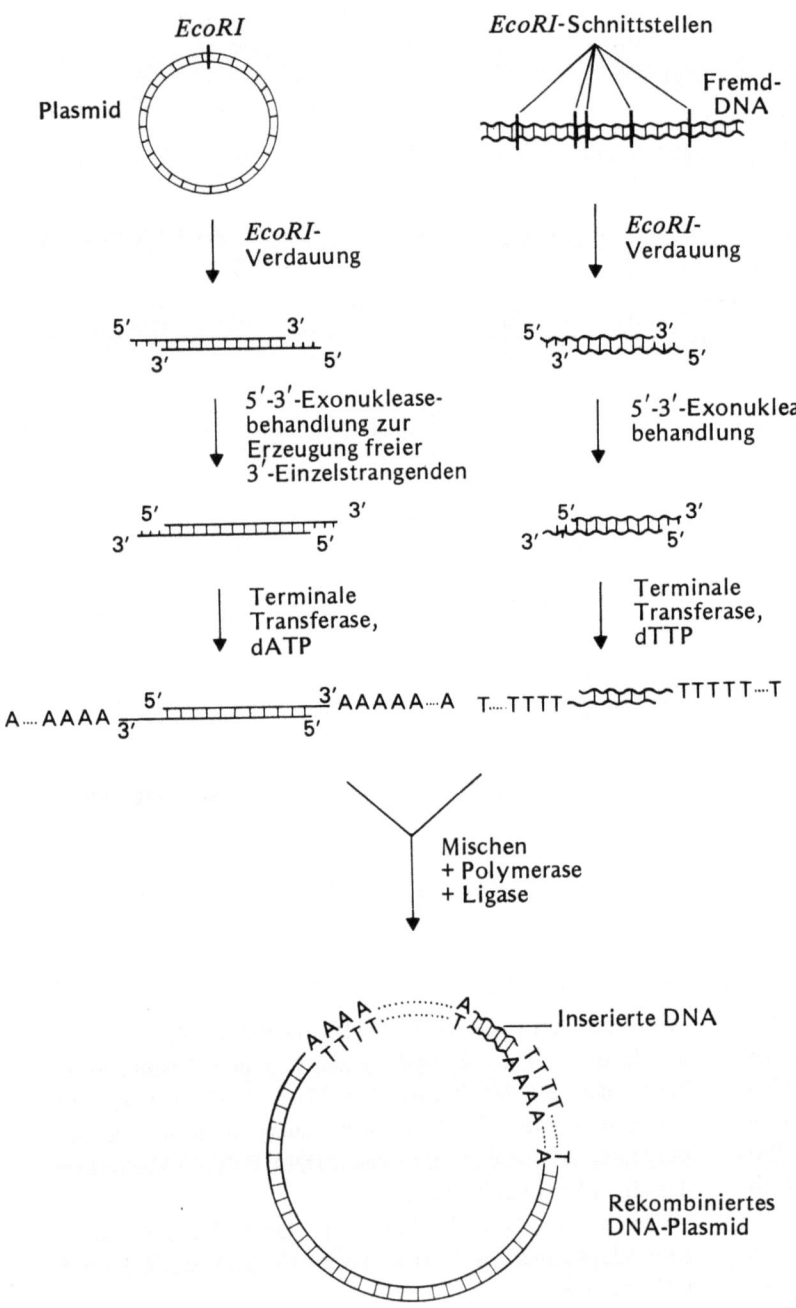

Abb. 12.4. Konstruktion eines rekombinierten DNA-Plasmids mit Hilfe des Enzyms Terminale Transferase, welches am linearisierten Plasmid und am Fremd-DNA-Fragment komplementäre Einzelstrangenden synthetisiert. Einzelheiten sind im Text besprochen

kann. Dadurch kann die transformierende DNA intakt in die Zelle gelangen, und das Wirtsbakterium bleibt vermehrungsfähig. Danach teilen sich die Bakterien, und das Plasmid repliziert sich unter der Kontrolle seiner Gene, wie bereits besprochen.

Natürlich braucht man ein Nachweissystem, um zu erkennen, ob die Zelle wirklich mit dem Plasmid transformiert wurde. Da man in diesem Fall an der Anwesenheit der Fremd-DNA im Plasmid interessiert ist, wäre es sehr nützlich, gerade diejenigen transformierten Zellen zu isolieren, die rekombinierte DNA enthalten. Die Anwesenheit eines Plasmids in einer *E. coli*-Zelle kann dadurch nachgewiesen werden, daß die *E. coli*-Zelle durch die plasmidspezifischen Gene resistent gegen bestimmte Antibiotika wird. Falls das rekombinierte Plasmid mittels der dA:dT-Methode konstruiert wurde, trägt jede Zelle mit Sicherheit ein rekombiniertes Plasmid. Falls das Plasmid jedoch nach der Methode der Paarung freier Einzelstrangenden hergestellt wurde, enthält die Population von DNA-Molekülen eine große Zahl nichtrekombinierter Plasmide, d.h. Plasmide, die sich spontan wieder zum Ring geschlossen haben. In diesem Fall ist es schwer zu entscheiden, ob eine transformierte *E. coli*-Zelle wirklich das Stück Fremd-DNA enthält, das man klonieren möchte. Eine Möglichkeit zur Beseitigung dieser Schwierigkeiten ist die Verwendung eines Vektors wie etwa *pBR 322*, welcher die Resistenzgene für Ampizillin und Tetrazyklin trägt (s. Abb. 12.2b). Wenn ein Restriktionsenzym benutzt wird, das in einem der Resistenzgene schneidet, wird die Insertion von Fremd-DNA das Gen in zwei Teile trennen, und das rekombinierte Plasmid ist nun nicht mehr fähig, der transformierten Zelle Resistenz gegen das Antibiotikum zu verleihen. Wählt man beispielsweise das Enzym *PstI*, um DNA-Fragmente herzustellen und um das Plasmid *pBR 322* zu linearisieren, so wird jedes rekombinierte Plasmid der transformierten Zelle Resistenz gegen Tetrazyklin, nicht aber gegen Ampizillin verleihen. Plattiert man die transformierten Zellen auf festes Medium aus, so kann man durch Abstempeln der Kolonien Klone unterscheiden, die Plasmide mit oder ohne Fremd-DNA enthalten. Kolonien, die auf beiden Antibiotika-Medien wachsen, enthalten ausschließlich Plasmide ohne Insertion von Fremd-DNA und können so ausgesondert werden.

Selektion spezifischer rekombinierter Klone

In vielen Fällen wird das Genom eines Organismus durch ein Restriktionsenzym verdaut und die entstandenen Fragmente wie beschrieben kloniert. Mit Hilfe verschiedener Restriktionsenzyme können nun zahlreiche Fragmente hergestellt und kloniert werden. Im allgemeinen ist der Forscher jedoch an einem Klon interessiert, der ein genau definiertes DNA-Stück enthält. Besitzt man eine spezifische RNA-Probe, kann man den Klon bzw. die Klone, relativ leicht nachweisen. Man kann diese Technik beispielsweise zur Selektion von Klonen mit Fragmenten ribosomaler DNA (rDNA) anwenden. Man streicht die transformierten Bakterienklone auf festen Nährböden aus und stempelt sie auf Nitrozellulosefilter ab. Die Zellen werden auf dem Filter lysiert, wodurch die DNA in denaturierter Form freigesetzt wird und an dem Filter gebunden bleibt. Dann taucht man das Filter in eine Lösung mit einer radioaktiven (gewöhnlich ^{32}P-markierten) RNA-Probe. In diesem Fall verwendet man rRNA aus isolierten Ribosomen. Falls einer der Klone rDNA enthält, wird die RNA mit dessen DNA hybridisieren. Nach Entfernung der nicht-hybridisierten RNA wird ein Stück photographischer Film auf das Filter gelegt. Die geschwärzten Flecken auf dem Autoradiogramm zeigen die Position derjenigen Klone an, welche zur rRNA komplementäre DNA enthalten: diese werden weiter untersucht.

Eine andere Methode zur Konstruktion rekombinierter Plasmide mit definierten DNA-Segmenten bedient sich der Isolierung spezifischer mRNAs. Sie ist jedoch auf diejenigen mRNAs beschränkt, welche von der Zelle in großen Mengen hergestellt werden, wie etwa die Globin-mRNA aus Kaninchenretikulozyten. Hat man die mRNA isoliert, so kann man mit Hilfe der RNA-abhängigen DNA-Polymerase und der *E. coli*-DNA-Polymerase I komplementäre DNA (cDNA) herstellen. Die RNA-abhängige DNA-Polymerase wurde 1970 unabhängig voneinander von D. Baltimore und H. Temin als Bestandteil von RNA-Tumorviren, *Roux-Sarkoma*-Viren (*RSV*) und Mäuseleukämieviren (*MLV*) identifiziert.

Es gibt eine Reihe von interessanten Anwendungen der Genklonierung:

a) Man kann Aufschluß über die mRNA-Sequenz erhalten (codierende und nichtcodierende Sequenzen).
b) Man kann Vorläufer der mRNA (wie etwa die nukleäre heterogene RNA) identifizieren.
c) Man kann die hnRNA als Hybridisierungsprobe verwenden, um aus einer Klonbank von Gesamt-DNA diejenigen rekombinierten Klone zu isolieren, welche Teile oder das ganze Gen für die Globin-mRNA enthalten.

Mit Hilfe der Hybridisierungstechnik wurden intervenierende Sequenzen in Mosaikgenen lokalisiert. Diese Sequenzen konnten dann isoliert werden und sequenziert werden. Dies führte zur Charakterisierung für den Spleiß-Vorgang wichtiger Sequenzen.

Anwendung der Technik rekombinierter DNA

In den wenigen Jahren seit der Entdeckung der Möglichkeit, DNA-Moleküle in vitro zu rekombinieren, wurden zahlreiche

Untersuchungen an pro- und eukaryontischen Genomen mit Hilfe dieser Technik durchgeführt. Die Anwendungsbeispiele sind viel zu zahlreich, um sie hier alle besprechen zu können. Wir wollen daher nur zwei markante Beispiele anführen. Durch Klonierung konnten erstmals Gensequenzen in großer Menge synthetisiert werden, wodurch die Untersuchung bestimmter Funktionen von Genen aus Chromosomen und Organellgenomen ermöglicht wurde. Zum anderen konnte die komplette Nukleotidsequenz bestimmter Organismen, wie etwa $\phi X174$ und *SV40* bestimmt werden. Besonders wichtig sind in diesem Zusammenhang klonierte Kontrollregionen für pro- und eukaryontische Gene, welche das Studium der Regulation der Genexpression auf molekularer Ebene ermöglichen. Die Gentechnologie bietet eine große Zahl von segensreichen Anwendungsmöglichkeiten für die Menschheit. Mit ihrer Hilfe können große Mengen an Antibiotika, Enzymen und Hormonen (wie etwa Insulin) viel billiger als bisher hergestellt werden. In naher Zukunft sollte es möglich sein, stickstoff-fixierende Gene ins Genom von Nutzpflanzen einzubringen. Dies würde uns weitgehend von Düngemitteln unabhängig machen.

ÜBERSICHTSARTIKEL ZU KAPITEL 12:

Klingmüller W (1971) Heilung von Erbkrankheiten durch gezielte Eingriffe in das Erbgut? Biol unserer Zeit 1:87–94

Micheler A (1978) Genetische Manipulation. Biol unserer Zeit 8: 105–111

Pühler A (1975) Der Resistenzfaktor: ein extrachromosomaler DNA-Ring. Biol unserer Zeit 5:65–73

LITERATUR

Aaij C, Borst P (1972) The gel electrophoresis of DNA. Biochim Biophys Acta 269:192–200

Arber W (1965) Host-controlled modification of bacteriophage. Annu Rev Microbiol 19:365–378

Arber W (1974) DNA modification and restriction. Prog Nucleic Acid Res Mol Biol 14:1–37

Arber W, Dussoix D (1962) Host specificity of DNA produced by *Escherichia coli*. I. Host controlled modification of bacteriophage lambda. J Mol Biol 5:18–36

Arber W, Linn S (1969) DNA modification and restriction. Annu Rev Biochem 38:467–500

Baltimore D (1970) Viral RNA-dependent DNA polymerase. Nature 226:1209–1211

Blattner FR, Williams BG, Blechl AE, Denniston-Thompson K, Kiefer DO, Moore DD, Schumm JW, Sheldon EL, Smithies O (1977) Charon phages: safer derivatives of bacteriophage lambda for DNA cloning. Science 196:161–169

Boyer HW (1971) DNA restriction and modification mechanisms in bacteria. Annu Rev Microbiol 25:153–176

Chan HW, Israel MA, Garon CF, Rowe WP, Martin MA (1979) Molecular cloning of polyoma virus DNA in *Escherichia coli:* plasmid vector system. Science 203:883–892

Chang LMS, Bollum FJ (1971) Enzymatic synthesis of oligodeoxynucleotides. Biochemistry 10:536–542

Curtiss R III (1976) Genetic manipulation of microorganisms: potential benefits and biohazards. Annu Rev Microbiol 30:507–533

Danna K, Nathans D (1971) Specific cleavage of simian virus 40 DNA by restriction endonuclease of *Haemophilus influenzae*. Proc Natl Acad Sci USA 68:2913–2917

Danna KJ, Sack GH, Nathans D (1973) Studies of simian virus 40 DNA. VII. A cleavage map of the SV40 genome. J Mol Biol 78: 363–376

Dussoix D, Arber W (1962) Host specificity of DNA produced by *Escherichia coli*. II. Control over acceptance of DNA from infecting phage lambda. J Mol Biol 5:37–49

Freifelder D (1978) Recombinant DNA: Readings from scientific American. Freeman, San Francisco

Kelley TJ, Smith HO (1970) A restriction enzyme from *Haemophilus influenzae*. II. Base sequence of the recognition site. J Mol Biol 51:393–409

Lee AS, Sinsheimer RL (1974) A cleavage map of bacteriophage X174. Proc Natl Acad Sci USA 71:2882–2886

Lobban PE, Kaiser AD (1973) Enzymatic end-to-end joining of DNA molecules. J Mol Biol 78:453–471

Luria SE (1953) Host induced modification of viruses. Cold Spring Harbor Symp Quant Biol 18:237–244

Maxam AM, Gilbert W (1977) A new method for sequencing DNA. Proc Natl Acad Sci USA 74:560–564

Maxam Am, Tizard R, Skryabin KG, Gilbert W (1977) Promoter region for yeast 5S ribosomal RNA. Nature 267:643–645

Meselson M, Yuan R, Heywood J (1972) Restriction and modification of DNA. Annu Rev Biochem 41:447–466

Mulder C, Arrand JR, Delius H, Keller W, Pettersson U, Roberts RJ, Sharp PA (1974) Cleavage maps of DNA from adenovirus types 2 and 5 by restriction endonucleases EcoRI and HpaI. Cold Spring Harbor Symp Quant Biol 39:397–400

Roberts RJ (1976) Restriction endonucleases. Crit Rev Biochem 4: 123–164

Sanger F, Coulson AR (1975) A rapid method for determining sequences in DNA by primed synthesis with DNA polymerase. J Mol Biol 94:441–448

Sharp PA, Sugden B, Sambrook J (1973) Detection of two restriction endonuclease activities in *Haemophilus parainfluenzae* using analytical agarose-ethidium bromide electrophoresis. Biochemistry 12:3055–3063

Sinsheimer RL (1977) Recombinant DNA. Annu Rev Biochem 46: 415–438

Smith HO, Wilcox KW (1970) A restriction enzyme from *Haemophilus influenzae*. I. Purification and general properties. J Mol Biol 51:379–391

Southern EM (1975) Detection of specific sequences among DNA fragments separated by gel electrophoresis. J Mol Biol 98:503–517

Struhl K, Cameron JR, Davis RW (1976) Functional genetic expression of eukaryotic DNA in *Escherichia coli*. Proc Natl Acad Sci USA 73:1471–1475

Temin HM, Mizutani S (1970) RNA-dependent DNA polymerase in virions of rous sarcoma virus. Nature 226:1211–1213

Wu R (1978) DNA sequence analysis. Annu Rev Biochem 47:607–634

KAPITEL 13
Genetik der Eukaryonten: Die Mendelschen Regeln

INHALT

Mendel und die Geschichte der klassischen Genetik
Die erste Mendelsche Regel: Die Spaltungsregel
Unvollständige Dominanz
Das molekulare Modell der genetischen Dominanz
Die zweite Mendelsche Regel: Die Unabhängigkeitsregel

In einem früheren Kapitel wurde beschrieben, wie sich die Chromosomen bei der Meiose verhalten. Wir können dies nun zur Aufteilung der Gene in Beziehung setzen, die zuerst von Gregor Mendel untersucht wurde. Mendels Experimente lieferten die Grundlage für unser heutiges Wissen über die Genetik. Es ist eine Ironie des Schicksals, daß die Bedeutung des Werkes Gregor Mendels 30 Jahre lang ungewürdigt blieb.

Bevor wir Gregor Mendels Werk besprechen, möchte ich eine kurze Übersicht über Mendels Leben geben und einige der großen Entdeckungen der klassischen Genetik aufführen, aufgrund derer die Grundkonzepte der Genetik formuliert wurden.

Mendel und die Geschichte der klassischen Genetik

1822	Gregor Mendel wurde in Österreich geboren.
1843	Mendel trat als Novize ins Kloster in Brünn ein.
1847	Mendel wurde Priester.
1850	Mendel fiel im Lehramtsexamen durch.
1854–55	Mendel erhielt 34 Erbsenrassen und prüfte sie auf die Stabilität ihrer Merkmale.
1856–63	Mendel führte seine berühmten Experimente über die Aufspaltung der Merkmale durch.
1865	Mendel hielt vor dem Brünner Naturforschenden Verein einen Vortrag über seine Arbeit.
1866	Eine Arbeit Mendels wurde in den Fortschritten des Naturforschenden Vereins in Brünn veröffentlicht. Diese Arbeit blieb lange unbeachtet.
1884	Gregor Mendel starb, nachdem er lange Jahre Abt des Klosters war.

Mendels Werk und seine Bedeutung wurde erst um die Jahrhundertwende entdeckt. In den Jahren um 1866 wurde eine Reihe interessanter Ergebnisse bekannt, die Mendels Befunde stützten.

1875. O. Hertwig zeigte, daß der Zellkern für die Befruchtung und Zellteilung nötig war und daher wahrscheinlich die Information für diese Vorgänge trüge.

1882–1885. E. Strasburger und W. Flemming zeigten, daß die Kerne Chromosomen enthalten. A. Weissmann vertrat eine Theorie der Vererbung und Entwicklung, nach der die Chromosomen das Erbmaterial enthielten. Er glaubte jedoch irrtümlicherweise, daß jedes Chromosom die Information für den gesamten Organismus enthielte; trotzdem war dies immerhin eine interessante Arbeitshypothese.

Um 1900 erzielten drei Forscher unabhängig voneinander Ergebnisse, welche die Arbeiten Mendels über die Aufspaltung von Erbmerkmalen bestätigten.

1900. H. de Vries fand eine Mendelsche Aufspaltung der Nachkommen aus Kreuzungen verschiedener Pflanzenarten untereinander und veröffentlichte seine Ergebnisse unter Erwähnung der Mendelschen Arbeiten. C. Correns publizierte Experimente an Mais und Erbsen, die ebenfalls Mendels Schlüsse bestätigten. Schließlich erhielt E. von Tschermak aus seinen Versuchen mit Erbsen ähnliche Daten wie Mendel. Von da an wurden mit verschiedenen Systemen eine große Zahl genetischer Grundprinzipien entdeckt.

1902. W. Bateson zeigte, daß die Mendelschen Regeln auch bei Tieren Gültigkeit haben. Er benutzte für seine Experimente Hühner. Bateson führte auch die Begriffe Genetik, Zygote und Allelomorph (jetzt als Allel bezeichnet) ein und schlug die Bezeichnungen F1 und F2 als Symbole für die der Elterngeneration folgenden beiden Generationen ein. W. Johannsen prägte 1909 den Begriff „Gen", der die „Faktoren" Mendels ersetzte.

1902–1903. Als Ergebnis seiner Arbeiten mit Heuschrecken postulierte W.X. Sutton, daß sich zwei Chromosomen während der Meiose zufällig paarten, und daß dies für die unab-

128 Genetik der Eukaryonten: Die Mendelschen Regeln

hängige Aufspaltung der Genpaare verantwortlich sei. Dies war eine äußerst wichtige Beobachtung, denn sie schlug die Brücke zwischen den Chromosomen und den Faktoren Mendels.

1905. W. Bateson und R.C. Punnett zeigten, daß nicht alle Gene unabhängig voneinander segregieren; sie fanden, daß zwei Gene der Zuckererbse nur einen gewissen Grad an Kopplung aufwiesen. Im selben Jahr stellten, unabhängig voneinander, N.M. Stevens und E.B. Wilson fest, daß bestimmte Chromosomen bei den beiden Geschlechtern mancher Insekten unterschiedlich sind: XX beim Weibchen und XY beim Männchen.

1909. In einer sehr bedeutsamen Arbeit beschrieb F.A. Janssen den Austausch zwischen Chromatiden und postulierte, daß dieser immer auf die Ausbildung eines Chiasmas folge.

1910. Die Fruchtfliege *Drosophila melanogaster* wurde als genetisches Untersuchungsobjekt eingeführt. In diesem Jahr fand T.H. Morgan das erste geschlechtschromosomen-gebundene Gen, *white* (weiße Augen), worauf bald viele andere gefunden wurden. Dies war der Anfang einer langen Periode der Arbeit mit *Drosophila,* in der T.H. Morgan und seine Schule wichtige Grundlagen zum Verständnis des Vererbungsgeschehens schufen. Wir wollen einige dieser Erkenntnisse hier besprechen.

1911. Es wurde die Kopplung zweier Gene auf dem Geschlechtschromosom, *yellow* (gelbe Körperfarbe) und *white,* nachgewiesen. Morgan postulierte, daß die Kopplung zweier Gene bedeutet, daß diese auf demselben Chromosomenpaar liegen. Die Entstehung von „Rekombinantenfliegen" durch „Kopplungsbruch" wurde als Ergebnis eines crossover zwischen den entsprechenden Genen gedeutet. Weiterhin argumentierte Morgan, daß eng gekoppelte Gene geringe crossover-Häufigkeit besitzen. Dies war eine sehr wichtige Erkenntnis, da sie die beiden Serien von Ergebnissen über die Vererbung der Gene und dem Verhalten der Chromosomen bei der Meiose vereinigte. Zudem paßten die Befunde genau zur Jannsen'schen Chiasmahypothese.

1913. Nachdem der Zusammenhang zwischen crossover und Kopplung erkannt war, konnte A.H. Sturtevant durch logische Fortführung dieser Ideen die erste lineare Chromosomenkarte mit fünf geschlechtschromosomen-gebundenen Genen aufstellen.

1919. T.H. Morgan und C.B. Bridges entdeckten die Kopplung autosomaler Gene bei *Drosophila melanogaster.*

1927. H.J. Muller verwendete Röntgenstrahlen zur Erzeugung von Mutanten bei *Drosophila* als Ausgangsmaterial für weitere genetische Studien.

1931. Durch die Arbeiten C. Sterns an *Drosophila* und die H.B. Creightons und B. McClintocks an Mais konnte nachgewiesen werden, daß genetische Rekombination auf einem physischen Austausch zwischen Chromosomen beruht.

Danach ging die Fortentwicklung der Genetik sehr stürmisch voran. Viele weitere Organismen wurden in die genetische Forschung eingeführt, mit Hilfe von Mutanten wurden biochemische Syntheseketten analysiert, DNA wurde als das genetische Material nachgewiesen, und die molekulare Genetik der Funktionen einer Zelle wurde eingeleitet.

Mendels Arbeiten und einige der klassischen Experimente sollen nun im folgenden besprochen werden.

Die erste Mendelsche Regel: Die Spaltungsregel

Mendels Untersuchungsobjekt war die Erbse, *Pisum sativum.* Sie führt normalerweise Selbstbestäubung durch; man kann aber die Staubblätter entfernen und so genau kontrollierbare Befruchtungen ausführen. Mendel verwendete ausschließlich reinerbige Linien (homozygote Linien). In seinen ersten Experimenten analysierte er immer nur ein Merkmal und wertete seine Versuche auch zahlenmäßig aus — wahrscheinlich weil er eine gute Ausbildung in Mathematik und Physik hatte.

Bei seinen Erbsensorten bemerkte Mendel eine Reihe alternativer Merkmale, wie runde oder runzlige Samen, gelbe oder grüne Hülsen, lange oder kurze Stengel. Er führte Kreuzungen zwischen reinerbigen Linien aus und untersuchte die Nachkommenschaft bezüglich der elterlichen Merkmale. Ein Beispiel solch einer Kreuzung ist in Abb. 13.1 wiedergegeben.

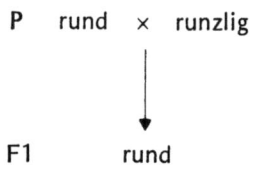

Abb. 13.1. Phänotypen der Nachkommen aus einer Kreuzung zweier reinerbiger Erbsenrassen

Da die F1 nur das Erbmerkmal eines Elternteils zeigte und nicht ein Gemisch aus väterlichem und mütterlichem Erbmerkmal, konnte man sagen, daß die Eigenschaft „runde Samen" über die Eigenschaft „runzlige Samen" dominant ist. Anders gesagt, runzlig ist gegenüber rund rezessiv. Anschließend wurde eine Selbstbestäubung der F1 durchgeführt, deren Ergebnis in Abb. 13.2 dargestellt ist.

Das Verhältnis der Phänotypen runde bzw. runzlige Samen in der F1 betrug 2,96:1 oder rund 3:1. Um mehr über die F2 zu erfahren, führte Mendel bei 565 Pflanzen Selbstungen durch und untersuchte die Nachkommenschaft bezüglich der beiden Eigenschaften. Er fand, daß 193 der F2-Pflanzen nur runde Samen hervorbrachten, während bei 372 Pflanzen sowohl runde als auch runzlige Samen entstanden. Dies ist ein Verhältnis von annähernd 1:2.

Mendel zog aus diesen Versuchsergebnissen einige interessante Schlußfolgerungen. Er erkannte, daß zur Entstehung reinerbiger Linien, wie sie in seinen Pflanzen vorlagen, Eizelle und Pollen vom selben Typ sein mußten. Wenn man bei der F1, die nur eines der beiden elterlichen Merkmale zeigte, Selbstbefruchtung durchführte, so zeigte die F2 beide elterlichen Merkmale. Dies wiederum zeigte, daß die F1 je eine Kopie für beide Erbmerkmale tragen mußte. Die Zusammensetzung der F2 läßt sich erklären, wenn man annimmt, daß beide Gametentypen im gleichen Verhältnis entstehen, und daß die Vereinigung von Eizellen und Pollen zufallsgemäß ist.

Nun können wir die Parallelen zu den Chromosomen ziehen. Körperzellen sind diploid und enthalten je einen väterlichen und einen mütterlichen Chromosomensatz. Gameten sind haploid und entstehen während der Meiose. Die Kreuzung rund × runzlig läßt sich deshalb durch genetische Symbole darstellen (Abb. 13.2). (Man bemerke, daß die Symbole für Pflanzen benutzt werden. Bei Tieren und anderen genetischen Systemen werden wiederum andere Symbole verwendet. Wir werden sie zusammen mit den entsprechenden Beispielen einführen.) Die F1 ist heterozygot und zeigt aufgrund der Dominanz des Allels R über das Allel r runde Samenform. Die F2 aus der Selbstbefruchtung der F1 zeigt eine Aufspaltung von 3:1 für runde und runzlige Samenform. Eine mehr mathematische Ableitung der Aufspaltungsergebnisse der F2 durch zufällige Vereinigung der Gameten erhält man dadurch, daß man den prozentualen Anteil der einzelnen Gametenklassen als Teile der Gesamtzahl der möglichen Gametentypen setzt. Die Kreuzung F1 × F1 läßt sich daher wie in Abb. 13.4 gezeigt ableiten.

Daraus wird auch ersichtlich, daß das Verhältnis der Genotypen in der F2 = 1 *RR* : 2 *Rr* : 1 *rr* beträgt. Wie be-

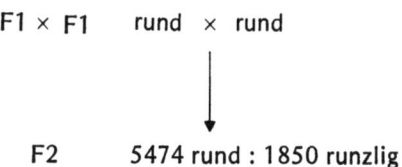

Abb. 13.2. F2-Phänotypen und Aufspaltungsergebnisse nach Selbstung der *F1* aus der in Abb. 13.1 dargestellten Kreuzung

reits erwähnt, wurde dies durch Selbstung der F2-Pflanzen mit dominantem Phänotyp geprüft, wobei sich eine Aufspaltung von 1 *RR* : 2 *Rr* ergab (Abb. 13.5).

Die Rückkreuzung stellt eine gebräuchliche Testmethode und zugleich einen Ausweg aus dem Dilemma dar, daß Selbstung bei vielen Organismen nicht möglich ist. Dabei wird ein Individuum unbekannter genetischer Konfiguration mit einem homozygot rezessiven Elter gekreuzt. Wir wollen diese Rückkreuzung an dem Problem der Unterscheidung von *RR* und *Rr* erklären (Abb. 13.6).

Ein Drittel der F2 mit runden Samen ergibt bei der Rückkreuzung ausschließlich runde Samen, während zwei Drittel der F2 zur Hälfte runde und zur Hälfte runzlige Samen erzeugen.

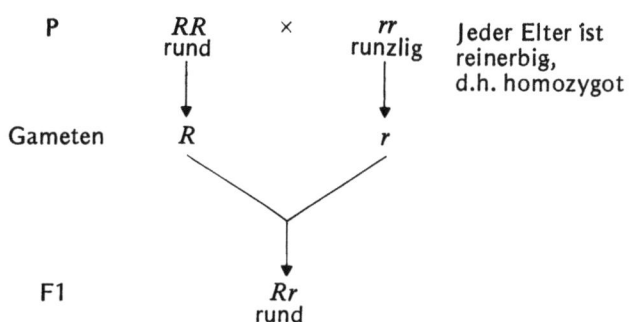

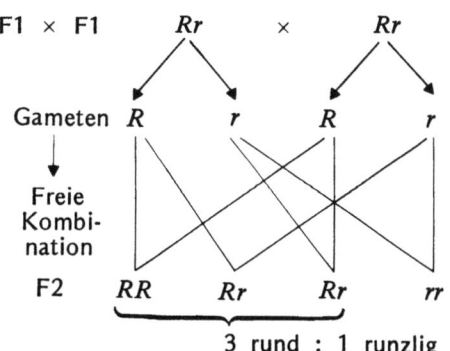

Abb. 13.3. Die Spaltungsregel: Genotypen der Parental-, *F1*- und *F2*-Generation der Kreuzungen von Abb. 13.1 u. 13.2

130 Genetik der Eukaryonten: Die Mendelschen Regeln

P   Rr   ×   Rr

Gameten 1/2 R 1/2 r 1/2 R 1/2 r

Freie Kombination der Gameten führt zu folgendem Ergebnis

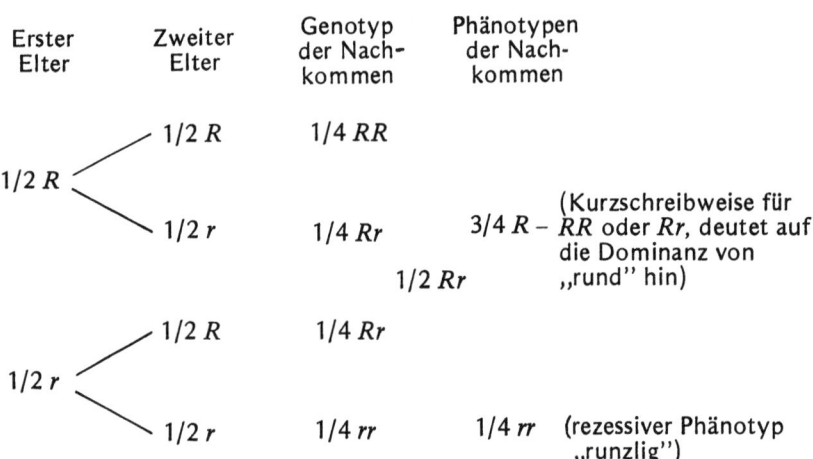

Abb. 13.4. Berechnung der Häufigkeit der Phänotypen der *F2* aus der Kreuzung in Abb. 13.3 mit dem „mathematischen" Ansatz

Aufgrund dieser Befunde formulierte Mendel seine erste Regel, die Spaltungsregel. Sie besagt folgendes:

a) Die Gameten tragen, da sie haploid sind, nur eines der beiden Allele eines Gens — sie sind also reinerbig.

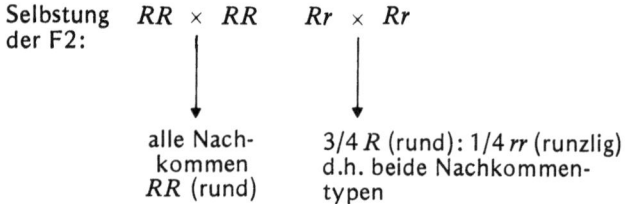

Abb. 13.5. Bestimmung der Genotypen der *F2*-Individuen mit „rundem" Phänotyp aus der in Abb. 13.4 beschriebenen Kreuzung durch Selbstung

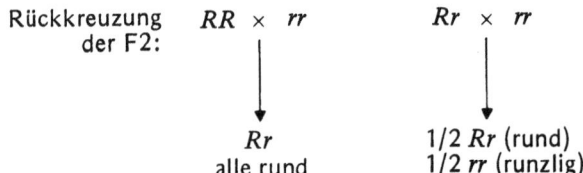

Abb. 13.6. Bestimmung der Genotypen der *F2*-Individuen mit „rundem" Phänotyp aus der in Abb. 13.4 beschriebenen Kreuzung durch Rückkreuzung mit einem homozygot rezessiven Stamm

b) Die Gameten segregieren nach ihrer Entstehung. Bei der Befruchtung treffen sich zwei Gameten der beiden Eltern zufallsgemäß und vereinigen sich zu einer Zygote.

Es ist bemerkenswert, daß Mendel bei der Formulierung seiner ersten Regel genau zwischen den Faktoren, welche ein Erbmerkmal bewirken und den Ermerkmalen selbst unterschied.

Unvollständige Dominanz

Bei den bisher besprochenen Beispielen war das eine Merkmal vollständig dominant über das alternative, so daß die Heterozygoten von den dominanten Homozygoten nicht unterschieden werden konnten. Dies ist nicht immer der Fall. Einige Gene zeigen nur unvollständige Dominanz und daher führen die Genotypen *AA*, *Aa* und *aa* zu drei unterschiedlichen Phänotypen. Ein Beispiel dafür ist die Blütenfarbe des Löwenmäulchens (*Antirrhinum*), bei dem *AA*-Blüten rot, *aa*-Blüten weiß und *Aa*-Blüten rosa sind. Aus einer Kreuzung zweier rosablühender Pflanzen werden daher Pflanzen mit roten, rosa und weißen Blüten im Verhältnis 1:2:1 hervorgehen. Dies kann dadurch erklärt werden, daß *AA*-Pflanzen ein rotes, *aa*-Pflanzen ein weißes und *Aa*-Pflanzen rotes und weißes Pigment ausbilden, wodurch die rosa Mischfarbe entsteht.

Andere Beispiele unvollständiger Dominanz findet man beim Blauen Andalusischen Huhn, das für ein Allelpaar heterozygot ist. Eines dieser Allele führt im homozygoten Zustand zu schwarzem Gefieder, das andere zu weißem, krausem Gefieder. *FF*-Hühner haben normales Gefieder, *ff*-Hühner besitzen spröde und krause Federn, die leicht abbrechen. Die *ff*-Individuen zeigen auch Abnormitäten einer Reihe anderer Organe. Die *Ff*-Heterozygoten zeigen eine abgeschwächte Krause des Gefieders; ihr Phänotyp ist ein Mittelding zwischen den beiden Elternphänotypen.

Das molekulare Modell der genetischen Dominanz

In diesem Kapitel haben wir über Dominanz und Rezessivität im Hinblick auf Gene und deren Expression gesprochen. In den meisten Fällen ist das Mutantenallel gegenüber dem Wildallel vollständig rezessiv, so daß die Heterozygote, die beide Allele trägt, Wildphänotyp zeigt. Eine Erklärung dafür ist: codiert das Wildallel für ein bestimmtes Enzym, so kann das mutierte Allel für ein Protein codieren, welches stark verringerte Enzymaktivität (aufgrund einer Fehlsinn-Mutation) besitzt, oder es wird nur ein Proteinfragment gebildet (aufgrund einer Unsinn-Mutation), das überhaupt keine Aktivität mehr besitzt. Daher wird bei Heterozygoten durch Transkription und Translation nur die Hälfte der Enzymmenge des homozygoten Wildtyps produziert. Falls diese Enzymmenge der Zelle oder dem Organismus für seine biochemischen Funktionen genügt, führt dies zum Wildphänotyp, und das Wildallel ist dominant über das Mutantenallel. Diese Situation hat sich wahrscheinlich durch die natürliche Selektion herausgebildet.

Es gibt viele Beispiele für dominante Mutantenallele. Eine Erklärung für Dominanz wäre, daß das Mutantenallel für eine Enzymvariante codiert, welche größere Substrataffinität als das Wildtypenzym besitzt. Das Mutantenenzym ist jedoch nicht in der Lage, die spezifische Reaktion zu katalysieren, oder es hat einen sehr niedrigen Wirkungsgrad. Daher führt Homozygotie oder Heterozygotie für dieses Mutantenallel zum Mutantenphänotyp. Ein Beispiel dafür ist die Mutation Stubble (*Sb*) bei *Drosophila melanogaster*, die zu kurzen Borsten führt. Dies ist eines der Gene, das wir im nächsten Kapitel bei der Erläuterung der Genkartierung verwenden werden.

Die zweite Mendelsche Regel: Die Unabhängigkeitsregel

Nachdem gezeigt worden war, daß sich jedes Paar alternativer Merkmale genauso wie das Paar rund/runzlig verhielt, analysierte Mendel die Aufspaltung zweier Genpaare in derselben Kreuzung. Glücklicherweise wählte er nur Genpaare, die genetisch ungekoppelt waren, so daß an diesen Kreuzungen crossover unbeteiligt war. Wir wollen ein Beispiel mit den Merkmalen rund/runzlig und gelb/grün besprechen, wobei rund und gelb die dominanten Allele sind (Abb. 13.7).

Wie Abb. 13.7 zeigt, ist die F1 doppelt heterozygot und bildet vier Typen von Gameten, *RY*, *Ry*, *rY*, *ry*, in gleicher Häufigkeit (*Y* bzw. *y* steht für yellow = gelb). Bei der Selbstung der F1 verschmelzen die Gameten in zufälliger Weise in allen möglichen Kombinationen. Man ersieht aus dem sogenannten „Punnettschen Quadrat", daß 16 verschiedene Gametenkombinationen entstehen können. Durch die Dominanz bedingt, entstehen jedoch nur vier verschiedene phänotypische Klassen, nämlich rund und gelb, rund und grün, runzlig und gelb und runzlig und grün. Sie treten entsprechend unseren Voraussagen im Verhältnis 9:3:3:1 auf. Dies ist die Folge der zufälligen Verschmelzung der Gameten und der statistischen Aufteilung der zwei Genpaare auf die Gameten als Folge der Segregation der Chromosomen während der Meiose.

Den Genetiker interessieren die zahlenmäßigen Verhältnisse der phänotypischen Klassen einer Kreuzung. Es ist langwierig, ein Punettsches Quadrat der Gametenkombinationen zu erstellen und daraus die Individuenzahl jeder phänotypischen Klasse zu ermitteln. Es ist noch nicht schwierig, wenn nur zwei Genpaare analysiert werden, aber jedes weitere Genpaar kompliziert die Sache sehr. Es ist deshalb einfacher, direkt mit den Erwartungswerten für die einzelnen phänotypischen Klassen zu arbeiten. Wenn wir den Fall analysieren, bei dem zwei Genpaare unabhängig voneinander auf die Gameten aufgeteilt werden, so können wir jedes Genpaar nacheinander und unabhängig voneinander betrachten. Wir haben früher bereits festgestellt, daß eine Selbstung der F1, welche heterozygot rund/runzlig (*Rr*) war, zu drei Vierteln *R*-Nachkommen (rund) und zu einem Viertel *rr*-Nachkommen (runzlig) führte. Dies ist auch für die Selbstung einer F1 aus heterozygoten *Yy*-Individuen der Fall. Da diese beiden Genpaare unabhängig voneinander aufspalten, können wir die Erwartungswerte für die F2-Generation rein mathematisch ermitteln (Abb. 13.8).

Die zufällige Aufteilung der Genpaare ergibt ein Verhältnis der Phänotypen in der F2 von 9/16:3/16:3/16:1/16 oder 9:3:3:1. Dieses Verhältnis ergibt sich auch für Selb-

132 Genetik der Eukaryonten: Die Mendelschen Regeln

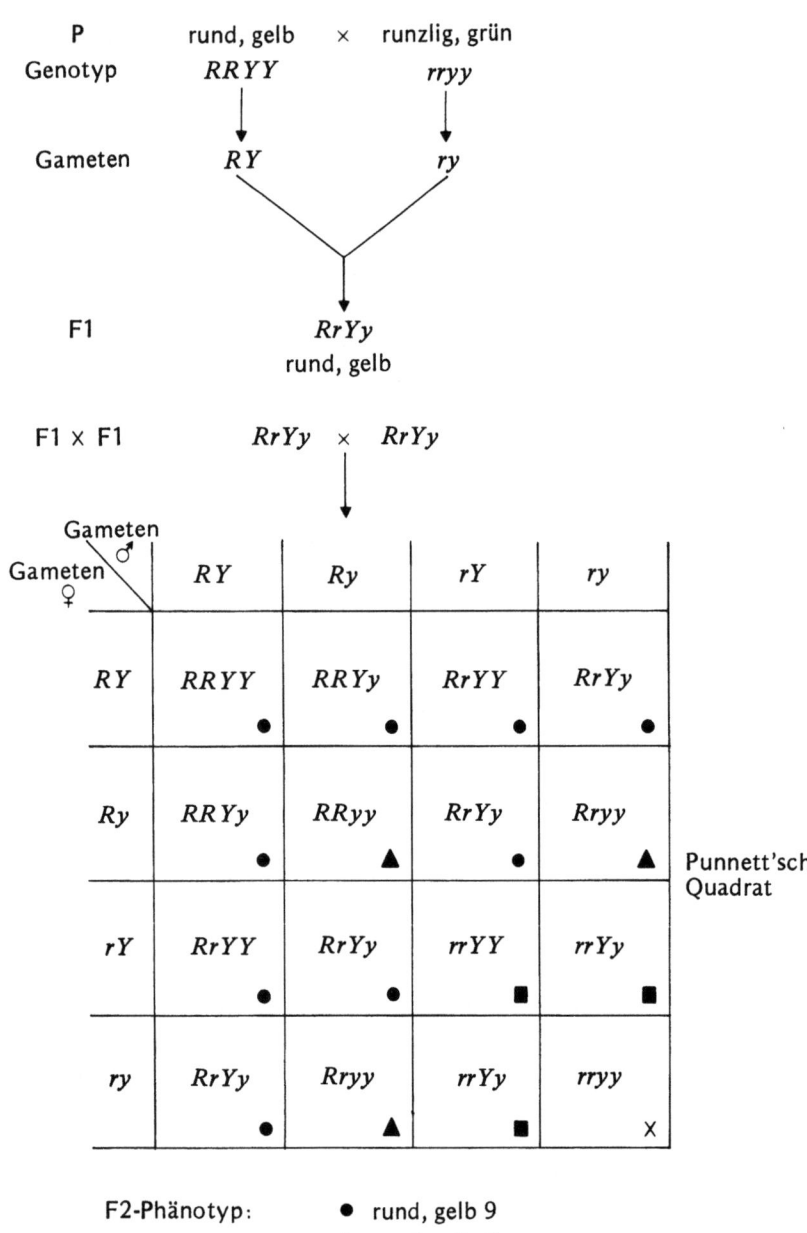

Abb. 13.7. Die Spaltungsregel: Nachweise der 9:3:3:1-Aufspaltung der *F2* für zwei ungekoppelte Genpaare mit Hilfe des Punnettschen Quadrats

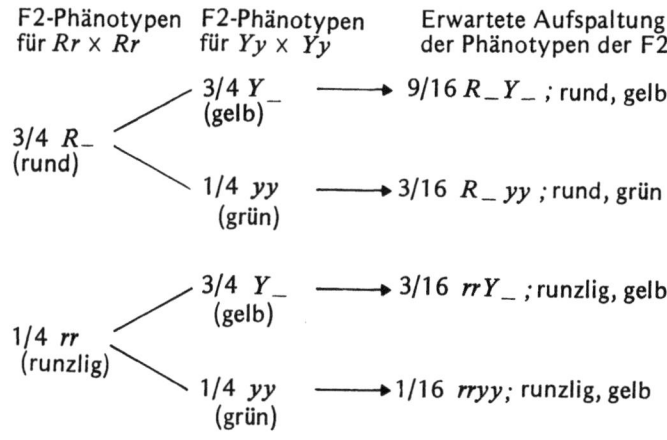

F2-Phänotypen für Rr × Rr	F2-Phänotypen für Yy × Yy	Erwartete Aufspaltung der Phänotypen der F2

Abb. 13.8. Wie Abb. 13.7, jedoch mit dem „mathematischen Ansatz"

stungen einer doppelt Heterozygoten (*AaBb* × *AaBb*), vorausgesetzt *A* und *B* sind ungekoppelt.

Schließlich kann man Rückkreuzungen ausführen, um die Genotypen der F1 und F2 aus einer Kreuzung mit zwei Genpaaren zu ermitteln. Die erwarteten Verhältnisse der Phänotypen der Nachkommenschaft solcher Kreuzungen sind in Tabelle 13.1 zusammengefaßt. Alle Aufspaltungsergebnisse von Genpaaren in der Tabelle sind direkt mit dem Segregationsverhalten der Chromosomen während der Meiose erklärbar.

Tabelle 13.1. Erwartungswerte für das Verhältnis der phänotypischen Nachkommenklassen aus Rückkreuzungen mit zwei Merkmalspaaren

Rückkreuzungen	Aufspaltung der phänotypischen Klassen			
	A_B_	A_bb	aaB_	aabb
AABB × *aabb*	1	0	0	0
AaBB × *aabb*	1/2	0	1/2	0
AABb × *aabb*	1/2	1/2	0	0
AaBb × *aabb*	1/4	1/4	1/4	1/4
AAbb × *aabb*	0	1	0	0
Aabb × *aabb*	0	1/2	0	1/2
aaBB × *aabb*	0	0	1	0
aaBb × *aabb*	0	0	1/2	1/2

LITERATUR

Bateson W (1909) Mendel's principles of heredity. Cambridge University Press

Mendel G Experiments in plant hybridization (translation). In: Peters JA (ed) Classic papers in genetics. Prentice-Hall, Englewood Cliffs, NJ

Sturtevant AH (1965) A history of genetics. Harper and Row, New York

Sutton WS (1903) The chromosomes in heredity. Biol Bull 4: 213–251

Tschermark-Seysenegg E von (1951) The rediscovery of Mendel's work. J Heredity 42:163–171

KAPITEL 14
Genetik der Eukaryonten: Meiotische Analyse bei Diploiden

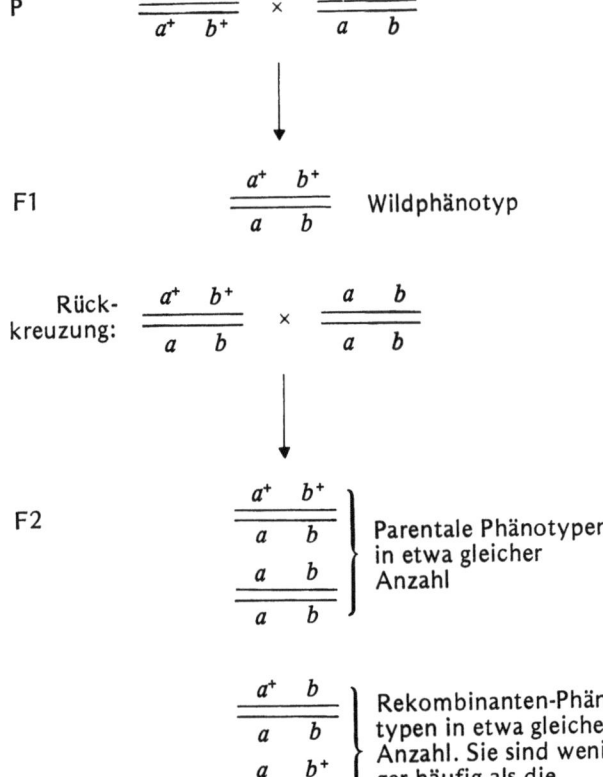

Abb. 14.1. Rückkreuzung mit zwei gekoppelten Genen a und b. Die Allele a und b sind gegenüber den Wildallelen a^+ und b^+ rezessiv. Der Überschuß an Parentaltypen über Rekombinantentypen zeigt, daß beide Gene gekoppelt sind

INHALT

Rückkreuzung und Kopplung
Geschlechtschromosomen und geschlechtschromosomengebundene Vererbung
Crossover und Rekombination
Genkartierung bei Diploiden
Dreifaktor-Rückkreuzung und Genkartierung
Interferenz und Coinzidenz

Rückkreuzung und Kopplung

Im letzten Kapitel haben wir die Mendelsche Unabhängigkeitsregel besprochen. Kurz zusammengefaßt bedeutet sie folgendes: Kreuzt man ein Individuum, das zwei rezessive ungekoppelte Allele trägt, mit einem anderen Individuum gleichen Genotyps (z.B. $AaBb \times AaBb$), so spalten die Phänotypen der Nachkommen im Verhältnis 9 AB : 3 Ab : 3 aB : 1 ab. Bei der Rückkreuzung $AaBb \times aabb$ erhält man eine Aufspaltung der Phänotypen der Nachkommen von 1 AB : 1 Ab : 1 aB : 1 ab. Die Rückkreuzung ist daher eine Methode zur Unterscheidung von Kopplung oder Nichtkopplung zweier Gene. Falls die Werte signifikant von der 1:1:1:1-Aufspaltung abweichen, so daß zu viele Parentaltypen oder zu wenige Rekombinanten entstehen, dann müßte man die beiden untersuchten Gene als gekoppelt ansehen (Abb. 14.1).

In dem vorliegenden Beispiel können Rekombinanten nur durch Stückaustausch zwischen homologen Chromosomenabschnitten während der Meiose aus heterozygoten F1-Individuen entstehen. Wie wir bereits besprochen haben, wird dieser Vorgang als crossover bezeichnet. Wenn wir nun annehmen, daß sich crossover in jedem Chromosomenabschnitt gleich häufig ereignet, so ist der Prozentsatz an Rekombinanten direkt dem Abstand der beiden Gene auf dem Chromosom proportional. Dicht beieinanderliegende Gene werden beispielsweise viel seltener durch crossover voneinander getrennt als weit auseinanderliegende Gene. Man kann also, wie wir jetzt besprechen werden (und wie wir bereits bei den Prokaryonten besprochen haben) die Häufigkeit des Auftretens von Rekombinanten (die Rekombinationshäufigkeit) zur Erstellung genetischer Karten benutzen. Man beachte, daß die Rekombinationsfrequenzen zwischen zwei Genen auf den physischen Abstand zwischen zwei Genen zurückzuführen ist und nicht von der Art der Allele (Wildallel oder Mutantenallel) abhängt. Man sollte deshalb den gleichen Prozentsatz an Rekombinanten erwarten, gleichgültig ob die beiden Wildtypallele in der F1 auf demselben Chromosom liegen ($\frac{a^+b^+}{a\ b}$) (man bezeichnet dies als cis-Konfiguration) oder ob sie auf zwei verschiedenen Chromosomen liegen ($\frac{a^+b}{a\ b^+}$) (als trans-Konfiguration bezeichnet).

T.H. Morgan beobachtete bei seinen Kreuzungen mit der Fruchtfliege *Drosophila melanogaster,* daß manche Gene während der Meiose nicht unabhängig von anderen segregieren. Einige Gene schienen aufgrund der genetischen Analysen zu Gruppen zusammenzugehören: diese ordnete er einer Kopplungsgruppe zu. Interessanterweise war die Anzahl der Kopplungsgruppen genau gleich der Zahl der Chromosomen im haploiden Chromosomensatz von *Drosophila melanogaster.* Man kann für alle anderen Organismen verallgemeinern, daß die Zahl der Kopplungsgruppen mit der Zahl der Chromosomen im haploiden Chromosomensatz übereinstimmt.

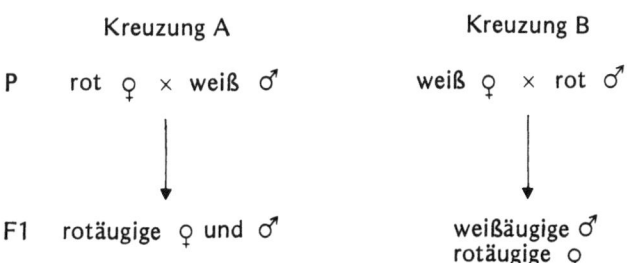

Abb. 14.2. Phänotypen der Nachkommenschaft reziproker Kreuzungen einer Mutante mit einer geschlechtschromosomengebundenen rezessiven Mutation (weiße Augen) mit dem Wildtyp (rote Augen)

Geschlechtschromosomen und geschlechtschromosomengebundene Vererbung

Wie bereits früher erwähnt, besteht der Chromosomensatz tierischer Zellen aus Autosomen und Geschlechtschromosomen (Gonosomen). In den meisten Fällen trägt das männliche Geschlecht ein X- und ein Y-Chromosom, das weibliche Geschlecht zwei X-Chromosomen. Dabei ist von Bedeutung, daß das X-Chromosom nicht dem Y-Chromosom homolog ist. Bis jetzt hat man auf dem Y-Chromosom nur sehr wenige Gene gefunden, die auch auf dem X-Chromosom lokalisiert sind. (Ein Beispiel wäre das Gen „bobbed" bei *Drosophila;* bobbed-Mutanten zeigen verkürzte Borsten und Veränderungen am Hinterleib.) Für unsere Belange können wir das Y-Chromosom im Hinblick auf Dominanz oder Rezessivität gegenüber X-chromosomalen Genen als „schweigend" betrachten. Bestimmt enthält das Y-Chromosom wichtige Gene, die beispielsweise für die Entwicklung von Bedeutung sind, aber sie sind nicht den Genen auf dem X-Chromosom homolog. In einem XY-Individuum werden die Gene auf dem X-Chromosom als hemizygot bezeichnet. (Hemizygot bedeutet, wörtlich übersetzt, so viel wie „halbe Zygote".) Die X-chromosomalen Gene werden als X-Kopplungsgruppe zusammengefaßt. X-chromosomal vererbte Merkmale werden als geschlechtsgebunden bezeichnet, obwohl man bei tierischen Systemen besser von X-chromosomalgebundenen Genen sprechen sollte. X-chromosomale Gene zeigen eine von der autosomaler Gene abweichende Aufspaltung. Wir werden die Unterschiede im folgenden Abschnitt besprechen.

Bei *Drosophila* kennt man eine rezessive Mutation white (*w*): White-Mutanten haben anstelle der roten Augen des Wildtyps weiße Augen. Führt man reziproke Kreuzungen zwischen Wildtyp und white-Mutante durch, unterscheiden sich die F1-Generationen beider Kreuzungen (Abb. 14.2).

Falls das fragliche Gen auf einem Autosom lokalisiert gewesen wäre, würde man für beide F1-Generationen Wildphänotyp erwarten. Man kann sich das tatsächliche Ergebnis formal so erklären, daß das Gen white auf dem X-Chromosom liegt. Wir können daher die Kreuzung mit den entsprechenden Gensymbolen schreiben. Das Symbol ⌐ bezeichnet ein Y-Chromosom, das Symbol ‖ steht in unserem Falle für die zwei homologen X-Chromosomen (Abb. 14.3).

Wir haben schon vorher gezeigt, daß die 9:3:3:1-Aufspaltung bei einer Kreuzung zwischen Individuen der F1-Generation nur dann zu beobachten ist, wenn die beiden untersuchten Gene ungekoppelt sind. Sind beide Gene autosomal, so findet man eine 9:3:3:1-Aufspaltung sowohl unter den männlichen wie den weiblichen Individuen der F2. Ist ein geschlechtschromosomales Gen und ein autosomales Gen an der Kreuzung beteiligt, so unterscheidet sich die Aufspaltung in der F2 von einer Kreuzung mit zwei autosomalen Genen. In unserem Beispiel wollen wir die Gensymbole noch weiter abkürzen. Wiederum sind die Mutantengene gegenüber den Wildtypgenen rezessiv. Das Gen x liegt auf dem X-Chromosom, das Gen a auf einem Autosom. Dieses Beispiel ist auf jeden Organismus mit Geschlechtschromosomen anwendbar. Wir werden die zwei reziproken Kreuzungen analysieren und die Aufspaltungsergebnisse der F2 mathematisch ermitteln. Abbildung 14.4 zeigt eine der beiden Kreuzungen.

Betrachten wir nur das X-chromosomale Gen, so ist die Kreuzung F1 × F1 genotypisch $x^+ x \times x^+ \Gamma$. Durch Zufallsverteilung der Chromosomen auf die Gameten kommt es zu einer F2 mit den in Abb. 14.5 zusammengefaßten Genotypen und Phänotypen. Wie bereits früher gezeigt wurde, ergibt die Kreuzung $a^+ a \times a^+ a$ eine Nachkommenschaft aus 3/4 a^+- und 1/4 a-Typen. Da das X-Chromosom bei der

136 Genetik der Eukaryonten: Meiotische Analyse bei Diploiden

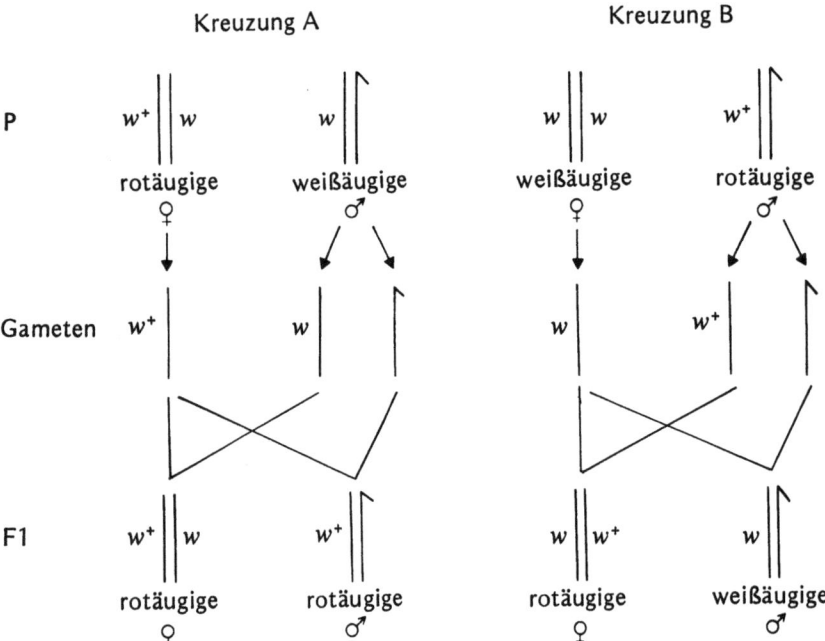

Abb. 14.3. Genotypen der Parental- und *F1*-Generation der reziproken Kreuzungen aus Abb. 14.2

Meiose unabhängig vom Autosom aufgeteilt wird, können wir das Verhältnis der Phänotypen der F2 durch Multiplikation der Wahrscheinlichkeiten des Auftretens des X-chromosomalen und des autosomalen Merkmals in allen möglichen Kombinationen berechnen (Abb. 14.6).

In dieser Analyse werden weibliche und männliche Individuen getrennt betrachtet: x^+ und a^+ bezeichnen die Wildphänotypen, x und a die Mutantenphänotypen. Abbildung 14.7 zeigt die vier verschiedenen Phänotypen zuerst getrennt für männliche und weibliche Individuen, dann vereinigt.

Wie man sieht, erhält man die 9:3:3:1-Aufspaltung nur, wenn man nicht zwischen männlichen und weiblichen Nachkommen unterscheidet. Betrachtet man die Aufspaltungsergebnisse jedoch für beide Geschlechter getrennt, so sind die Verhältnisse unterschiedlich. Diese Unterschiede der geschlechtschromosomengebundenen Gene sind auf die Abwesenheit homologer Gene auf den Y-Chromosomen zurückzuführen.

Wenn wir nun wieder auf die reziproke Kreuzung zurückkommen, kann sie in gleicher Weise analysiert werden. Dies ist in Abb. 14.8 dargestellt. Man erkennt, daß sich bei beiden Geschlechtern keine 9:3:3:1-Aufspaltung ergibt.

Kreuzung A   P $x^+ x^+ \ a^+ a^+$ ♀ × $x \upharpoonright aa$ ♂
Wildtyp x,a-Phänotypen
(Abkürzung für
$x^+ \| x^+ \ a^+ \| a^+$)

F1 $x^+x \ a^+a$ ♀ und $x^+ \upharpoonright a^+a$ ♂
     Wildtyp   Wildtyp

Abb. 14.4. Genotypen der Parental- und *F1*-Generation aus einer Kreuzung eines homozygoten Wildtyp-Weibchens und einem Männchen mit einer geschlechtschromosomengebundenen rezessiven und einer autosomal rezessiven Mutation

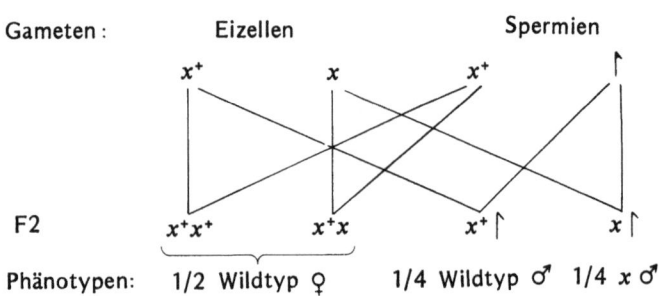

Abb. 14.5. Erbgang des geschlechtschromosomengebundenen Gens in der *F2*, entstanden aus der Kreuzung *F1* × *F1* in Abb. 14.4

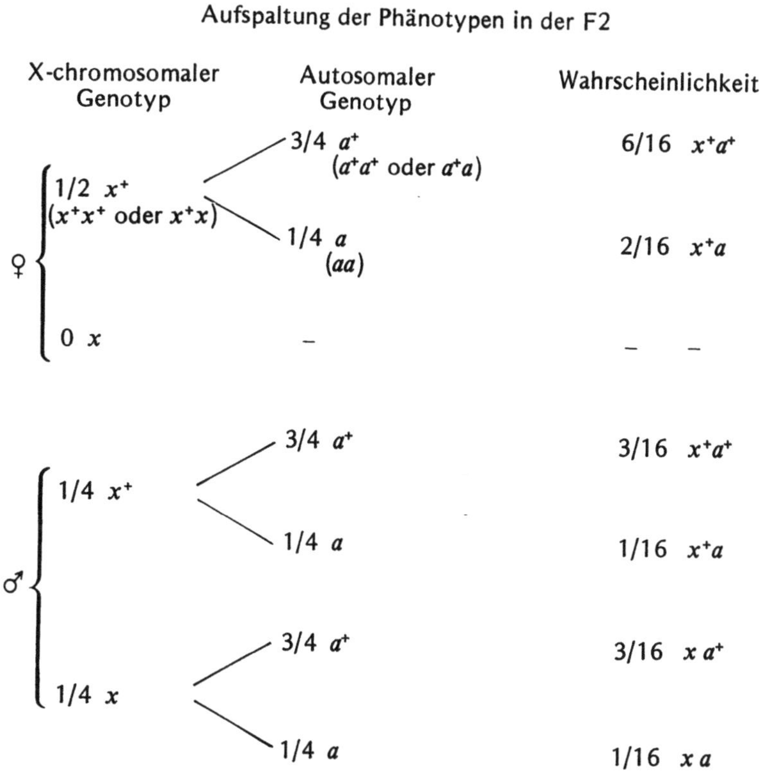

Abb. 14.6. Wahrscheinlichkeit des Auftretens der F2-Phänotypen aus der in Abb. 14.4 beschriebenen Kreuzung

Aufspaltung der Phänotypen in der F2

X-chromosomaler Genotyp	Autosomaler Genotyp	Wahrscheinlichkeit	
♀ { 1/2 x^+ (x^+x^+ oder x^+x)	3/4 a^+ (a^+a^+ oder a^+a)	6/16	x^+a^+
	1/4 a (aa)	2/16	x^+a
0 x	—	—	—
♂ { 1/4 x^+	3/4 a^+	3/16	x^+a^+
	1/4 a	1/16	x^+a
1/4 x	3/4 a^+	3/16	$x\,a^+$
	1/4 a	1/16	$x\,a$

Crossover und Rekombination

Rekombination läßt sich durch Kreuzungsanalyse nachweisen. Wie bereits gesagt, beruht Rekombination auf Stückaustausch zwischen Abschnitten homologer Chromosomen durch einen Vorgang, der als crossover bezeichnet wird. Crossover findet bei der ersten meiotischen Teilung statt, wenn jedes der beiden homologen Chromosomen in zwei Chromatiden gespalten ist (Vierstrang-Stadium). Wir werden den Beweis dafür bei der Besprechung der meiotischen Kreuzungsanalysen bei Pilzen erbringen. Daß Rekombination durch physischen Austausch zwischen homologen Chromosomenabschnitten stattfindet, wurde von C. Stern im Jahre 1931 gezeigt. Er umging das Problem der Nichtunterscheidbarkeit homologer Chromosomen dadurch, daß er „abnormale" Chromosomen benutzte, die man zytologisch unterscheiden konnte. Er benutzte *Drosophila* als Versuchsobjekt: seine Kreuzungsanalysen sind in Abb. 14.9 dargestellt.

Das Männchen trägt normale X- und Y-Chromosomen, eine X-chromosomale Mutation *car* (carnation = rosa Augen) und das Wildtypallel des Gens *B* (Bar = balkenförmige Augen). Das Männchen hat also rosa Augen, das Weibchen besitzt zwei abnormale X-Chromosomen. Eines davon trägt die Wildtypallele für *car* und *B* und einen Teil des Y-Chromosoms. Das andere X-Chromosom trägt die rezessive Mutation *car* und die dominante Mutation *B*. Da die *car*-Mutation heterozygot vorliegt, besitzen die Weibchen die Augenfarbe des Wildtyps. Im Falle einer dominanten Mutation zeigt die Heterozygote anstatt des Wildphänotyps Mutantenphänotyp: *B*/+-Weibchen haben deshalb veränderte Augenform. Zusätzlich ist das X-Chromosom mit den

Aufspaltung der Phänotypen

	x^+a^+	x^+a	$x\,a^+$	$x\,a$
♀	6 :	2 :	0 :	0
♂	3 :	1 :	3 :	1
♀ und ♂	9 :	3 :	3 :	1

Abb. 14.7. Verhältnis der Phänotypen unter den männlichen und weiblichen F2-Individuen aus der in Abb. 14.4 beschriebenen Kreuzung

Kreuzung B
P $xx\,aa$ ♀ × $x^+\upharpoonright a^+a^+$ ♂

F1 $x^+x\,a^+a$ ♀ × $x\upharpoonright a^+a$ ♂
     Wildtyp x,a^+-Phänotyp

Betrachtet man die X-chromosomalen
Allele für sich, so ergibt sich:

F1 × F1 x^+x ♀ × $x\upharpoonright$ ♂

F2   1/4 x^+x, 1/4 xx, 1/4 $x^+\upharpoonright$, 1/4 $x\upharpoonright$
     Wildtyp ♀ x ♀   Wildtyp ♂ x ♂

Kombiniert man dies mit der Aufspaltung der autosomalen Allele, wie in der Kreuzung A dargestellt, so erhält man:

Aufspaltung der Phänotypen in der F2

X-chromoso- maler Genotyp	Autosomaler Genotyp	Wahrscheinlich- keit	
♀ { 1/4 x^+ (x^+x)	3/4 a^+	3/16	x^+a^+
	1/4 a	1/16	x^+a
1/4 x (xx)	3/4 a^+	3/16	$x\,a^+$
	1/4 a	1/16	$x\,a$
♂ { 1/4 x^+ ($x^+\upharpoonright$)	3/4 a^+	3/16	x^+a^+
	1/4 a	1/16	x^+a
1/4 x ($x\upharpoonright$)	3/4 a^+	3/16	$x\,a^+$
	1/4 a	1/16	$x\,a$

Zusammengefaßt, wie für Kreuzung A, ergibt sich:

Aufspaltung der Phänotypen

	x^+a^+	x^+a	$x\,a^+$	$x\,a$
♀	3 :	1 :	3 :	1
♂	3 :	1 :	3 :	1
♀ und ♂	6 :	2 :	6 :	2

Abb. 14.8. Genotypen und Phänotypen der Parental-, *F1*- und *F2*-Generation einer Kreuzung eines Weibchens mit einer extrachromosomal rezessiven Mutation und einer autosomal rezessiven Mutation mit einem Wildtyp-Männchen

Mutationsorten *car* und *B* kürzer als normal, da ein Teil abgetrennt ist und an das Chromosom IV angeheftet ist.

Bei der Gametenbildung entstehen nur zwei Klassen von Spermien: solche mit einem Y-Chromosom und solche mit einem X-Chromosom, welches das Mutantenallel *car* und das Wildtypallel von *B* trägt. Bei der Eizellenbildung werden vier Klassen von Gameten gebildet: Zwei entstehen durch Meiose ohne crossover zwischen den Genorten *car* und *B*, die anderen beiden Gametentypen (rekombinierte Gameten) entstehen nach erfolgtem crossover. Die Gametentypen und die diploide Nachkommenschaft sind in Abb. 14.10 gezeigt.

Die Analyse der Chromosomen der Nachkommenschaft, an deren Entstehung wahrscheinlich Rekombination beteiligt war, zeigte, daß in jedem Fall ein Austausch definierter Chromosomenabschnitte stattgefunden hat.

Genkartierung bei Diploiden

T.H. Morgans Kreuzungsexperimente mit *Drosophila* stellen eine Pioniertat der Genkartierung dar. Morgan kreuzte ein Weibchen, das homozygot für das geschlechtschromosomengebundene Gen white (*w*) und das ebenfalls geschlechtschromosomengebundene Gen *m* (miniature = kurze Flügel) war, mit einem normalen Männchen und untersuchte F1 und F2 (Abb. 14.11).

Er fand, daß 37,6% der Nachkommenschaft Rekombinanten waren und erwartete die gleiche Rekombinantenzahl für beide Geschlechter. Da die Rekombinanten durch crossover zwischen den Genorten *w* und *m* entstehen mußten, war für die trans-Konfiguration dieselbe Aufspaltung zu erwarten. In der Tat sind die Rekombinationshäufigkeiten zwischen gekoppelten Genen bei allen untersuchten Organismen reproduzierbar und charakteristisch für ein bestimmtes Genpaar. Die gemessenen Rekombinationshäufigkeiten hängen allein von der Lage der beiden Mutationsorte zueinander ab. Die Rekombinationshäufigkeiten zwischen zwei Genorten geben also die genetische Distanz zweier Genorte auf einer Kopplungsgruppe wieder. In unserem Beispiel betrug die Entfernung der Genorte *w* und *m* 37,6 Karteneinheiten. Dies bedeutet, daß ein crossover zwischen beiden Loci stattgefunden haben muß.

Der hier beschriebene Fall war ein Beispiel einer Zweifaktorkreuzung, durch die der Abstand beider Mutationsorte bestimmt wurde. Durch eine Serie von Zweifaktorkreuzungen konnte man die Kopplungsbeziehungen einer Reihe geschlechtschromosomengebundener Gene ermitteln.

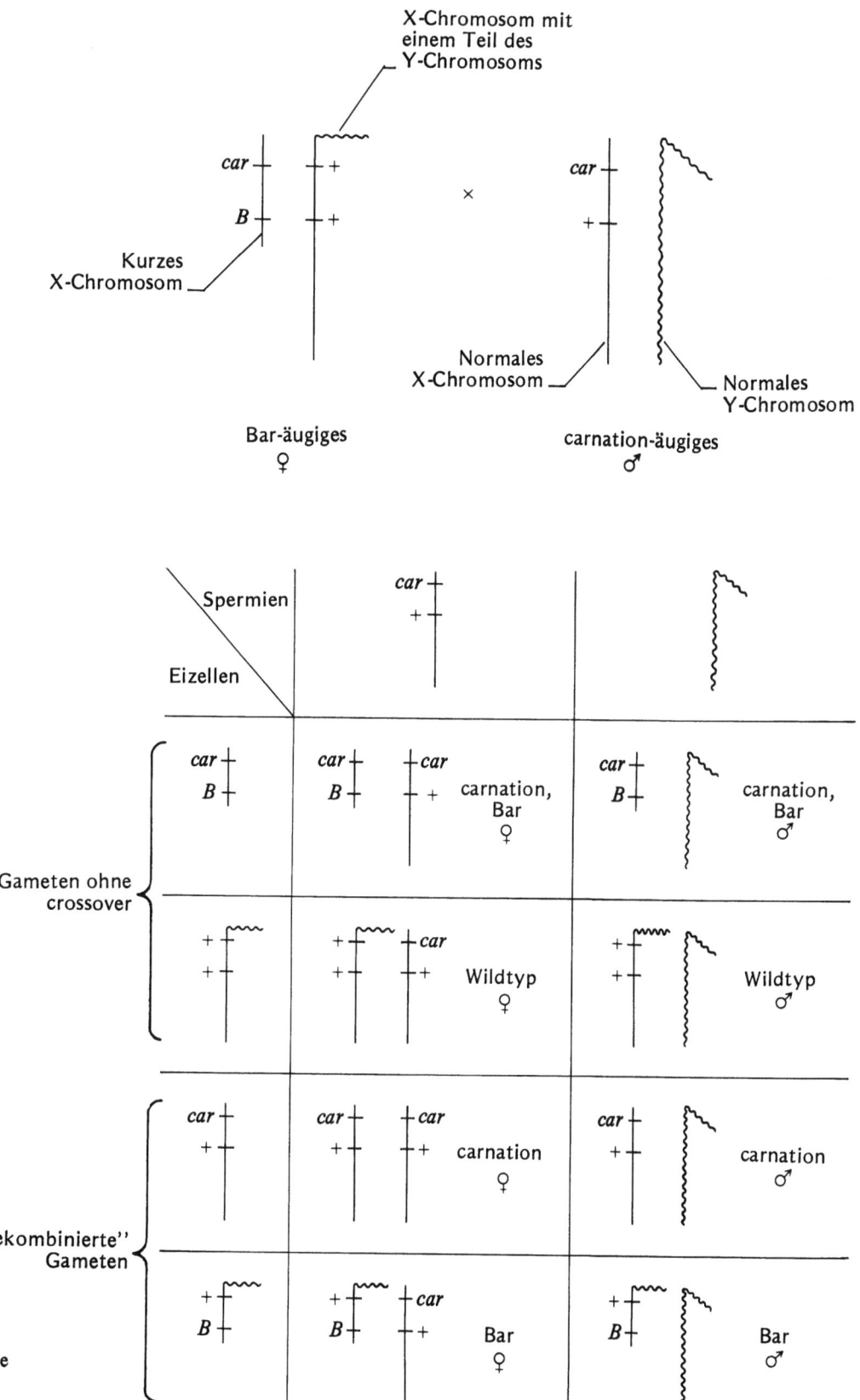

Abb. 14.9. Schematische Darstellung der Chromosomen eines Männchens und eines Weibchens von *Drosophila*, die gekreuzt wurden, um zu zeigen, daß Rekombination auf Stückaustausch zwischen Chromosomen zurückzuführen ist

Abb. 14.10. Nachkommen der in Abb. 14.9 gezeigten Kreuzung, welche beweist, daß Rekombination durch crossover entsteht

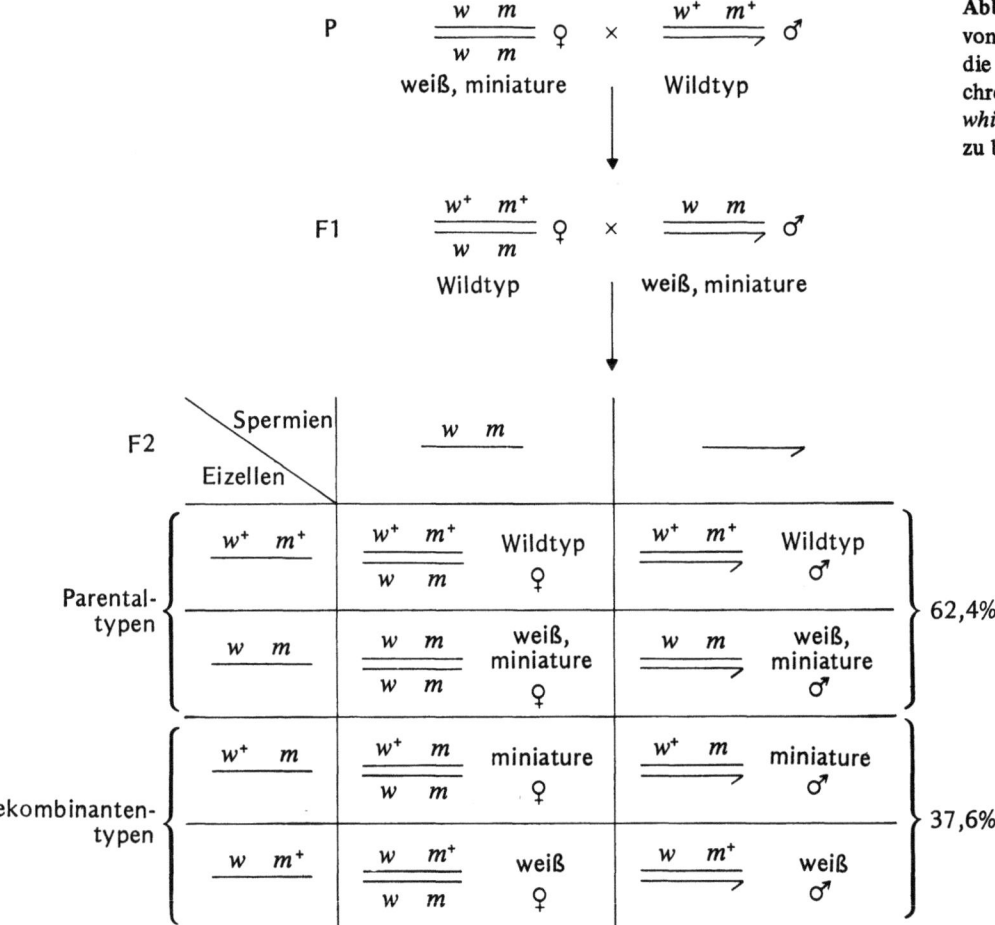

Abb. 14.11. Diese Kreuzung wurde von T.H. Morgan durchgeführt, um die Kartendistanz der geschlechtschromosomengebundenen Gene *white* und *miniature* bei *Drosophila* zu bestimmen

1911 erkannte A. Sturtevant, daß sich die Gene in einer linearen Genkarte darstellen ließen, und er konstruierte daraufhin die erste Genkarte des X-Chromosoms von *Drosophila*. Sie kam durch Bestimmung der Rekombinationshäufigkeiten in Kreuzungen aller möglichen paarweisen Kombinationen von Mutanten zustande. Sind die Gene *a* und *b* beispielsweise 5 Karteneinheiten entfernt, *b* und *c* 7 Karteneinheiten entfernt, und *a* und *c* 2 Karteneinheiten entfernt, so kann man daraus die Lagebeziehung der drei Gene ermitteln (Abb. 14.12).

Bei der Kartierung der geschlechtschromosomengebundenen Gene wurden die Kreuzungen in der Weise angesetzt, daß das F1-Weibchen heterozygot für die beiden Gene, das F1-Männchen hemizygot für die beiden Mutantenallele war. Da das Y-Chromosom keine zu den X-chromosomalen homologen Gene trägt, ist die F1 × F1-Kreuzung in Wirklichkeit eine Rückkreuzung. Diese Rückkreuzung ist, wie wir bereits gesehen haben, eine ideale Methode zur Feststellung von Kopplungsbeziehungen. Man benutzt die Rückkreuzung daher auch zur Kartierung rezessiver chromosomaler Mutationen. Das normale Vorgehen bei einer solchen Kreuzungsanalyse (hier sind die Gene in cis-Konfiguration) an einem diploiden Organismus ist in Abb. 14.13 wiedergegeben. Zur Kartierung dominanter Mutationen ist die Rückkreuzung ebenfalls anwendbar. Dazu kreuzt man die dop-

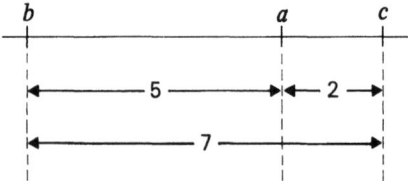

Abb. 14.12. Die lineare Aufeinanderfolge der Gene *a*, *b* und *c* wurde durch Rekombinationsanalyse von Kreuzungen in allen paarweisen Kombinationen bestimmt

pelt Heterozygote mit einem Stamm, der die Wildallele der beiden Gene trägt, die natürlich rezessiv sind (Abb. 14.14).

Definitionsgemäß wird eine dominante Mutation durch Großbuchstaben abgekürzt, z.B. *Cy* für curly (gekräuselte Flügel) bei *Drosophila*. Das Wildallel wird dann mit Cy^+ abgekürzt.

Dreifaktor-Rückkreuzung und Genkartierung

Wir haben gezeigt, daß Rekombination durch crossover hervorgerufen wird, also den Austausch zwischen Abschnitten homologer Chromosomen. Daten aus Rückkreuzungen ergeben sowohl Angaben über Rekombinationshäufigkeiten als auch Abschätzungen von crossover-Häufigkeiten. Letztere sind nicht unbedingt genau, da Mehrfach-crossover zwischen Genen stattfinden können und so die Berechnung von Kartendistanzen erschweren. Wenn wir annehmen, daß crossover in jedem Teil des Chromosoms mit gleicher Häufigkeit vorkommen, gibt die crossover-Häufigkeit die Entfernung zweier Gene wieder. Die einzige Möglichkeit, crossover-Häufigkeiten zu bestimmen, besteht in der Auswertung der Häufigkeit von Rekombinanten, die durch crossover-Ereignisse entstanden sind. Sind zwei Gene einigermaßen weit voneinander entfernt, so finden zwischen beiden Doppel-crossover und geradzahlige Mehrfach-crossover statt.

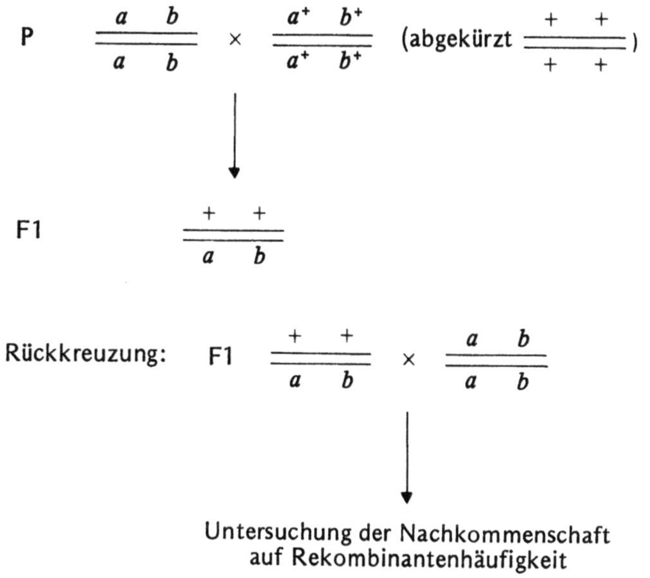

Abb. 14.13. Schema einer Rückkreuzung zur Kartierung autosomal rezessiver Mutationen

Diese können jedoch nicht zahlenmäßig erfaßt werden, da sie nicht als Rekombinanten in Erscheinung treten (Abb. 14.15).

Dabei sind besonders Doppel-crossover-Ereignisse zu berücksichtigen, geradzahlige Mehrfach-crossover hingegen

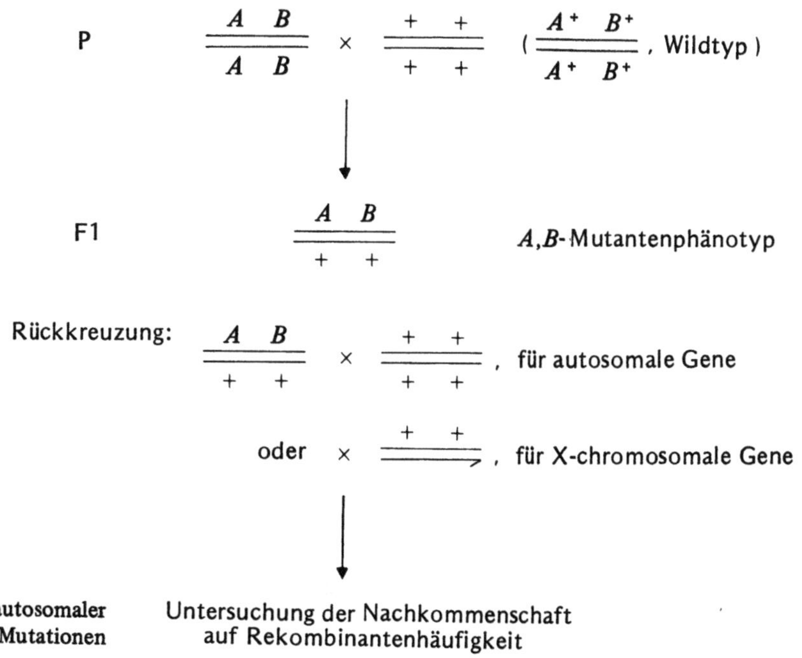

Abb. 14.14. Schema der Rückkreuzung zur Kartierung autosomaler (oder geschlechtschromosomengebundener) dominanter Mutationen

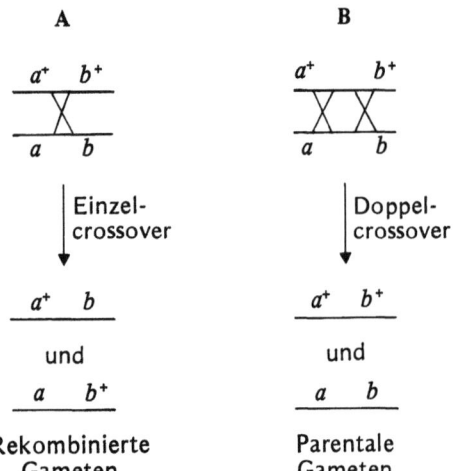

Abb. 14.15A,B. Crossover zwischen den gekoppelten Genen a und b. A Ein Einzel-crossover führt zu rekombinierten Gameten. B Ein Doppel-crossover führt zu parentalen Gameten

sind relativ selten. Diese Doppel-crossover sind für die Berechnung von Kartendistanzen insofern von Bedeutung, da ungeradzahlige crossover zu rekombinierten Gameten führen, geradzahlige crossover zu parentalen Gameten. Die Häufigkeit von Mehrfach-crossover-Ereignissen zwischen Genen kann einfach berechnet werden. Falls die Wahrscheinlichkeit eines Einzel-crossovers 10% beträgt, ist die Wahrscheinlichkeit eines Doppel-crossovers 10% × 10% = 1%, die eines Dreifach-crossovers 10% × 10% × 10% = 0,1% usw. Bei Kartendistanzen von weniger als 5 Karteneinheiten

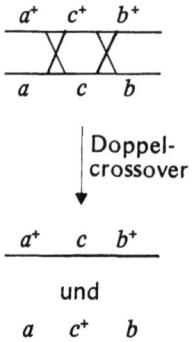

Diese Gameten sind Rekombinanten für die Genpaare c^+/c und a^+/a bzw. b^+/b

Abb. 14.16. Die Anwesenheit eines dritten Gens c, zwischen den Genen a und b, ermöglicht die Erkennung von Doppel-crossover zwischen a und b, da diese Rekombinanten bezüglich c sind

findet Doppel-crossover relativ selten statt, und eine genaue Karte kann daher am besten durch eine Serie von Zweifaktor-Kreuzungen erstellt werden, wobei jedes Genpaar eng gekoppelt ist, so daß Rekombinationsfrequenzen ein genaues Maß für crossover-Frequenzen darstellen. Um genaue Rekombinationsdaten zu erhalten, führt man am besten eine Rückkreuzung mit drei Genen innerhalb eines kurzen Chromosomenabschnittes durch. Wenn wir ein Gen c zwischen den Genen a und b plazieren, so können wir die Vorteile einer Rückkreuzung daran erkennen, daß wir auch Doppel-crossover-Ereignisse registrieren können, da sie zu sichtbaren Rekombinanten führen (Abb. 14.16). Es ist klar, daß man ein Doppel-crossover in den Regionen a–c und b–c nicht als Rekombinante erkennen würde.

Um zu zeigen, wie man Dreifaktor-Rückkreuzungen zur Erstellung von Genkarten benutzt, werden wir Daten aus Kreuzungsexperimenten mit der Fruchtfliege *Drosophila melanogaster* heranziehen. Die Daten stammen aus Rückkreuzungen mit drei Mutantenallelen. Es sind dies die dominante Mutation *Gl* (glued = klebrig, bedingt weiche Augenoberfläche), die dominante Mutation *Sb* (stubble = stopplig, führt zu kürzeren Borsten als beim Wildtyp) und die rezessive Mutation *ri* (radius incomplete: eine Längsader der Flügel hat eine Lücke, engl. gap, wodurch der Phänotyp als gap-Phänotyp bezeichet wird). Die drei Gene liegen gekoppelt auf Chromosom 3. Die folgenden Rückkreuzungen (Abb. 14.17) lieferten die Daten zur Berechnung der Kartendistanzen. Für den Anfang wählen wir eine willkürliche Genordnung.

Der Phänotyp jedes Nachkommen einer Kreuzung wird durch den Genotyp der Gameten des heterozygoten Elters bestimmt. Diese müssen ja zwangsläufig mit Gameten des anderen Elters verschmelzen, der homozygot für die rezessiven Allele ist. So ist Klasse 1 genotypisch $\frac{Gl\,Sb\,+}{+\,+\,ri}$ und phänotypisch *Gl* und *Sb*. Wenden wir uns nun der Analyse der Kreuzungsdaten zu. Der heterozygote Kreuzungspartner ist genotypisch $\frac{Gl\,Sb\,+}{+\,+\,ri}$; die Gameten aus einer Meiose ohne crossover sind $Gl\,Sb\,+$ und $+\,+\,ri$: sie stellen die Klassen 2 und 3 in unserem Schema dar. Da sie die Parentaltypen darstellen, enthalten diese beiden Klassen die höchsten Individuenzahlen. Wie man von einem reziproken Ereignis erwartet, sind die Individuenzahlen beider Klassen gleich. Allgemein kann man auch ohne Kenntnis der Genotypen die Parentaltypen herausfinden, da sie zahlenmäßig immer die stärksten Klassen bilden.

Dreifaktor-Rückkreuzung und Genkartierung 143

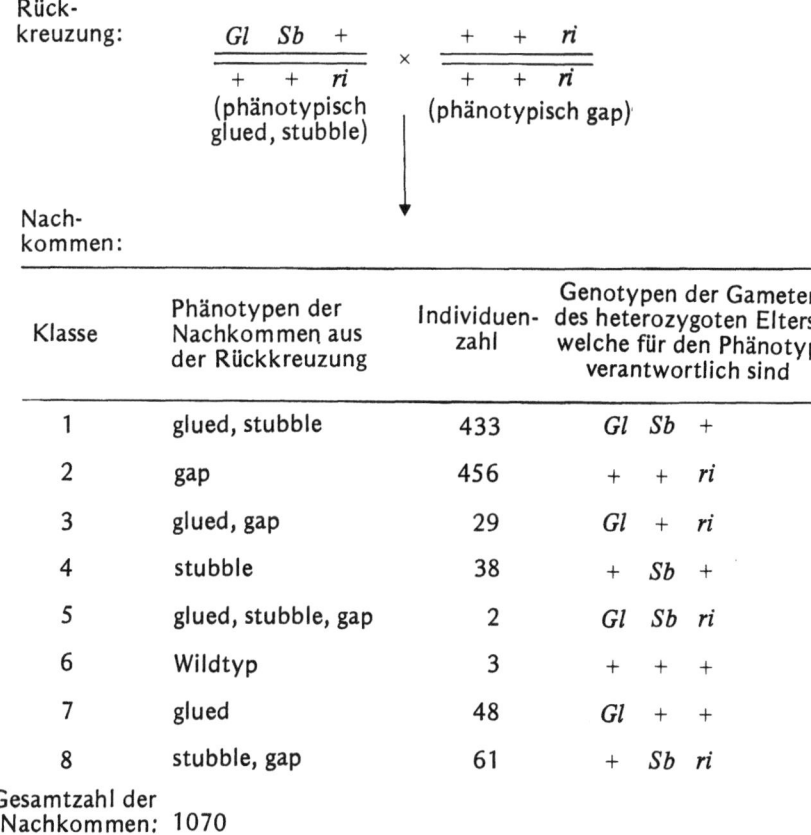

Abb. 14.17. Ansatz und Ergebnis einer Dreifaktorkreuzung

Rückkreuzung:

$$\frac{Gl \quad Sb \quad +}{+ \quad + \quad ri} \times \frac{+ \quad + \quad ri}{+ \quad + \quad ri}$$

(phänotypisch glued, stubble) (phänotypisch gap)

Nachkommen:

Klasse	Phänotypen der Nachkommen aus der Rückkreuzung	Individuenzahl	Genotypen der Gameten des heterozygoten Elters, welche für den Phänotyp verantwortlich sind
1	glued, stubble	433	Gl Sb +
2	gap	456	+ + ri
3	glued, gap	29	Gl + ri
4	stubble	38	+ Sb +
5	glued, stubble, gap	2	Gl Sb ri
6	Wildtyp	3	+ + +
7	glued	48	Gl + +
8	stubble, gap	61	+ Sb ri

Gesamtzahl der Nachkommen: 1070

Auch die Doppel-crossover-Klassen lassen sich durch bloße Betrachtung der Zahlenverhältnisse bestimmen. Ein Doppel-crossover benötigt gleichzeitiges Auftreten zweier Rekombinationsereignisse, von denen jedes relativ geringe Wahrscheinlichkeit besitzt. Daher bilden Doppel-crossover-Gameten die reziproken Klassen mit der geringsten Individuenzahl, in unserem Falle die Klassen 5 und 6, $Gl\,Sb\,ri$ und + + +.

Wenn Parental- und Doppel-crossover-Typen bestimmt sind, kann man die Reihenfolge der Gene auf dem Chromosom ermitteln. Im vorher gezeigten Schema des Doppelcrossovers ist zu beachten, daß die Lage des mittleren Markers gegenüber den Außenmarkern verändert werden mußte. Um die Analyse der Kreuzungsergebnisse zu deuten, kann man sich die Parental- und Doppel-crossover-Gametentypen wie in Abb. 14.18 gezeigt, aufschreiben.

Die einzige Anordnung der drei Gene, welche mit den Kreuzungsdaten übereinstimmt, ist $Gl\,ri\,Sb$, und der heterozygote Elter hat somit den Genotyp $\frac{Gl + Sb}{+ ri +}$. Wenn wir die zwei crossover-Ereignisse einzeichnen, so ergeben sich daraus die beiden in Abb. 14.19 dargestellten Doppel-crossover-Ereignisse.

Nun kann man die einzelnen Klassen neu schreiben: wir wollen dabei die Region zwischen Gl und ri als Region I, die Region zwischen ri und Sb als Region II bezeichnen (Abb. 14.20).

Die Kartendistanzen können wie vorher besprochen berechnet werden, d.h. durch Bestimmung der crossover-Häufigkeiten zwischen zwei Genen. In unserem Beispiel führt crossover zwischen Gl und ri (d.h. in Region I) zu den Klas-

Parentale Gameten	Doppel-crossover-Gameten
Gl Sb +	Gl ri Sb
und	und
+ + ri	+ + +

Abb. 14.18. Vergleich von parentalen und Doppel-crossover-Gameten aus der Nachkommenschaft der Rückkreuzung von Abb. 14.17

144   Genetik der Eukaryonten: Meiotische Analyse bei Diploiden

```
Gl   +   Sb
 \   X   /
  \ / \ /
   X   X
  / \ / \
 /   X   \
 +   ri  +
     │
     │ Ergibt
     │ folgende
     ▼ Gameten

Gl   ri   Sb
─────────────
     und
─────────────
 +    +    +
```

Abb. 14.19. Die Anordnung der drei Gene auf dem Chromosom ist in der Reihenfolge *Gl ri Sb*. Die Abbildung zeigt, wie zwei crossover-Ereignisse zu Doppel-crossover-Rekombinanten führen

sen 3 und 4 (Einzel-crossover in Region I), zu den Klassen 7 und 8 (Doppel-crossover in den Regionen I und II) Unter den 1070 Nachkommen hat in 72 crossover zwischen den beiden Genorten stattgefunden. Das sind 6,7% der Nachkommenschaft, und daher sind *Gl* und *ri* 6,7 Karteneinheiten voneinander entfernt. Anders gesagt, errechnet sich die Kartendistanz zwischen *Gl* und *ri* wie folgt:

Rück-   Gl + Sb   + ri +
kreuzung: ─────────   ×   ─────────
           + ri +   + ri +
              ↑ ↑
           Region Region
             I   II
                    │
                    ▼
Nachkommen

Klasse	Gameten-typ	Individuen-zahl	Typ
1	Gl + Sb	433	Parentaltypen; kein crossover
2	+ ri +	456	
3	Gl ri +	29	Rekombinanten — Einzel-crossover in Region I
4	+ + Sb	38	
5	Gl + +	48	Rekombinanten — Einzel-crossover in Region II
6	+ ri Sb	61	
7	Gl ri Sb	2	Rekombinanten — Doppel-crossover in den Regionen I und II
8	+ + +	3	
Gesamtzahl der Nachkommen	= 1070		

Abb. 14.20. Aufgrund der neuen Genanordnung wurde die Kreuzung aus Abb. 14.17 anders formuliert

$$= \frac{\text{Häufigkeit von Einzel-crossover in Region I + Häufigkeit von Doppel-crossover}}{\text{Gesamtnachkommen}}$$

$$\times 100$$

$$= \frac{67 + 5}{1070} \times 100$$

$$= 6,7\%$$

In ähnlicher Weise sind am Austausch zwischen *ri* und *Sb* Doppel-crossover in der Region II beteiligt. Der Kartenabstand zwischen *ri* und *Sb* errechnet sich wie folgt:

$$= \frac{\text{Häufigkeit von Einzel-crossover in Region II + Häufigkeit von Doppel-crossover}}{\text{Gesamtnachkommen}}$$

$$\times 100$$

$$= \frac{(48 + 61) + (2 + 3)}{1070} \times 100$$

$$= \frac{114}{1070} \times 100$$

$$= 10,7\%$$

Die Kartendistanz zwischen *ri* und *Sb* beträgt also 10,7 Karteneinheiten. Man kann aus diesen Daten eine Chromosomenkarte dieser Region erstellen, wie sie in Abb. 14.21 abgebildet ist. Man beachte, daß man bei der Berechnung der Kartendistanzen aus den Werten einer Dreipunkt-Rückkreuzung die Doppel-crossover-Werte zu den Einzel-crossover-Werten addieren muß, da in jedem Fall ein Doppel-crossover auch Einzel-crossover sowohl in Region I als auch II beinhaltet.

Interferenz und Coinzidenz

Durch die Bestimmung der Kartenabstände aus Kreuzungen wie der eben dargestellten kann der Forscher abschätzen,

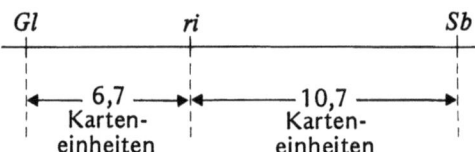

Abb. 14.21. Genkarte der *Gl-ri-Sb*-Region des Chromosoms, konstruiert aus den Daten von Abb. 14.20

ob die erwartete Zahl von Doppel-crossover stattgefunden hat oder ob ein crossover die Wahrscheinlichkeit eines zweiten in der Nähe vermindert. In unserem Beispiel bedeutet der Kartenabstand zwischen Gl und ri von 6,7 Karteneinheiten, daß in 6,7% der Gameten crossover zwischen den beiden Loci aufgetreten ist. Entsprechendes kann man auch für die Gene ri und Sb annehmen. Wenn wir nun annehmen, daß ein crossover-Ereignis in Region I unabhängig von einem crossover-Ereignis in Region II stattfindet, so ist die Wahrscheinlichkeit, daß crossover in den beiden Regionen während der Meiose gleichzeitig stattfindet, gleich dem Produkt der Wahrscheinlichkeiten für die Einzel-crossover. Dies wäre in unserem Falle 0,067 × 0,107 = 0,0072. Man würde also unter den Nachkommen 0,72% Doppel-crossover-Typen erwarten. In Wirklichkeit waren es jedoch nur $\frac{5}{1070}$ oder 0,47% in der entsprechenden Kreuzung. Es ist charakteristisch für Dreifaktor-Rückkreuzungen, daß die beobachtete Zahl von Doppel-crossover-Ereignissen immer niedriger als die erwartete ist. Dies zeigt, daß ein crossover-Ereignis die Wahrscheinlichkeit eines zweiten in der Nähe verringert; dies geschieht wahrscheinlich durch Störungen bei der Paarung der homologen Chromosomen. Man nennt dieses Phänomen Interferenz: ihr Wert kann an verschiedenen Stellen des Genoms unterschiedlich sein. H. Müller bezeichnete das Verhältnis

$$\frac{\text{beobachtete Doppel-crossover-Häufigkeit}}{\text{erwartete Doppel-crossover-Häufigkeit}}$$

als Coinzidenzfaktor. Für die Gl-Sb-Region des *Drosophila*-genoms beträgt er $\frac{0,47}{0,72} = 0,65$.

Die Coinzidenzwerte bewegen sich meist zwischen 0 und 1 und sind umgekehrt proportional dem Interferenzwert. Daher bedeutet ein Coinzidenzwert von 0 vollständige Interferenz – die beiden crossover-Ereignisse treten überhaupt nicht gleichzeitig auf. Umgekehrt würde ein Coinzidenzwert von 1 fehlende Interferenz bedeuten. In unserem Beispiel ist der Interferenzwert 0,35, d.h. nur 65% der erwarteten crossover finden in der untersuchten Region statt.

Zusammenfassung

Erstens ist die Kartierung dann am genauesten, wenn die Gene eng gekoppelt sind. Bedingt durch Mehrfach-crossover und insbesondere durch Doppel-crossover werden die Kartendistanzen für weiter entfernte Gene meist unterschätzt. Man muß bedenken, daß das Maximum der Rekombination für zwei Gene, die weit entfernt auf einem Chromosom liegen, 50% beträgt, da dann die Zahl der geradzahligen crossover (welche zu Parentaltypen führen) und der ungeradzahligen crossover (welche zu Rekombinantentypen führen) gleich groß ist. Dies bedeutet jedoch, daß die beiden Gene ungekoppelt erscheinen, obwohl sie auf demselben Chromosom liegen. Daß beide Gene auf demselben Chromosom liegen, muß durch die Einbeziehung anderer Gene auf dem Chromosom bestätigt werden.

Zweitens sind Kartenabstände genetische Distanzen und spiegeln die crossover-Wahrscheinlichkeiten im kartierten DNA-Abschnitt wider. Obwohl man für gewöhnlich annimmt, daß die crossover-Wahrscheinlichkeit über das ganze Genom hin gleich ist, kann man fast sicher sein, daß dies nicht der Fall ist. Man weiß beispielsweise, daß crossover in Zentromernähe selten sind. Gene in Zentromernähe werden demnach als eng gekoppelt erscheinen, während sie in Wirklichkeit in großer physischer Distanz liegen. Daher gibt die genetische Karte zwar die Genabfolge auf den Chromosomen wieder; die so bestimmte genetische Distanz kann, aber muß nicht, mit den physischen Distanzen übereinstimmen. Dies hängt davon ab, welcher Teil des Genoms untersucht wird.

Drittens erlaubt die genetische Kartierung die Konstruktion von Genkarten jedes Organismus. Daraus lassen sich wichtige Informationen über die Verteilung von Genen für verwandte Funktionen auf dem Genom ableiten.

LITERATUR

Belling J (1933) Crossing over and gene rearrangement in flowering plants. Genetics 18:388–413

Bridges CB (1916) Nondisjunction as a proof of the chromosome theory of heredity. Genetics 1:1–52, 107–163

Creighton HS, McClintock B (1931) A correlation of cytological and genetical crossing over in *Zea mays*. Proc Natl Acad Sci USA 17: 492–497

Gillies CB (1975) Synaptonemal complex and chromosome structure. Annu Rev Genet 9:91:109

Levine RP (1955) Chromosome structure and the mechanism of crossing over. Proc Natl Acad Sci USA 41:727–730

McClung CE (1902) The accessory chromosome – sex determinant? Biol Bull 3:43–84

McKusick VA, Ruddle FH (1977) The status of the gene map of the human chromosomes. Science 196:390–405

Morgan TH (1910) Sex-limited inheritance in *Drosophila*. Science 32:120–122. [In: Peters JA (ed) Classic papers in genetics. Prentice-Hall, Englewood Cliffs, NJ]

Morgan TH (1911) An attempt to analyze the constitution of the chromosomes on the basis of sex-limited inheritance in *Drosophila*. J Exp Zool 11:365–414

Muller HJ (1916) The mechanism of crossing over. II. Am Nat 50: 284–305

Roth R (1976) Temperature-sensitive yeast mutatns defective in meiotic recombination and replication. Genetics 88:675–686

Stern C (1931) Zytologisch-genetische Untersuchungen als Beweise für die Morgansche Theorie des Faktorenaustauschs. Biol Zbl 51: 547–587

Sturtevant AH (1913) The linear arrangement of six sex-linked factors in *Drosophila*, as shown by their mode of association. J Exp Zool 14:43–59

Sutton WS (1903) The chromosomes in heredity. Biol Bull 4:213–251. [In: Peters JA (ed) Classic papers in genetics. Prentice-Hall, Englewood Cliffs, NJ]

Westergaard M, Wettstein von D (1972) The synaptonemal complex. Annu Rev Genet 6:74–110

Wilson EB (1905) The chromosomes in relation to the determination of sex in insects. Science 22:500–502

KAPITEL 15
Genetik der Eukaryonten: Pilzgenetik

Fusion je einer haploiden α- und a-Zelle entsteht eine stabile Diploide, die sich ebenfalls durch Sprossung vermehren kann. Überführt man den diploiden α/a-Stamm in ein Stickstoff-Mangelmedium, so wird die Sporulation induziert, die zur Meiose führt. Die vier haploiden Meioseprodukte (die Askosporen) befinden sich in einem Askus. Zwei von ihnen besitzen den Paarungstyp a, zwei den Paarungstyp α. Wenn die Askosporen freigesetzt werden, entstehen daraus haploide vegetative Zellen. Bei der Bäckerhefe liegen die Askosporen zufällig in der Zelle verteilt vor: man kann deshalb nur ungeordnete Tetraden isolieren.

INHALT

Lebenszyklen von Pilzen
    Hefe
    Neurospora crassa
    Aspergillus nidulans
Meiotische Analyse bei Hefe und *Neurospora*
    Freisporanalyse zur Bestimmung der Kartendistanz
    Tetradenanalyse
        Gen-Zentromer-Distanz
        Kartenabstand zweier Gene
    Prüfung auf Genkopplung durch Tetradenanalyse
Mitotische genetische Analyse bei *Aspergillus nidulans*
    Mechanismus des mitotischen crossover
    Konstruktion diploider Stämme
    Zuordnung von Genen zu Kopplungsgruppen durch Haploidisierung
Genkartierung durch mitotische Rekombination

Lebenszyklen von Pilzen

Der Vorteil der Pilze für genetische Analysen besteht darin, daß viele von ihnen haploid sind, und einige von ihnen einen Lebenszyklus besitzen, in dem man die vier Meioseprodukte untersuchen kann. Man nennt dies Tetradenanalyse. Die Lebenszyklen zweier Pilze, *Saccharomyces* (einer Sproßhefe) und *Neurospora crassa* (einem myzelbildenden Pilz), werden hier beschrieben werden. An beiden Organismen lassen sich Tetradenanalysen (und molekulargenetische Experimente) ausführen.

Der Lebenszyklus der Hefe

Bei Hefe gibt es zwei Paarungstypen, α und a. Die haploiden vegetativen Zellen vermehren sich durch Sprossung. Durch

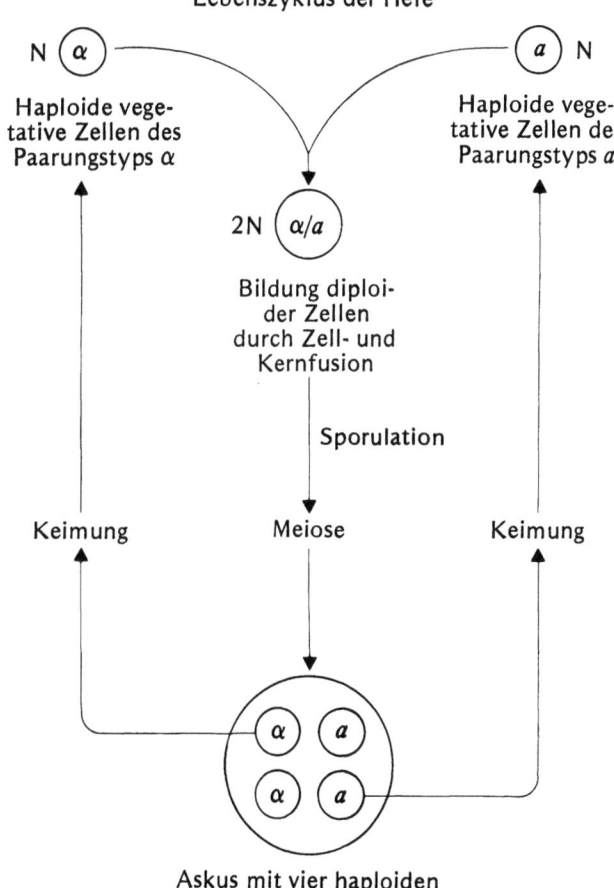

Abb. 15.1. Lebenszyklus der Hefe *Saccharomyces cerevisiae*

Der Lebenszyklus von *Neurospora crassa*

Neurospora crassa ist ein haploider Organismus, der spinnwebartige, verzweigte Fäden ausbildet, die man Myzelium nennt. Er kann sich asexuell durch Sporen vermehren, die als Konidien bezeichnet werden, oder durch Myzelfragmente. Das Myzelium selbst ist durch Septen mit einer zentralen Öffnung unterteilt — dies gestattet die Zirkulation des Zellinhaltes durch das ganze Myzelium.

N. crassa kommt in zwei Paarungstypen, *A* und *a*, vor: sie werden durch zwei Allele eines Gens bestimmt. Die sexuelle Vermehrung erfolgt durch Kernverschmelzung zweier Zellen entgegengesetzten Paarungstyps zu einer Zygote, welche nur ein Übergangsstadium im Lebenszyklus darstellt. In der Zygote findet die Meiose statt, wobei die Zygote sich in eine als Askus bezeichnete, langgestreckte Röhre umwandelt. Die zwei meiotischen Teilungen finden nacheinander im Askus statt. Eine mitotische Teilung führt im Anschluß daran zur Bildung von 8 Askosporen, die linear im Askus angeordnet sind. Diese 8 Askosporen repräsentieren die (jeweils verdoppelten) vier Meioseprodukte. Genau wie sich die Chromatiden in der Zygote angeordnet haben, liegen nun die Sporen in einer geordneten Tetrade vor. Man kann sie auch in linearer Anordnung durch Mikromanipulation aus dem Askus isolieren. Alle Askosporen sind haploid und sind zur Hälfte vom *A*-, zur anderen Hälfte vom *a*-Paarungstyp. Bei der Keimung entsteht aus jeder Spore ein vegetatives Myzelium.

Die Aski selbst werden in einem Fruchtkörper gebildet, der als Perithezium bezeichnet wird (Abb. 15.3). Wenn die Aski reif sind, werden die Askosporen durch den Hals des Perithziums ausgeschleudert und können für eine Freisporenanalyse gesammelt werden.

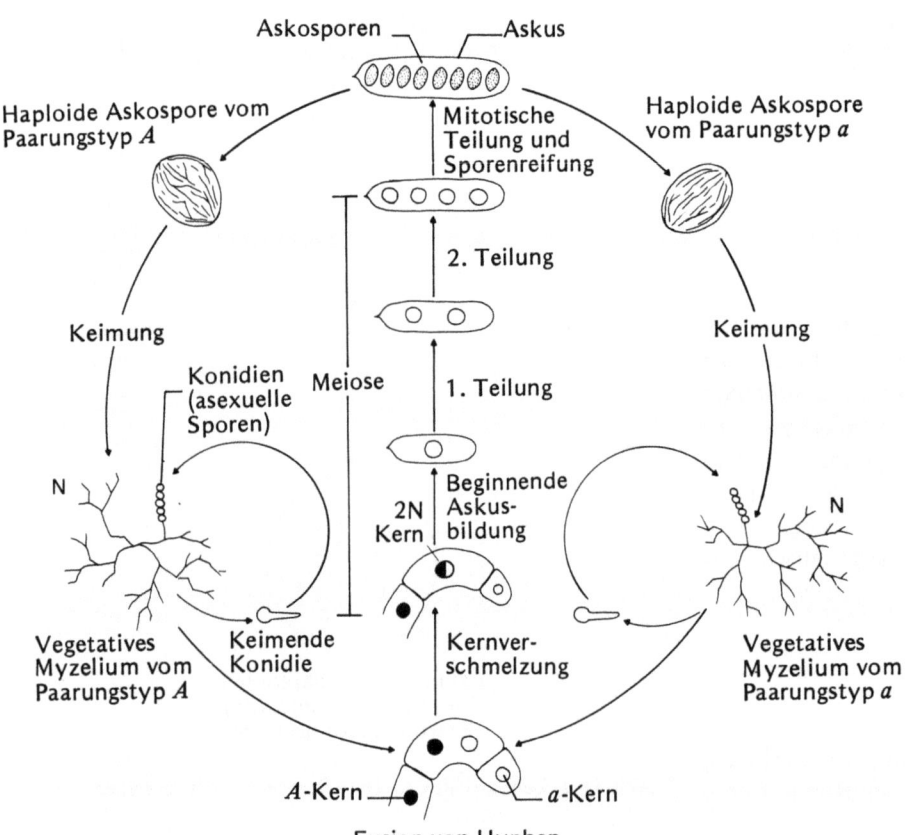

Abb. 15.2. Lebenszyklus von *Neurospora crassa*

Der Lebenszyklus von *Aspergillus nidulans*

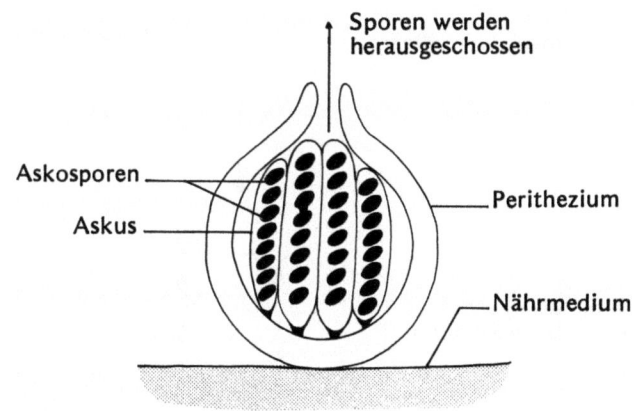

Abb. 15.3. Längsschnitt durch ein Perithezium (Fruchtkörper) von *Neurospora crassa*, der die lineare Anordnung der Askosporen in den Aski zeigt

Ein dritter Pilz wurde und wird immer noch von Genetikern als Untersuchungsobjekt verwendet: der hyphenbildende Pilz *Aspergillus nidulans*.

Auch bei diesem Pilz kann es während der Mitose zum crossover kommen. Dies kann, zusammen mit einem anderen Vorgang, der Haploidisierung, zur Kartierung von Genen auf bestimmten Chromosomen benutzt werden (s. S. 159).

Der Lebenszyklus von *Aspergillus nidulans*

Dieser Pilz ist haploid und bildet ein farbloses, vielkerniges Myzelium. Die asexuellen Sporen, die Konidien, werden von Konidiophoren abgeschnürt. Die Sporen sind einkernig und beim Wildtyp dunkelgrün gefärbt. Bei der Sporenkeimung entsteht ein Myzelium, wodurch der vegetative Zyklus beendet ist. *Aspergillus* besitzt auch einen vegetativen Zyklus, in dem acht Askosporen gebildet werden, die wiederum zu einem vegetativen Myzelium auskeimen. Im Gegensatz zu *Neurospora*, bei dem Kerne verschiedener Paarungstypen fusionieren müssen, um den sexuellen Zyklus einzuleiten, ist *Aspergillus* homothallisch. Das bedeutet, daß der Pilz selbstfertil ist. Zwei Kerne aus demsel-

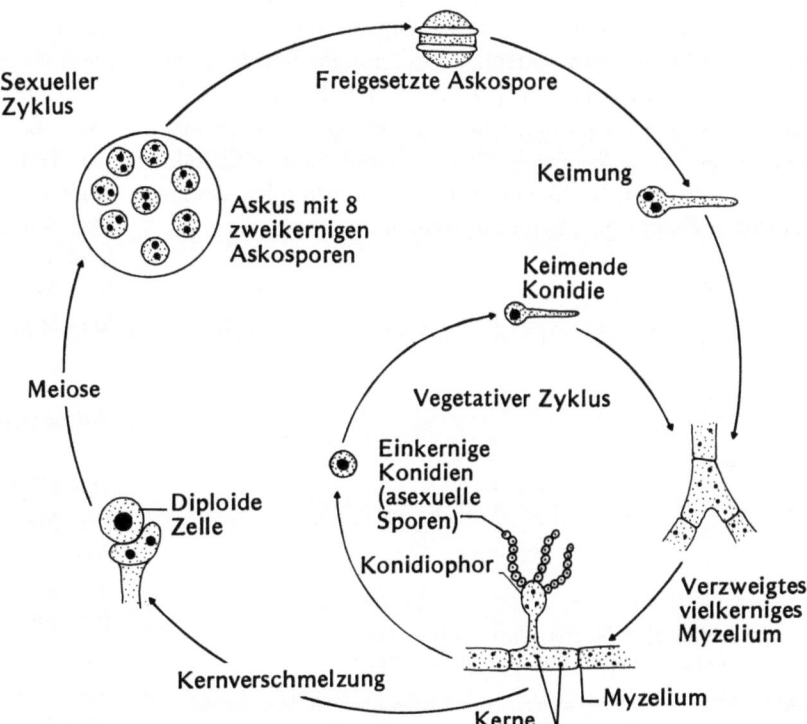

Abb. 15.4. Lebenszyklus von *Aspergillus nidulans*

150 Genetik der Eukaryonten: Pilzgenetik

selben Myzel können miteinander fusionieren und einen diploiden Kern bilden, der dann in der Meiose die Askosporen bildet. Da dieses gezielte Kreuzungen sehr erschwert, ist die meiotische genetische Analyse in diesem Organismus sehr problematisch. Die mitotische genetische Analyse ist jedoch bei diesem Pilz möglich. Wir werden sie im Anschluß an die Besprechung des Mechanismus der mitotischen Rekombination diskutieren.

Wir haben nun die Lebenszyklen von drei Pilzen beschrieben und können nun zur genetischen Analyse dieser Organismen übergehen. Zuerst wollen wir die meiotische genetische Analyse anhand von *Neurospora* und Hefe besprechen und uns dann der mitotischen genetischen Analyse bei *Aspergillus* zuwenden.

Die meiotische Analyse bei Hefe und *Neurospora*

Freisporanalyse zur Bestimmung der Kartendistanz

Sowohl bei Hefe als auch bei *Neurospora* kann man die freigesetzten Askosporen sammeln, zur Keimung anregen, und die daraus entstehenden Kolonien phänotypisch analysieren. Die Askosporen sind demnach äquivalent zur Nachkommenschaft der Kreuzungen, die im Kapitel über die genetische Analyse von diploiden Organismen beschrieben wurden. Man kann auch bei diesen Organismen Zwei- oder Dreifaktorkreuzungen ausführen. Der haploide Status dieser Organismen erleichtert in gewisser Weise die Analyse. In dem in Abb. 15.5 gezeigten Beispiel können die Kartenabstände der drei gekoppelten Gene *a*, *b* und *c* durch Auszählen der haploiden Nachkommen mit parentalen oder rekombinanten Phänotypen bestimmt werden.

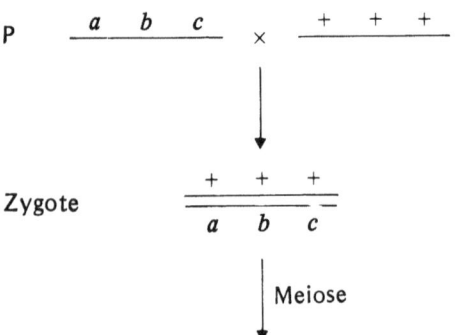

Abb. 15.5. Kreuzungsschema zur Kartierung von drei Genen in einem haploiden Organismus wie Hefe oder *Neurospora*

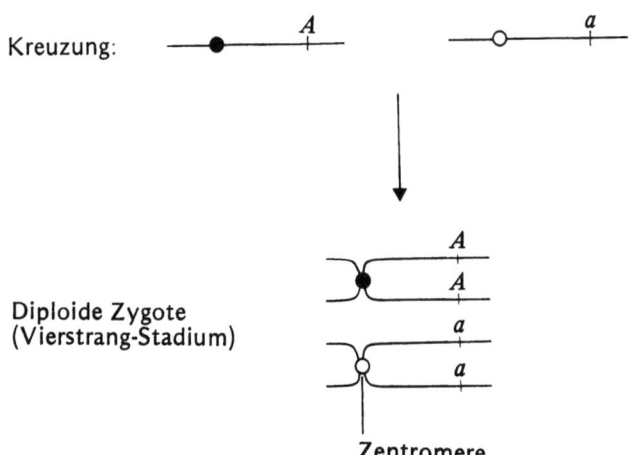

Abb. 15.6. Bestimmung des Abstandes zwischen Zentromer und Paarungstyplokus bei *Neurospora*: Zygotenbildung durch Kreuzung eines *A*-Stammes mit einem *a*-Stamm

Im Falle von *Neurospora crassa* würde man von zwei Elternstämmen ausgehen, welche unterschiedliche Paarungstypen besitzen und unter Stickstoffmangel Zygoten bilden. Wenn in der Zygote die Meiose eingeleitet wird, entstehen zwei Parentaltypen (+++ und *abc*), falls in der entsprechenden Region keine crossover stattfinden. Es entstehen jedoch sechs verschiedene Rekombinantentypen durch Einzel- und Doppel-crossover-Ereignisse in diesem Abschnitt. Die Produkte einer Kreuzung sind hier direkt die Nachkommen, nicht wie bei der Kreuzungsanalyse Diploider, die Gameten. Der Genotyp und der Phänotyp sind bei Haploiden identisch. Bei der Kreuzung zweier Haploider wird eine mehrfach Heterozygote gebildet, und diese Heterozygote ist der Ausgangspunkt für alle Überlegungen bei der Kartierung. Man kann also auch von haploiden Pilzen (und anderen haploiden Organismen) genetische Karten in genau derselben Weise erstellen, wie wir sie bei diploiden Organismen kennengelernt haben.

Tetradenanalyse

Die Möglichkeit der Isolierung geordneter Tetraden (den vier Meioseprodukten) bei gewissen Pilzen (wie Hefe und *Neurospora*) erlaubt dem Forscher die Bestimmung des Zentromerabstandes eines gewissen Gens. (Dies ist gewöhnlich mit einer Freisporanalyse nicht möglich.) Zusätzlich stellt die Analyse geordneter und ungeordneter Tetraden eine unabhängige Methode zur Bestimmung der Kartendistanzen zweier oder mehrerer Gene dar.

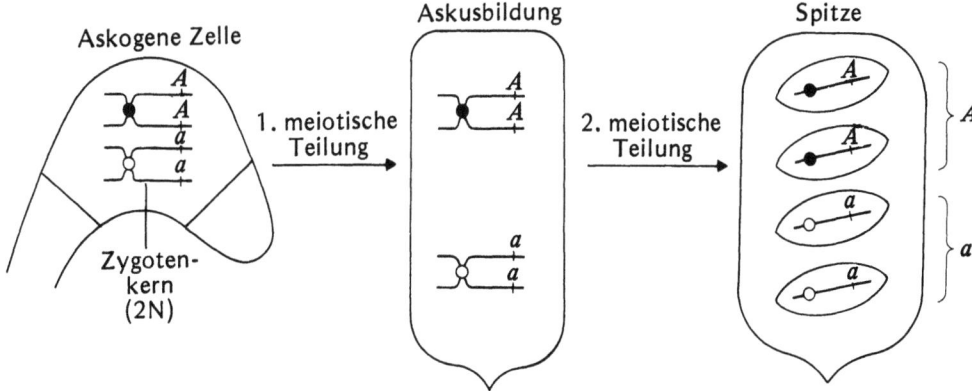

Abb. 15.7. Bestimmung des Abstandes zwischen Zentromer und Paarungstyplocus bei *Neurospora*. Entwicklung eines Askus aus einer Zygote, in der zwischen Zentromer und Paarungstyplocus kein crossover stattgefunden hat. Der Askus zeigt Präreduktion der Paarungstypallele

1. Bestimmung der Gen-Zentromer-Distanz

Um sie zu bestimmen, benötigt man geordnete Tetraden, wie sie etwa bei *N. crassa* analysiert werden können. Wir wollen als Beispiel die Paarungstypallele *A* und *a* auf der Kopplungsgruppe I betrachten (Abb. 15.6).

In der Zelle liegen die einzelnen Chromatiden natürlich viel dichter gepackt vor, als wir sie hier aus Gründen der Übersichtlichkeit darstellen wollen. In dieser und allen weiteren Darstellungen wollen wir das Symbol ● für das Zentromer des *A*-Elters und ○ für das Zentromer des *a*-Elters wählen. Natürlich sind die beiden Zentromere identisch, aber wir müssen sie für unsere Ausführungen voneinander unterscheiden können. Man beachte, daß sich in der Zygote zwar die Chromosomen verdoppelt haben, nicht aber die Zentromere.

Wir können nun zwei verschiedene Fälle analysieren. Im einen Fall hat kein crossover zwischen dem Paarungstyplokus und dem Zentromer stattgefunden; die meiotische Teilung und der daraus hervorgegangene Askus sind in Abb. 15.7 dargestellt. (Zur Vereinfachung ist die an die 2. meiotische Teilung angeschlossene mitotische Teilung weggelassen, welche die vier Meioseprodukte einfach verdoppelt.)

Wie man sieht, gibt die Anordnung der vier Askosporen direkt die Anordnung der vier Chromatiden in der Zygote wieder. Da sich die Zentromere erst kurz vor der zweiten meiotischen Teilung aufspalten, führt dies zu einer 2:2-Aufspaltung (4:4, wenn wir annehmen, daß die mitotische Teilung 8 Askosporen erzeugt) der Zentromere des einen Elters (●) zu den Zentromeren des anderen Elters (○). Wir sprechen dann, da sich die Zentromere in der ersten meiotischen Teilung immer zu unterschiedlichen Kernbezirken bewegen, von Präreduktion. Falls kein crossover zwischen Gen und zugehörigem Zentromer auftritt, wird dieses Gen auch präreduziert. Dabei sind die zwei Chromatiden mit dem *A*-Allel zum einen Abschnitt des Askus gewandert, die Chromatiden mit dem *a*-Allel zum anderen. Da die vier Chromatiden in der Zygote mit gleicher Häufigkeit auch umgekehrt angeordnet sein können, finden wir die zwei Typen von Aski (Abb. 15.8) in gleicher Zahl.

Im zweiten Fall hat sich ein Einzel-crossover zwischen einem Gen und dem zugehörigen Zentromer ereignet. In diesem Fall zeigen die Zentromere wie vorher Präreduktion (sie sind in diesem Fall „Gen"-Marker, die immer präreduziert werden), und die Allele *A* und *a* zeigen Postreduktion. Das heißt, die Trennung der beiden Allele ist wegen des crossover bis zur zweiten meiotischen Teilung verzögert. Da die dreidimensionale Anordnung der zwei Nicht-crossover-Chromatiden variiert, gibt es vier verschiedene Möglichkeiten von Postreduktions-Aski (Abb. 15.9). Wiederum ist die abschließende mitotische Teilung der Einfachheit halber weggelassen.

Spitze	Spitze
● *A*	○ *a*
● *A*	○ *a*
○ *a*	● *A*
○ *a*	● *A*

Präreduktion

Abb. 15.8. Die zwei möglichen Orientierungen der Paarungstypallele und Zentromere (● und ○) in Präreduktions-Aski. Die zwei Typen treten mit gleicher Häufigkeit auf

152   Genetik der Eukaryonten: Pilzgenetik

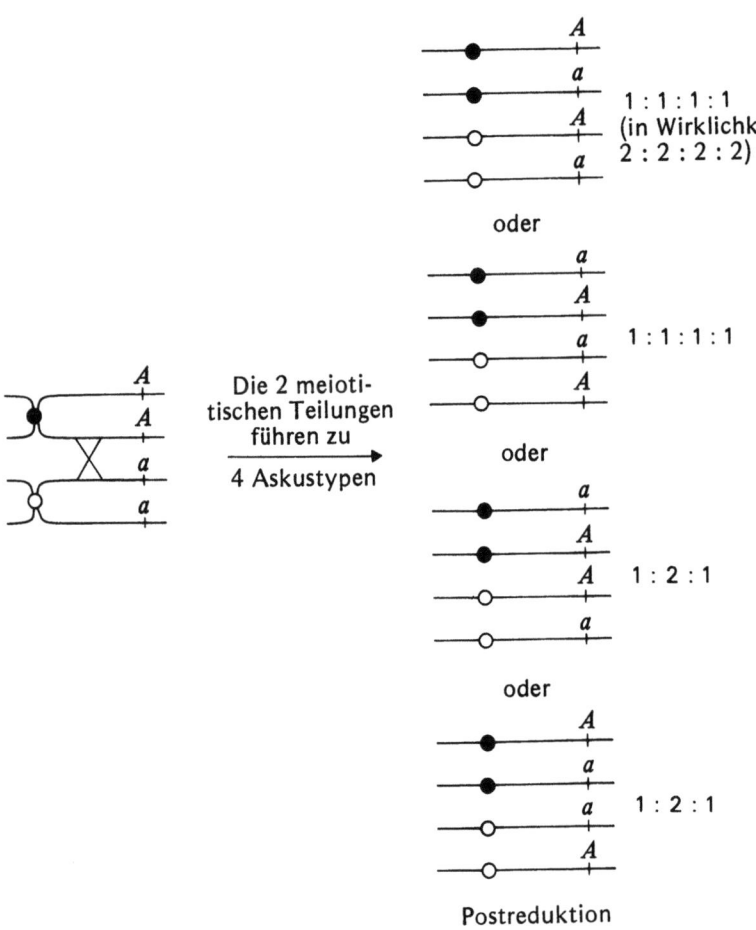

Abb. 15.9. Bestimmung der Zentromerdistanz des Paarungstyplocus bei *Neurospora*: Askusentwicklung aus einer diploiden Zygote, in der ein Einzel-crossover zwischen Zentromer und Paarungstyplocus stattgefunden hat. Die entstandenen Aski zeigen Postreduktion der Paarungstypallele. Die vier Askustypen treten mit gleicher Häufigkeit auf

Durch die Untersuchung geordneter Tetraden kann man den Prozentsatz an Aski mit Postreduktion für ein bestimmtes Allelpaar bestimmen. Für die Paarungstypallele ist dies beispielsweise 14%. Wie kann man diesen Wert in Karteneinheiten übertragen? Wie wir gehört haben, kann man die Karteneinheiten direkt aus dem Prozentsatz an Rekombinanten aus einer Kreuzung ableiten. Bei *Neurospora crassa* kann man das Zentromer als Chromosomenmarker ansehen, wobei die Parentaltypen —•———A— und —o———a— sind. Wenn man Postreduktionsaski betrachtet, kann man sie bezüglich des Zentromers und der Paarungstypallele in Parentaltypen und Rekombinantentypen einteilen (Abb. 15.10).

Wie man sieht, ist die Hälfte der Sporen parental (—•———A— und —o———a—), die andere Hälfte rekombinant (—•———a— und —o———A—). Man kann also den Gen-Zentromer-Abstand dadurch berechnen, indem man die Anzahl der Postreduktionsaski durch zwei teilt. Damit ist der Paarungstyplokus 14%:2 = 7 Karteneinheiten vom Zentromer entfernt.

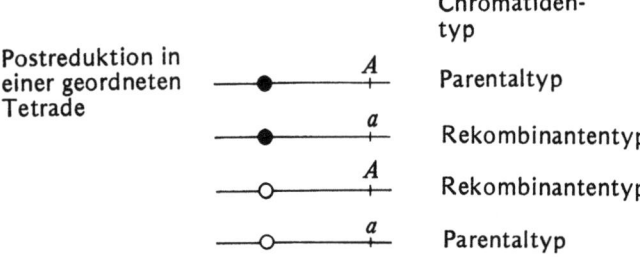

Abb. 15.10. Parental- und Rekombinantentypen für Zentromer und Paarungstypallele in einem Postreduktionsaskus

Obwohl wir dies in den folgenden Beispielen nicht weiter ausführen werden, kann man durch Analyse geordneter Tetraden die Analyse von Zentromer-Gen-Abständen mit der Analyse der Kartendistanz zweier oder mehrerer Gene kombinieren.

2. Kartenabstand zweier Gene

Die Meiose einer diploiden Zelle mit zwei heterozygoten Genpaaren führt zu drei möglichen Segreganten. Die drei Tetradentypen für die Kreuzung $ab \times ++$ sind in Abb. 15.11 wiedergegeben.

Aski des Parentaldityps enthalten zwei verschiedene Sporenklassen, ab und $++$: beides sind Parentaltypen. Aski des nichtparentalen Dityps (NPD) enthalten Sporen der Genotypen $a+$ und $+b$: beides sind rekombinante (nicht parentale) Genotypen. Der Tetratyp-Askus enthält zwei parentale (ab und $++$) und zwei rekombinante ($a+$ und $+b$) Sporen, also vier verschiedene Sporentypen. Das Auftreten von Tetratyp-Aski ist bereits ein Hinweis, daß crossover im Vierstrangstadium der Meiose auftritt.

Die Kreuzung $ab \times ++$ gibt Aufschluß über die Kopplungsbeziehungen zwischen den beiden Genen, wenn wir die Nachkommen durch Analyse ungeordneter oder geordneter Tetraden untersuchen. Wiederum gibt es zwei Möglichkei-

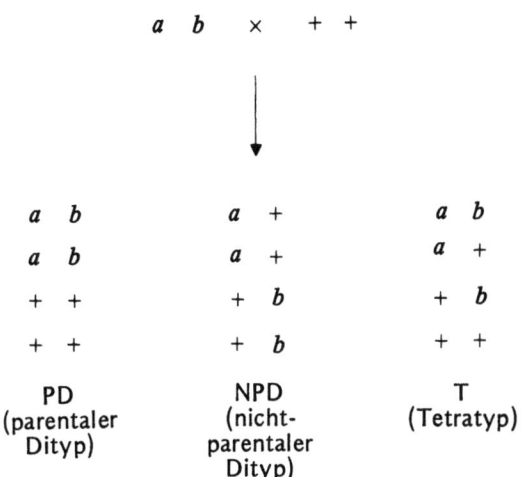

Abb. 15.11. Die drei Tetradentypen, die aus einer Kreuzung $ab \times ++$ hervorgehen können

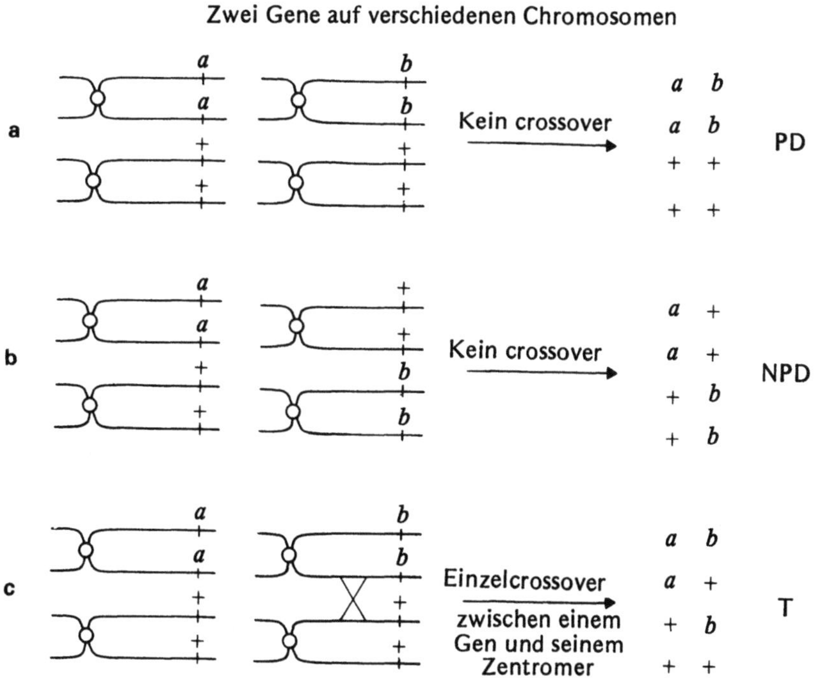

ten: die Gene a und b können einmal auf verschiedenen Chromosomen liegen. In diesem Fall sind PDs und NPDs gleich häufig, entsprechend der Anordnung der Chromatidentetrade in der Metaphase I. Tetratypen entstehen, wenn ein Einzel-crossover-Ereignis zwischen dem einen oder anderen Gen und seinem zugehörigen Zentromer stattfindet (Abb. 15.12). Die Anzahl der Tetratyp-Aski hängt vom Abstand der zwei Gene von ihrem jeweiligen Zentromer ab.

Abb. 15.12a–c. Tetradenanalyse der Kreuzung $ab \times ++$, wobei die Gene a und b auf unterschiedlichen Chromosomen liegen. a und b zeigen Tetradentypen, bei denen die Chromatiden bei der Meiose zufällig und ohne crossover aufgeteilt wurden; c zeigt einen Tetradentyp, bei dem zwischen Gen und Zentromer ein crossover stattgefunden hat

Zwei Gene auf demselben Chromosom

a Kein crossover

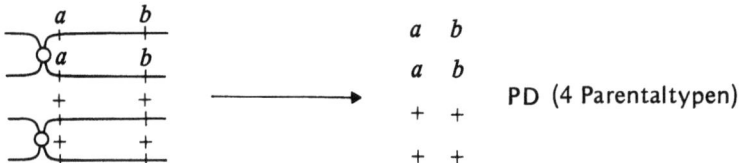

PD (4 Parentaltypen)

b Einzelcrossover

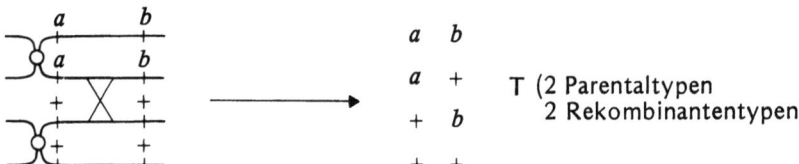

T (2 Parentaltypen
2 Rekombinantentypen)

c Doppelcrossover
1. Zweistrang-Doppelcrossover

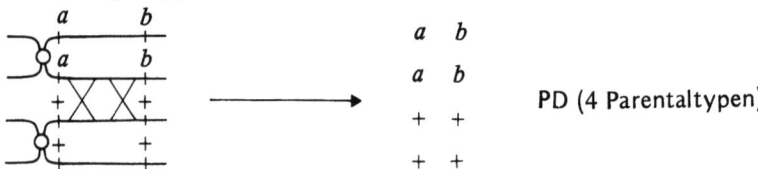

PD (4 Parentaltypen)

2. Dreistrang-Doppelcrossover

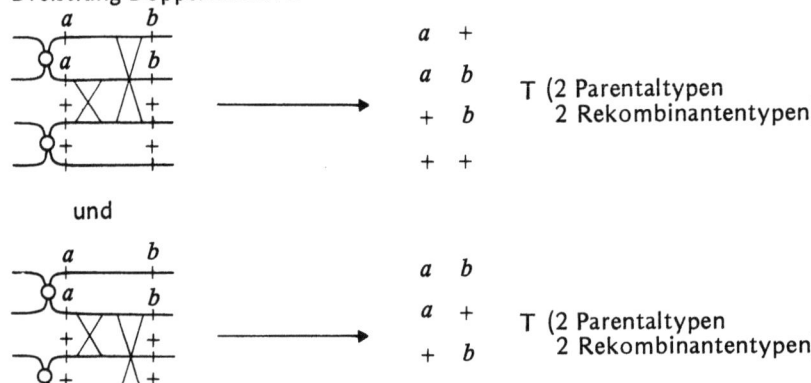

T (2 Parentaltypen
2 Rekombinantentypen)

und

T (2 Parentaltypen
2 Rekombinantentypen)

3. Vierstrang-Doppelcrossover

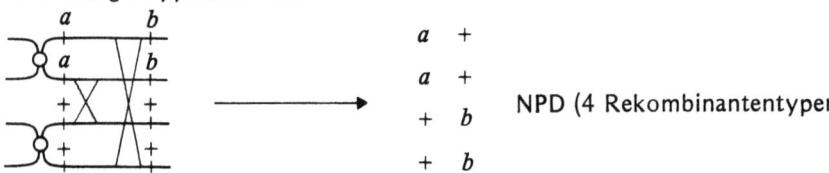

NPD (4 Rekombinantentypen)

Abb. 15.13a–c. Tetradenanalyse der Kreuzung $ab \times ++$, wobei beide Gene a und b auf demselben Chromosom liegen. a Kein crossover ergibt einen PD-Askus; b Einzel-crossover zwischen zwei Genen resultiert in einem T-Askus; c Doppel-crossover zwischen beiden Genen führt zu PD-, T- oder NPD-Aski, je nachdem, wie viele Chromatiden an dem Austausch beteiligt waren

Bei der anderen Alternative liegen die Gene *a* und *b* gekoppelt auf demselben Chromosom (Abb. 15.13). In dem Schema sind zwar geordnete Tetraden gezeichnet, doch kann man durch Analyse ungeordneter Tetraden zum selben Resultat gelangen. Die drei Möglichkeiten, die wir in Betracht ziehen, sind kein crossover- (Abb. 15.13a), ein crossover- (Abb. 15.13b) oder ein Doppel-crossover-Ereignis (Abb. 15.13c).

Falls kein crossover zwischen den beiden Genen stattfindet (Abb. 15.13a), zeigen alle Nachkommen parentalen Phänotyp. Falls ein Einzel-crossover zwischen den beiden Genorten auftritt (Abb. 15.13b), sind die Hälfte der Nachkommen von parentalem, die andere Hälfte von rekombinantem Genotyp. Wenn wir nun Doppel-crossover-Ereignisse betrachten, muß man drei Möglichkeiten unterscheiden: Zweistrang-, Dreistrang- und Vierstrang-Doppel-crossover. Es gibt zwei Alternativen für das Dreistrang-Doppel-crossover, und so ist das Verhältnis von Zwei- zu Drei- zu Vierstrang-Doppel-crossover wie 1:2:1.

Man kann daher den Kartenabstand zweier Gene nach folgender Formel berechnen:

$$\frac{\text{Zahl der Rekombinanten}}{\text{Gesamtnachkommen}} \times 100.$$

Die Untersuchung von Tetraden zeigt, daß NPD-Aski vier rekombinante Sporen enthalten, während T-Aski zwei parentale und zwei rekombinante Sporen aufweisen. Man kann deshalb die allgemeine Formel entsprechend der Tetradentypen umformulieren, so daß sich der Kartenabstand zwischen *a* und *b* wie folgt errechnet:

$$\frac{1/2\,T + NPD}{\text{untersuchte Aski}} \times 100.$$

Falls 1000 Aski untersucht wurden, die 900 PD-, 96 T- und 4 NPD-Tetraden enthielten, wäre der Abstand zwischen *a* und *b*:

$$\frac{1/2\,(96) + 4}{1000} \times 100 = 5{,}2 \text{ Karteneinheiten}.$$

Die soeben abgeleitete Formel berechnet die Kartenabstände jedoch auf der Basis von Rekombinantenhäufigkeiten, nicht aber auf der Basis von crossover-Häufigkeiten. Man muß daher die Werte entsprechend korrigieren.

Wir haben theoretisch abgeleitet, daß es drei Typen von Doppel-crossovern gibt, nämlich das Zweistrang-Doppel-

Rekombinanten = 1/2 T + NPD

+ NPD (um die Zweistrang-Doppel-crossover zu addieren, welche mit einer Häufigkeit PD-Tetraden ergeben, die gleich der Frequenz von NPD-Tetraden ist)

+ NPD (um das Äquivalent für die Doppel-crossover zu addieren, welche bei den Dreistrang-Doppel-crossover nicht gezählt wurden – diese sind ebenso häufig wie die NPD-Tetraden)

Gesamt-
rekombinanten = 1/2 T + 3 NPD

Abb. 15.14. Ableitung der Formel zur Bestimmung des Kartenabstandes zweier Gene durch Tetradenanalyse

crossover, das Dreistrang-Doppel-crossover und das Vierstrang-Doppel-crossover, und zwar im Verhältnis 1:2:1. Die Häufigkeit der Vierstrang-crossover kann direkt durch die Anzahl von NPD-Aski bestimmt werden. Aus den Zweistrang-Doppel-crossover gehen PD-Aski hervor, doch werden hier die zwei crossover-Ereignisse nicht berücksichtigt (siehe Abb. 15.13c). Die Anzahl der PD-Aski, die durch Doppel-crossover entstehen, sollte gleich der Anzahl der NPD-Aski sein.

Es gibt zwei Typen von Dreistrang-Doppel-crossover, welche zu T-Aski führen; T-Aski entstehen aber auch durch Einzel-crossover. Von jedem Dreistrang-Doppel-crossover ist in Wirklichkeit nur eines in unserer ursprünglichen Formel berücksichtigt. Auch sind bei den zwei Dreistrang-Doppel-crossover die zwei entsprechenden Einzelstrang-crossover oder das eine Doppelstrang-crossover nicht in unsere Berechnungen eingegangen. Wie wir sehen, ist die Häufigkeit der NPDs gleich der Häufigkeit der Doppel-crossover. Man kann die Formel daher entsprechend Abb. 15.14 umwandeln.

Die aus den Tetradentypen abgeleitete Formel zur Berechnung der Kartenabstände lautet also

$$\frac{1/2\,T + 3\,NPD}{\text{untersuchte Aski}} \times 100.$$

Setzt man das gewählte Zahlenbeispiel ein, so ergibt sich:

$$\frac{1/2\,(96) + 3\,(4)}{1000} \times 100 = 6{,}0 \text{ Karteneinheiten}.$$

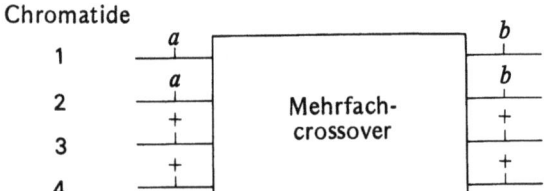

Abb. 15.15. Schematische Darstellung des Vierchromatidenstadiums der Meiose mit der Möglichkeit vieler crossover-Ereignisse zwischen den Loci *a* und *b*. Die Numerierung der Chromatiden wird im Text verwendet (D.T. Suzuki u. J.F. Anthony 1976, An introduction to genetic analysis. Freeman, London)

Aufgrund der alten Berechnung waren dies nur 5,2 Karteneinheiten.

Diese Formel für die einzelnen Askustypen kann für die Berechnung des Kartenabstandes zweier beliebiger Gene verwendet werden. Bei der Analyse von mehr als zwei Genen sollten die Genabstände immer paarweise berechnet werden, indem man die Anzahl der PD-, NPD- und T-Aski separat für jedes Genpaar bestimmt.

Prüfung auf Genkopplung durch Tetradenanalyse

Anstelle der Freisporanalyse kann man die Kopplung zweier Gene auch durch Tetradenanalyse prüfen. Wenn zwei Gene ungekoppelt auf zwei verschiedenen Chromosomen liegen,

Tabelle 15.1. Relative Häufigkeiten von PD-, NPD- und T-Aski, wenn die beiden Gene weit entfernt auf demselben Chromosom liegen* (D.T. Suzuki u. J.F. Anthony 1976, An introduction to genetic analysis. Freeman, London)

Chromatide 1	Chromatide 2	Wahrscheinlichkeit	Genotyp der Tetrade	Askustyp
$p(b) = 1/2$ —	$p(b) = 1/3$	1/6	ab ab + + + +	PD
	$p(b^+) = 2/3$	2/6	ab a+ +b + +	T
$p(b^+) = 1/2$ —	$p(b^+) = 1/3$	1/6	a+ a+ +b + b	NPD
	$p(b) = 2/3$	2/6	a+ ab +b + +	T

Daher ist die Häufigkeit von T = 2/6 + 2/6 = 66,66%
PD = 1/6 = 16,66%
NPD = 1/6 = 16,66%

* Die Kreuzung lautet *ab* × + +. Um die Genotypen der Tetraden bestimmen zu können, nehmen wir an, daß die zwei Kopien des Allels *a* auf den Chromatiden 1 und 2 liegen. Zwischen *a* und *b* finden so viele crossover statt, daß die beiden Gene *a* und *b* in Wirklichkeit unabhängig voneinander segregieren

sind die Häufigkeit von PD- und NPD-Aski gleich. PD-Aski enthalten nur Sporen des Parentaltyps, NPD-Aski nur Rekombinantensporen. T-Aski enthalten zur Hälfte parentale und rekombinante Sporen. Ist die Häufigkeit von PD gleich der von NPD, unabhängig von der Anzahl T-Aski, so beträgt die Rekombinationshäufigkeit 50%: das bedeutet keine Kopplung der beiden Gene. Die Häufigkeit von T-Aski läßt jedoch darauf schließen, ob zwei ungekoppelte Gene auf zwei verschiedenen Chromosomen oder weit entfernt auf demselben Chromosom liegen. Im ersten Falle entstehen T-Aski durch ein Einzel-crossover zwischen dem einen oder anderen Gen und seinem zugehörigen Zentromer. Die Häufigkeit von T-Aski hängt also von der Entfernung des Gens von seinem zugehörigen Zentromer ab. In diesem Fall schwankt die Häufigkeit von T-Aski zwischen 0 und 66,7%. (Dies wird später begründet!) Liegen andererseits zwei Gene weit entfernt auf demselben Chromosom, kommt es zu einer großen Zahl von crossover. Die geradzahligen sind ebensohäufig wie die ungeradzahligen crossover, wodurch PD- und NPD-Aski in gleicher Häufigkeit entstehen. Dabei machen die T-Aski 66,7% aller Aski aus. Dies wird anhand der Kreuzung *ab* × + + deutlich werden.

Falls die zwei Genorte weit entfernt sind, kommt es zwischen ihnen zu vielen crossover-Ereignissen (Abb. 15.15). Betrachten wir zuerst die Chromatide 1 mit dem *a*-Allel. Da es viele crossover-Möglichkeiten zwischen den Chromatiden gibt, so wird *a* mit gleicher Wahrscheinlichkeit mit *b* oder mit + kombiniert. Die Wahrscheinlichkeit der Kombination mit *b*, $p(b) = 1/2$; die Wahrscheinlichkeit der Kombination mit b^+, $p(b^+) = 1/2$. Wenn wir nun die Chromatide 2 betrachten und auch hier die Wahrscheinlichkeit der einzelnen Genotypen berechnen, können wir daraus die Häufigkeit der verschiedenen Askustypen ableiten. Falls die Chromatide 1 das Allel *b* trägt, so trägt die Chromatide 2 mit einer Wahrscheinlichkeit von 1/3 *b* und mit einer Wahrscheinlichkeit von 2/3 das Allel b^+. Im ersten Fall führt dies zu einem PD-Askus, im letzteren zu einem T-Askus (Tabelle 15.1).

Zusammenfassend läßt sich sagen, daß Aski im Verhältnis 1 PD : 1 NPD : 4 T entstehen, wenn zwei Gene ungekoppelt und sehr weit entfernt auf demselben Chromosom liegen. Liegen die beiden Gene auf verschiedenen Chromosomen, so ist PD = NPD, und der relative Anteil an T-Aski ist vom Zentromerabstand der beiden Gene abhängig. Ein niedriger T-Wert, verglichen mit den PD- und NPD-Werten bedeutet also, daß beide Gene auf verschiedenen Chromosomen liegen.

Falls die beiden Gene gekoppelt sind, können NPD-Aski nur durch Vierstrang-Doppel-crossover entstehen, welche

Abb. 15.16a,b. Schematische Darstellung einer (a) normalen Mitose und (b) einer Mitose mit seltenem crossover-Ereignis

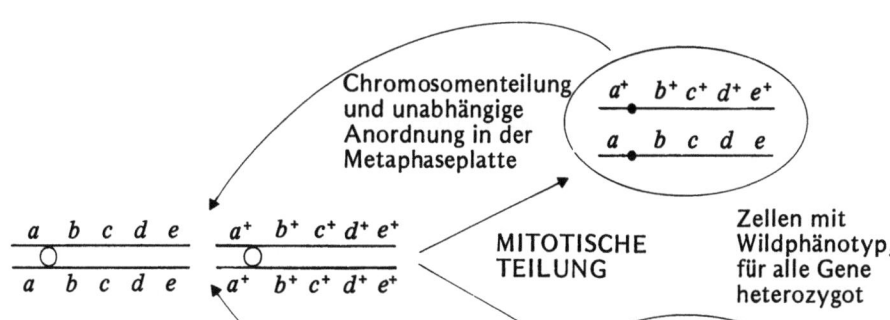

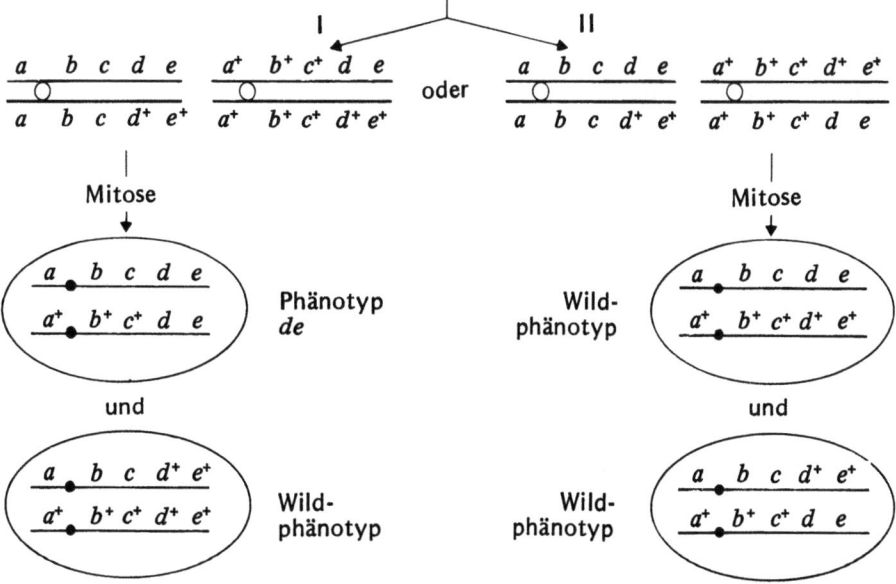

sehr selten sind. Daher wird die Häufigkeit von PD-Aski viel größer als die von NPD-Aski sein (d.h. PD ≫ NPD). Die T-Aski entstehen durch Einzel- und Dreistrang-Doppelcrossover und treten mit einer Häufigkeit auf, die zwischen der für PDs und NPDs liegt.

158 Genetik der Eukaryonten: Pilzgenetik

Mitotische genetische Analyse bei *Aspergillus nidulans*

Bisher hat sich die Diskussion über crossover auf die Meiose beschränkt. 1936 entdeckte C. Stern, daß crossover auch in Somazellen von *Drosophila melanogaster* vorkommen kann, d.h. während der Mitose. Wir werden das mitotische crossover beim myzelbildenden Pilz *Aspergillus nidulans* besprechen. Dabei wird diskutiert, wie dies zusammen mit der Haploidisierung zur Lokalisierung von Genen auf Kopplungsgruppen benutzt werden kann.

Der Mechanismus des mitotischen crossover

In der Mitose repliziert sich jedes homologe Chromosomenpaar, die beiden Schwesterchromatiden ordnen sich in der Metaphaseplatte an und werden dann auf die beiden Tochterzellen aufgeteilt, die somit denselben Genotyp wie die Parentalzellen besitzen. Dies ist in Abb. 15.16 für eine Zelle dargestellt, die für alle Gene heterozygot ist. Normalerweise paaren mütterliche und väterliche Chromatiden nicht während der Mitose. Sehr selten bilden die beiden Chromatidenpaare nach der Replikation des Chromosoms als Übergangsstadium eine Tetrade, entsprechend dem Vierstrangstadium der Meiose. Wie in der Meiose kann auch während des Tetradenstadiums der Mitose crossover stattfinden, nachdem sich die Chromatidenpaare getrennt haben und unabhängig voneinander in der Metaphaseplatte liegen (Abb. 15.16b). Dies führt dazu, daß einige der Nachkommenzellen homozygot für eines oder mehrere Gene werden.

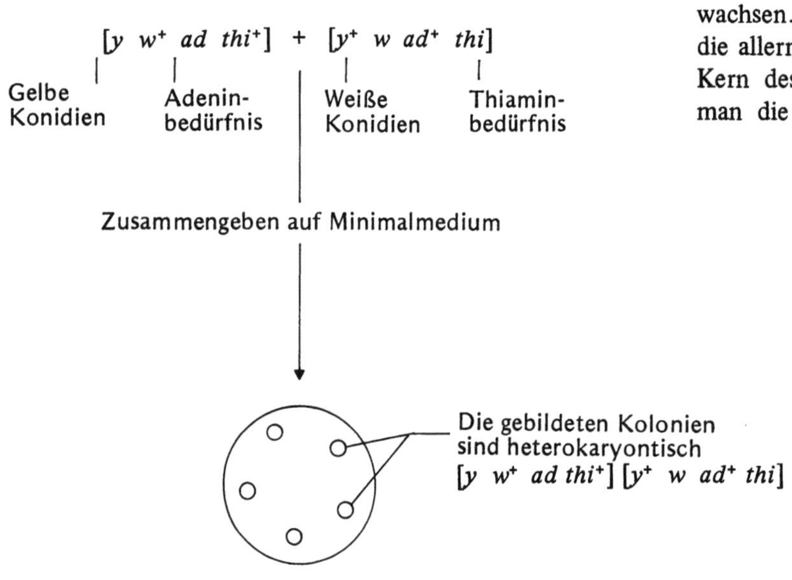

$[y\ w^+\ ad\ thi^+] + [y^+\ w\ ad^+\ thi]$

Gelbe Konidien | Adeninbedürfnis | Weiße Konidien | Thiaminbedürfnis

Zusammengeben auf Minimalmedium

Die gebildeten Kolonien sind heterokaryontisch
$[y\ w^+\ ad\ thi^+]\ [y^+\ w\ ad^+\ thi]$

Wenn eine Zelle für ein Mutantenallel homozygot wird, führt dies zum Mutantenphänotyp, während die Ausgangszelle Wildtypcharakter aufweist.

Wie bei der meiotischen Rekombination sind auch an der mitotischen nur zwei der vier Stränge beteiligt. Wegen der zufälligen Anordnung der zwei Chromatidenpaare in der Metaphase erscheint nur in 50% der Fälle eine sichtbare Rekombinante unter den beiden Tochterzellen. Man beachte, daß durch ein mitotisches crossover alle Rekombinanten für sämtliche Markergene distal zur crossover-Stelle homozygot sind. Da mitotische Rekombination sehr selten vorkommt, kann man Doppel- und Mehrfach-crossover außer acht lassen.

Konstruktion diploider Stämme

Wenden wir uns nun der genetischen Analyse bei *Aspergillus* zu.

Der erste Schritt einer mitotischen genetischen Analyse bei *Aspergillus* ist die Konstruktion stabiler diploider Stämme. Man kann sie durch Kombination komplementierender auxotropher Mutanten auf Minimalmedium erhalten (Abb. 15.17).

In unserem Beispiel trägt jeder Stamm eine Mutation zu veränderter Konidienfarbe. Kolonien werden also nur durch Fusion von Hyphen der beiden Stämme entstehen (wir wollen Reversion hier ausklammern). Das daraus entstehende Heterokaryon enthält die beiden elterlichen Kerne in einem gemeinsamen Zytoplasma. Da sich die beiden auxotrophen Mutationen komplementieren, kann das Heterokaryon wachsen. Wenn das Heterokaryon Konidien bildet, so sind die allermeisten asexuellen Sporen einkernig und tragen den Kern des einen oder anderen Kreuzungspartners. Plattiert man die Konidien auf Minimalmedium aus, so überleben

Abb. 15.17. Konstruktion eines diploiden Stammes von *Aspergillus* durch Kombination zweier Stämme mit komplementierenden Auxotrophien und Konidienfarb-Markern

diese nicht. Im Heterokaryon kommt es sehr selten zur Kernverschmelzung, und dies führt dann zu einkernigen diploiden Konidien des Genotyps $y\ w^+\ ad\ th^+/y^+\ w\ ad^+\ th$. Bedingt durch die Dominanz von y^+ (yellow = gelb) und w^+ (white = weiß) sind diese Konidien dunkelgrün anstelle von gelb oder weiß wie die haploiden Konidien. Wenn die diploiden Konidien auskeimen, können sie auf Minimalmedium wachsen und für mitotisch-genetische Analysen herangezogen werden.

Zuordnung von Genen zu Kopplungsgruppen durch Haploidisierung

Die so gebildeten Diploiden sind relativ stabil, doch haben sie die Tendenz, wieder zum haploiden Zustand zurückzukehren. Man kann diesen Prozeß verfolgen, wenn die Diploide genotypisch $+/y$ und $+w$ (Gene für Konidienfarbe) ist. Einige der entstehenden Haploiden werden weiße oder gelbe Konidien bilden, die dann als verschiedenfarbige Sektoren in den dunkelgrünen Kolonien in Erscheinung treten. Das Wichtige am Vorgang der Haploidisierung ist, daß es dem Zufall überlassen bleibt, welches der beiden homologen Chromosomen in den haploiden Segreganten erhalten bleibt. Wenn die einzelnen Chromosomen genetisch markiert sind, kann man prüfen, ob die Segreganten bestimmte Gruppen von Genen besitzen. Jede Gruppe von Genen segregiert natürlich unabhängig von einer anderen Gruppe – diese Gruppen repräsentieren die Chromosomen. Man kann sich dies an dem Beispiel in Abb. 15.18 verdeutlichen.

Wir werden zu Beginn gleich das Ergebnis des Experiments zeigen, daß nämlich drei verschiedene Kopplungsgruppen vorliegen. Dies wird dann durch die Analyse der Versuchsergebnisse bestätigt werden.

Im Experiment wurden weiße und gelbe haploide Segreganten gefunden und weiter auf ihren Genotyp hin untersucht. Es muß betont werden, daß die Anzahl der Segreganten in jeder Klasse nicht unbedingt signifikant ist, da die Lebensfähigkeit der entstehenden Segreganten unterschiedlich ist. In den haploiden Segreganten hat keine Rekombination zwischen Markern auf demselben Chromosom stattgefunden, jedoch eine Neukombination von Chromosomen. Zum Beispiel sind die Segreganten entweder y + oder + bi, $w\ pu\ ad$ oder + + +, $sm\ phe$ oder + +. Ohne daß man die Reihenfolge der Gene zu kennen braucht, kann man bestimmte Gene bestimmten Chromosomen zuordnen, indem man bestimmt, welche Genblöcke unabhängig von anderen Genblöcken in neuen Kombinationen auftreten. Man sollte hier den Ausdruck Rekombination vermeiden, da er für den Stückaustausch zwischen homologen Chromosomen reserviert sein sollte. Dadurch kann man bestimmte Gene den drei verschiedenen Kopplungsgruppen zuordnen, die am Anfang unserer Besprechung erwähnt wurden. Auch wenn in sehr geringem Umfange in der Diploiden vor der Haploi-

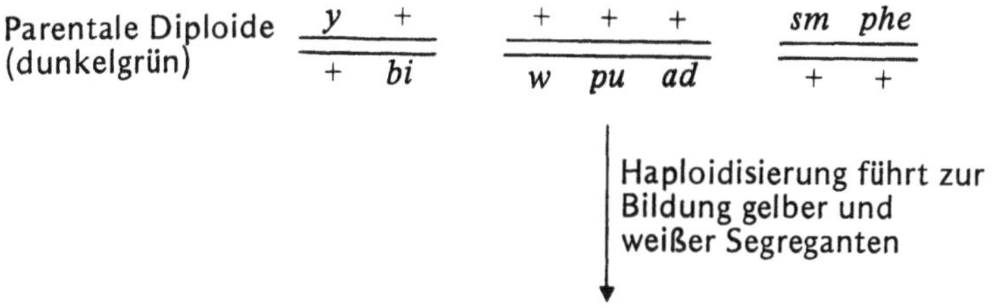

Parentale Diploide (dunkelgrün) $\dfrac{y\quad +}{+\quad bi}$ $\dfrac{+\quad +\quad +}{w\quad pu\quad ad}$ $\dfrac{sm\quad phe}{+\quad +}$

↓ Haploidisierung führt zur Bildung gelber und weißer Segreganten

Genotyp							Anzahl
y	bi	w	pu	ad	sm	phe	
y	+	w	pu	ad	sm	phe	7
y	+	w	pu	ad	+	+	11
+	bi	w	pu	ad	+	+	1
y	+	+	+	+	sm	phe	26
y	+	+	+	+	+	+	7

$\underbrace{y\ +/+\ bi}_{\text{Segregation}}$ $\underbrace{w\ pu\ ad/+\ +\ +}_{\text{Segregation}}$ $\underbrace{sm\ phe/+\ +}_{\text{Segregation}}$

Abb. 15.18. Mitotische Haploidisierung als Methode zur Lokalisierung von Genen auf Chromosomen (Einzelheiten s. Text)

160 Genetik der Eukaryonten: Pilzgenetik

disierung mitotische Rekombination stattfinden würde, käme man zum selben Ergebnis, da dies ein seltenes Ereignis ist.

Genkartierung durch mitotische Rekombination

Hat man Gene bestimmten Kopplungsgruppen zugeordnet, kann man durch Prüfung der Segreganten auf mitotische Rekombination die Anordnung und Lage der Gene auf den Chromosomen bestimmen. Wir haben mitotische crossover-Ereignisse bereits erwähnt – wir erinnern uns, daß dies zur Homozygotie für alle Marker distal vom crossover-Ereignis führt. Nur 50% der mitotischen Rekombinationsereignisse führen zu veränderten Phänotypen aufgrund der zufälligen Paarung der homologen Chromatidenpaare in der Metaphase. Die Daten über die Ausgangsdiploide und ihre Segreganten sind in Abb. 15.19 zusammengefaßt.

Wie üblich wurde die Diploide durch geeignete Marker auf diesem und weiteren Chromosomen selektiert. Die diploide Kolonie ist aufgrund ihres Genotyps $+/y$ dunkelgrün, und man kann daher auf gelbe Segreganten selektieren. Die Diploide ist auch homozygot für Adeninbedürftigkeit und heterozygot für einen Suppressor dieser Adeninbedürftigkeit. Falls der Suppressorlocus homozygot wäre, würde der ad/ad-Stamm kein Adenin mehr zum Wachstum benötigen. Das bedeutet, daß man auch auf Adeninunabhängigkeit selektieren könnte. Die Phänotypen der entstehenden Segreganten können auch bezüglich der anderen Marker ausgewertet werden, wodurch man die Genanordnung bestimmen kann.

Wie wir festgestellt haben, führt mitotisches crossover zur Homozygotie für alle Marker distal zum crossover-Ereignis auf demselben Chromosomenarm. Man kann durch ein einzelnes crossover-Ereignis nicht das gesamte Chromosom homozygot machen, und ein Doppel-crossover (je ein cross-

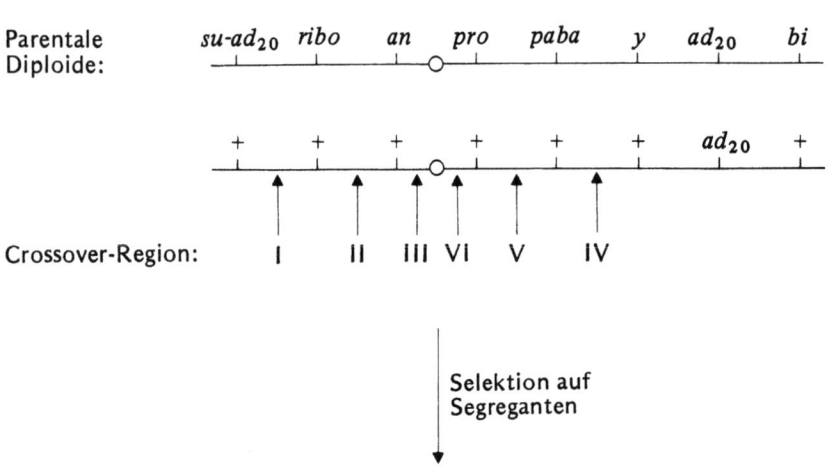

Klasse	Selektierte Segreganten	Phänotyp	Anzahl
1		+	24
2	Adeninunabhängigkeit	ribo	9
3	(su-ad_{20} - - - - ad_{20})	ribo an	62
4		ribo an pro paba y bi	7
5		y ad bi	15
6	Gelbe Farbe	paba y ad bi	42
7		pro paba y ad bi	12
8		ribo an pro paba y bi	3

Abb. 15.19. Mitotisches crossover zur Bestimmung der Genordnung auf einem Chromosomenarm (Einzelheiten s. Text)

over auf beiden Seiten des Zentromers) ist so selten, daß man es vernachlässigen kann. Daher müssen die Klassen 4 und 8 in Abb. 15.19 durch Haploidisierung entstanden sein – man sieht, daß beide durch die gemeinsame Anwesenheit des rezessiven Suppressors mit dem supprimierbaren Mutantenallel in der Haploiden adeninunabhängig geworden sind. Diese Klassen werden wir im folgenden ausklammern.

Wenden wir uns der Analyse der adeninunabhängigen diploiden Segregantenklassen 1, 2 und 3 zu. Homozygotie für $su\text{-}ad_{20}$ entsteht durch ein beliebiges crossover zwischen dem Zentromer und dem $su\text{-}ad_{20}$-Genort, d.h. in den Regionen I, II oder III auf dem parentalen diploiden Genom (Abb. 15.19). Ein crossover in Region I führt nur zur Homozygotie für $su\text{-}ad_{20}$, während die Gene $ribo$ und an heterozygot bleiben (gemeinsam mit den entsprechenden Wildtypallelen). Crossover in Region II führt zu Homozygotie für $ribo$ und $su\text{-}ad_{20}$, niemals aber für an (Klasse 2). Crossover in Region III führt zu Homozygotie von an, $ribo$ und $su\text{-}ad_{20}$ (Klasse 3). Demnach ist die Genordnung, vom distalen zum proximalen Ende gelesen, $su\text{-}ad_{20}\text{-}ribo\text{-}an\text{-}$Zentromer.

Wendet man dieselben Überlegungen auf den anderen Chromosomenarm an, so ergibt crossover in Region IV Segreganten des Phänotyps y, ad_{20} und bi (Klasse 5); aus den Versuchsergebnissen kann jedoch die Genordnung distal von y nicht bestimmt werden.

Klasse 6 entsteht durch crossover in Region V, Klasse 7 durch crossover in Region VI. Daher ist die Ordnung

$$\left.\begin{array}{c}bi\\ad_{20}\end{array}\right\} y\text{-}paba\text{-}pro\text{-}\text{Zentromer}.$$

Durch Haploidisierung konnte bereits gezeigt werden, daß alle hier besprochenen Gene auf demselben Chromosom (siehe Klassen 4 und 8) liegen. Die experimentellen Daten bestätigen also die Genanordnung auf unserer parentalen Diploiden.

Wir können die Analyse durch die Berechnung der (mitotischen) Kartenabstände einen Schritt weitertreiben. Wir werden hier die Daten für die adeninunabhängigen Segreganten aus Abb. 15.19 besprechen. Die Versuchsergebnisse sind in anderer Form in Abb. 15.20 dargestellt.

Die anderen segregierenden Marker sind Rekombinanten aus Einzel-crossovern in einer der drei Regionen. Die Häufigkeit der Segreganten aufgrund eines crossovers in Region I ist, in Analogie zur meiotischen Kartierung, eine Funktion der genetischen Distanz der Genorte rib und $su\text{-}ad_{20}$. Der Austauschwert beträgt 25,3%, das bedeutet 25,3 Karteneinheiten. Durch analoge Schlüsse kommt man zu Werten von 9,5 Karteneinheiten für die Gene $ribo$ und an (crossover in Region II) und 65,3 Karteneinheiten für an und das Zentromer (crossover in Region I). Offensichtlich

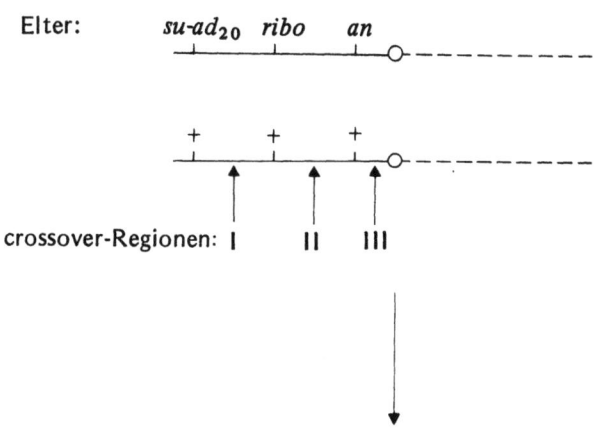

Selektierte Segreganten	Andere segregierende Marker	crossover-Region	Anzahl	Prozent der untersuchten Kolonien
$\dfrac{su}{su}$ (adeninunabhängig)	keine	I	24	25,2
	ribo	II	9	9,5
	ribo an	III	62	65,3
			Gesamt 95	

Abb. 15.20. Mitotisches crossover zur Bestimmung der Kartendistanz (Einzelheiten s. Text)

sind dies relative Abstände: sie können, aber müssen nicht, mit den meiotischen Kartendistanzen übereinstimmen. Die Genordnung jedoch ist bei beiden Kartierungsmethoden dieselbe.

Pilzgenetik ist in vieler Hinsicht der formalen Genetik anderer Organismen sehr ähnlich. Tetradenanalyse bei Pilzen wie Hefe und *Neurospora* erlauben die Untersuchung von Rekombinationsmechanismen, welche nicht an anderen Eukaryonten durchgeführt werden können. Mit Hilfe von *Aspergillus* läßt sich der Vorgang der genetischen Rekombination im Detail untersuchen.

LITERATUR

Barratt RW, Newmeyer D, Perkins DD, Garnjobst L (1954) Map construction in *Neurospora crassa.* Adv Genet 6:1–93

Davis RH, deSerres FJ (1970) Genetics and microbiological research techniques for *Neurospora crassa.* In: Colowick S, Kaplan NO (ed) Methods in enzymology, vol 17A. Academic Press, New York, pp 80–143

Emerson S (1967) Fungal genetics. Annu Rev Genet 1:201–220

Esser K, Kuenen R (1967) Genetics of fungi. Springer, New York

Fincham JRS (1970) Fungal genetics. Annu Rev Genet 4:347–372

Fincham JRS, Day PR (1971) Fungal genetics, 3rd edn. Blackwell, Oxford

Fink GR (1970) The biochemical genetics of yeast. In: Colowick S, Kaplan NO (eds) Methods in enzymology, vol 17A. Academic Press, New York, pp 59–78

Houlahan MB, Beadle GW, Calhoun HG (1949) Linkage studies with biochemical mutants of *Neurospora crassa.* Genetics 34:493–507

Käfer E (1958) An 8-chromosome map of *Aspergillus nidulans.* Adv Genet 9:105–145

Mortimer RK, Hawthorne DC (1966) Yeast genetics. Annu Rev Microbiol 20:151–168

Pontecorvo G (1956) The parasexual cycle in fungi. Annu Rev Microbiol 10:393–400

Pontecorvo G, Käfer E (1958) Genetic analysis by means of mitotic recombination. Adv Genet 9:71–104

Pontecorvo G, Roper JA, Forbes E (1953) Genetic recombination without sexual reproduction in *Aspergillus niger.* J Gen Microbiol 8:198–210

Pritchard RH (1955) The linear arrangement of a series of alleles of *Aspergillus nidulans.* Heredity 9:343–371

Roper JA (1968) The parasexual cycle. In: Ainsworth GC, Sussmann AS (eds) The fungi, vol 2. Academic Press, New York, pp 589–617

Stern C (1936) Somatic crossing-over and segregation in *Drosophila melanogaster.* Genetics 21:625–730

KAPITEL 16
Genetik der Eukaryonten: Ein Überblick über die Humangenetik

☐	männlich, normal
■	männlich, Merkmalsträger
○	weiblich, normal
●	weiblich, Merkmalsträger
○—☐	Heirat
⟋☐○⟍	zweieiige Zwillinge
⟋○○⟍	eineiige Zwillinge
◇	Individuum unbekannten Geschlechts

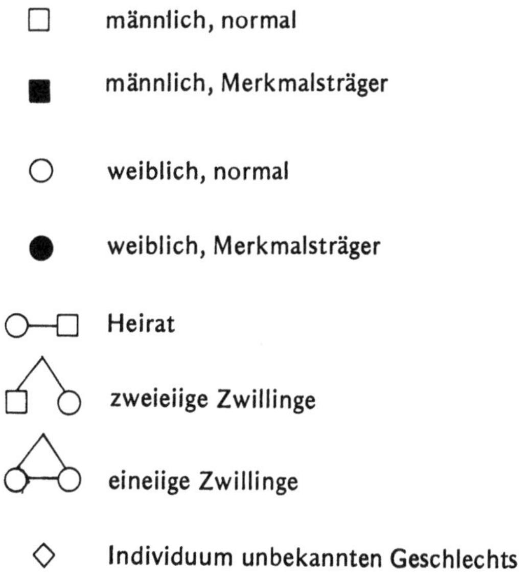

Abb. 16.1. In der Stammbaumanalyse verwendete Symbole

INHALT

Stammbaumanalyse
    Prinzip der Stammbaumanalyse
    Beispiele von Stammbäumen
Chromosomenaberrationen und Erbkrankheiten
    Arten von Chromosomenaberrationen
    Das Down-Syndrom
    Anomalien der Geschlechtschromosomen
    Die Lyon-Hypothese

Das Studium der Humangenetik ist dadurch erschwert, daß man Menschen im Gegensatz zu Tieren und Pflanzen nicht züchten kann. Man kann also die bisher besprochenen genetischen Techniken nicht anwenden. Trotzdem hat man gefunden, daß viele menschliche Erbgänge durch ein einziges Paar segregierender Allele bestimmt sein müßten. Wir werden nun kurz besprechen, wie die genetische Grundlage menschlicher Erbmerkmale durch Familienstudien erschlossen wurde. Solche Familienstudien beruhen auf Stammbaumanalysen, in denen phänotypische Beschreibungen von Familienmitgliedern über mehrere Generationen hinweg zusammengetragen werden, so daß man ein mögliches Erbschema aufstellen kann. Je vollständiger solch eine Stammbaumanalyse ist, umso genauer ist die genetische Analyse. Wie wir sehen werden, ist die Stammbaumanalyse sehr nützlich beim Studium von Erbmerkmalen, die auf autosomalen oder gonosomalen, auf dominanten oder rezessiven Einfachmutationen beruhen. Die genetische Grundlage einiger dieser Krankheiten wird später besprochen werden. In diesem Kapitel werden wir auch auf chromosomale Aberrationen wie das Down- oder Turner-Syndrom eingehen.

Stammbaumanalyse

Abbildung 16.1 zeigt einige der bei menschlichen Stammbäumen verwendeten Symbole. Es gibt noch weitere spezielle Symbole, die wir aber hier nicht benötigen. Die Symbole sind in dem Stammbaum in Abb. 16.2 angewandt.

Prinzip der Stammbaumanalyse

Wie wir wissen, besitzt der Mensch 46 Chromosomen, d.h. 22 Autosomenpaare und ein Paar Geschlechtschromosomen (Gonosomen). Für Gene mit einfachem Erbgang gibt es vier verschiedene Möglichkeiten der Vererbung, nämlich geschlechtschromosomengebunden (gonosomal) rezessiv, gonosomal dominant, autosomal rezessiv und autosomal dominant. Im folgenden werden wir einige theoretische

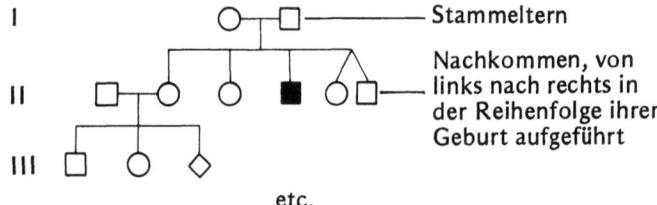

Abb. 16.2. Hypothetischer Stammbaum

164 Genetik der Eukaryonten: Ein Überblick über die Humangenetik

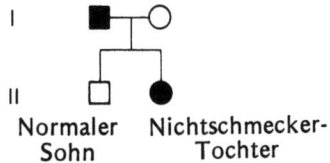

Abb. 16.3. Hypothetischer Stammbaum für das Erbmerkmal „PTC-Nichtschmecker". „Nichtschmecker" sind mit dunklen Symbolen gekennzeichnet

Stammbäume besprechen und analysieren, mit welchem Erbgang dieses Schema erklärt werden kann. Wie wir sehen werden, ist das nicht der Typ präziser Analyse, den wir bei anderen Eukaryonten angewandt haben. Ein Erbmerkmal, das von einem einzigen Genpaar bestimmt wird, ist verantwortlich für die Befähigung, Phenylthiocarbamid (PTC) zu schmecken. Versuchspersonen verziehen entweder das Gesicht und empfinden einen bitteren Geschmack (sie sind „Schmecker") oder sie schmecken nichts (und sind daher „Nichtschmecker"). Nehmen wir an, wir hätten eine kleine Familie auf Schmeckfähigkeit untersucht und die in Abb. 16.3 gezeigten Ergebnisse erhalten. In diesem Fall wollen wir die Merkmalsträger als Nichtschmecker bezeichnen und sie mit den ausgefüllten Symbolen versehen. Nun können wir prüfen, welcher der vier möglichen Erbgänge hier zutrifft.

Gonosomal rezessiv. Nichtschmecken könnte auf einem gonosomalen Gen beruhen, falls wir annehmen, die Mutter sei heterozygot für dieses Gen. Das ist nicht unwahrscheinlich, da etwa 30% der Bevölkerung Nichtschmecker sind. Der Vater wäre demnach hemizygot, die betroffene Tochter homozygot für das mutierte Gen. Bezeichnen wir das gonosomale mutierte Gen mit t und das entsprechende Wildtypallel mit t^+, so können wir den in Abb. 16.4 beschriebenen Stammbaum der Genotypen aufstellen.

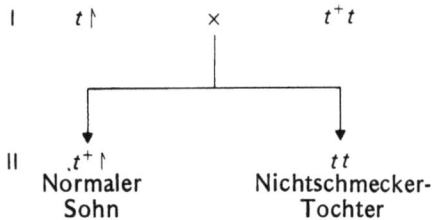

Abb. 16.4. Abgeleitete Genotypen der Personen aus dem in Abb. 16.3 dargestellten Stammbaum unter der Annahme, daß „PTC-Nichtschmecken" auf einer gonosomal rezessiven Mutation beruht. (Das Symbol t steht für taste = schmecken)

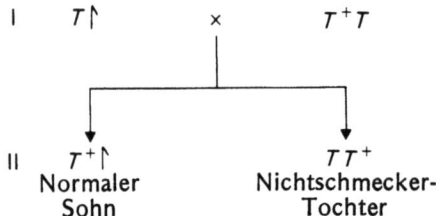

Abb. 16.5. Abgeleitete Genotypen der Personen des in Abb. 16.3 dargestellten Stammbaums unter der Annahme, daß „PTC-Nichtschmecken" auf einer gonosomal dominanten Mutation beruht

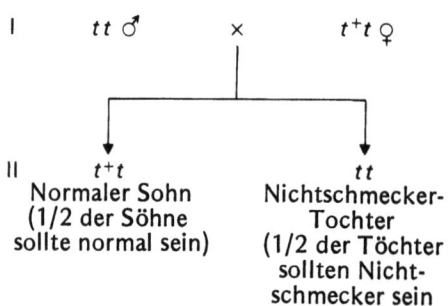

Abb. 16.6. Abgeleitete Genotypen der Personen des in Abb. 16.3 dargestellten Stammbaums unter der Annahme, daß „PTC-Nichtschmecken" auf einer autosomal rezessiven Mutation beruht

Gonosomal dominant. Auch damit könnte man den vorliegenden Stammbaum erklären — der Vater wäre hemizygot für das dominante Allel T, die Mutter homozygot für das Wildtypallel T^+ (Abb. 16.5).

Autosomal rezessiv. Auch dies könnte hier der Fall sein, wenn der Vater homozygot, die Mutter heterozygot ist (Abb. 16.6).

Autosomal dominant. Auch dies könnte zutreffen, wenn der Vater heterozygot, die Mutter homozygot Wildtyp ist (Abb. 16.7). Dann wären die Hälfte der Söhne und Töchter Nichtschmecker.

Aus diesem Stammbaum läßt sich demnach der Erbgang der PTC-Schmeckfähigkeit nicht ableiten. Wir müssen also einen umfangreicheren Stammbaum erstellen. Mit zwei zusätzlichen Kindern sieht dann der Stammbaum wie in Abb. 16.8 dargestellt aus.

Wenn wir diesen Stammbaum ebenso wie den vorigen prüfen, so sehen wir, daß die drei Erbgänge — gonosomal rezessiv, autosomal rezessiv und autosomal dominant — möglich sind (Abb. 16.9).

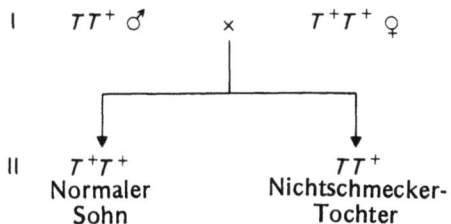

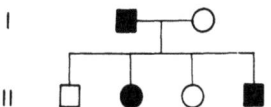

Abb. 16.7. Abgeleitete Genotypen der Personen des in Abb. 16.3 dargestellten Stammbaums unter der Annahme, daß „PTC-Nichtschmecken" auf einer autosomal dominanten Mutation beruht

Abb. 16.8. Ein zweiter hypothetischer Stammbaum für das Merkmal „PTC-Nichtschmecken"

Die Möglichkeit eines gonosomal dominanten Gens ist von vorneherein ausgeschlossen. Falls dies zuträfe, müßte der Gatte T und die Gattin Wildtyp sein (T^+T^+). Aus der Ehe wären dann alle Söhne T^+, d.h. Schmecker, und alle Töchter wären heterozygot und damit Nichtschmecker. Das ist durch diesen Stammbaum ausgeschlossen. Um den Vererbungsmodus der PTC-Schmeckfähigkeit zu finden, müssen weitere Stammbäume analysiert werden. Die beiden, die wir nun besprechen werden, legen nahe, daß Nichtschmecken auf einer autosomal rezessiven Mutation beruht.

Der Stammbaum in Abb. 16.10 schließt eine dominante Mutation aus, da kein Elternteil das Merkmal trägt.

Man kann jedoch sagen, daß sich die Mutation in der Keimbahn des einen oder anderen Elternteils ereignet haben muß.

In dem Stammbaum in Abb. 16.11 kann ebenfalls eine dominante Mutation ausgeschlossen werden. Auch ist eine gonosomale Mutation ausgeschlossen, da die betroffenen Töchter sonst tt sein müßten: in diesem Falle wäre der Vater $t\!\!\uparrow$ und damit Nichtschmecker – das ist hier jedoch nicht der Fall.

Zusammenfassend läßt sich sagen, daß die Erstellung von Stammbäumen eine mühevolle und manchmal langwierige Prozedur ist, insbesondere bei kleinen Familien. Die Genmutationen, welche zu Erbkrankheiten führen, prägen sich nicht immer in einer einfachen Weise aus: es gibt verschiedene Varianten bei bestimmten Phänotypen, und dies kompliziert natürlich die Analyse. In der Praxis ist es die Sache

gonosomal rezessiv

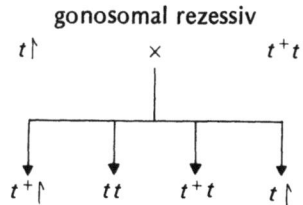

autosomal rezessiv

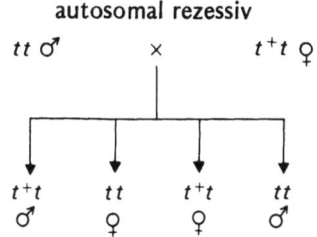

autosomal dominant

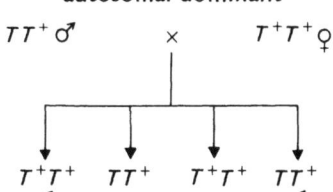

Abb. 16.9. Abgeleitete Genotypen der Personen aus dem in Abb. 16.8 dargestellten Stammbaum unter der Annahme, daß „PTC-Nichtschmecken" entweder auf einer gonosomal rezessiven, einer autosomal rezessiven oder einer autosomal dominanten Mutation beruht

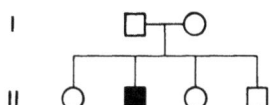

Abb. 16.10. Ein dritter hypothetischer Stammbaum für das Merkmal „PTC-Nichtschmecken". Dieser Stammbaum schließt eine dominante Mutation aus

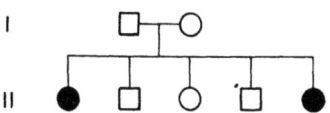

Abb. 16.11. Ein vierter hypothetischer Stammbaum für das Merkmal „PTC-Nichtschmecken". Dieser Stammbaum schließt sowohl eine dominante als auch eine gonosomal rezessive Mutation aus

166 Genetik der Eukaryonten: Ein Überblick über die Humangenetik

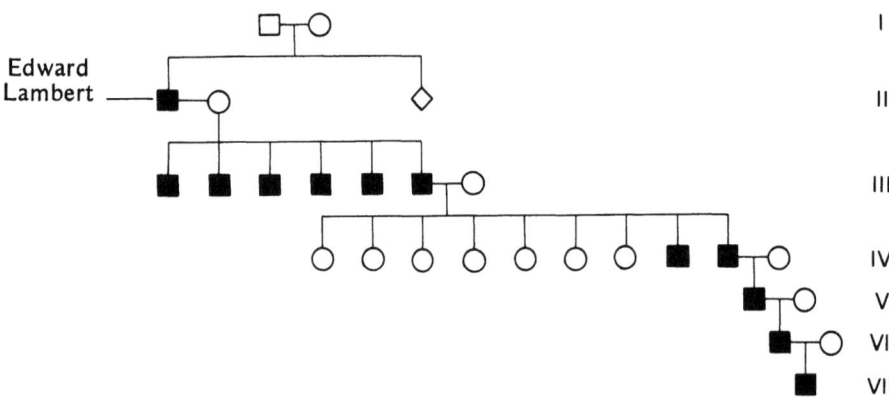

Abb. 16.12. Stammbaum eines Y-chromosomal vererbten Merkmals: Ichthyosis hystrix gravior, das Borstensyndrom (Stachelschweinmann)

eines genetischen Familienberaters, Stammbäume zu analysieren, um Angaben über die Wahrscheinlichkeit zu erhalten, mit der Kinder eines Ehepaares genetische Defekte tragen werden. Im Hinblick auf die Komplexität der Genexpression ist dies eine schwierige Aufgabe.

Beispiele von Stammbäumen

1. Der Stammbaum in Abb. 16.12 zeigt den Erbgang eines Y-chromosomal vererbten (holandrischen) Merkmals, das wahrscheinlich auf eine Mutation im Y-Chromosom zurückgeht (die neuere humangenetische Forschung ist sich darüber jedoch nicht mehr so sicher). Dieses Merkmal wird (aufgrund etwa 300 Jahre alter Berichte) als Ichthyosis hystrix gravior bezeichnet und trat erstmals in der Lambert-Familie in England auf. Edward Lambert zeigte überall am Körper Behaarung (mit Ausnahme der Handflächen und Fußsohlen) und wurde deshalb als „Stachelschweinmann" bezeichnet. Der Erbgang entsprach dem für einen Y-chromosomalen Erbgang erwarteten: alle Söhne waren behaart.

Das einzige Erbmerkmal, welches derzeit mit Sicherheit Y-chromosomal vererbt wird, äußert sich in starkem Haarwuchs in den Ohren. Träger dieses Merkmals zeigen relativ lange Haare auf den Ohrmuscheln. Es ist interessant, daß beide Merkmale die Behaarung betreffen; es ist bisher ungeklärt, ob etwa dasselbe Gen betroffen ist.

2. Ein Beispiel eines gonosomal rezessiven Erbmerkmals ist die Bluterkrankheit, die auf einem Mangel in der Blutgerinnung beruht. Ein klassischer Erbgang dieses Merkmals findet sich im Königshaus der Königin Viktoria; dieser Stammbaum ist teilweise in Abb. 16.13 wiedergegeben.

Neben den Personen sind die abgeleiteten Genotypen verzeichnet, wobei h das rezessive Mutantenallel symbolisiert. Es scheint, daß die Mutation sich in der Keimbahn von Königin Viktoria ereignet hat. Man beachte, daß die

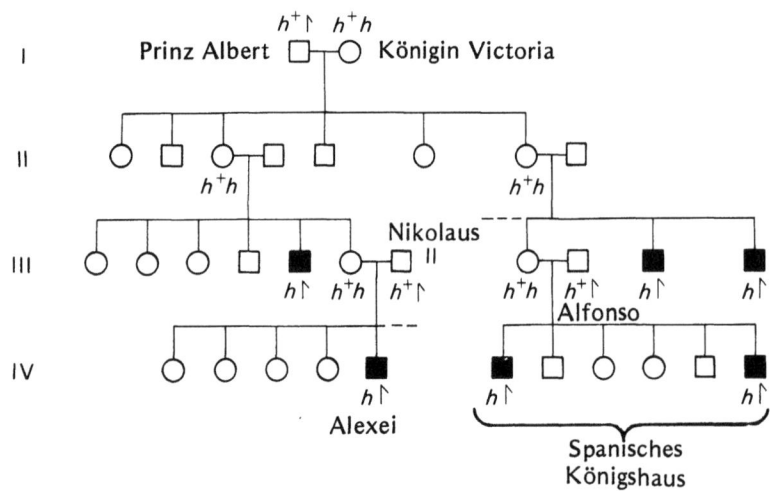

Abb. 16.13. Stammbaum eines X-chromosomal rezessiv vererbten Merkmals: Ein Teilstammbaum der Nachkommen der Königin Victoria zeigt die Vererbung der Bluterkrankheit in den einzelnen Königshäusern

männlichen Familienmitglieder dieses Merkmal nur dann aufweisen, wenn sie hemizygot *h* ↑ sind. Die weiblichen Familienmitglieder müssen *hh* sein, um Bluter zu sein. Da dies ein sehr selten auftretendes Allel ist, ist auch die homozygote Situation selten. Dafür müßte es zu einer Ehe zwischen einem bluterkranken Mann und einer Überträgerin dieser Krankheit kommen.

3. Ein Beispiel für ein autosomal dominantes Merkmal ist der erbliche Veitstanz (Chorea Huntington). Diese Krankheit äußert sich in unkontrollierten Bewegungen, fortschreitender Degeneration des Zentralnervensystems, die schließlich zum Tod führt. Der amerikanische Folk-Sänger Woody Guthrie litt an dieser Krankheit.

4. Ein Beispiel eines autosomal rezessiven Erbleidens ist die Galaktosämie. Zur Ausprägung dieser Krankheit muß das rezessive mutierte Allel homozygot vorliegen. Dies geschieht in einem Viertel der Fälle bei Kindern, deren Eltern Überträger der Krankheit, also heterozygot a^+a sind. Für viele dieser Erbkrankheiten ist der biochemische Defekt unbekannt. Man kann einige dieser Defekte erkennen, wenn man Zellen aus dem Amnion (der Hülle, welche den Feten umgibt) entnimmt und kultiviert. Man nennt diesen Vorgang Amniozentese. Falls es aufgrund der Stammbaumanalysen wahrscheinlich ist, daß beide Eltern Überträger einer Krankheit sind, ist eine Amniozentese angezeigt.

Bei der Galaktosämie ist die molekulare Ursache bekannt. Die Krankheit äußert sich, wenn Säuglinge des Genotyps *gg* mit normaler Milch ernährt werden — sie wachsen nicht normal, und neben anderen negativen Auswirkungen kommt es auch zur Schädigung des Gehirns. Wenn man sie ohne Milch ernährt, so entwickeln sich die Kinder normal. Die molekulare Ursache dieser Krankheit beruht auf der Funktionsunfähigkeit des Enzyms Galaktose-1-Phosphat-Uridyl-Transferase (GUT). Dieses Enzym bewirkt die Umwandlung von Galaktose in UDP-Galaktose (Abb. 16.14).

Falls das Enzym GUT nicht funktioniert, wird Galaktose-1-Phosphat angehäuft und schädigt die Zellen.

Chromosomenaberrationen und Erbkrankheiten

In diesem Abschnitt werden wir chromosomale Aberrationen eukaryontischer Organismen beschreiben. Wir werden insbesondere menschliche Erbmerkmale besprechen, deren Grundlagen Chromosomenaberrationen sind.

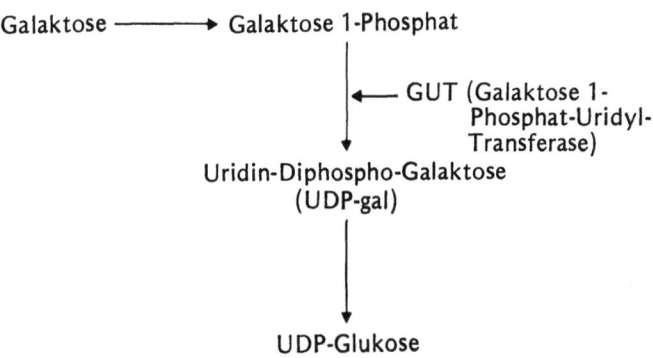

Abb. 16.14. Teil des Galaktose-Stoffwechsels, nämlich die Reaktion, die vom Enzym „GUT" (Galaktose-1-Phosphat-Uridyl-Transferase) katalysiert wird. Patienten mit Galaktosämie besitzen keine funktionsfähige „GUT"

Arten von Chromosomenaberrationen

Man unterscheidet zwei Typen von Chromosomenaberrationen. In einem Fall ist der gesamte Chromosomensatz betroffen. Ein Eukaryont, sei er haploid oder diploid, wird als euploid bezeichnet. Gelegentlich entstehen durch Störungen im Spindelfaserapparat während der Meiose diploide Gameten und Gameten ohne Chromosomen. Durch Fusion solcher Gameten mit normalen Gameten entstehen triploide bzw. monoploide Nachkommen. Sie besitzen drei oder nur einen Chromosomensatz anstelle von zwei Chromosomensätzen. Individuen, die eine vom normalen Individuum abweichende Anzahl von Chromosomensätzen besitzen, werden immer noch als euploid angesehen (Tabelle 16.1).

Beim Menschen sind die Entwicklung und viele Funktionen des erwachsenen Organismus von der richtigen Gendosis abhängig. So führt im allgemeinen ein Zuviel oder Zuwenig an Chromosomensätzen zu einem Ungleichgewicht der Genaktivitäten und damit zu einer Störung der Entwicklungsvorgänge. Man findet daher auch unter den Abor-

Tabelle 16.1. Terminologie für die Variationen in der Anzahl der Chromosomensätze

Chromosomensatz	Kurzformel	
monosom	2N − 1	
trisom	2N + 1	Aneuploide
tetrasom	2N + 2	
monoploid	N	
diploid	2N	
triploid	3N	Euploide
tetraploid	4N	

168 Genetik der Eukaryonten: Ein Überblick über die Humangenetik

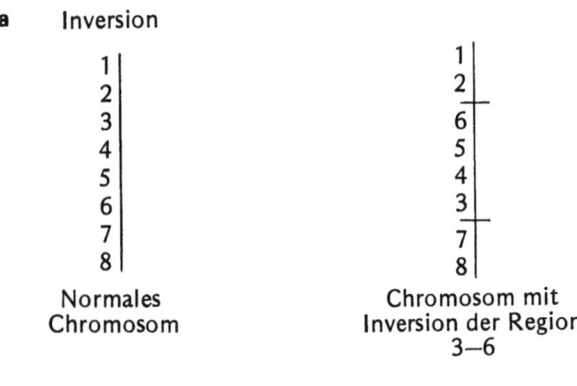

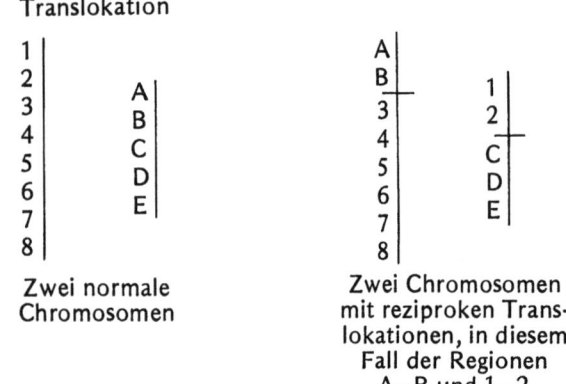

Abb. 16.15a,b. Schematische Darstellung einer (a) Inversion und einer (b) Translokation − in diesem Falle einer reziproken Translokation, an der zwei Chromosomen beteiligt sind

ten Individuen mit monoploiden, triploidem oder polyploidem Chromosomensatz (polyploid = viele Chromosomensätze). Bei niederen Eukaryonten und höheren Pflanzen werden solche Anomalien offensichtlich toleriert. Beim Menschen gibt es keine lebenden Individuen mit monoploidem, triploidem oder polyploidem Chromosomensatz, und so werden wir diese Situationen beim Menschen auch nicht weiter erwähnen.

Der zweite Typ von Chromosomenanomalien betrifft einzelne Chromosomen und nicht den gesamten Chromosomensatz. Die Aberrationen können dabei sowohl das gesamte Chromosom oder einen Teil desselben betreffen. Falls die Chromosomenzahl eines Organismus von der normalen Chromosomenzahl abweicht, wird das Individuum als aneuploid bezeichnet (Tabelle 16.1). So kann ein diploides menschliches Individuum nur ein Exemplar eines Chromosomenpaares besitzen (Monosomie) oder es enthält drei anstatt zwei Kopien eines bestimmten Chromosom (Trisomie). Wiederum ist beim Menschen die Gendosis von großer Bedeutung. Monosome und trisome Individuen zeigen, wenn sie nicht vor der Geburt sterben, schwerwiegende Defekte. Weniger ernsthafte Folgen haben Chromosomenaberrationen, bei denen die Zahl der Chromosomen gleich bleibt, ihre Anordnung jedoch verändert ist. Beispiele dafür sind die in Abb. 16.15 gezeigten Inversionen und Translokationen.

Diese Aberrationen können in einem Organismus durch ionisierende Strahlung erzeugt werden. Sie haben im allgemeinen keine schwerwiegenden Folgen, wenn die Gene an den Bruchstellen nicht wichtige Funktionen haben.

Schwerwiegende Folgen ergeben sich jedoch aus der Kreuzung eines Individuums mit einer Translokation und einem normalen Individuum. Abb. 16.16 zeigt eine Inversion, in der das Zentromer nicht einbezogen ist (eine parazentrische Inversion).

Abbildung 16.17 stellt eine Inversion dar, bei der das Zentromer innerhalb des invertierten Segments liegt (eine perizentrische Inversion).

In beiden Fällen werden bei der Meiose normale Gameten entstehen, falls innerhalb des invertierten Segments kein crossover stattfindet. Ein crossover im invertierten Segment führt jedoch zu Gameten mit einer Extrakopie bestimmter Gene (Duplikation) oder dem Verlust einiger Gene (Deletion). Die Fusion mit einem normalen Gameten führt aufgrund der gestörten Gendosis oft zu den bereits erwähnten Folgen. Daher überleben gewöhnlich nur normale Gameten. Anders liegen die Verhältnisse bei Translokationen, doch werden wir diese hier nicht diskutieren.

Wir kommen nun auf Krankheitsbilder zu sprechen, die auf Chromosomenaberrationen beruhen.

Das Down-Syndrom

Individuen mit Down-Syndrom (Mongolismus) zeigen eine Reihe von Abnormitäten, wie etwa äußerst niedrigen IQ, die „Mongolenfalte" der Augen, eine vorstehende, eingekerbte Zunge, kurze, breite Hände mit eingebogenem fünftem Finger und kurze Statur. In den meisten Fällen von Down-Syndrom ist die Ursache ein zusätzliches 21. Chromosom. Diese Individuen sind aneuploid, genauer gesagt, trisom für das Chromosom 21: daher ist auch die korrekte Bezeichnung für dieses Krankheitsbild Trisomie 21.

Daß diese Individuen überhaupt überleben, beruht auf der geringen Größe des 21. Chromosoms und der Bedeutung der Gene dieses Chromosoms. Wie bereits erwähnt, entstehen

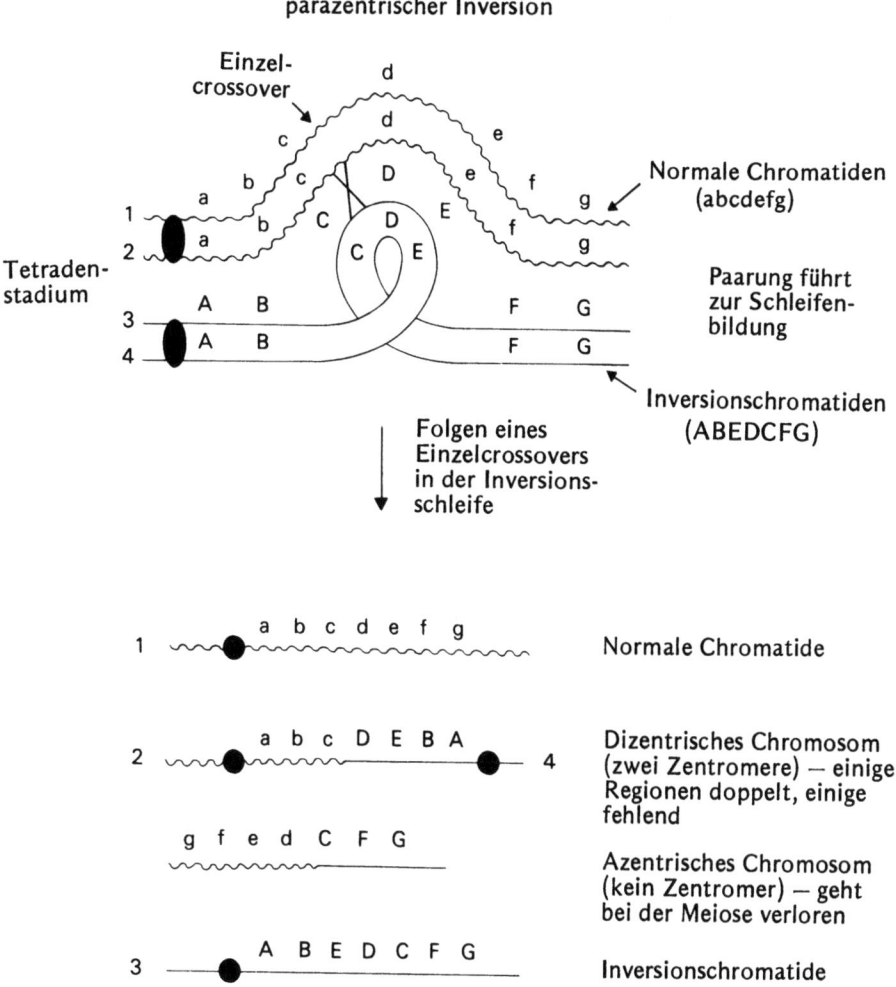

Abb. 16.16. Gametenentstehung nach Einzel-crossover in einer Inversionsschleife. Die Heterozygote trägt ein normales Chromosom und ein Chromosom mit parazentrischer Inversion. Die Hälfte der Gameten ist defekt

trisome Individuen durch Fusion eines Gameten mit zwei homologen Chromosomen mit einem Gameten, der ein drittes homologes Chromosom trägt. Abnormale Gameten entstehen sehr selten. Sie sind das Ergebnis eines non-disjunction in der ersten oder zweiten meiotischen Teilung, wie in Abb. 16.19 dargestellt.

Der molekulare Mechanismus der Entstehung eines nondisjunction ist unbekannt, doch ist er wahrscheinlich durch einen fehlerhaft arbeitenden Spindelfaserapparat bedingt. Wie in Abb. 16.19 dargestellt, sollte es ebensoviele Gameten mit einem fehlenden wie Gameten mit einem zusätzlichen Chromosom geben. Da es keine lebensfähigen Individuen mit einer Monosomie für Chromosom 21 gibt, muß man annehmen, daß diese Konfiguration letal ist.

Bei geschlechtsreifen Frauen enthalten die Ovarien die primären Oozyten, welche die Vorläufer aller Eizellen sind, die sich während des Lebens einer Frau vom Eierstock ablösen. Primäre Oozyten sind Zellen, die nur die erste meiotische Teilung durchlaufen haben. Jeden Monat vollendet mit Beginn der Menstruation eine (oder gewöhnlich nur eine) primäre Oozyte die Meiose, und das daraus entstandene Ei wird in den Trichter des Eileiters entlassen. Man könnte daher annehmen, daß die Wahrscheinlichkeit eines non-disjunction während der Eireifung mit dem Alter der Frau zunimmt, da Fehlfunktionen des Spindelfaserapparats in einer alternden Zelle häufiger vorkommen könnten. In der Tat gibt es eine direkte Korrelation zwischen dem Alter der Mutter und dem Auftreten von Trisomie 21 bei den Kindern (Tabelle 16.2).

170 Genetik der Eukaryonten: Ein Überblick über die Humangenetik

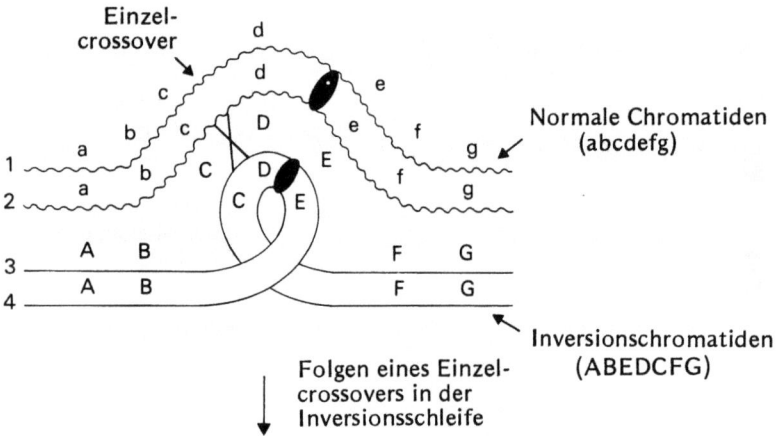

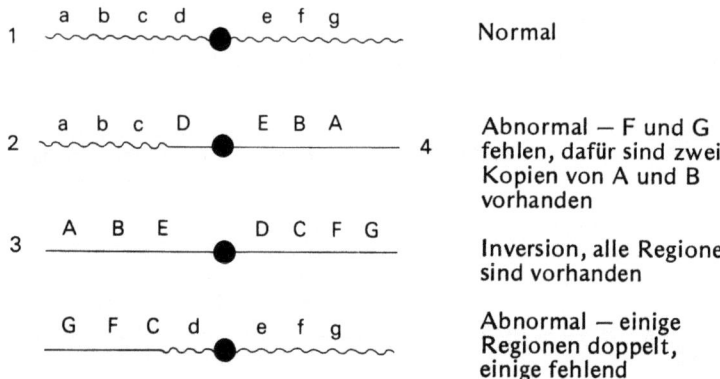

Abb. 16.17. Gametenentstehung nach Einzel-crossover in einer Inversionsschleife. Die Heterozygote trägt ein normales Chromosom und ein Chromosom mit perizentrischer Inversion. Die Hälfte aller Gameten ist defekt

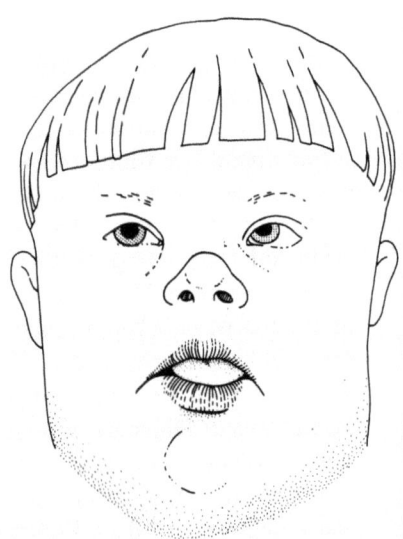

Abb. 16.18. Schemazeichnung eines Patienten mit Down-Syndrom (Trisomie 21)

Abb. 16.19. Entstehung von Gameten mit aberranten Chromosomenzahlen durch non-disjunction in der ersten (*rechts*) oder der zweiten (*links*) meiotischen Teilung

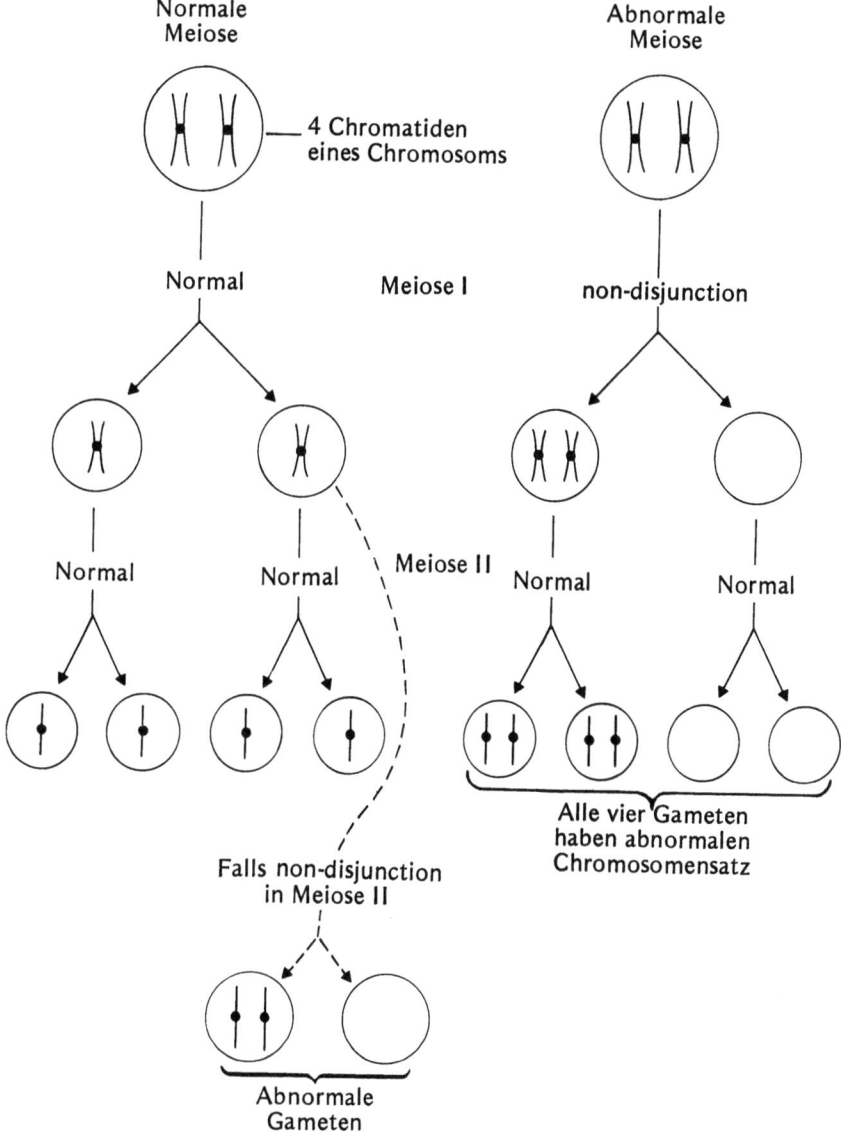

Tabelle 16.2. Beziehung zwischen dem Alter der Mutter und dem Risiko eines Kindes mit Trisomie 21

Alter der Mutter	Risiko eines Kindes mit Trisomie 21
< 29	1/3000
30–34	1/600
35–39	1/280
40–44	1/70
45–49	1/40
Alle Mütter zusammen	1/665

Diese Daten werden bei der Familienberatung berücksichtigt, um das Risiko eines Trisomie 21-kranken Kindes bei älteren Müttern abzuschätzen. Man kann diese und andere chromosomale Aberrationen durch Analyse des Karyotyps bei der vorgeburtlichen Amniozentese feststellen.

Individuen mit Down-Syndrom können auch andere Chromosomenaberrationen aufweisen. Dies wurde durch Untersuchungen von Familien entdeckt, bei denen 50% aller Kinder, auch von jungen Müttern, dieses Syndrom aufwiesen. Analysen der Karyotypen zeigten, daß die Mütter eine reziproke Translokation (Austausch von Chro-

172 Genetik der Eukaryonten: Ein Überblick über die Humangenetik

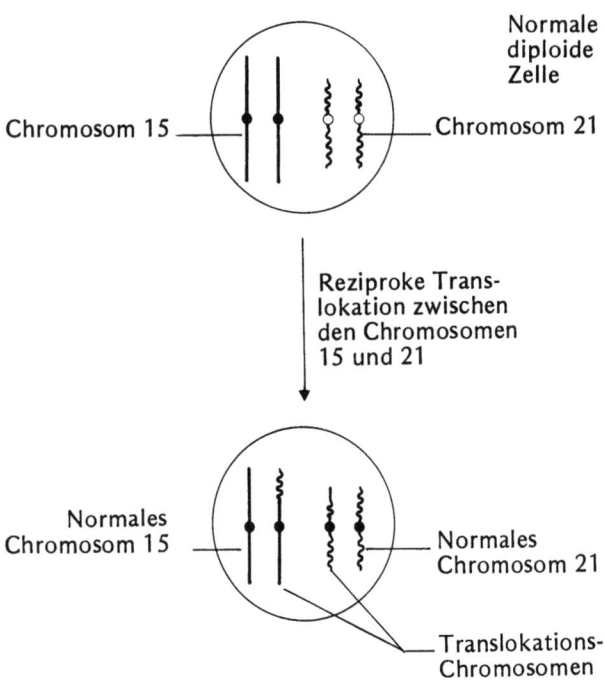

Abb. 16.20. Schematische Darstellung einer Zelle mit normalem Chromosomensatz und einer Zelle mit einer Translokation zwischen den Chromosomen 15 und 21

mosomenstücken) zwischen den Chromosomen 15 und 21 aufwiesen (Abb. 16.20).

Die Mütter hatten normalen Phänotyp, da sie alle Gene in normaler Zahl besaßen. Wenn sie jedoch Keimzellen bildeten, so besaßen viele von ihnen abnormale Chromosomenzahlen. Dies beruht auf der zufälligen Aufteilung von Translokationschromosomen und normalen Chromosomen auf die Keimzellen. Dieser Vorgang und die durch Fusion mit normalen Gameten entstandenen Zygoten sind in Abb. 16.21 dargestellt.

Ein Drittel der überlebenden Kinder zeigen das Down-Syndrom (da sie drei Kopien des Chromosoms 21 besitzen), ein Drittel trägt dieselbe Translokation wie die Mutter und ist daher phänotypisch normal, und das letzte Drittel ist sowohl phänotypisch als auch genotypisch normal. Das Risiko, ein Trisomie 21-krankes Kind zu haben, ist somit erblich bedingt.

Es gibt eine große Zahl von trisomen Individuen beim Menschen, jedoch betreffen die Trisomien im allgemeinen nur kleine Chromosomen. Viele andere Erbkrankheiten beruhen auf anderen Chromosomenaberrationen wie Deletionen und Rearrangements innerhalb der Chromosomen. Gravierende Veränderungen des Chromosomensatzes wie Polyploidie, Monosomie und Trisomie größerer Chromosomen werden nur bei Aborten festgestellt. Dies zeigt wiederum, daß eine bestimmte Gendosis für die normale Entwicklung und Funktion des menschlichen Organismus nötig ist. Aberrationen des X-Chromosoms (welches zu den großen menschlichen Chromosomen zählt) sind eine Ausnahme von dieser Regel, wie im folgenden zu besprechen sein wird.

Anomalien der Geschlechtschromosomen

Die Geschlechtsbestimmung erfolgt beim Mann durch die Anwesenheit, bei der Frau durch das Fehlen eines Y-Chromosoms. Normalerweise sind Männer genotypisch XY und Frauen XX. Es gibt nur wenige Gene auf dem Y-Chromosom, die entsprechenden Genen auf dem X-Chromosom homolog sind. Daher besteht ein Unterschied zwischen der Gendosis für X-chromosomale Gene bei Mann und Frau. Mikroskopische Untersuchungen von Kernen menschlicher Zellen (und auch vieler Säugerarten) zeigten eine Region verdichteten Chromatins bei weiblichen Individuen, die bei männlichen Individuen nicht zu beobachten war. Dieses heterochromatische Material wird nach seiner Entdeckerin Murray Barr als Barr-Körperchen bezeichnet. Bei Individuen mit zusätzlichen X-Chromosomen ist jeweils ein Barr-Körperchen mit einem überzähligen X-Chromosom assoziiert (Tabelle 16.3).

Man kann eine allgemeine Formel aufstellen: Zahl der Barr-Körperchen = Zahl der X-Chromosomen minus eins. Die Barr-Körperchen stellen anscheinend eine inaktive Form des X-Chromosoms dar. Das bedeutet, daß erwachsene Männer und Frauen nur eine aktive Kopie des X-Chromosoms besitzen. (Jüngere Untersuchungen zeigten, daß das X-Chromosom, welches als Barr-Körperchen vorliegt, nicht vollständig inaktiviert ist.) Darauf wird in der Besprechung der gonosomalen Anomalien näher eingegangen werden.

Das Turner-Syndrom (XO)

Individuen mit Turner-Syndrom besitzen 45 Autosomen und nur ein X-Chromosom. Sie tragen kein Barr-Körperchen aufgrund von non-disjunction. Dies kommt etwa bei jeder 3000. Lebendgeburt vor. Da kein Y-Chromosom vorhanden ist, sind diese Individuen weiblich. Turner-Mädchen zeigen bis zur Pubertät nur wenige Mangelerscheinungen, bilden aber keine sekundären Geschlechtsmerkmale aus. Sie

Abb. 16.21. Entstehung von Gameten aus der Translokations-Heterozygoten aus Abb. 16.20 durch Zufallsverteilung der Chromosomen bei der Meiose. Es sind die Chromosomensätze und Phänotypen der Individuen gezeigt, die nach Fusion mit normalen Gameten entstehen

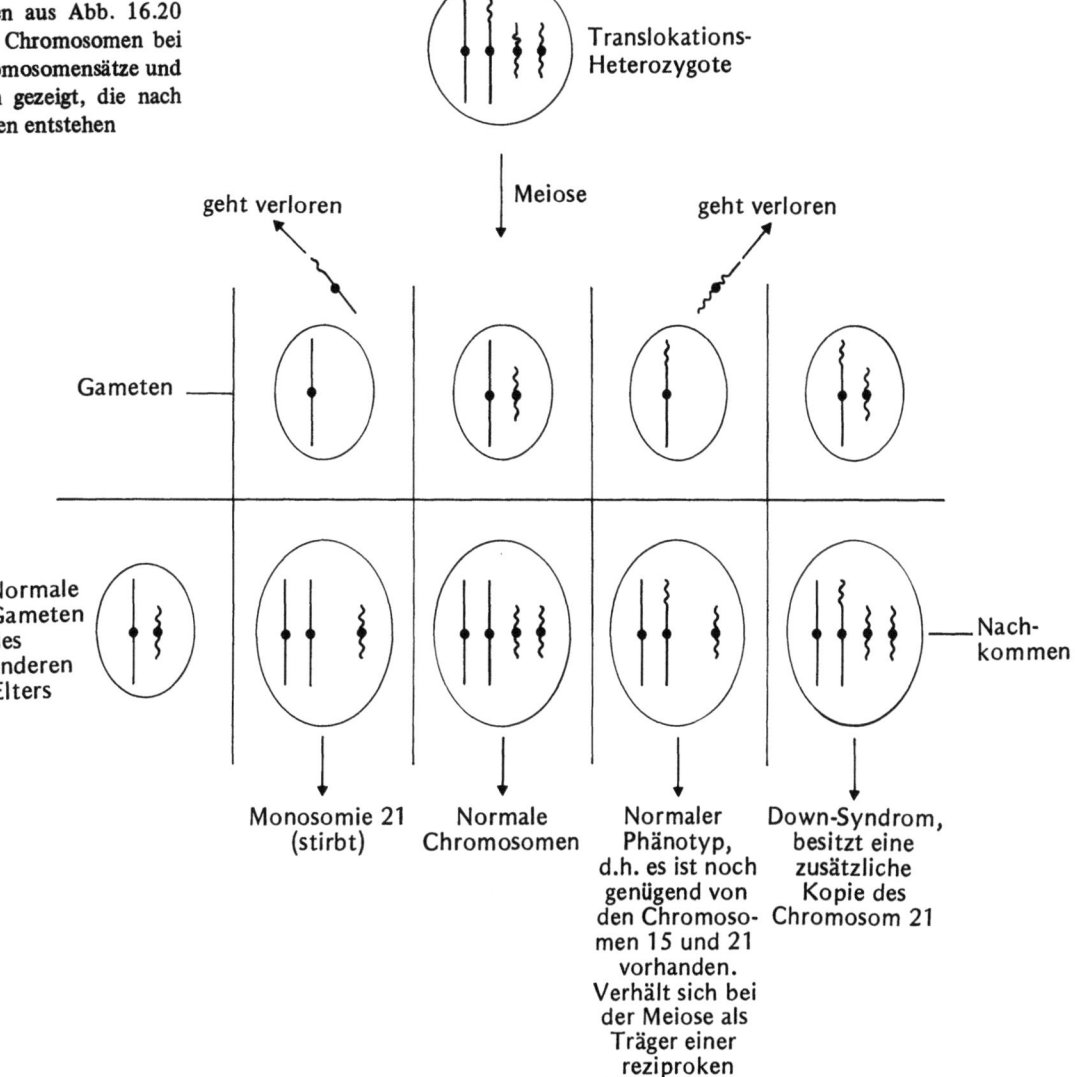

sind von kurzem Wuchs, zeigen einen breiten Hals, unterentwickelte Brüste und unterentwickelte innere Geschlechtsorgane. Manchmal zeigen sie geistige Defekte und sind sehr selten fertil.

Superweibliche Individuen (XXX)

Diese Individuen besitzen 47 Chromosomen, darunter 3 X-Chromosomen. In vielen Zellen kann man zwei Barr-Körperchen nachweisen. Diese superweiblichen Individuen sind manchmal geistig behindert und unfruchtbar. Daher findet

Tabelle 16.3. Beziehung zwischen der Anzahl der Barr-Körperchen und der Zahl der X-Chromosomen

Chromosomen	Zahl der Barr-Körperchen
XO	0
XY	0
XX	1
XXY	1
XXX	2
XXXX	3
XXXXY	3

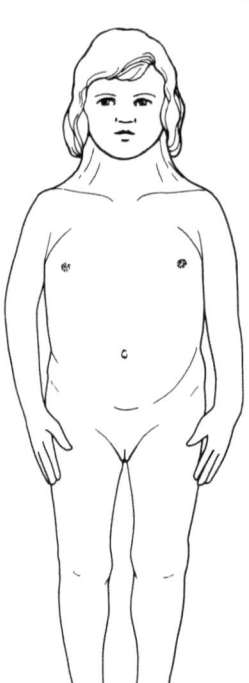

Abb. 16.22. Schemazeichnung eines Individuums mit Turner-Syndrom (XO)

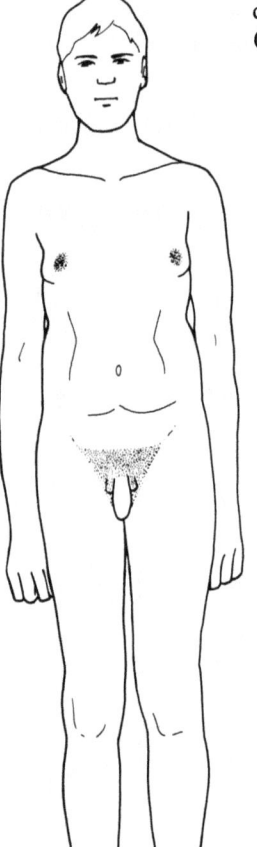

Abb. 16.23. Schemazeichnung eines Individuums mit Klinefelter-Syndrom (XXY)

man Fälle von XXX-Trisomie vorwiegend in Behindertenanstalten. Phänotypisch sind diese Individuen relativ normal, zeigen jedoch unterentwickelte sekundäre Geschlechtsmerkmale.

Klinefelter-Syndrom (XXY)

Diese Individuen besitzen ein zusätzliches X-Chromosom und sind aufgrund ihres Y-Chromosoms männlich. Individuen mit Klinefelter-Syndrom finden sich einmal unter 400 Lebendgeburten; die Ursache ist wiederum non-disjunction. Die Klinefelter-Individuen sind phänotypisch männlich, besitzen verkümmerte Hoden und sind meist von hohem Wuchs. Diese Individuen besitzen nur ein Barr-Körperchen. Die extremen Fälle des Klinefelter-Syndroms sind vom Genotyp XXXY, XXXYY, XXXXY oder XXYY. In diesen Individuen folgt die Zahl der Barr-Körperchen der oben erwähnten Regel.

Es gibt noch eine Anzahl anderer Anomalien, doch würde ihre Besprechung den Rahmen sprengen. Im allgemeinen besitzt ein Individuum mit einem Y-Chromosom männlichen Phänotyp, ein Individuum ohne Y-Chromosom weiblichen Phänotyp. Der Grad der Männlichkeit oder Weiblichkeit eines Individuums ist außerordentlich variabel. Je abweichender der Chromosomensatz ist, umso abweichender ist der Phänotyp dieser Individuen von der Norm.

Die Lyon-Hypothese

Die grundlegende Frage stellt sich nun, warum zusätzliche X-Chromosomen mit relativ wenigen Nachteilen im menschlichen Individuum toleriert werden, während zusätzliche Kopien auch der kleinsten Autosomen meist zur Letalität führen. Wir haben die Antwort auf diese Frage bereits vorweggenommen; das Barr-Körperchen stellt eine inaktive oder größtenteils inaktive Form des Y-Chromosoms dar.

1961 formulierte M.F. Lyon eine Hypothese zur Erklärung des Phänomens, warum Individuen mit Anomalien der X-Chromosomen überleben. Ihre als Lyon-Hypothese bekannte Aussage läßt sich wie folgt zusammenfassen:

1. Das Barr-Körperchen ist ein genetisch inaktives X-Chromosom.
2. Das inaktivierte X-Chromosom kann in verschiedenen Zellen desselben Organismus sowohl väterlicher als auch mütterlicher Herkunft sein.
3. Die Inaktivierung des X-Chromosoms ereignet sich relativ früh in der Embryonalentwicklung (nämlich am 16. Tag nach der Befruchtung).

Wir wissen, daß die Inaktivierung des X-Chromosoms zufällig erfolgt. Ist die Inaktivierung erfolgt, tragen alle Nachkommenzellen dasselbe inaktivierte X-Chromosom, sei es väterlicher oder mütterlicher Herkunft.

Die Lyon-Hypothese liefert eine einfache Erklärung, warum normale X- und XX-Individuen dieselbe Zahl an aktiven X-Chromosomen aufweisen. Dies stellt einen Mechanismus zur Gendosis-Kompensation dar. Dadurch wird auch erklärt, warum XXY- oder XXX-Individuen nicht so drastisch von der Norm abweichen. Das bedeutet, daß die Inaktivierung (Lyonisierung) eines zusätzlichen X-Chromosoms zur Gendosis-Kompensation beiträgt, so daß schließlich und endlich nur ein Satz von X-Chromosomen genetisch aktiv ist. Es spielt daher keine Rolle, wieviele X-Chromosomen sich in der Zelle befinden. Die phänotypischen Unterschiede gegenüber den normalen Individuen sind vermutlich darauf zurückzuführen, daß die überzähligen X-Chromosomen während der 16 Tage nach der Befruchtung noch aktiv sind.

Wir haben in diesem Kapitel zwei Hauptgebiete der Humangenetik kennengelernt, die Stammbaumanalyse und die Erforschung von Chromosomenaberrationen. Die moderne humangenetische Forschung befaßt sich mit den biochemischen Grundlagen von Chromosomenaberrationen. Wenn diese bekannt sind, so können Ärzte oder Mitarbeiter von genetischen Familienberatungsstellen Eltern auf mögliche Risiken der Geburt eines erbkranken Kindes hinweisen.

ÜBERSICHTSARTIEKL ZU KAPITEL 16:

Egel R (1971) Der PTC-Schmeckversuch. Biol unserer Zeit 1:186–187

LITERATUR

Barr ML, Bertram EG (1949) A morphological distinction between neurones of the male and female, and the behavior of the nucleolar satellite during accelerated nucleoprotein synthesis. Nature 163:676–677

Bloom AD (1972) Induced chromosome aberrations in man. Adv Human Genet 3:99–153

Bodmer WF, Cavalli-Sforza LL (1976) Genetics, evolution, and man. Freeman, San Francisco

Boyer SH (ed) (1963) Papers on human genetics. Prentice-Hall, Englewood Cliffs, NJ

Dice LR (1946) Symbols for human pedigree charts. J Hered 37: 11–15

Fraser FC (1974) Current issues in medical genetics: Genetic counseling. Amer J Hum Genet 6:636–659

Garrod AE (1909) Inborn errors of metabolism. Frowde, Hodder and Stoughton, London

Harris H (1962) Human biochemical genetics. Cambridge University Press

Levitan M, Montagu A (1971) Textbook of human genetics. Oxford University Press, London

Lyon MF (1961) Gene action in the X-chromosomes of the mouse (*Mus musculus L*). Nature 190:372–373

Lyon MF (1962) Sex chromatin and gene action in the mammalian X-chromosome. Am J Hum Genet 14:135–148

McKusick VA (1965) The royal hemophilia. Sci Am 213:88–95

McKusick VA, Claiborne R (eds) (1973) Medical genetics. H.P. Publishing Co., New York

Penrose LS (1933) The relative effects of paternal and maternal age in mongolism. J Genet 27:217–224

Penrose LS, Smith GF (1966) Down's anomaly. Little Brown, Boston

Penrose LS, Stern C (1958) Reconsideration of the Lambert pedigree (ichthyosis hystrix gravior). Ann Hum Genet 22:258–283

Shaw MW (1962) Familial mongolism. Cytogenetics 1:141–179

Stanbury JB, Wyngaarden JB, Fredrickson DS (1972) The metabolic basis of inherited disease, 3rd edn. McGraw-Hill, New York

Stern C (1973) Principles of human genetics, 3rd edn. Freeman, San Francisco

Thompson JA, Thompson MW (1966) Genetics in medicine. Saunders, Philadelphia

KAPITEL 17
Extrachromosomale Genetik

INHALT

Mitochondrien und Chloroplasten
    Das genetische System der Mitochondrien
Charakteristika extrachromosomaler Vererbung
Beispiele extrachromosomaler Vererbung
    Das Erbmerkmal *iojap* beim Mais
    Atmungsdefizienz bei Pilzen
        Die *poky*-Mutation bei *Neurospora*
        Die *petite*-Mutation bei Hefe

Bisher hatten wir die Vererbung von Merkmalen untersucht, die unter der Kontrolle des Kerngenoms ausgeprägt werden. In allen Fällen konnte der Erbgang durch die Segregation und Aufteilung von Chromosomen vorausgesagt werden. Es gibt jedoch andere Merkmale, deren Vererbung diesen Regeln nicht gehorchen. Im Kapitel über Bakteriengenetik und rekombinierte DNA haben wir Episomen und Plasmide besprochen: sie sind Beispiele extrachromosomaler Elemente bei Prokaryonten. Bei Eukaryonten kennt man viele Fälle extrakaryotischer Vererbung. Viele der Erbmerkmale sind von Genomen der Zellorganellen, wie Mitochondrien und Chloroplasten codiert. In diesem Kapitel werden wir uns auf einige Beispiele extrakaryotischer Vererbung bei Eukaryonten beschränken. Wir wollen dabei deutlich die Unterschiede eines extrakaryotischen Erbgangs und eines karyotischen Erbgangs herausstellen. Es ist daher nur möglich, einen Bruchteil der bekannten extrakaryotischen Genome zu besprechen.

Mitochondrien und Chloroplasten

Mitochondrien sind lebensnotwendige Bestandteile aller aeroben tierischen und pflanzlichen Zellen. Es sind relativ kompliziert gebaute Organellen, die von einer Doppelmembran umschlossen sind. Sie enthalten die Enzyme des Elektronentransports (die Zytochrome), die für die Bildung von ATP durch die oxidative Phosphorylierung maßgeblich sind.

Chloroplasten findet man in pflanzlichen Zellen, sie sind der Ort der Photosynthese, der Umsetzung von Lichtenergie in chemische Energie. Im Chloroplasten findet man eine Anzahl flacher Vesikeln, die Thylakoide, deren Membranen Chlorophyll und andere photosynthetisch aktive Pigmente enthalten. Eine durchschnittliche Blattzelle einer höheren Pflanze enthält etwa 40 bis 50 Chloroplasten. Sowohl Mitochondrien als auch Chloroplasten enthalten genetisches Material in Form von zirkulärer, nackter, doppelsträngiger DNA. In dieser Beziehung ähneln die Organellgenome denen der Bakterien. Oft besitzt die Organell-DNA eine andere Schwimmdichte als die Kern-DNA, wodurch die Abtrennung beider DNA-Spezies im CsCl-Dichtegradienten erleichtert wird. Diese Organellen enthalten auch Ribosomen und führen ihre eigene Proteinsynthese durch, wobei sie nicht alle ihre Proteine selbst herstellen. Um dies näher zu erläutern, wollen wir die Codierungskapazität der Mitochondrien besprechen.

Das genetische System der Mitochondrien

Mitochondriale Ribosomen sind den bakteriellen Ribosomen sehr ähnlich, insbesondere in ihrem Sedimentationskoeffizienten, der Zahl und der Funktion ihrer ribosomalen Proteine. Die Initiation der Proteinsynthese in den Mitochondrien erfolgt durch das Startcodon AUG, und jede Polypeptidkette wird mit Hilfe einer f-met-tRNA begonnen. Die RNAs der mitochondrialen Ribosomen werden durch je ein Gen des mitochondrialen Genoms codiert. Die mitochondrialen Gene von *Neurospora* codieren für eine 25S- und eine 19S-rRNA, die in die große bzw. die kleine ribosomale Untereinheit eingebaut werden. Wo aber sind die ribosomalen Proteine der Mitochondrien codiert? Die mitochondriale Proteinsynthese ist durch das Antibiotikum Chloramphenicol hemmbar, nicht aber durch das Antibiotikum Cykloheximid. Die zytoplasmatischen Ribosomen hingegen werden durch Cykloheximid gehemmt, während sie gegen Chloramphenicol resistent sind. Mit Hilfe dieser Antibiotika konnte gezeigt werden, daß die Masse der ribosomalen Proteine der Mitochondrien an zytoplasmatischen Ribosomen synthetisiert werden, und daß diese demnach durch Kerngene codiert sein müssen. Der Zusammenbau der Ribosomen erfolgt in den Mitochondrien, und so müssen die fertigen ribosomalen Proteine durch die Mitochondrienmembran transportiert werden.

Die Mitochondrien enthalten verschiedene wichtige Atmungsenzyme, die Zytochrome genannt werden. Die Zytochrome sind Proteine; jedes enthält in einer Hämgruppe ein Eisenatom gebunden. Ihre Synthese wurde mit Hilfe der oben genannten Antibiotika untersucht, wobei die folgenden Ergebnisse erzielt wurden:

a) Zytochrom c. Der Proteinanteil dieses Moleküls wird ausschließlich an zytoplasmatischen Ribosomen synthetisiert, danach wird die Hämgruppe angefügt und das ganze Molekül in das Mitochondrium eingeschleust. Bei seiner Synthese sind ausschließlich Kerngene beteiligt.
b) Zytochrom c_1. Dieses Zytochrom ist ebenfalls kerncodiert und wird an zytoplasmatischen Ribosomen synthetisiert.
c) Zytochrom $a.a_3$. Dieses Molekül ist aus Polypeptiden zusammengesetzt, welche an mitochondrialen Ribosomen synthetisiert werden, und aus solchen, die an zytoplasmatischen Ribosomen gemacht werden. Demnach sind die Untereinheiten dieses Enzymkomplexes teils mitochondrial codiert, teils kerncodiert.
d) Zytochrom b. Das Apoprotein des Zytochroms b wird an mitochondrialen Ribosomen synthetisiert und wird auch vom mitochondrialen Genom codiert.
e) ATPase. Sie ist das Produkt einer konzertierten Aktion von mitochondrialen Genen und Kerngenen und demnach von mitochondrialen Ribosomen und zytoplasmatischen Ribosomen.

Die mitochondriale DNA enthält die Gene für eine Anzahl mitochondrialer Komponenten einschließlich rRNA, einem (oder vielleicht einigen) ribosomalen Protein(en), allen nötigen rRNAs, einigen Polypeptiden bestimmter Zytochrome und der ATPase, und einigen anderen Polypeptiden bisher unbekannter Funktion. Mutationen in dieser Organell-DNA führen zu Phänotypen, die einen extrachromosomalen Erbgang aufweisen. Wir werden im folgenden die Charakteristika eines extrachromosomalen Erbgangs besprechen.

Charakteristika extrachromosomaler Vererbung

Für ein Erbmerkmal mit extrachromosomalem Erbgang lassen sich bestimmte Voraussagen machen.

1. Man sollte bei reziproken Kreuzungen Unterschiede in der Nachkommenschaft beobachten. Diese Voraussage trifft für das Phänomen der mütterlichen Vererbung zu, bei der die Nachkommen ausschließlich den Phänotyp der Mutter zeigen. Das rührt daher, daß in vielen Organismen vom weiblichen Gameten wesentlich mehr Zytoplasma in die Zygote gelangt als vom männlichen Gameten. Daher gelangen durch das Zytoplasma weitaus mehr mütterliche als väterliche Organellgenome in die Zygote. Wie wir bereits wissen, besteht (mit Ausnahme der geschlechtschromosomen-gebundenen Gene) bei Kerngenen kein Unterschied zwischen den Ergebnissen reziproker Kreuzungen.
2. Zweitens sollten extrachromosomale Mutanten nicht auf dem Kerngenom kartierbar sein. Man sollte also keine Kopplung zwischen einer extrachromosomalen Mutation und einer bekannten, kartierten chromosomalen Mutation finden.
3. Extrachromosomal codierte Merkmale sollten erhalten bleiben, wenn der Kern der Zelle durch einen Kern anderer genetischer Konstitution ersetzt wird.

Wenn sich ein oder mehrere Gene entsprechend der oben genannten Kriterien verhalten, spricht man von extrachromosomaler Vererbung.

Extrachromosomale Vererbung muß jedoch klar getrennt werden von maternalen Effekten, die aufgrund des Kerngenotyps der Mutter auftreten. Ein Beispiel dafür ist die Windungsrichtung des Schneckenhauses von *Limnaea peregra*, die wir im folgenden besprechen werden.

Bei dieser Schnecke wird die Windungsrichtung durch ein Allelpaar bestimmt. Das Allel D bewirkt rechtsgerichtete Windung, das Allel d linksgerichtete Windung. Durch Kreuzung konnte gezeigt werden, daß D über d dominant ist, und daß die Windungsrichtung immer vom Genotyp der Mutter abhängt (Abb. 17.1). Man kann nun reziproke Kreuzungen zwischen einer DD-homozygoten rechtsgewundenen (R) Schnecke und einer dd-homozygoten linksgewundenen (L) Schnecke durchführen. Stammt die Eizelle von einer R-Schnecke (Abb. 17.1a), so besitzt die F1 den Genotyp Dd, und die Schnecke ist phänotypisch R. Eine Selbstung dieser Schnecke führt zu einer Aufspaltung von $DD:Dd:dd$ wie $1:2:1$, aber alle Schnecken, auch wenn sie homozygot dd sind, zeigen Rechtswindung.

Führt man mit diesen Schnecken wiederum Selbstungen aus, so erhält man das folgende Ergebnis: Aus DD- und Dd-Schnecken entstehen ausschließlich R-Nachkommen, während aus den rechtsgewundenen dd-Schnecken ausschließlich linksgewundene Schnecken entstehen. Dies beweist,

178 Extrachromosomale Genetik

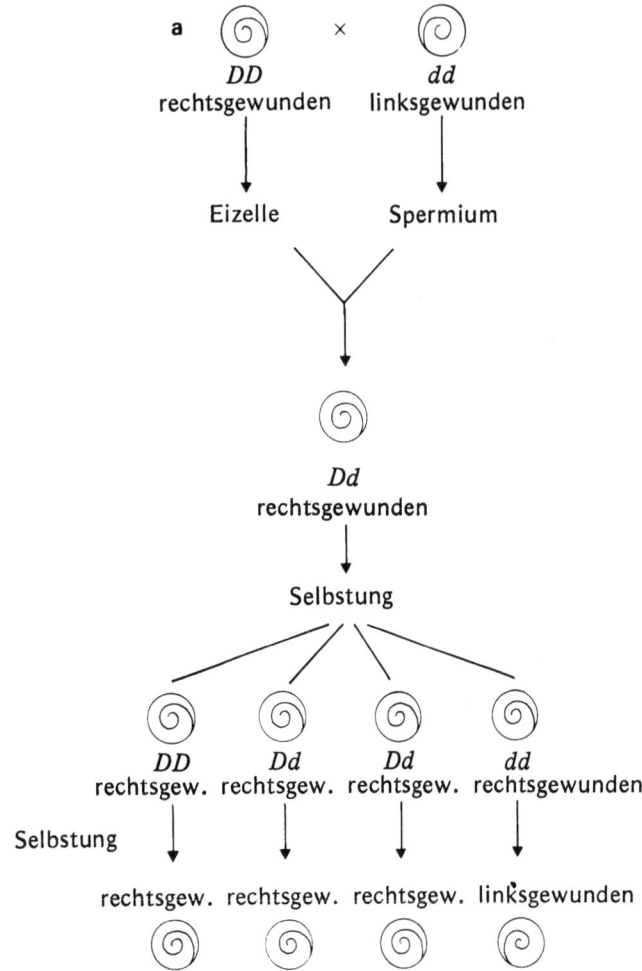

Abb. 17.1a,b. Beispiel eines mütterlichen Effekts: die Windungsrichtung der Schnecke *Limnaea peregra*. a Erbgang bei einer Kreuzung zweier homozygoter Individuen, wobei die rechtsgewundene Schnecke als Weibchen gewählt wurde. Die darauffolgenden Generationen wurden durch Selbstungen erhalten. b Vererbungsmuster der zu (a) reziproken Kreuzung

daß das Elterntier dd war und zeigt klar das Prinzip dieses mütterlichen Effekts. Wenn man als mütterlichen Kreuzungspartner jedoch eine linksgewundene (*L*) *dd*-Schnecke wählt (Abb. 17.1b), so ist die Nachkommenschaft wie in der reziproken Kreuzung *Dd*. Die Schnecken sind jedoch *L*, da die Mutter *L* war. Selbstung dieser Schnecken führt zur gleichen Aufspaltung wie in der reziproken Kreuzung, und da das Elterntier genotypisch *Dd* war, sind alle Nachkommen rechtsgewundene Schnecken.

Dieser maternale Effekt wirkt also nur über eine Generation. Er beruht auf extranukleären Komponenten, die von Kerngenen codiert werden. Im vorliegenden Beispiel ist das Phänomen der Windung von dem spiralförmigen Zellteilungsmuster der ersten Zellteilungen nach Befruchtung der Eizelle abhängig. Man kennt jedoch nicht die Faktoren, welche den Rechts- oder Linkswindungssinn verursachen.

Beispiele extrachromosomaler Vererbung

Die folgenden Beispiele wurden einer großen Zahl gut untersuchter Fälle extrachromosomaler Vererbung bei Eukaryonten entnommen und illustrieren die Kriterien extrachromosomaler Vererbung. Im Gegensatz zu den mütterlichen Effekten verschwinden die Unterschiede bei reziproken Kreuzungen nicht nach einer Generation, sondern bleiben solange erhalten, solange der extrachromosomale Faktor besteht.

Das Erbmerkmal *iojap* beim Mais   179

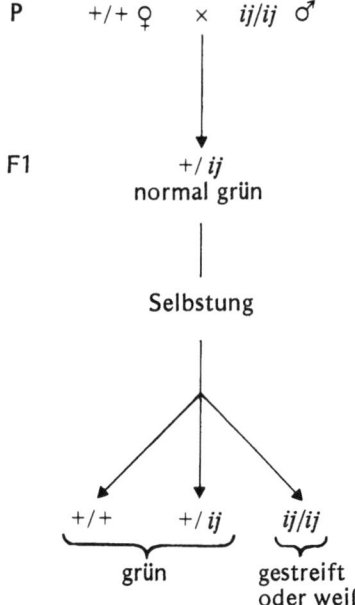

Abb. 17.2. Mendelnde Vererbung des Merkmals *iojap* bei Mais, wenn *ij/ij* als männlicher Kreuzungspartner gewählt wird

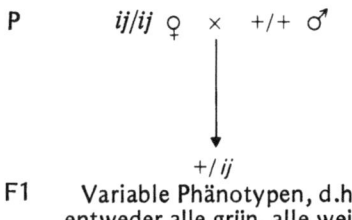

Abb. 17.3. Nicht-Mendelnde Vererbung des Merkmals *iojap* bei Mais, wenn *ij/ij* als weiblicher Kreuzungspartner gewählt wird. Die Individuen der F1 zeigen in diesem Falle unterschiedliche Phänotypen

Das Erbmerkmal *iojap* beim Mais

Man kennt beim Mais, *Zea mays*, eine Variante mit gestreiften Blättern. Dieses Erbmerkmal beruht auf einer chromosomalen Mutation, zeigt aber nicht-Mendelnde Vererbung. Der Name *iojap* leitet sich vom Ursprung dieser Maispflanze ab, dem Staat Iowa, und aus dem Namen einer ähnlichen Variante beim Mais, die *japonica* genannt wird. Das Gen *ij*, welches für das Merkmal *iojap* codiert, ist rezessiv. Im homozygoten Zustand führt es zu weißblättrigen Pflanzen. Wir wollen nun die Eigenschaften dieser *iojap*-Mutation besprechen.

M. Jenkins bestäubte 1924 eine homozygote Wildtyp-Pflanze mit dem Pollen einer homozygoten *ij/ij*-Pflanze (Abb. 17.2). Die heterozygoten F1-Pflanzen hatten alle normal grüne Blätter. Als man diese Pflanzen selbstete, so erhielt man in der F2 2494 grüne und 782 *iojap* (gestreifte) Pflanzen. Dieses Kreuzungsergebnis bestätigte die 3:1-Aufspaltung, die entsprechend der Mendelschen Regeln erwartet wird. Die Rückkreuzungen grüner Pflanzen aus der F2 bestätigten das Verhältnis 1:2 von Homozygoten zu Heterozygoten. Daraus schloß Jenkins, daß das Merkmal *iojap* einen normalen Mendelschen Erbgang zeigt, wenn es sich in der männlichen Pflanze befindet. Wenn er jedoch die reziproke Kreuzung ausführte, in der die weibliche Pflanze homozygot *ij/ij* war, so zeigte die F1 oft gestreifte, typische

iojap-Blätter, obwohl sie genotypisch +/*ij* war, und das +-Allel dominant sein sollte. Diese Pflanzen wurden 1943 von M. Rhoades genau untersucht: Seine Ergebnisse sind in Abb. 17.3 zusammengefaßt.

Kreuzte er weibliche *ij/ij*-Pflanzen mit männlichen +/+-Pflanzen, fand er unter den F1-Pflanzen von Experiment zu Experiment starke Schwankungen. Das heißt, die F1-Pflanzen waren entweder alle grün, alle weiß oder einige waren grün, während die übrigen gestreift (*iojap*) oder ganz weiß waren. Zur Erklärung seiner Befunde nahm Rhoades an, daß durch Homozygotie des Gens *iojap* (*ij/ij*) die Streifenbildung ausgelöst würde. Dann sollte das Merkmal zytoplasmatisch, und zwar durch die Eizelle vererbt werden. Mit anderen Worten, *iojap* zeigt mütterlichen Erbgang. Rhoades bestätigte diese Hypothese, indem er eine gestreifte F1-Pflanze als weiblichen Partner in einer Kreuzung mit einer homozygoten +/+-männlichen Pflanze benutzte (Abb. 17.4).

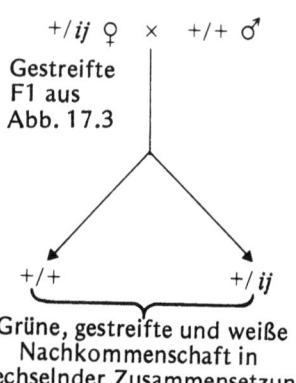

Abb. 17.4. Nachweis mütterlicher Vererbung des Merkmals *iojap* bei Mais: Eine gestreifte F1-Pflanze aus der in Abb. 17.3 gezeigten Kreuzung wird mit Pollen einer +/+-Pflanze befruchtet. Die Nachkommen zeigen alle den Phänotyp der mütterlichen Pflanze

180 Extrachromosomale Genetik

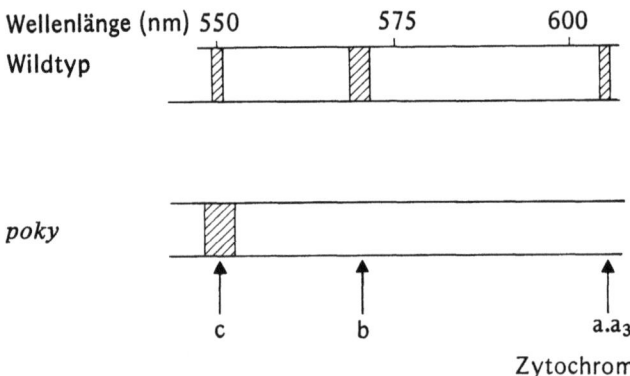

Abb. 17.5. Der Vergleich der Zytochromspektren eines Wildtyp- und eines poky-Stammes von Neurospora crassa zeigt die Zytochromdefizienzen des poky-Stammes

Tabelle 17.1. Tetradenanalysen reziproker Kreuzungen von Wildtyp mit poky zeigen den extrachromosomalen Erbgang der poky-Mutation

Weiblicher Elternteil (Protoperithezium-bildner)	Männlicher Elternteil (Konidien-spender)	Aufspaltung in den Tetraden
+	× [poky]	8 + : 0 [poky]
[poky]	× +	0 + : 8 [poky]

Genotypisch waren die Nachkommen zur Hälfte +/+, zur Hälfte +/ij. Phänotypisch bestand die Nachkommenschaft aus grünen, gestreiften und weißen Pflanzen in wechselndem Verhältnis. Einige Pflanzen waren vollständig grün, andere vollständig weiß. Selbstverständlich konnte man sich die Entstehung dieser Pflanzen nicht mit den Mendelschen Regeln erklären.

Die einfachste Erklärung für iojap ist die, daß der Phänotyp von Veränderungen in den Chloroplasten selbst abhängt. Chloroplasten stehen unter der Kontrolle des Kerns, sind jedoch autonome selbstreplizierende Strukturen. Die gestreiften und weißen Pflanzen enthalten demnach in den weißen und gelben Bereichen defekte Chloroplasten. Man findet auch wirklich farblose Plastiden in diesen Regionen. Die genaue Beziehung zwischen der Struktur der Chloroplasten und der iojap-Mutation ist jedoch unbekannt.

Atmungsdefizienz bei Pilzen

1. Die poky-Mutation bei Neurospora

Neurospora ist ein obligat aerober Organismus. Diese aerobe Atmung findet in den Mitochondrien statt. Man kennt einige langsam wachsende Mutanten dieses Pilzes, die atmungsdefekt sind. Der langsamwachsenden poky-Mutante fehlen die Zytochrome $a.a_3$ und b, aber sie besitzt Zytochrom c im Überschuß (Abb. 17.5).

Die langsamwachsenden Nachkommen aus einer Kreuzung zwischen poky und Wildtyp zeigen alle den Zytochromdefekt, wodurch die genetische Kontinuität der Mitochondrien bewiesen ist. Im folgenden wollen wir genetisch nachweisen, daß der poky-Phänotyp auf einer Mutation im mitochondrialen Genom beruht und extrachromosomalen Erbgang zeigt.

Bei der Besprechung des Lebenszyklus von Neurospora in Kapitel 15 haben wir gehört, daß der sexuelle Zyklus durch Stickstoffmangel eingeleitet wird. Dabei verschmelzen Zellen eines A- und eines a-Stammes. Wir müssen diesen Sachverhalt noch etwas ergänzen. Wenn man das Stickstoff-Mangelmedium mit nur einem Stamm beimpft, so entwickelt dieser Vorstufen von Fruchtkörpern, die man Protoperithezien nennt. Gibt man zu diesem Zeitpunkt Konidien oder Myzelfragmente eines Stammes entgegengesetzten Paarungstyps zu, so löst dies Kernverschmelzung und die Bildung einer diploiden A/a-Zygote aus. Der protoperithezienbildende Elternstamm (weiblich) ist in der Hinsicht analog dem weiblichen Gameten, da er die Hauptmasse des Zytoplasmas in die Kreuzung einbringt. Der konidienspendende Elternstamm ist dem männlichen Gameten äquivalent. Man kann also durch reziproke Kreuzungen den Beitrag des Zytoplasmas an der Ausprägung eines bestimmten Erbmerkmals von Neurospora bestimmen.

Die Ergebnisse reziproker Kreuzungen zwischen Wildtyp und poky sind in Tabelle 17.1 zusammengefaßt.

In diesen Kreuzungen segregieren die Paarungstypallele und alle anderen Kernmarker in der für Kerngene charakteristischen 4:4-Aufspaltung.

Im Gegensatz dazu gehorcht die poky-Mutation den Regeln extrachromosomaler Vererbung. So zeigen alle Nachkommen einer Kreuzung den Phänotyp des weiblichen Kreuzungspartners. Die einfachste Erklärung für die Zytochromdefizienzen im poky-Stamm ist die, daß dieser eine Mutation im mitochondrialen Genom trägt. Diese Hypothese wird durch Mikroinjektionsexperimente gestützt. Injizierte man Mitochondrien einer poky-Mutante in Hyphen eines Wildstammes, so wurde dieser in eine poky-Mutante umgewandelt. Kürzlich wurde nachgewiesen, daß in den poky-Mitochondrien die ribosomalen Untereinheiten nicht in stöchiometrischen Mengen vorliegen, genauer gesagt, findet man fast keine kleinen Untereinheiten. Dies führt natürlich zu einer Verringerung der mitochondrialen Proteinsyntheserate. Da Zytochrome oder Bestandteile von Zytochromen an mitochondrialen Ribosomen gemacht werden, ist der Mangel an kleinen ribosomalen Untereinheiten wahrscheinlich für die Zytochromdefizienz und die niedrige Wachstumsrate verantwortlich. Es gibt Hinweise, daß der Phänotyp der *poky*-Mutation durch ein fehlendes oder verändertes ribosomales Protein hervorgerufen wird, das mitochondrial codiert ist. (Die meisten Proteine mitochondrialer Ribosomen sind kerncodiert.)

2. Die petite-Mutation bei Hefe

Plattiert man Zellen der Hefe *Saccharomyces cerevisiae* auf glukosehaltiges Medium, so entstehen einige wenige (bis 10%) Kleinkolonien (*petites*, vom französischen petite = klein), deren Durchmesser nur etwa 1/3 bis 1/2 der normalen Kolonien beträgt. Plattiert man Zellen einer normal großen Kolonie aus, so entstehen wiederum etwa 1% *petite*-Kolonien. Alle Zellen aus einer *petite*-Kolonie wachsen hingegen zu *petite*-Kolonien heran. Die Zellen einer *petite*-Kolonie haben jedoch dieselbe Größe wie normale Zellen. Die Ursache für die kleinere Koloniegröße liegt darin, daß die Zellen keine Zytochrome b und $a.a_3$ und keine ATPase besitzen – alles Enzyme der inneren mitochondrialen Membran. Im Gegensatz zum Wildtyp können *petite*-Mutanten keine oxidative Phosphorylierung zur Energiegewinnung ausführen. Ihre Wachstumsrate ist daher geringer, da diese Zellen ihre Energie nur über die Glykolyse beziehen. Man kann bei normalen Zellen dieselbe niedrige Vermehrungsrate erreichen, wenn man sie anaerob zieht.

Petite-Mutanten können mit Wildtypstämmen gekreuzt werden. Man kennt drei verschiedene Typen von *petite*-Mutanten: zwei von ihnen zeigen extrachromosomale Vererbung.

a) Chromosomale *petites*. Die Zytochromdefizienzen (und daher das langsame Wachstum dieser Mutanten beruht auf Mutationen im Kerngenom. Man bezeichnet diese Mutanten als *pet*⁻. Kreuzt man einen *pet*⁺-Stamm mit einer *pet*⁻-Mutante (Abb. 17.6), so ist die Diploide atmungsfähig.

Sporuliert diese Diploide, so entstehen zwei *pet*⁺-Sporen und zwei langsamwachsende *pet*⁻-Sporen. Dies entspricht der Erwartung entsprechend der Mendelschen Regeln.

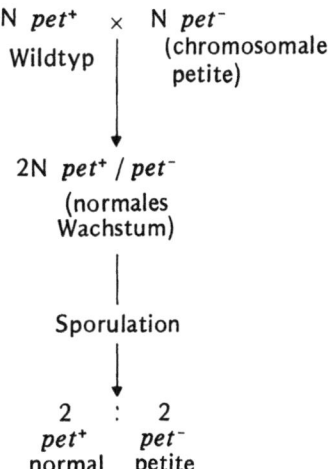

Abb. 17.6. Mendelsche Vererbung der chromosomalen *petite*-Mutation bei Hefe

b) Neutrale extrachromosomale *petites*. Diese Klasse von *petites* zeigt einen extrachromosomalen (nicht Mendelnden) Erbgang des langsamwüchsigen, zytochromdefekten Phänotyps. Der extrachromosomale Faktor wird als $rho^-_{(N)}$ bezeichnet, der entsprechende Wildtypfaktor rho^+. Abb. 17.7 zeigt das Segregationsverhalten der neutralen *petite*-Mutation.

Kreuzt man eine neutrale *petite* mit einem Wildtyp, so wächst die Diploide ebenfalls normal, genauso wie Diploide aus der Kreuzung einer chromosomalen *petite* mit einem Wildtyp. Die Sporulation einer $rho^+/rho^-_{(N)}$-Diploiden führt zu vier Askosporen, die alle zu normalen atmungsfähigen Zellen ohne Zytochromdefizienzen auskeimen. Der *petite*-

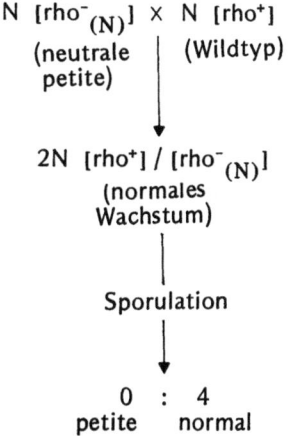

Abb. 17.7. Extrachromosomale Vererbung der neutralen *petite*-Mutation bei Hefe

182 Extrachromosomale Genetik

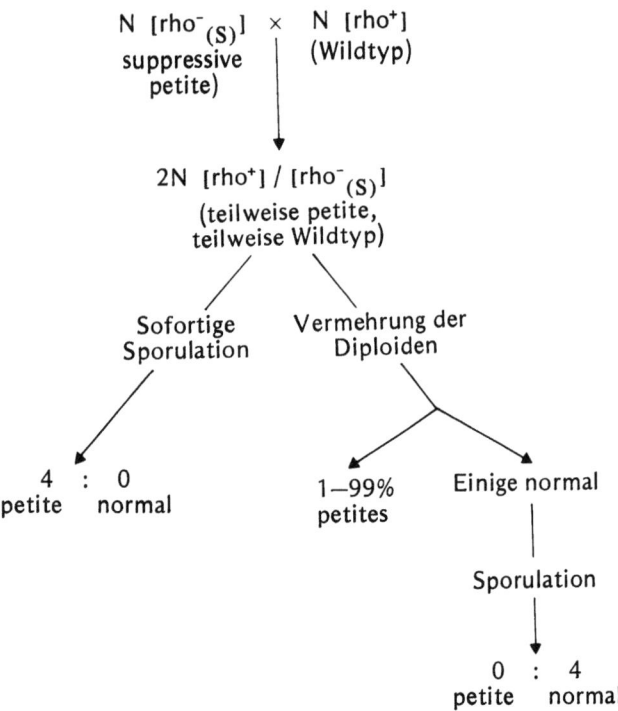

Abb. 17.8. Extrachromosomale Vererbung der suppressiven *petite*-Mutation bei Hefe

Phänotyp tritt nicht mehr in den weiteren Generationen auf. Die Kernmarker segregieren in dieser Kreuzung alle 2:2. Neutrale *petites* zeigen also einen extrachromosomalen Erbgang.

Die Mitochondrien neutraler *petites* besitzen keine DNA. Sie können daher keine Zytochrome ausbilden, die ganz oder teilweise vom mitochondrialen Genom codiert sind. Demzufolge haben sie auch keine aerobe Atmung und wachsen daher langsam.

c) Suppressive extrachromosomale *petites*. Wie die neutralen *petites* zeigen auch die suppressiven *petites* einen extrachromosomalen Erbgang für das langsame Wachstum und die Atmungsdefizienz. Der extrachromosomale Faktor wird hier als $rho^-_{(S)}$ bezeichnet. Wie der Name sagt, kann dieser die normale Atmung „unterdrücken", wenn $rho^-_{(S)}$-*petites* mit einer normalen Zelle (mit normalen Mitochondrien) gekreuzt wird. Die Eigenschaften von suppressiven *petites* sind in Abb. 17.8 dargestellt.

Eine $rho^+rho^-_{(S)}$-Diploide besitzt eine Atmungsrate, die zwischen der eines Wildtypstammes und einer *petite*-Mutante liegt. Bei der Darstellung des Lebenszyklus der Hefe in Kapitel 15 wurde hervorgehoben, daß man die Bildung diploider Zellen zeitlich von der Meiose (Sporulation) trennen kann. Diploide $rho^+rho^-_{(S)}$-Zellen können unmittelbar nach der Zygotenbildung zur Sporulation gebracht werden. Die daraus entstehenden vier Askosporen sind alle vom *petite*-Phänotyp, während die Kernmarker im Verhältnis 2:2 aufspalten. Das normale Zytoplasma wird also vom *petite*-Zytoplasma „supprimiert".

Vermehrt man jedoch eine Diploide aus einer Kreuzung $rho^+ \times rho^-_{(S)}$ über mehrere Generationen, so enthält die diploide Nachkommenschaft zwischen 1 und 99% *petites*, je nachdem, welche *petite*-Mutante verwendet wurde. Sporulation atmungsfähiger diploider Zellen ergibt vier Sporen mit normalem Wildphänotyp.

Suppressive *petites* besitzen veränderte mitochondriale DNA. Je suppressiver eine *petite* ist, umso stärker ist meist ihre mitochondriale DNA verändert. Die einfachste Erklärung für die Suppressivität ist die, daß die mitochondriale DNA in der Mutante so verändert ist, daß sie sich schneller als die normale DNA vermehrt und diese dadurch „verdrängt".

Ein Beweis, daß die extrachromosomalen *petites* durch Veränderung oder Verlust der mitochondrialen DNA entstehen, erfolgte durch die Verwendung zweier Chemikalien Wie bereits vorher erwähnt, ist die spontane Rate der Entstehung extrachromosomaler *petites* etwa 1%. Behandelt man eine wachsende Wildtypkultur mit 10^{-6} M Acriflavin, so werden fast alle Zellen in *petites* umgewandelt. Ein ähnliches Ergebnis erhält man durch Behandlung ruhender Zellen mit Ethidiumbromid. Man konnte zeigen, daß die beiden Stoffe auf mitochondriale DNA einwirken. Die *petites* besitzen entweder mitochondriale DNA mit veränderter Schwimmdichte oder überhaupt keine mitochondriale DNA mehr.

Man kennt also verschiedene Phänotypen, die einem extrachromosomalen Erbgang gehorchen. Wir haben einige Mutanten mit nicht-Mendelndem Erbgang besprochen. Auch in anderen Organismen gibt es zahlreiche Beispiele extrachromosomaler Vererbung. Das Studium dieser Mutanten führt zu tieferem Verständnis von Struktur und Funktion der Genome in Mitochondrien und Chloroplasten.

ÜBERSICHTSARTIKEL ZU KAPITEL 17:

Arnold C-G (1971) Gene außerhalb des Zellkerns. Biol unserer Zeit 1:111–121

Wolf K (1979) Mitochondriale Genetik der Hefen. Biol unserer Zeit 9:65–72

LITERATUR

Aloni Y, Attardi G (1971) Expression of the mitochondrial genome in HeLa cells. II. Evidence for complete transcription of mitochondrial DNA. J Mol Biol 55:251–270

Ashwell M, Work TS (1970) The biogenesis of mitochondria. Annu Rev Biochem 39:251–290

Attardi B, Attardi G (1971) expression of the mitochondrial genome in HeLa cells. I. Properties of the discrete RNA components from the mitochondrial fraction. J Mol Biol 55:231–249

Beale GH, Jurand A, Preer JR (1969) The classes of endosymbionts of *Paramecium aurelia*. J Cell Sci 5:69–91

Beisson J, Sainsard A, Adoutte A, Beale GB, Knowles J, Tait A (1974) Genetic control of mitochondria in *Paramecium*. Genetics 78:403–413

Boardman NK, Linnane AW, Smillie RM (eds) (1971) Autonomy and biogenesis of mitochondria and chloroplasts. North Holland, Amsterdam

Borst P (1972) Mitochondrial nucleic acids. Annu Rev Biochem 41:333–376

Ephrussi B (1953) Nucleo-cytoplasmic relations in microorganisms. Oxford University Press, New York

Galper JB, Darnell JE (1971) Mitochondrial protein synthesis in HeLa cells. J Mol Biol 57:363–367

Gillham NW (1974) Genetic control of the chloroplast and mitochondrial genomes. Annu Rev Genet 8:347–392

Gillham NW (1978) Organelle heredity. Raven Press, New York

Gillham NW, Boynton JE, Lee RW (1974) Segregation and recombination of non-Mendelian genes in *Chlamydomonas*. Genetics 78:439–457

Jinks JL (1964) Extrachromosomal inheritance. Prentice-Hall, Englewood Cliffs, NJ

Kirk JTO (1971) Chloroplast structure and biogenesis. Annu Rev Biochem 40:161–196

Lambowitz AM, Luck DJL (1976) Studies on the *poky* mutant of *Neurospora crassa*. J Biol Chem 251:3081–3095

Lambowitz AM, Chua NH, Luck DJL (1976) Mitochondrial ribosome assembly in *Neurospora*. Preparation of mitochondrial ribosomal precursor particles, site of synthesis of mitochondrial ribosomal proteins and studies on the *poky* mutant. J Mol Biol 107:223–253

Perlman PS, Birky CW (1974) Mitochondrial genetics in Baker's yeast: a molecular mechanism for recombinational polarity and suppressiveness. Proc Natl Acad Sci USA 71:4612–4616

Preer JR (1971) Extrachromosomal inheritance: hereditary symbionts, mitochondria, chloroplasts. Annu Rev Genet 5:361–496

Preer JR, Preer LB, Jurand A (1974) Kappa and other endosymbionts in *Paramecium*. Bacteriol Rev 38:113–163

Rifkin MR, Luck DJL (1971) Defective production of mitochondrial ribosomes in the *poky* mutant of *Neurospora crassa*. Proc Natl Acad Sci USA 68:257–290

Saccone C, Kroon AM (eds) (1976) The genetic function of mitochondrial DNA. North Holland, Amsterdam

Sager R (1972) Cytoplasmic genes and organelles. Academic Press, New York

KAPITEL 18
Biochemische Genetik (Genfunktion)

INHALT

Genetische Kontrolle des Stoffwechsels beim Menschen
Genetische Kontrolle der Augenpigmente bei *Drosophila*
Biochemische Mutanten bei *Neurospora*
Colinearität
Zusammenfassung

Bisher haben wir die Gene als unabhängige Einheiten betrachtet. Wir haben ihre Struktur als Nukleotidsequenzen beschrieben, ihre Transkription in eine RNA-Kopie besprochen, und die Translation der RNA in die Aminosäuresequenz eines Polypeptids diskutiert. Das Endglied der Kette von Reaktionen war schließlich ein fertiges Protein. In der Zelle übernehmen die Polypeptidketten entweder strukturelle oder enzymatische Aufgaben. Eine Zelle ist jedoch ein komplexes Gebilde, und ihr Funktionieren beruht auf der Abstimmung vieler Genaktivitäten aufeinander. Am Schluß dieses Buches werden wir besprechen, wie Gene in einem Organismus zusammenwirken. In diesem Kapitel werden wir den historischen Ablauf der Erforschung des Zusammenhangs von Genen und Enzymen und die Rolle von Enzymen in biochemischen Syntheseketten besprechen. Im darauffolgenden Kapitel werden wir die Regulation der Expression von Genen betrachten, die in Pro- und Eukaryonten verwandte Funktionen codieren. Wir wollen auch die Beziehungen zwischen einzelnen Genen analysieren, soweit sie für die Populationsgenetik bedeutsam sind.

Genetische Kontrolle des Stoffwechsels beim Menschen

Anhaltspunkte für einen Zusammenhang zwischen Genen und Enzymen finden sich bereits in den Arbeiten des Arztes Archibald Garrod im Jahre 1909. Sie sind in einem Buch mit dem Titel „Angeborene Irrtümer des Stoffwechsels" ("Inborne errors of metabolism") veröffentlicht. Dr. Garrod war an menschlichen Krankheiten interessiert, die eine erbliche Grundlage hatten und studierte unter anderem die „Alkaptonurie". Dies ist eine sehr seltene Krankheit. Sie ist durch eine Reihe von Symptomen wie Verhärtung und Schwarzfärbung von Knorpeln und durch Schwarzfärbung des Harns an der Luft gekennzeichnet. Die Symptome sind eine Folge der Anhäufung großer Mengen von Homogentisinsäure, die normalerweise weder im Knorpel noch im Harn vorkommt. Dr. Garrod konnte zeigen, daß die Konzentration an Homogentisinsäure im Harn Alkaptonuriekranker erhöht war, wenn sie eine phenylalanin- oder tyrosinreiche Diät erhielten. Er schloß daraus, daß die Homogentisinsäure ein Zwischenprodukt des Abbaus der zwei Aminosäuren ist. Er nahm daher an, daß den Alkaptonuriekranken eine Enzymaktivität fehlt, die bei Gesunden die Homogentisinsäure abbaut. In einer parallel dazu ausgeführten Stammbaumanalyse konnten A. Garrod und W. Bateson zeigen, daß Alkaptonurie auf einer rezessiven Mutation beruht. Dr. Garrod hatte durch diesen erblichen Enzymdefekt den ersten Hinweis erhalten, daß es einen Zusammenhang zwischen Genen und Enzymen gibt. Er glaubte, daß sich durch diese Art von Kausalzusammenhängen auch andere „angeborene Irrtümer des Stoffwechsels" erklären ließen.

Garrods Hypothese erwies sich im Jahre 1958 als korrekt, als die Einzelheiten des Phenylalanin- und Tyrosinstoffwechsels erforscht waren. Ein Teil dieser Stoffwechselwege ist in Abb. 18.1 gezeigt.

Jeder Schritt in den Stoffwechselwegen ist durch ein Enzym katalysiert, und jedes Enzym ist von einem Gen codiert. Für den normalen Stoffwechsel der beiden Aminosäuren ist die geordnete Beteiligung einer großen Zahl von Genprodukten nötig. Alkaptonuriekranke können Homogentisinsäure nicht in Maleylessigsäure umwandeln, da in diesen Individuen das Enzym Homogentisin-Oxidase nicht funktionsfähig ist. Dieser Stoffwechselweg enthält auch Beispiele für andere erbliche Stoffwechseldefekte wie Phenylketonurie, Albinismus und Tyrosinase. Die genetischen Blocks in den Synthesewegen, welche zu den bestimmten Krankheiten führen, sind in Abb. 18.1 eingezeichnet.

Genetische Kontrolle der Augenpigmente bei *Drosophila*

Wie im vorhergehenden Abschnitt beschrieben, war Garrods Pioniertat der Brückenschlag zwischen Mendels Faktoren und den Proteinen. G. Beadle und B. Ephrussi erhielten 1935 weitere Hinweise für den Zusammenhang zwischen Genen und Enzymen in einem biochemischen Syntheseweg. Sie studierten die Augenpigmente bei der Fruchtfliege *Drosophila melanogaster*.

Bei *Drosphila* gibt es zwei Pigmenttypen, die hellroten Pterine und die braunen Ommochrome. Wie wir wissen, werden diese beiden Pigmente in zwei vielstufigen Syntheseketten hergestellt, wobei jeder Schritt von einem Enzym katalysiert wird. Die hellroten und braunen Pigmente, die Endprodukte der beiden Syntheseketten, werden an Proteingranula angelagert und in den Augenzellen gespeichert. Die Vereinigung der zwei Pigmente verursacht die mattrote Augenfarbe des Wildtyps von *Drosophila*. Larvenstadien von *Drosphila* enthalten Gruppen von Zellen, die man als Scheiben bezeichnet. Jede Scheibe entwickelt sich während der Metamorphose zu einer bestimmten Struktur des erwachsenen Insekts. Man kann zwei Scheiben unterscheiden, welche die Vorläufer für die beiden Augen darstellen. In ihren ersten Experimenten zeigten Beadle und Ephrussi, daß es möglich ist, eine Augenscheibe aus einer Larve in das Abdomen einer anderen Larve zu verpflanzen. Diese Augenscheibe entwickelte sich dann während der Metamorphose zu einem normalen Auge auf dem Abdomen des erwachsenen Tieres. Diese Erkenntnis war bahnbrechend für eine Serie eleganter Experimente, in denen Augenscheiben zwischen genetisch verschiedenen Larven ausgetauscht wurden.

Zur Zeit der Untersuchungen waren drei der Gene bekannt, die an der Synthese des braunen Pigments beteiligt sind, nämlich *scarlet* (scharlachrot), *cinnabar* (zinnoberrot) und *vermilion* (zinnoberrot). Mutationen in jedem dieser Gene führen zu hellorangen Augen. Beadle und Ephrussi fragten sich zuerst, ob sich embryonale Augenscheiben aus den drei Mutanten *st* (*scarlet*), *cn* (*cinnabar*) oder *v* (*vermilion*) zu normalgefärbten Augen entwickeln werden, wenn man sie auf eine Wildtyplarve transplantierte. Im Falle der *st*-Mutante entwickelten sich die transplantierten Augenscheiben zu einem scharlachroten (*st*) Auge (Abb. 18.2a).

Dies ist ein Beispiel für eine autonome Entwicklung, bei der der Wildtyp nicht in der Lage war, in der Augenscheibe die Bildung des braunen Pigments auszulösen. Im Gegensatz dazu entwickelten sich transplantierte Augenscheiben aus *v* oder *cn* im Wildtyp zu normalgefärbten Augen. Dies ist ein Beispiel für nichtautonome Entwicklung (Abb. 18.2b und 18.2c). Man konnte daraus den Schluß ziehen, daß der Wildtyp ein diffusibles Produkt herstellte, das die Scheiben verwerten konnten, um dadurch den genetischen Block zu

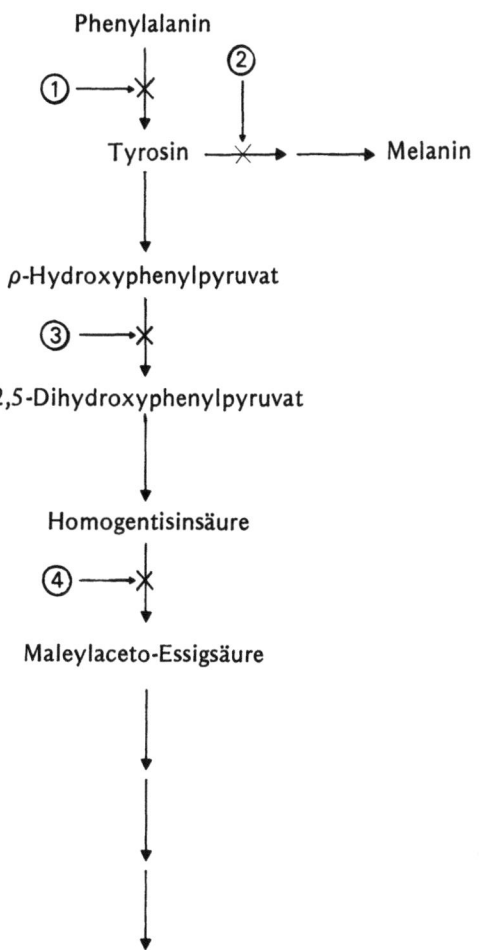

Abb. 18.1. Teil des Stoffwechselwegs von Phenylalanin und Tyrosin. Die Stoffwechselblocks, die zu den entsprechenden Erbkrankheiten beim Menschen führen, sind durch Kreuze angedeutet: *1* Phenylketonurie, *2* Albinismus, *3* Tyrosinase, *4* Alkaptonurie

umgehen und das braune Pigment zu bilden. Von größerer Bedeutung waren die reziproken Transplantationsexperimente zwischen *v*- und *cn*-Larven. Diese sind (zusammen mit den Kontrollen) in Tabelle 18.1 gezeigt. Die Experimente zeigten, daß sich *cn*-Scheiben, auf *v*-Larven transplantiert, zu *cinnabar*-Augen entwickelten, während *v*-Scheiben sich in *cn*-Larven zu Wildtypaugen entwickelten. Sie schlossen daraus, daß das braune Pigment in mindestens zwei Zwischenstufen gebildet wird. Der Wildtyp kann beide Zwischenstufen, und damit das Endprodukt bilden, *cn* nur eine, und *v* keine der Zwischenstufen. Der Zusammenhang der Gene und der einzelnen Syntheseschritte ist in Abb. 18.3 gezeigt.

186 Biochemische Genetik (Genfunktion)

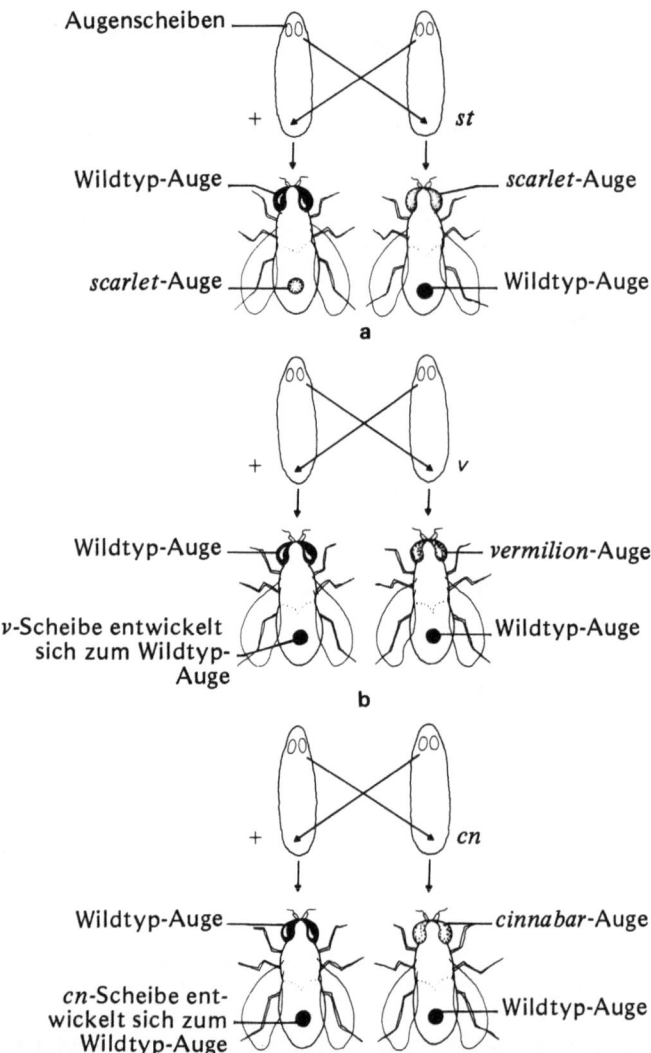

Abb. 18.2a–c. Ergebnisse Beadles und Tatums reziproker Transplantationsversuche mit Augenscheiben von *Drosophila*. a Reziproke Transplantationen zwischen + und *st* (scarlet). Die *st*-Scheibe entwickelt sich im Wildtypwirt zu einem scarlet-Auge. Dies zeigt die autonome Entwicklung von *st*. b Reziproke Transplantation zwischen + und *v* (vermilion). Die *v*-Scheibe entwickelt sich im Wildtypwirt zu einem Wildtypauge. Dies zeigt die nichtautonome Entwicklung von *v*. c Reziproke Transplantation zwischen + und *cn* (cinnabar). Wie *v* zeigt auch die *cn*-Scheibe nicht-autonome Entwicklung, da sie im Wildtypwirt zum Wildtypauge wird

Tabelle 18.1. Ergebnisse der Transplantationsversuche mit Augenscheiben aus Augenfarbmutanten

Herkunft der Augenscheibe	Wirtsfliege	Farbe des transplantierten Auges nach Metamorphose
+	*v*	+
v	+	+
+	*cn*	+
cn	+	+
cn	*v*	cinnabar
v	*cn*	+

Daraus folgt klar, weshalb sich aus einer in eine *cn*-Larve implantierten *v*-Scheibe ein Wildtypauge entwickelte. Die *v*-Scheibe kann keine v^+-Substanz herstellen, was hingegen die *cn*-Larve vermag. Diese v^+-Substanz diffundiert in die *v*-Scheibe und wird dort in die cn^+-Substanz umgewandelt. Da die *v*-Scheibe das Wildtypallel von *cn* trägt, wird die Substanz in das braune Pigment umgewandelt. Mit anderen Worten gleicht die *cn*-Larve die Defizienz der *v*-Scheibe dadurch aus, daß sie diese mit einer diffusiblen Substanz versorgt, so daß sie sich zum Wildtypauge entwickeln kann. Im reziproken Experiment kann die *cn*-Scheibe die v^+-Substanz nicht in die cn^+-Substanz umwandelt, und die *v*-Larve ist daher unfähig, die v^+-Substanz herzustellen: es kann daher kein braunes Pigment gebildet werden.

Zu dieser Zeit war der Zusammenhang von Genen und Enzymen noch unbekannt. Beadles und Ephrussis Arbeit war historisch bedeutsam, denn sie legte einen engen Zusammenhang von Phänotyp (hier die Augenfarbe) und Genotyp (*v* und *cn*) nahe. E. Tatum erforschte dieses System weiter, indem er Extrakte aus *v*- und *cn*-Fliegen herstellte und sie den Larven injizierte. Er erhielt dieselben Ergebnisse wie bei den Transplantationsexperimenten. Injektion eines *cn*-Extraktes in *v*-Larven führte zu Wildtypaugenfarbe, im reziproken Experiment entwickelte die *cn*-Larve zinnoberrote (*cn*) Augen. Diese Versuche begründeten eine Serie weiterer Experimente zur Bestimmung der chemischen Natur von v^+- und cn^+-Substanzen. Zu dieser Zeit war eine chemische Analyse der Extrakte nur sehr begrenzt möglich. Tatum fand, daß sie wasserlöslich und niedermolekular waren. Er glaubte, daß sie Abkömmlinge von Aminosäuren wären und versuchte, durch Fütterung der Fliegen mit definierten Substanzen, den genetischen Block im Syntheseweg des braunen Pigments zu umgehen. Er wollte auf diese Weise die Vorläufer des braunen Pigments identifizieren. Einige komplexe Medien, wie etwa Pepton, führten zur Ausbildung des braunen Pigments in erwachse-

Abb. 18.3. Die Folge biochemischer Reaktionen und deren genetische Steuerung, die zu den Phänotypen +, v und cn führen, abgeleitet aus den Experimenten von Beadle und Ephrussi (s. Tabelle 18.1)

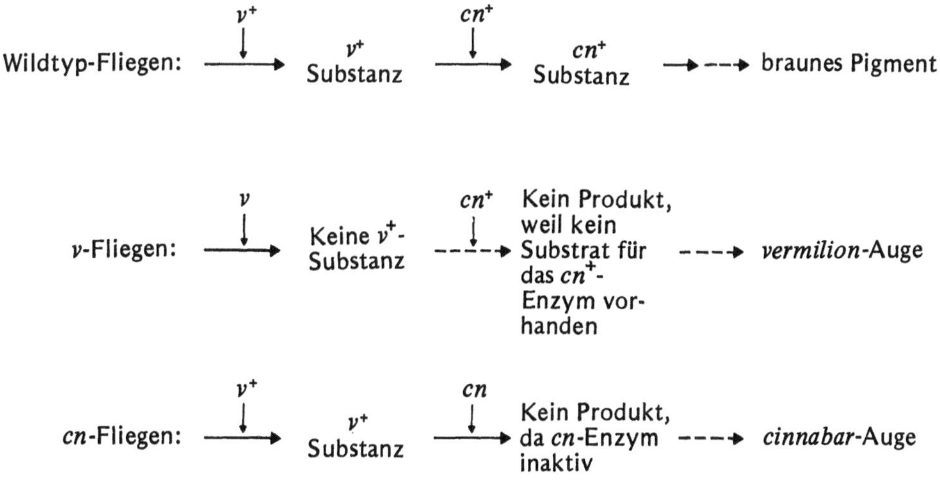

Wildtyp-Fliegen: $\xrightarrow{v^+}$ v^+-Substanz $\xrightarrow{cn^+}$ cn^+-Substanz $\dashrightarrow$ braunes Pigment

v-Fliegen: $\xrightarrow{v}$ Keine v^+-Substanz $\xrightarrow{cn^+}$ Kein Produkt, weil kein Substrat für das cn^+-Enzym vorhanden $\dashrightarrow$ *vermilion*-Auge

cn-Fliegen: $\xrightarrow{v^+}$ v^+-Substanz $\xrightarrow{cn}$ Kein Produkt, da cn-Enzym inaktiv $\dashrightarrow$ *cinnabar*-Auge

nen Fliegen, wenn v- und cn-Larven damit gefüttert wurden. Eine Ausnahme war Gelatine, in der weder Tryptophan noch Tyrosin enthalten sind. Tatum injizierte Tryptophan in die v- und cn-Larven und fand in den meisten Fällen kein braunes Pigment. In einem Experiment wurde jedoch ein braunes Pigment gebildet. Es stellte sich aber heraus, daß dies auf eine bakterielle Kontamination zurückzuführen war, durch die Tryptophan in die von v- und cn-Larven gebrauchten Vorstufen des braunen Pigments umgewandelt worden war. Da demnach der Tryptophanstoffwechsel an der Herstellung des braunen Pigments beteiligt ist, war es relativ einfach, den Syntheseweg des braunen Pigments aufzustellen und die Schritte zu lokalisieren, die durch die v^+- und c^+-Genprodukte katalysiert werden (Abb. 18.4).

Wie man daraus ersieht, können die v-Mutanten Tryptophan nicht in Formylkynurenin umwandeln, und die cn-Mutanten können Formylkynurenin nicht weiter zu 3-Hydroxykynurenin umsetzen. Dies beruht darauf, daß die entsprechenden Enzyme in den Mutanten nicht funktionsfähig sind.

Anhand des in Abb. 18.4 abgebildeten Syntheseweges lassen sich das Wesen einer Synthesekette und die Folgen von Mutationen ableiten. In den v-Mutanten sammeln sich hohe Konzentrationen von Tryptophan an, da dies nicht in das braune Pigment umgewandelt wird. Dies entspricht der Anhäufung von Homogentisinsäure bei Alkaptonuriekranken. Daraus kam der erste Hinweis, daß der Tryptophanstoffwechsel an der Bildung des Augenpigments beteiligt ist. Fütterte man Wildtyplarven mit radioaktivem Tryptophan, fand man die Radioaktivität im braunen Ommochrom des vollentwickelten Auges wieder.

Biochemische Mutanten bei *Neurospora*

Die Arbeiten von Beadle, Ephrussi und Tatum führten direkt zum Studium biochemischer Mutanten bei Mikroorganismen. Die Arbeiten G. Beadle's und E. Tatum's in der frühen vierziger Jahren sind von historischer Bedeutung für

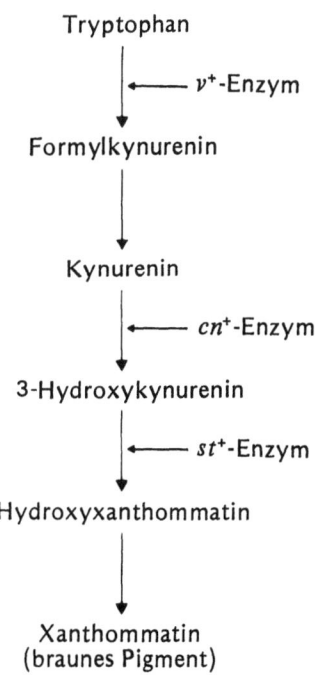

Abb. 18.4. Stoffwechselweg, in dem aus der Aminosäure Tryptophan das braune Augenpigment von *Drosophila* hergestellt wird. Die Einzelschritte werden durch die Enzyme katalysiert, die von den Genen v^+, cn^+ und st^+ codiert werden

188 Biochemische Genetik (Genfunktion)

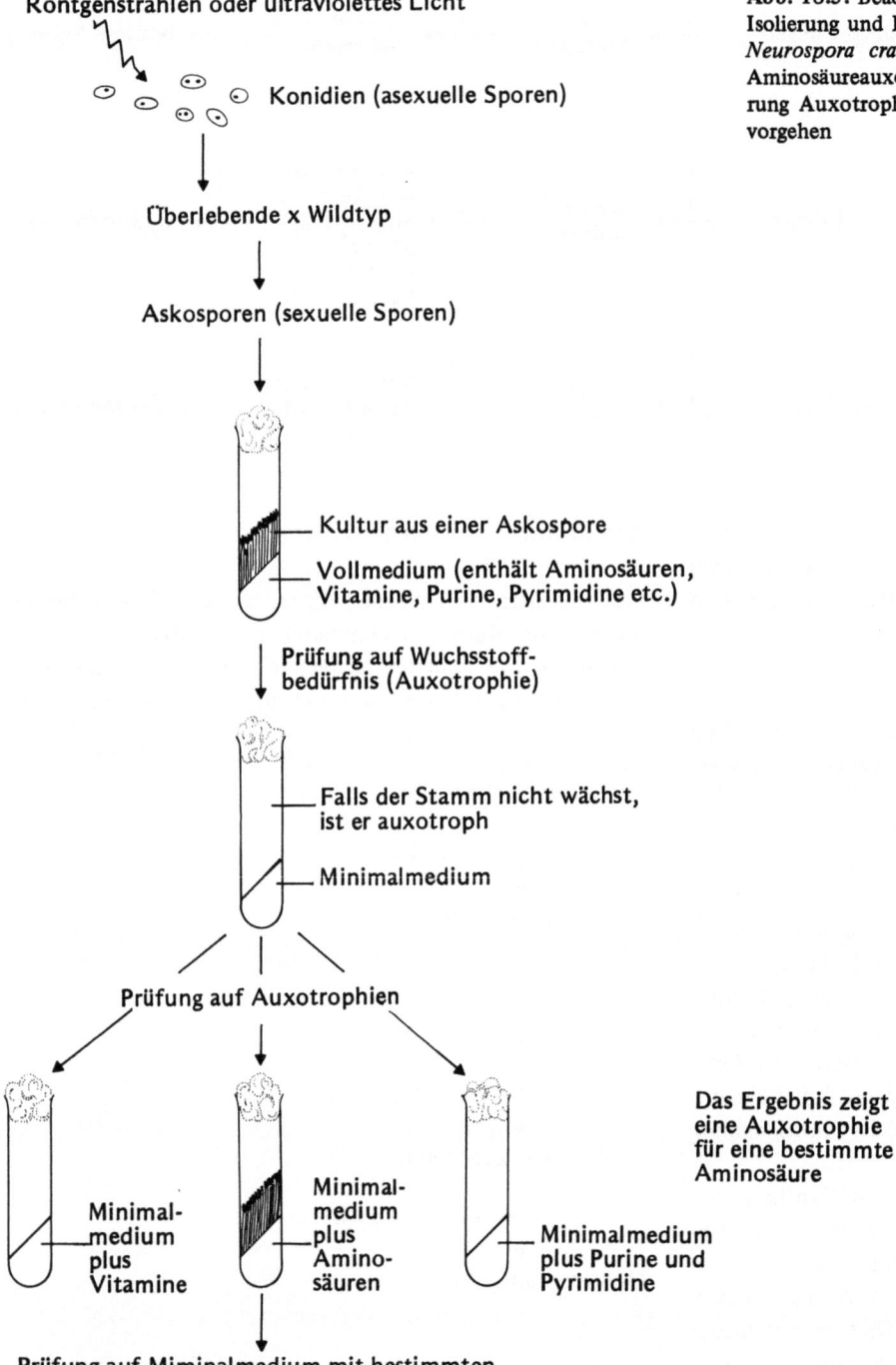

Abb. 18.5. Beadles und Tatums Versuchsplan zur Induktion, Isolierung und Klassifizierung von Stoffwechselmutanten bei *Neurospora crassa*. Das Schema zeigt die Isolierung einer Aminosäureauxotrophen. Ähnlich müßte man bei der Isolierung Auxotropher für Vitamine, Purine und Pyrimidine etc. vorgehen

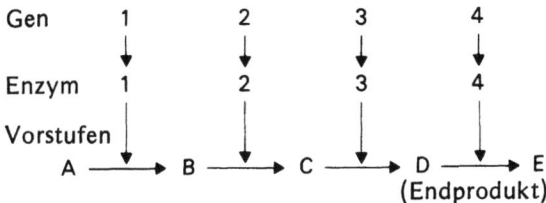

Abb. 18.6. Hypothetischer Syntheseweg zur Darstellung der Beziehung zwischen Genen und Enzymen

Tabelle 18.2. Wachstumsreaktionen Argininauxotropher von *Neurospora crassa* (A. Srb u. N.H. Horowitz 1944, J. Biol. Chem. 154:133)

Mutante	Wachstum auf Minimalmedium plus			
	nichts	Ornithin	Citrullin	Arginin
1	−	+	+	+
2	−	−	+	+
3	−	−	−	+

+ = Wachstum
− = kein Wachstum

die Kenntnis der Beziehung zwischen Genen und Enzymen im Pilz *Neurospora crassa*. Der Wechsel von *Drosophila* zu *Neurospora* zum Studium von Genfunktionen war dadurch bedingt, daß dies ein recht einfacher haploider Organismus ist, bei dem Probleme der Dominanz keine Rolle spielen, und der wie jeder andere Mikroorganismus leicht gehandhabt werden kann. Wie bereits in dem Kapitel über Mutation erwähnt, benötigt der Wildtyp von *Neurospora* ein sehr einfaches Nährmedium aus anorganischen Salzen, einer Kohlenstoffquelle und dem Vitamin Biotin. Auf diesem Medium kann *Neurospora* alle notwendigen Bausteine wie Aminosäuren, Nukleotide, Vitamine etc. selbst herstellen. Man kann auch, wie bereits im Kapitel über Mutation dargestellt, recht einfach auxotrophe (Stoffwechsel-) Mutanten herstellen, die nur nach Zusatz einer bestimmten Substanz auf Minimalmedium zu wachsen vermögen. Dies ist in Abb. 18.5 dargestellt. Diese Mutanten sind auxotroph für Aminosäuren, Purine usw. Beadle und Tatum gingen von der Annahme aus, daß die Funktion der Zelle auf der Interaktion zahlreicher Gene beruht und daß *Neurospora* die Bestandteile des Minimalmediums in einer Reihe von biochemischen Syntheseketten in Aminosäuren, Nukleotide etc. umwandelt.

Die Synthese komplexer Substanzen erfolgt daher in einer Serie von Einzelschritten, von denen jeder durch ein spezifisches Enzym katalysiert wird. Das Produkt jedes dieser Einzelschritte ist das Substrat für das nächste Enzym (Abb. 18.6).

Beadle und Tatum gingen von folgender Überlegung aus: Wenn die Enzyme eines Syntheseweges von Genen spezifiziert werden, so müßte man Mutationen in einem dieser Gene erhalten können, aufgrund derer entweder überhaupt kein Enzym oder ein funktionsloses Enzym gebildet würde. In dem hypothetischen Syntheseweg in Abb. 18.6 führt eine Mutation, welche die Herstellung oder Aktivität je eines der vier Enzyme betrifft, zu einem gemeinsamen Phänotyp, der Auxotrophie für das Endprodukt *E*. Durch genetische Analyse konnte gezeigt werden, daß

für *E* auxotrophe Mutanten in vier verschiedene Komplementationsgruppen zerfallen und daher vier verschiedene Polypeptide (in unserem Falle Enzyme) an der Herstellung von *E* beteiligt sind. Wie kann man nun mit Hilfe der Mutationen die Einzelschritte des Syntheseweges ordnen? Wir können dies dadurch tun, indem wir die Mutanten mit allen angenommenen Zwischenprodukten füttern. Eine Mutation im Gen 4 wird es der Mutante nicht mehr ermöglichen, die Substanz *D* in die Substanz *E* umzuwandeln. Diese Mutante könnte nur auf Minimalmedium mit der Substanz *E* wachsen. Dieser Defekt könnte durch keines der Zwischenprodukte *A*, *B*, *C* oder *D* kompensiert werden. Im Gegensatz dazu kann eine Mutante in Gen 2 *B* in *C* umwandeln und kann so mit jeder Substanz des Syntheseweges gefüttert werden, die nach diesem Enzymdefekt liegt, d.h. mit *C*, *D* oder *E*. Sie wird nicht auf Minimalmedium mit *A* oder *B* wachsen, da durch den Mangel an Enzym 2 die Umwandlung von *B* in *C* nicht möglich ist, und daher auch kein Endprodukt gebildet wird. Durch diese Wachstumsreaktionen der einzelnen Mutanten aufgrund der zugegebenen Zwischenstufen kann man die Folge der Einzelreaktionen auf dem Weg zum Endprodukt bestimmen.

Durch Anwendung des hier geschilderten Prinzips erschlossen A. Srb und N. Horowitz den Syntheseweg des Arginin. Alle Mutanten wuchsen auf Minimalmedium plus Arginin, einige auf Minimalmedium plus Citrullin und andere auf Minimalmedium plus Ornithin. Das Wachstumsmuster der verschiedenen Mutanten ist in Tabelle 18.2 wiedergegeben.

Aufgrund unserer Kenntnisse können wir die Ergebnisse nur so interpretieren, daß in den Mutanten verschiedene Schritte auf dem Syntheseweg zum Endprodukt Arginin blockiert sind (Abb. 18.7). Die Mutante 3 ist in der Umwandlung von Citrullin in Arginin defekt und wächst daher nach Zugabe von Arginin, nicht aber von Citrullin oder Ornithin. Die Mutante 2 ist in der Umwandlung von Ornithin

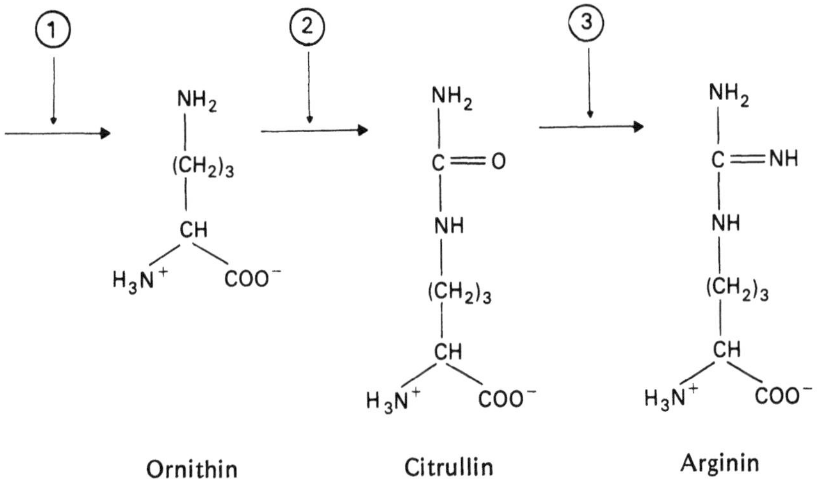

Abb. 18.7. Einzelschritte der Argininbiosynthese, abgeleitet aus den Wachstumsreaktionen von *Neurospora crassa* in Tabelle 18.2. Die Einzelschritte, die bei den Mutanten *1, 2* und *3* blockiert sind, sind durch Pfeile gekennzeichnet

in Citrullin defekt und kann daher auf Minimalmedium plus Citrullin oder Arginin wachsen. Die logische Überlegung zur Aufstellung eines Syntheseweges ist sehr einfach: Je früher der genetische Block in der Synthesekette liegt, umso größer ist die Zahl von Substanzen, mit denen die Mutante supplementiert werden kann. Der hier besprochene Syntheseweg ist in Wirklichkeit Teil einer größeren Synthesekette. Arginin kann zum Beispiel durch das Enzym Arginase in Ornithin und Harnstoff umgewandelt werden, wodurch sich der sogenannte Ornithin-Zyklus schließt.

Aus ihren Arbeiten schlossen Beadle und Tatum, daß es eine klar definierte, direkte Beziehung zwischen Genen und Enzymen gibt. Sie formulierten dies in ihrer sogenannten „Ein-Gen-ein-Enzym-Hypothese" die besagt, daß jede Reaktion in der Zelle durch ein Enzym katalysiert wird, das wiederum in einem Gen der DNA codiert ist. Der Anwendungsbereich dieses Konzepts ist begrenzt, da die Vorstellung, daß ein Gen nur für ein Enzym codiert, zu einfach ist. Man kennt Gene, die für einzelne Polypeptidketten codieren, welche Teile eines komplexen Enzyms darstellen. Weitere Beispiele sind Antikörper, Strukturproteine und verschiedene Typen nichttranslatierter RNA. Eine moderne Version der Hypothese von Beadle und Tatum für DNA, welche für translatierbare RNA codiert, ist die „Ein-Cistron-ein-Polypeptid-Hypothese". dabei codiert ein Cistron (durch den cis-trans-Test definiert) für eine einzelne Polypeptidkette. Enzyme aus mehreren heterogenen Polypeptidketten werden daher von mehreren Cistrons codiert. Trotzdem ist unumstritten, daß die Arbeiten Beadles und Tatums die Grundlage für die biochemische Genetik bilden.

Colinearität

Zu einer genaueren Vorstellung von der Beziehung eines Gens (Cistron) zu der Aminosäuresequenz eines Polypeptids führten die Untersuchungen von C. Yanofsky und seiner Gruppe im Jahre 1967. Sie untersuchten das Enzym Tryptophansynthetase bei *E. coli*. Dieses Enzym besteht aus je zwei Kopien der unterschiedlichen Polypeptide *A* und *B*, welche von benachbarten Genen codiert werden. Dies ist ein Beispiel, bei dem zwei Gene für ein Enzym codieren — eine offensichtliche Ausnahme von Beadles und Tatums Hypothese. Das Enzym wirkt in der Biosynthesekette der Aminosäure Tryptophan (Abb. 18.8).

Man konnte die Tryptophansynthetase leicht isolieren und die zwei Polypeptide *A* und *B* reinigen. Weiterhin wurde die Sequenz des 267 Aminosäuren langen Polypeptids *A* bestimmt. Yanofsky und seine Mitarbeiter isolierten eine Serie von Tryptophanauxotrophen und identifizierten durch weitere Tests Missense-Mutanten im trp*A*-Gen, welches für das *A*-Polypeptid codiert. Trp*A*-Mutanten sind unfähig, aus Indolglycerinphosphat und Serin Tryptophan herzustellen. Durch Feinstrukturkartierung wurden die Mutationsorte zahlreicher Mutanten lokalisiert. Durch Aminosäuresequenzierung wurden die Aminosäureaustausche im *A*-Polypeptid der Missense-Mutanten bestimmt. Man konnte so die Lage der Missense-Mutationen mit der Lage der Aminosäuresubstitutionen im *A*-Polypeptid vergleichen. Die Daten zeigten eine völlige Übereinstimmung zwischen der Folge und den Kartenpositionen der Mutationsorte und der Lage der Aminosäureaustausche. Dies wird als Colinearität bezeichnet (Abb. 18.9).

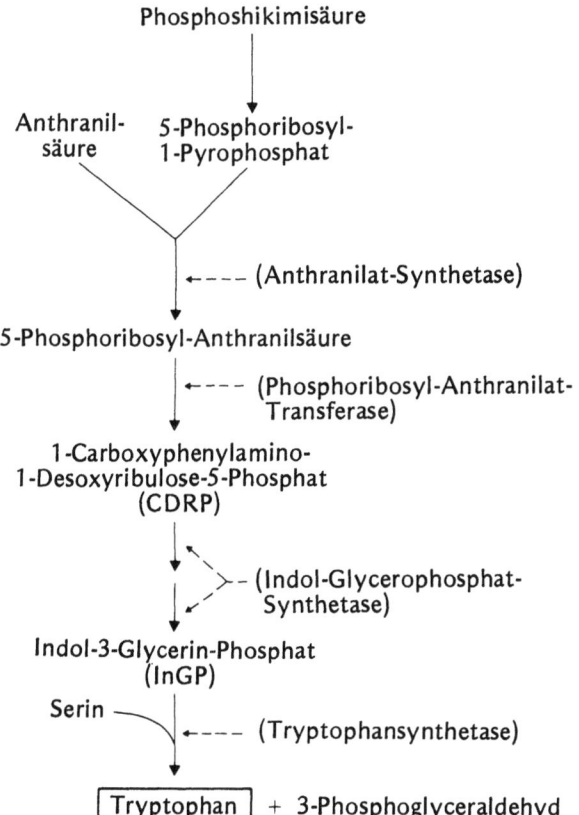

Abb. 18.8. Die Biosynthese von Tryptophan. Die Enzyme, welche die Einzelschritte katalysieren, stehen in Klammern. Die Tryptophansynthetase ist das letzte Enzym in diesem Stoffwechselweg

Die Ergebnisse zeigen auch, daß durch keine der Mutationen mehr als eine Aminosäure verändert wurde, und daß verschiedene, eng benachbarte Mutationen zu unterschiedlichen Aminosäurestubstitutionen an derselben Stelle im *A*-Polypeptid führen konnten. Yanofskys Arbeit bestätigte in vollem Umfange die Hypothese, daß in den Genen die Aminosäuresequenz der Polypeptide codiert ist.

Zusammenfassung

1. Viele Proteine bestehen aus einem oder mehreren Polypeptiden.
2. Jedes Polypeptid wird in einem einzelnen Cistron codiert.
3. Eine Mutation in einem Gen für ein Enzym oder einer seiner Untereinheiten führt zu einem biochemischen Defekt, wodurch ein Schritt in einer Synthesekette blockiert wird. Die Mutante kann wachsen, wenn ihr das nach dem Block liegende Intermediärprodukt zugeführt wird. Die Mutante häuft demnach das vor dem Block liegende Zwischenprodukt an.
4. Die Sequenz von Mutationsorten in einem Cistron ist colinear zur Sequenz der Aminosäureaustausche in einem Polypeptid, das von diesem Cistron codiert wird.

ÜBERSICHTSARTIKEL ZU KAPITEL 18:

Fischer EP (1982) Bewegte Beweger-Wandlungen des Gen-Begriffes. Biol unserer Zeit 13:1–8

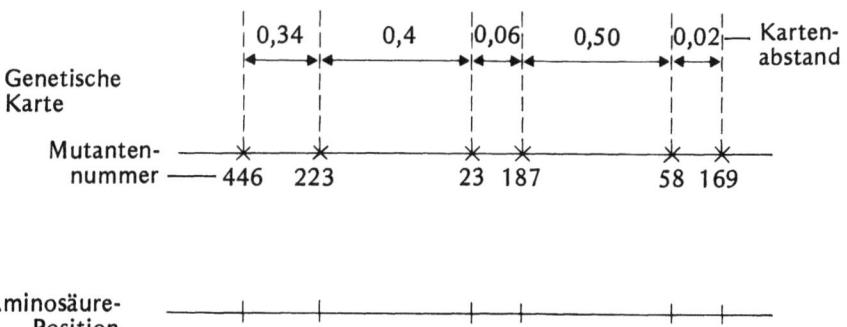

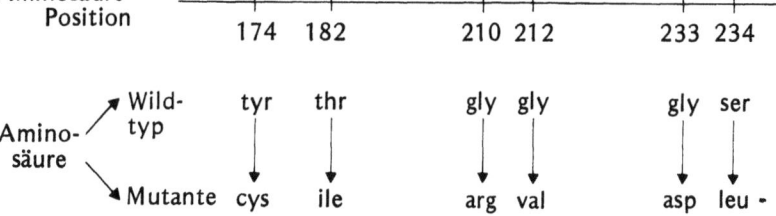

Abb. 18.9. Ausschnitt aus dem *trpA*-Gen von *E. coli* und seinem Genprodukt, dem *A*-Polypeptid der Tryptophan-Synthetase. Man sieht die Colinearität zwischen Mutationsorten und Aminosäuresubstitutionen

LITERATUR

Beadle GW, Ephrussi B (1937) Development of eye colors in *Drosophila:* diffusible substances and their interrelationships. Genetics 22:76–86

Beadle GW, Tatum EL (1942) Genetic control of biochemical reactions in *Neurospora.* Proc Natl Acad Sci USA 27:499–506

Garrod AE (1909) Inborn errors of metabolism. Oxford University Press

Srb AM, Horowitz NH (1944) The ornithine cycle in *Neurospora* and its genetic control. J Biol Chem 154:129–139

Wagner RP, Mitchell HK (1964) Genetics and metabolism, 2nd edn. Wiley, New York

Yanofsky C (1967) Structural relationships between gene and protein. Annu Rev Genet 1:117–138

Yanofsky C, Drapeau GR, Guest JR, Carlton BC (1967) The complete amino acid sequence of the tryptophan synthetase A protein (or subunit) and its colinear relationship with the genetic map of the A gene. Proc Natl Acad Sci USA 57:296–298

KAPITEL 19
Genregulation bei Bakterien

INHALT

Das Laktoseoperon von *E. coli*
    Funktion im Wildtyp
    Untersuchung der Regulation des Laktoseoperons in Mutanten
    Positive Kontrolle des Laktoseoperons
    Neuere Ergebnisse über die Regulation des Laktoseoperons
Das Arabinoseoperon von *E. coli*
Das Tryptophanoperon von *E. coli*
Zusammenfassende Übersicht über die Regulation im Operon
Allgemeine Kontrollmechanismen der Transkription und Translation
    Stringente Kontrolle
    Kontrolle auf dem Niveau der Translation

Im vorangegangenen Kapitel haben wir ausgeführt, daß die Synthese eines Zellbestandteils aus einer Reihe von Einzelschritten besteht. Jeder Schritt wird durch ein anderes Enzym katalysiert, und jedes Enzym wird von einem oder mehreren Cistrons auf dem Chromosom codiert. Bei Bakterien und Phagen findet man die an einem bestimmten Synthese- oder Abbauweg beteiligten Gene (die schließlich das Erbmerkmal bedingen) in einer Gruppe zusammengefaßt, die man als Operon bezeichnet. Wie wir sehen werden, erleichtert dies die Regulation der Expression der Gene als funktionelle Einheit. Dies ist im Gegensatz zu der Situation bei Eukaryonten, wo verwandte Gene gewöhnlich über das ganze Genom verteilt sind. In diesem Kapitel wollen wir einige Beispiele bakterieller Operons besprechen und die Regulation ihrer Expression diskutieren. Die besondere Bedeutung der Regulation wird klar, wenn man bedenkt, daß Bakterien sich sehr schnell vermehren und, um überleben zu können, schnell auf Veränderungen ihrer Umwelt reagieren müssen. Das ist beispielsweise nötig, wenn sich die Zusammensetzung des Nährmediums ändert. Um sich schnell auf solche Veränderungen einstellen zu können, haben die Bakterien sehr effiziente Methoden entwickelt, um bestimmte Sätze von Genen an- oder abschalten zu können. Wenn die mRNAs dazu noch eine kurze Halbwertszeit besitzen, ermöglicht dies dem Organismus eine sehr effiziente Nutzung der Energie. Wie wir sehen werden, greift ein Regulationssystem bereits auf der Ebene der Transkription an.

Das Laktoseoperon von *E. coli*

Funktion im Wildtyp

Der Zucker Laktose kann von *E. coli* nur dann als Energiequelle verwertet werden, wenn er in seine Bestandteile Glukose und Galaktose zerlegt ist. Diese Reaktion wird durch das Enzym β-Galaktosidase katalysiert, welche ein Tetramer aus identischen Polypeptiden von 135000 dalton Molekulargewicht darstellt (Abb. 19.1).
Vermehren sich Wildtypzellen in einem Nährmedium ohne Laktose, sind nur einige Moleküle β-Galaktosidase in der Zelle vorhanden. Wachsen die Zellen in einem Medium, das als einzige Kohlenstoff- und Energiequelle Laktose enthält, so finden sich in der Zelle etwa 3000 solcher Moleküle. Durch die Anwesenheit von Laktose kommt es daher zu einer Induktion der Enzymsynthese. Neuere Untersuchungen haben gezeigt, daß die Laktose nicht der eigentliche Induktor dieses Systems ist, sondern die Allolaktose, die durch die enzymatische Wirkung weniger β-Galaktosidase aus Laktose gebildet wird (Abb. 19.2).

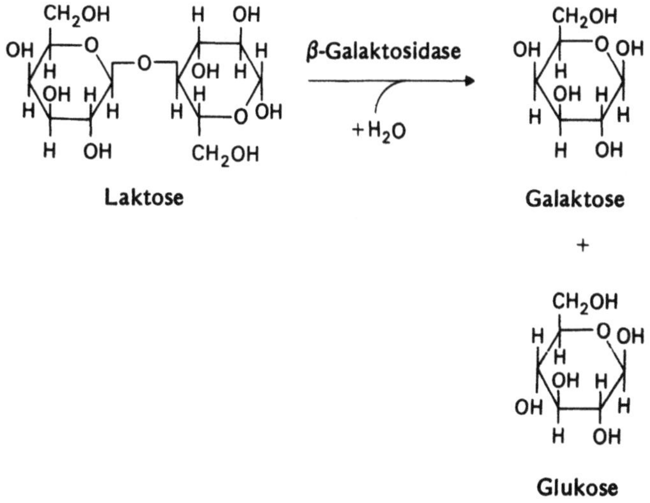

Abb. 19.1. Die durch β-Galaktosidase katalysierte Reaktion: Spaltung der Laktose in Galaktose und Glukose

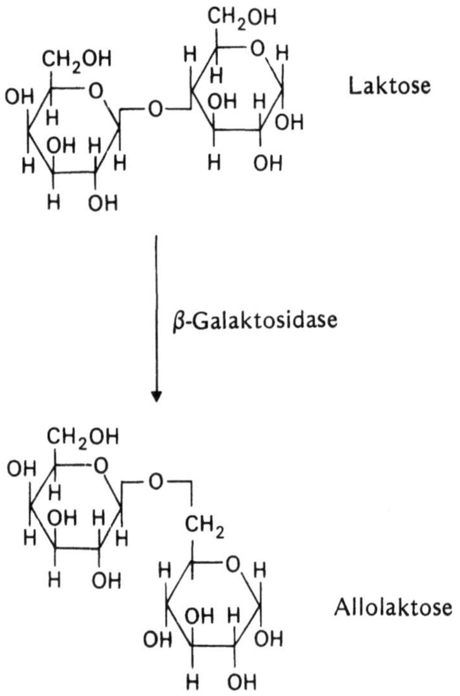

194 Genregulation bei Bakterien

Abb. 19.2. Umlagerung der Laktose in Allolaktose, den Induktor des Laktoseoperons, durch das Enzym β-Galaktosidase

Zugabe von Laktose führt zu einem Anstieg des β-Galaktosidaseniveaus, in gleicher Weise aber auch zu einem Anstieg der Syntheseraten von β-Galaktosid-Permease und Thiogalaktosid-Transazetylase, zweier Enzyme, die auch zum Laktoseabbau benötigt werden. Durch genetische Experimente konnte gezeigt werden, daß die Gene für die drei Enzyme eng gekoppelt auf dem Chromosom liegen; anschließend daran finden sich zwei regulatorische Elemente, der Operator und der Promoter. Nahe benachbart liegt der Genort i, der für einen Repressor codiert, der an der Regulation dieses Systems beteiligt ist. Als Ergebnis ihrer Untersuchungen über die Eigenschaften regulatorischer Mutanten formulierten F. Jacob und J. Monod ihr klassisches Operonmodell für die Kontrolle der Genexpression bei Bakterien. Wir wollen hier eine moderne Darstellung dieses Modells bieten. Zuerst müssen wir den Begriff Operon definieren: Es ist eine funktionelle Einheit aus hintereinandergeschalteten Genen, die unter der Kontrolle eines Operators und eines Repressors exprimiert werden. Abb. 19.4 zeigt das Laktoseoperon mit seinen regulatorischen Elementen und seinem Repressorgen in einer Wildtypzelle in Abwesenheit von Laktose. Die Strukturgene z^+, y^+ und a^+ codieren für die Enzyme β-Galaktosidase, Permease und Transazetylase. Genetische Untersuchungen an Mutanten mit entsprechenden Enzymdefekten zeigten, daß die drei Gene auf dem Chromosom benachbart sind. Das i^+-Gen (Repressorgen) codiert für ein Repressorprotein. Die Expression dieses Gens ist konstitutiv, das heißt, das Produkt wird dauernd synthetisiert. Wieviel von diesem Genprodukt gebildet wird, hängt davon ab, wie häufig die RNA-Polymerase an den Promoter des i-Gens (p_i^+) bindet und die Transkription der mRNA für das Repressorprotein beginnt. Durch die Translation dieser mRNA entsteht ein Polypeptid, das sich zu einem Tetramer, dem funktionellen Repressor, zusammenlagert. Befinden sich die Zellen in einem Medium ohne Laktose, so bindet der Repressor an die Operatorregion (o^+), die neben dem z^+-Gen liegt. Wenn dieser Komplex gebildet ist, kann die Polymerase nicht mehr an die Promoterregion (p^+) der Strukturgene binden, und so wird die Transkription dieser Gene verhindert.

Solange Laktose vorhanden ist, bleibt das System induziert, so daß die Konzentration an β-Galaktosidase immer hoch bleibt. Ist die Laktose aufgebraucht, so sinkt der Enzymspiegel rapide ab. Das ist jedoch keine Alles-oder-nichts-Reaktion: Die Enzymmenge ist der Zahl von Induktormolekülen proportional (bis zu einem Maximalwert) (Abb. 19.3).

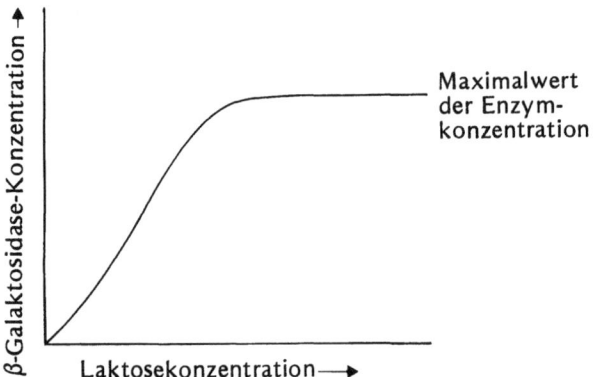

Abb. 19.3. Abhängigkeit der β-Galaktosidase-Konzentration von der Laktose-Konzentration im Medium. Das Plateau der Enzymkonzentration zeigt die maximale Syntheserate der β-Galaktosidase an

Bringt man die Zellen nun in ein Medium mit Laktose als einziger Kohlenstoffquelle, so wird Laktose durch die wenigen aktiven Permeasemoleküle in die Zelle hereintransportiert und dann durch β-Galaktosidase zum Induktor, der Allolaktose, umgebaut. Der Induktor bindet an den Repressor, ein Molekül pro Polypeptid, und verursacht eine Konformationsänderung des Repressors, so daß dieser keine Affinität mehr zur DNA besitzt. Dies hat zur Folge, daß der

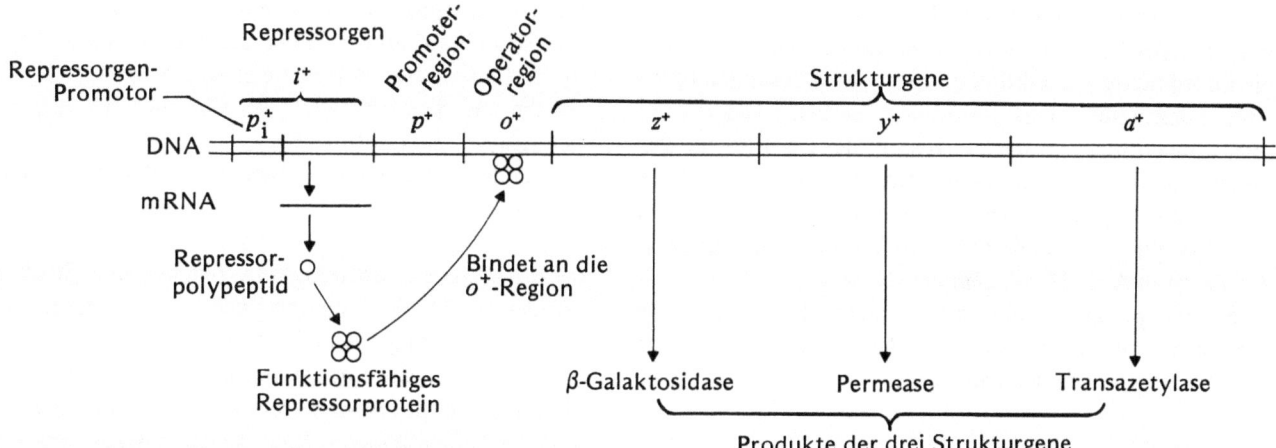

Abb. 19.4. Organisation und Funktion des Laktoseoperons und seiner regulatorischen Elemente in einer Wildtypzelle von *E. coli*. Das Schema illustriert die Situation, wenn keine Laktose im Medium ist. Das Repressorprotein bindet an die Operatorregion, wodurch die Translation der Strukturgene verhindert wird

Repressor vom Operator abfällt, und wenn dies erfolgt ist, kann die RNA-Polymerase wieder an den Promoter binden und die Transkription des Operons beginnen. Das Laktoseoperon stellt eine einzige Transkriptionseinheit dar, d.h. die RNA-Polymerase transkribiert die Gene *z, y* und *a* in dieser Reihenfolge in eine einzige polycistronische mRNA. Diese mRNA wird durch Ribosomen translatiert, die sich am 5'-Ende (*z*-Gen-Ende) anheften und sich am Molekül ent-

lang bewegen. Daher wird die β-Galaktosidase zuerst hergestellt und, nachdem das Stopcodon dieser Genregion erreicht ist, setzt das Ribosom seinen Weg in Richtung zum 3'-Ende der mRNA fort. Nachdem es die Initiationssequenz des Permease-Gens erkannt hat, translatiert das Ribosom diesen Teil der mRNA und stellt Permease her. Dieser Vorgang wiederholt sich an der Grenze zwischen den Genen für Permease und Transazetylase. Es ist ein allgemeines Prinzip,

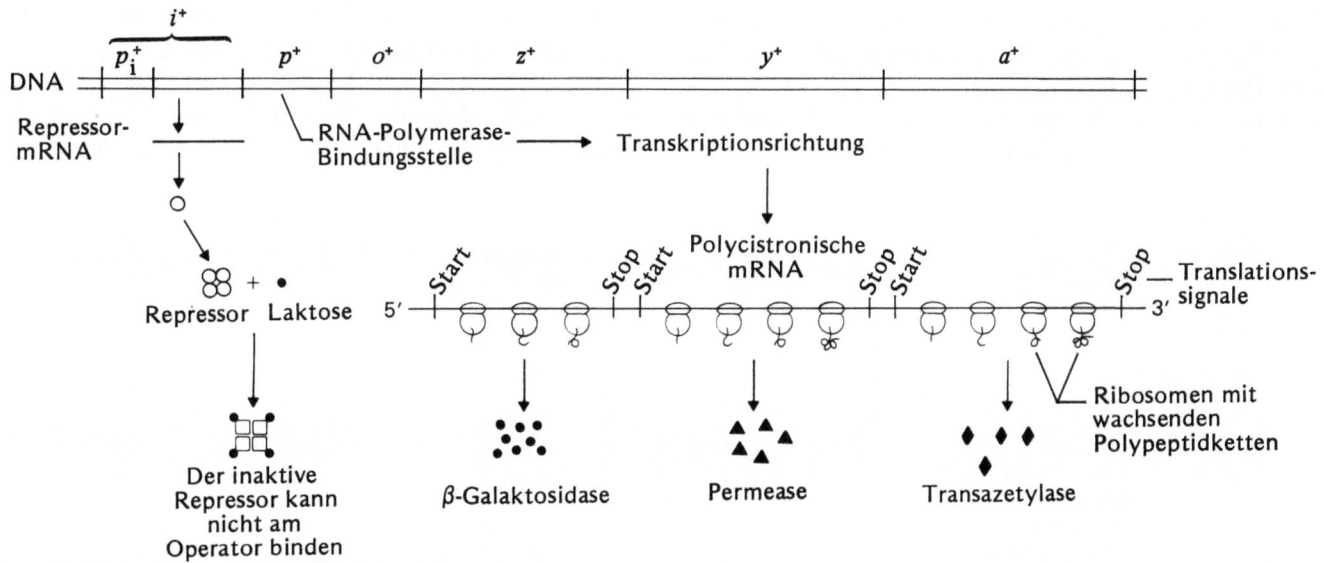

Abb. 19.5. Induktion des Laktoseoperons in Wildtypzellen von *E. coli* bei Anwesenheit von Laktose als einziger Kohlenstoffquelle. Laktose inaktiviert den Repressor, worauf die Strukturgene zur Transkription freigegeben werden. Die Gene für die drei Enzyme der Laktoseverwertung werden in eine polycistronische mRNA transkribiert

daß die Ribosomen die Translation nur am 5'-Ende der polycistronischen mRNA beginnen können. (Dadurch kann die koordinierte Produktion von Proteinen zusammengehöriger Funktionen leicht kontrolliert werden.) Die Ribosomen können nicht an der Startregion des Gens für die Permease oder die Transazetylase binden und dort mit der Translation beginnen, weil die richtige Initiationssequenz offenbar nur am 5'-Ende der mRNA vorkommt. Der ganze Ablauf ist in Abb. 19.5 zusammengefaßt.

Solange genügend Laktose vorhanden ist, um an die Repressormoleküle zu binden, wird das Operon transkribiert, und die Enzyme werden hergestellt.

Untersuchung der Regulation des Laktoseoperons in Mutanten

Das Jacob-Monod-Operonmodell zur Kontrolle der Genregulation wurde erstmals von den beiden Forschern vorgeschlagen. Es beruht auf dem Studium einer Anzahl regulatorischer Mutanten, in denen die Kontrolle der Expression des Laktoseoperons gestört ist. Ein wichtiger Beitrag zu diesen Untersuchungen leisteten partiell diploide Stämme. Wir wollen ihre Herstellung beschreiben, ehe wir die Eigenschaften dieser Mutanten besprechen.

Bei der Behandlung der *Hfr*-Stämme von *E. coli* haben wir gezeigt, daß diese in den F^+-Zustand zurückkehren können. Dies ist der umgekehrte Vorgang der Integration eines *F*-Faktors in das Chromosom. In den meisten Fällen schert der *F*-Faktor wieder korrekt aus, gelegentlich aber geschieht dies fehlerhaft, und das *F*-Episom nimmt Teile des bakteriellen Chromosoms mit. Das dadurch gebildete Episom wird als *F'*-(*F*-Strich)-Faktor bezeichnet. Bei der Konjugation können die eingebauten Gene mit dem *F*-Faktor zusammen sehr schnell auf eine F^--Zelle übertragen werden. Mit Hilfe dieses fehlerhaften Ausscherens kommt man zu Episomen, welche die Laktoseregion des Chromosoms tragen: man nennt sie *F' lac* (Abb. 19.6).

Wenden wir uns nun wieder den Mutanten des Laktoseoperons zu.

a) Mutanten der Strukturgene. Für alle drei Strukturgene wurden sowohl Fehlsinn- als auch Unsinnmutanten isoliert. Durch Kartierung dieser Mutanten konnte die Reihenfolge *z-y-a* auf dem Chromosom erschlossen werden. Eine Fehlsinnmutation in einem dieser Gene führt zum Aktivitätsverlust der beiden anderen Enzyme des Systems. Andererseits zeigen Unsinnmutanten einige interessante Eigenschaften. Eine Unsinnmutante im *z*-Gen (z^-), vorausgesetzt sie ist nicht zu nahe am Ende dieses Gens, führt nicht nur zum Verlust der Aktivität des *z*-Gens, sondern führt auch zum teilweisen oder vollständigen Verlust der Expression des *y*- und *a*-Gens. Man nennt dies einen polaren Effekt und bezeichnet Unsinnmutanten auch oft als polare Mutanten. In der Tat gibt es einen Gradienten der Polarität bezüglich der Auswirkung von Stopcodon-Mutanten in der *z*-Genregion auf die Expression der beiden anderen Gene. Je näher der Mutationsort am Operator liegt, umso stärker ist der polare Effekt, d.h. umso unwahrscheinlicher ist die Bildung von Permease und Transazetylase. Derartige Mutationen im *y*-Gen wirken sich auf die Aktivität des *y*-Gens und des *a*-Gens aus, nicht aber auf die Aktivität des *z*-Gens. Diese Daten können so interpretiert werden, daß die drei Gene in eine einzige polycistronische mRNA translatiert werden, bei der die Reihenfolge der Gene von 5' nach 3' *z-y-a* ist. Der polare Effekt der Mutation ist von der Länge der Strecke

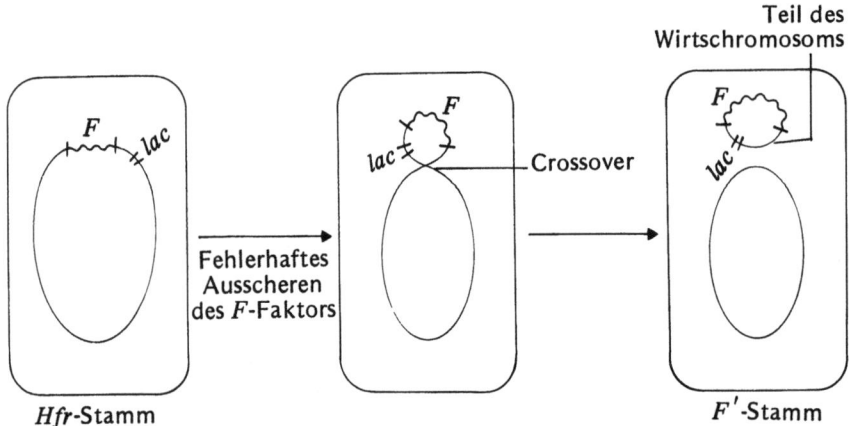

Abb. 19.6. Entstehung eines substituierten *F*-Faktors (*F' lac*), der die *lac*-Region des *E. coli*-Chromosoms trägt, durch fehlerhaftes Ausscheren des *F*-Faktors in einem *Hfr*-Stamm

Tabelle 19.1. Auswirkung einer o^C-Mutation im Laktoseoperon auf die Enzymproduktion in haploiden und partiell diploiden Stämmen in Anwesenheit und Abwesenheit von Laktose

Genotyp	Keine Laktose		Laktose	
	β-Galaktosidase (z)	Permease (y)	β-Galaktosidase	Permease
1. $i^+p^+o^+z^+y^+$	−	−	+	+
2. $i^+p^+o^cz^+y^+$	+	+	+	+
3. $i^+p^+o^cz^+y^-/i^+p^+o^+z^-y^+$	+	−	+	+
4. $i^+p^+o^cz^-y^+/i^+p^+o^+z^+y^-$	−	+	+	+

bestimmt, welchen die Ribosomen zurücklegen müssen, bis sie ein neues Stopcodon erreichen. Je weiter dies entfernt ist, umso wahrscheinlicher fallen die Ribosomen von der mRNA ab.

b) *Operatormutanten.* Eine Reihe von Mutanten erwiesen sich als konstitutiv in der Enzymproduktion. Sie hatten also die regulatorische Kontrolle verloren, weswegen die Enzyme sowohl in Anwesenheit als auch in Abwesenheit des Induktors gebildet wurden. Bei der Kartierung dieser Mutationsorte fand man, daß mehrere in der Nähe des z-Gens in einer Region kartierten, die wir heute als Operator bezeichnen. Diese sogenannten Operator-konstitutiven (o^c) Mutanten haben die Fähigkeit verloren, den Repressor zu binden, so daß bei ihnen die Transkription nicht blockiert werden kann. Dies ist durch genetische und biochemische Daten belegt. Wir werden nun die genetischen Daten diskutieren.

Die Wirkung von o^c-Mutationen auf die benachbarten Gene und auf ein räumlich getrenntes DNA-Segment mit den Genen z, y und a wurde in haploiden und partiell diploiden Stämmen untersucht. Zu diesem Zweck wurden Stämme mit verschiedenen Kombinationen von Operator- und Strukturgen-Allelen konstruiert und die Enzymaktivität in Anwesenheit und Abwesenheit des Induktors Laktose gemessen. Repräsentative Versuchsergebnisse sind in der Tabelle 19.1 zusammengestellt.

In der Tabelle ist als Klasse 1 der Wildtyp aufgeführt, bei dem keines der Enzyme gebildet wird, solange nicht Laktose als Induktor zugegeben wird. Klasse 2 sind haploide Stämme mit einer o^c-Mutation, die zur konstitutiven Enzymsynthese führt. Klasse 3 ist ein partiell diploider Stamm mit einer o^c- und einer y-Mutation auf dem Chromosom und den Allelen o^+ und z^- auf dem F'-Faktor. In diesem Stamm wird β-Galaktosidase (das Produkt des z-Gens) konstitutiv synthetisiert, die Permease (das Produkt des y-Gens) nur in Anwesenheit von Laktose. Klasse 4 ist ein ähnlicher Fall, mit einer o^c- und einer z-Mutation in einem Genom und den Allelen o^+ und y^- im anderen Genom. Hier wird die Permease konstitutiv synthetisiert, und die β-Galaktosidase ist induzierbar. Die beiden letztgenannten Fälle zeigen, daß der Effekt der o^c-Mutation auf diejenigen Gene beschränkt ist, die benachbart auf demselben DNA-Molekül liegen. Man nennt eine solche Mutation cis-dominant. Nehmen wir Klasse 3 als Beispiel: z^+ ist auf demselben DNA-Segment wie o^c und wird daher konstitutiv transkribiert. Die y-Mutation bedingt eine defekte Permease. In diesem Stamm ist das Wildallel y^+ auf dem Chromosom, das auch das o^+-Allel trägt. Das Operon ist also unter normaler regulatorischer Kontrolle, und daher ist y^+ induzierbar. Die gesamten Daten unterstützen die Vorstellung, daß der Operator kein diffusibles Produkt bildet. Durch biochemische Experimente konnte weiterhin gezeigt werden, daß die DNA von o^c-Stämmen den Repressor nicht mehr binden kann. Dies beweist, daß der Operator der Wirkort des Repressors ist. Der Operator ist also eine Kontrollregion, die im Wildtyp den Repressor binden kann, wodurch dann die Transkription verhindert wird. In den o^c-Mutanten ist diese Region (z.B. durch Basenpaaraustausch oder Deletion) verändert, so daß die notwendigen Protein-Nukleinsäure-Wechselwirkungen nicht auftreten können und die Transkription nicht mehr blockiert werden kann. Da die o^c-Mutation keine Beeinträchtigung der β-Galaktosidase-Aktivität mit sich bringt, konnte man schließen, daß der Operator höchstwahrscheinlich nicht Teil des z-Cistrons ist.

c) *Repressorgen-Mutanten.* Mutationen im Repressorgen (i) beeinflussen die Kontrolle der Expression des Laktose-Operons. Auch das Studium dieser Mutanten war für die Erstellung des Operonmodells sehr hilfreich.

Wir kennen bestimmte Klassen von Mutanten, deren Mutationsorte im Genort i kartieren und welche die Regulation des *lac*-Operons betreffen. Eine Klasse, die i^--Mutanten, zeigen einen konstitutiven Phänotyp. Durch Kartierung konnte

198 Genregulation bei Bakterien

Tabelle 19.2. Auswirkung von Mutationen im Repressoren (i) des Laktoseoperons auf die Enzymproduktion in haploiden und partiell diploiden Stämmen in Anwesenheit und Abwesenheit von Laktose

Genotyp	Keine Laktose		Laktose	
	β-Galaktosidase (z)	Permease (y)	β-Galaktosidase	Permease
1. $i^+p^+o^+z^+y^+$	−	−	+	+
2. $i^-p^+o^+z^+y^+$	+	+	+	+
3. $i^+p^+o^+z^+y^-/i^-p^+o^+z^-y^+$	−	−	+	+
4. $i^-p^+o^+z^+y^-/i^+p^+o^+z^-y^+$	−	−	+	+
5. $i^sp^+o^+z^+y^+$	−	−	−	−
6. $i^sp^+o^+z^+y^+/i^+p^+o^+z^+y^+$	−	−	−	−
7. $i^{-d}p^+o^+z^+y^+$	+	+	+	+
8. $i^{-d}p^+o^+z^+y^-/i^+p^+o^+z^-y^+$	+	+	+	+
9. $i^{-d}p^+o^+z^-y^+/i^+p^+o^+z^+y^-$	+	+	+	+

gezeigt werden, daß diese Mutationen in einem Genort (dem Repressorgenort) liegen, der von der Operatorregion abgesetzt ist. Andere Mutantenklassen im Repressorgen sind i^s (superreprimiert) und i^{-d} (transdominant). Ihre Eigenschaften sind in Tabelle 19.2 zusammengefaßt.

In der Tabelle ist als Klasse 1 wieder der Wildtyp aufgeführt. Klasse 2 zeigt die konstitutive Eigenschaft der i^--Mutation. Die Klassen 3 und 4 stellen partielle Diploide dar, in denen die z^--Mutation auf einem DNA-Segment liegt und eine y^--Mutation auf dem anderen; beide Klassen enthalten eine i^--Mutation auf je einem der beiden DNA-Segmente (Chromosom oder F'-Faktor). In beiden Fällen resultiert daraus eine normal induzierbare Enzymsynthese. Daraus ergibt sich, daß i^+ gegenüber i^- dominant ist: es ist dabei gleichgültig, ob die regulierten Gene auf demselben oder auf einem anderen DNA-Segment liegen. Man nennt dies trans-Dominanz und kann diese so erklären, daß das i^+-Gen ein diffusibles Produkt codiert, welches die Transkription in Abwesenheit von Laktose verhindert. Wir kennen dieses Genprodukt bereits als den Repressor, der an den Operator bindet. Die i^--Mutanten bilden einen inaktiven Repressor, der nicht an den Operator binden kann, und dies führt zur konstitutiven Enzymsynthese in haploiden Zellen. In den partiellen i^+/i^--Diploiden sind genug Repressormoleküle (vom i^+-Gen transkribiert und translatiert) vorhanden, um an die zwei Operatororte zu binden und dadurch normale Regulation zu ermöglichen.

Die i^s-Mutation führt zum Totalausfall der Enzyme des Laktoseabbaus (Klasse 5). In partiellen Diploiden ist i^s trans-dominant über das i^+-Allel (Klasse 6). Die Interpretation ist die, daß die i^s-Mutation zur Bildung eines veränderten Repressors (Superrepressor) führt, der normal an den Operator binden kann, aber das Induktormolekül nicht zu erkennen vermag. Es kann nicht transkribiert werden, weil der defekte Repressor am Operator kleben bleibt.

Die letzte Klasse von i-Mutanten ist die der i^{-d}-Mutanten. Wie die i^--Mutanten sind sie gegenüber dem Wildtyp (i^+) trans-dominant (Klasse 8 und 9). Sie sind sehr selten; ihr Phänotyp hängt von der tetrameren Struktur des Repressors ab. Der Wildtyp produziert ein Repressorprotein aus vier identischen Polypeptiden. Dieses Repressormolekül hat jedoch nur eine Bindungsstelle für den Operator. Für die i^{-d}-Mutanten wurde die Hypothese vorgeschlagen, daß sich die Untereinheiten nicht richtig zusammenlagern können, so daß keine operatorspezifische Bindungsstelle entsteht. In den i^+/i^{-d}-partiellen Diploiden liegt eine Mischung von normalen und defekten Repressoruntereinheiten vor. Die trans-Dominanz von i^{-d} beruht darauf, daß Repressoren aus Kombinationen der beiden Untereinheiten nicht am Operator binden können. Nur reiner Wildtyp-Repressor kann binden, und solche Moleküle sind, statistisch betrachtet, sehr selten. Mit diesen Informationen können wir nun sagen, daß die vorher erwähnte i^--Mutante entweder eine nonsense-Mutante gewesen sein muß, welche zu einem verkürzten Polypeptid führt, oder eine missense-Mutante, aufgrund derer die Polypeptide nicht an der Tetramerbildung teilnehmen.

Zusammenfassend läßt sich sagen, daß die i-Mutanten beweisen, daß das i-Genprodukt ein diffusibler Faktor ist — nämlich der Repressor — welcher die Transkription des lac-Operons blockiert.

Die Bindungsstelle des Repressors ist der Operator. Die i-Mutanten zeigen auch, daß der Repressor drei Erkennungsreaktionen durchführen muß, die durch seine Struktur ermöglicht werden:

Tabelle 19.3. Auswirkung von Mutationen in der Promoterregion (p) der Strukturgene des Laktoseoperons auf die Enzymproduktion in Anwesenheit oder Abwesenheit von Laktose

Genotyp	Keine Laktose β-Galaktosidase (z)	Permease (y)	Laktose β-Galaktosidase	Permease
1. $i^+p^+o^+z^+y^+$	−	−	+	+
2. $i^+p^-o^+z^+y^+$	−	−	−	−
3. $i^+p^-o^cz^+y^+$	−	−	−	−
4. $i^-p^-o^+z^+y^+$	−	−	−	−
5. $i^+p^-o^+z^+y^-/i^+p^+o^+z^-y^+$	−	−	−	+
6. $i^+p^-o^+z^-y^+/i^+p^+o^+z^+y^-$	−	−	+	−

(i) Mit dem Induktor, der Laktose; diese Bindung verändert vermutlich seine Struktur, so daß er von der DNA abdissoziieren kann.
(ii) Mit dem Operator.
(iii) Mit sich selbst, da er als Tetramer gebaut ist.

d) Promoter-Mutanten. Diese kartieren links neben der Operatorregion und sind dadurch gekennzeichnet, daß sie weder in Anwesenheit noch in Abwesenheit von Laktose mRNA bilden. Die Eigenschaften dieser Mutanten sind in Tabelle 19.3 zusammengefaßt.

Die Untersuchungen zeigen, daß p^--Mutationen cis-dominant über p^+ sind, d.h. ihre Wirkung ist auf die Gene desselben DNA-Segments beschränkt. Dies wird insbesondere bei den Klassen 5 und 6 deutlich, wo wir induzierbare Enzymsynthese für die Wildtypgene auf dem p^+-Segment finden, während im Falle des p^--Segments von den Wildtypgenen keine Enzyme gebildet werden.

Die Klassen 3 und 4 zeigen, daß die Eigenschaften der p^--Mutanten weder durch konstitutive o^c- oder i^--Mutationen beeinflußt werden. Der Phänotyp läßt sich durch die Annahme erklären, daß die p^+-Region die Bindungstelle für die RNA-Polymerase darstellt. Falls die Bindungsstelle verändert ist, so daß die RNA-Polymerase nicht mehr binden kann, findet keine Transkription statt.

Positive Kontrolle des Laktoseoperons (Katabolitrepression)

Das Laktoseoperon ist unter negativer Kontrolle, da ein spezifisches Repressormolekül an die DNA bindet und die Transkription der Strukturgene verhindert. Es gibt auch Beweise für eine positive Kontrolle am Operon. In der bisherigen Besprechung des Operons haben wir immer deutlich hervorgehoben, daß in unseren Nährmedien Laktose als einzige Kohlenstoff- und Energiequelle vorliegt. Falls nun Glukose und Laktose gleichzeitig im Nährmedium vorhanden sind, werden die Zellen bevorzugt Glukose abbauen, und die Gene des Laktoseoperons werden nicht transkribiert. Ähnliches trifft auch für eine Reihe anderer Operons zu, die den Abbau anderer Zucker, z.B. Arabinose und Galaktose steuern. Man nennt sie glukosesensitive Operons, und das Phänomen wird gewöhnlich als Katabolitrepression bezeichnet.

Die Wirkungsweise der Glukose auf die Transkription des Operons beruht auf der Aktion eines Abbauprodukts der Glukose, welches den intrazellulären Spiegel an zyklischem AMP (cAMP: 3′, 5′-Zyklo-Adenosin-Monophosphat) erhöht. Dieses Molekül wird in einer durch Adenylatzyklase katalysierten Reaktion aus ATP hergestellt und mit Hilfe des Enzyms Phosphodiesterase abgebaut.

Der (unbekannte) Katabolit der Glukose bewirkt eine Verringerung des cAMP-Spiegels entweder durch Hemmung der Adenylatzyklase oder durch Stimulierung der Phosphodiesterase oder durch beide Reaktionen (Abb. 19.7).

Der Einfluß des cAMP auf die Transkription des Laktoseoperons und anderer glukosesensitiver Operons besteht darin, daß ein Komplex aus cAMP und einem Katabolit-Gen-Aktivator (CGA)-Protein (einem Dimer mit dem Molekulargewicht 44000) an den Promoter bindet, und so die Bindung der RNA-Polymerase erleichtert, die dann mit der Transkription beginnen kann. Die Einzelschritte der Transkription der glukosesensitiven Operons sind in Abb. 19.8 schematisch dargestellt.

Wenn also nicht genügend cAMP zur Bildung des Komplexes vorhanden ist, wird die Transkription des Operons blockiert.

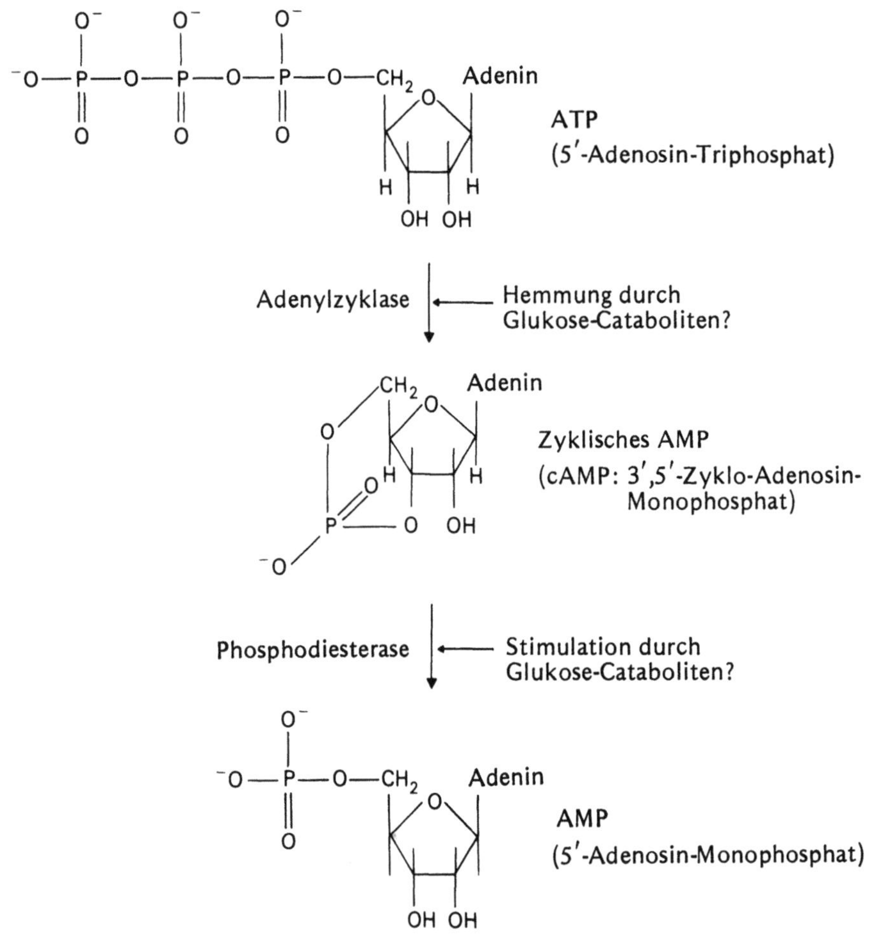

Abb. 19.7. Die Biosynthese des zyklischen AMP aus ATP und sein Abbau zu AMP. Bei der Katabolitrepression hemmt ein Stoffwechselprodukt der Glukose die Adenylatzyklase-Aktivität oder es stimuliert die Phosphodiesterase-Aktivität, oder es bewirkt beides. Daraus resultiert ein Absinken des cAMP-Spiegels in der Zelle, wodurch die glukosesensitiven Operons abgeschaltet werden

Neuere Ergebnisse über die Regulation des Laktoseoperons

Durch die DNA-Sequenzierung der Promoter- und Operator-Region erhielt man neue Informationen über den Aufbau des Laktoseoperons. Eine Methode der DNA-Sequenzierung haben wir bereits in Kapitel 3 kennengelernt. Abb. 19.9 zeigt eine vereinfachte Darstellung der Sequenzierungsergebnisse.

Die Repressorbindungsstelle wurde dadurch bestimmt, daß der DNA-Abschnitt sequenziert wurde, der gegen DNase-Verdauung geschützt war, wenn sich der Repressor am Operator befand. Die genauen Grenzen der cAMP-CGA-Bindungstelle und der Bindungsstelle für die RNA-Polymerase sind nicht bekannt. Man weiß jedoch durch Kartierung von Mutationen, welche den Grad der Expression des Laktoseoperons bestimmen, und deren Mutationsorte vermutlich im Promoter liegen, daß die Promoterregion etwa 80 Nukleotidpaare lang ist. Es ist bemerkenswert, daß der Promoter unmittelbar am Ende des *i*-Gens anschließt. Der Vergleich der mRNA-Sequenz des Laktoseoperons mit der DNA-Sequenz zeigt, daß die Transkription an dem Abschnitt des Operators beginnt, der vom Repressor geschützt wird. Dies ist genauer in Abb. 19.10 gezeigt, welche ebenfalls die Region auf der mRNA darstellt, die während der Initiation der Proteinsynthese vom Ribosom abgedeckt wird.

Wie man sieht, werden die ersten 38 Basen der mRNA nicht translatiert, das Startcodon für *fmet* liegt in Position 39. Der erste Teil der mRNA ist eine Kopie fast der ganzen Operatorregion. Die Ribosomenbindungsstelle wurde durch Sequenzierung eines Teils der mRNA bestimmt, der gegen RNase-Behandlung geschützt war, als sich das Ribosom in seiner Startposition befand. In vitro wurde dies dadurch erreicht, daß nur *fmet*-tRNA im Reaktionsgemisch anwesend war, so daß nur Initiation, nicht aber Elongation stattfinden konnte. Die Ribosomenbindungsstelle des Laktoseoperons erstreckt sich über 50 Nukleotide auf der mRNA und schließt die Codons für die ersten sieben Aminosäuren der β-Galaktosidase (nur drei von ihnen sind im Diagramm eingezeichnet) ein. Die eingerahmten Nukleotidsequenzen werden auch in Ribosomenbindungsstellen anderer prokaryontischer mRNAs gefunden. Man findet auch ein Nonsense-Codon (hier UAA), eine Sequenz Purin–Purin–UUU–X Purin (wobei X gewöhnlich ein Purin ist), eine Sequenz AGGA und das Startcodon AUG.

Zusammenfassend kann man sagen, daß das Laktoseoperon ein gutes Modellsystem für das Verständnis der Genregulation an weiteren Operons in Prokaryonten darstellt. Wenn eine größere Anzahl von Promoter- und Operatorsequenzen bekannt sein wird, wird man allgemeingültige Aussagen über regulatorische Mechanismen auf dem Niveau der DNA und RNA machen können.

Das Arabinoseoperon von *E. coli*

Das Arabinoseoperon ist ein weiteres Beispiel eines glukosesensitiven Operons. Ähnlich wie bei der Laktose sind auch hier nur wenige Moleküle der Enzyme des Arabinoseabbaus in der Zelle vorhanden, wenn keine Arabinose im Medium ist. Wird Arabinose zugegeben (vorausgesetzt, es ist keine Glukose im Medium), steigt die Menge der arabinose-abbauenden Enzyme rapid an. Wie wir sehen werden, sind die Kontrollmechanismen dieses Operons sehr abweichend von denen des Laktoseoperons.

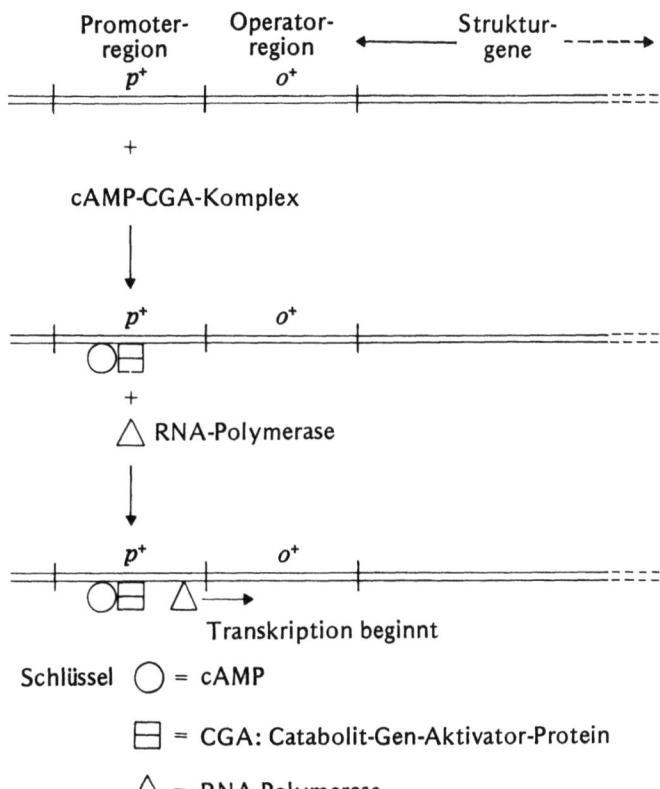

Abb. 19.8. Die Rolle des cAMP bei der Regulation glukosesensitiver Operons. Zyklisches AMP bildet mit dem CGA (Catabolit-Gen-Aktivator)-Protein einen Komplex, der an den Promoter bindet und so die Bindung der RNA-Polymerase und den Start der Transkription erleichtert

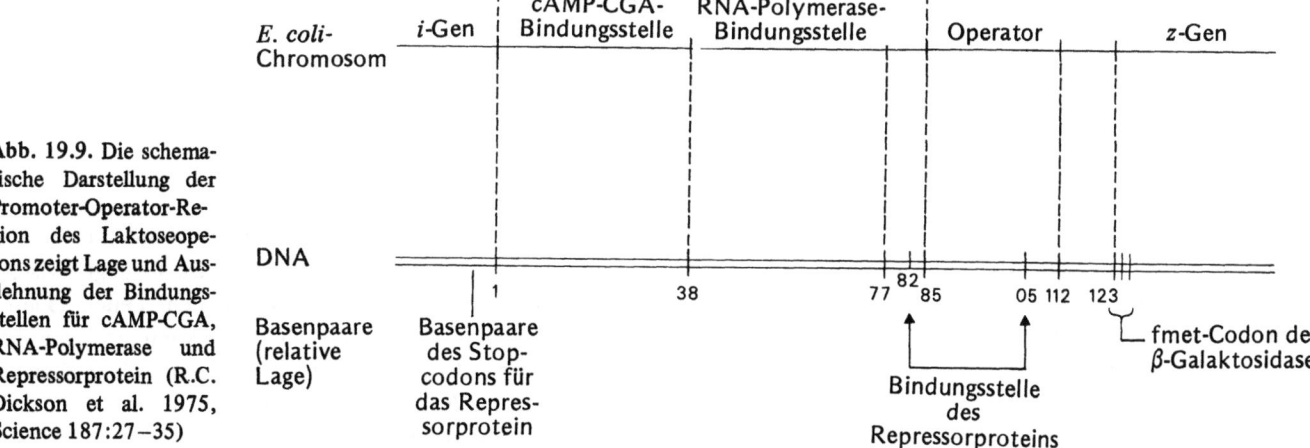

Abb. 19.9. Die schematische Darstellung der Promoter-Operator-Region des Laktoseoperons zeigt Lage und Ausdehnung der Bindungsstellen für cAMP-CGA, RNA-Polymerase und Repressorprotein (R.C. Dickson et al. 1975, Science 187:27–35)

202 Genregulation bei Bakterien

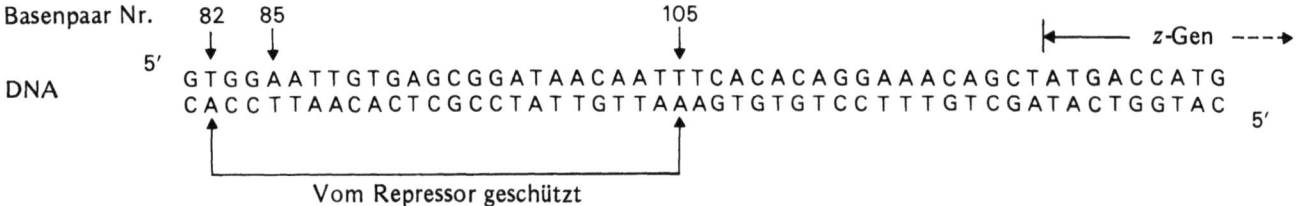

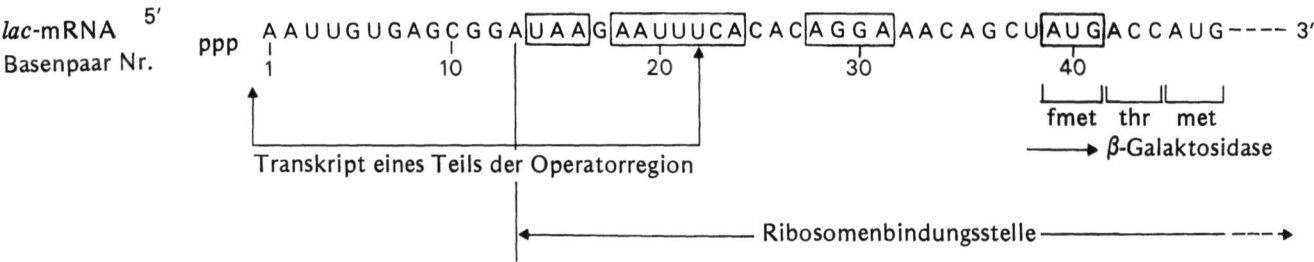

Abb. 19.10. Die ersten 47 Basen der *lac*-mRNA und die entsprechende DNA-Sequenz. Die ersten 21 Basen des messengers werden von der DNA-Sequenz des Operatorgens transkribiert. Die weiteren Charakteristika werden im Text beschrieben (R.C. Dickson et al. 1975, Science 187:27–35; N. Maizels 1974, Nature 249:647–649)

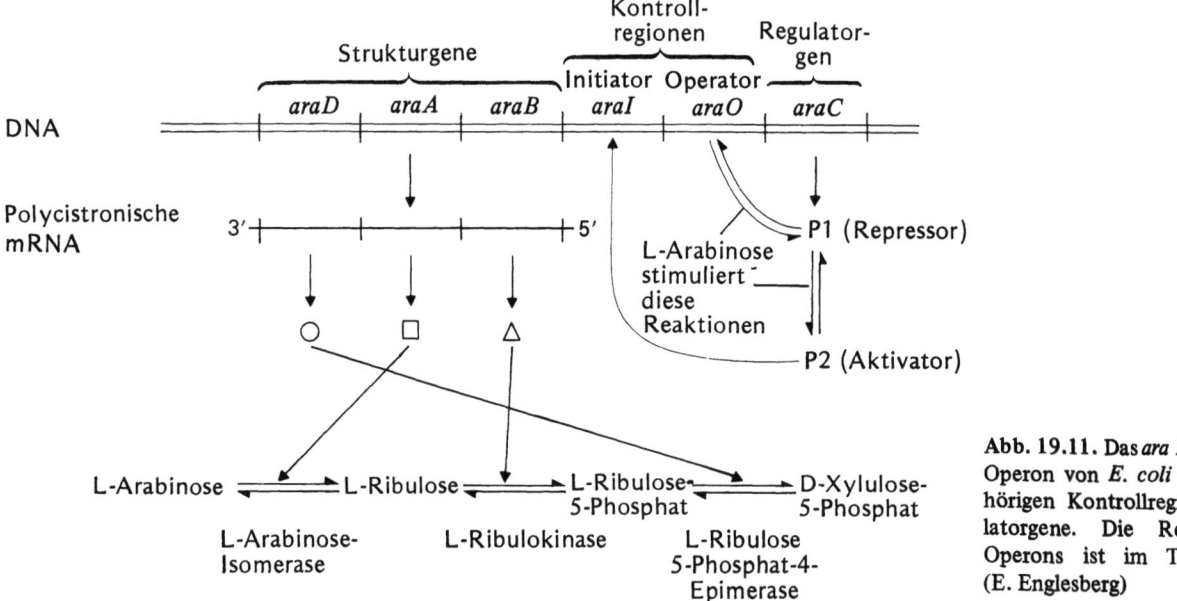

Abb. 19.11. Das *ara BAD*(Arabinose)-Operon von *E. coli* und die dazu gehörigen Kontrollregionen und Regulatorgene. Die Regulation dieses Operons ist im Text beschrieben (E. Englesberg)

Die Gene, die den Arabinosestoffwechsel steuern, bilden ein Regulon, das aus mindestens drei Operons besteht. Das *ara BAD*-Operon enthält die Gene für die Enzyme, welche L-Arabinose in D-Xylulose-5-Phosphat umwandeln. Die Kontrollregionen dieses Operons liegen eng benachbart auf dem Chromosom. Es gibt noch zwei Operons, welche den Transport von Arabinose in die Zelle kontrollieren: *ara E* ist das Strukturgen für das L-Arabinose-bindende Protein. Das Regulatorgen für dieses System, *ara C*, liegt zwischen der Kontrollregion für *ara BAD* und dem Leucin-Operon. Das *ara C*-Gen kontrolliert die Expression von *ara BAD* durch die positive und negative Kontrolle seiner Kontrollregion. Da *ara BAD*, *ara E* und *ara F* durch L-Arabinose induzierbar sind und koordiniert durch *ara C* kontrolliert werden, kann man annehmen, daß die drei Kontrollregionen ähnlich sind. Im folgenden werden wir uns auf das *ara BAD*-Operon konzentrieren, das in Abb. 19.11 dargestellt ist.

Man stellt sich die Kontrolle dieses Operons folgendermaßen vor. Das Gen *ara C* codiert für das Protein *P1*, das Repressorfunktion hat. Es bindet an die benachbarte Kontrollregion *ara O* (Operator) und verhindert so die Bindung der RNA-Polymerase. Daher ist das Operon unter der negativen Kontrolle von *P1*. Bei Anwesenheit von L-Arabinose löst sich *P1* von der DNA, *P1* wird in *P2* umgewandelt und wirkt dadurch als Aktivator des Operons. *P2* bindet an die *araI*-Region (Initiator) und ermöglicht dadurch die Bindung der RNA-Polymerase und die Initiation der Transkription. (Alle diese Vorgänge benötigen erst die Bindung des cAMP-CGA-Komplexes, die, wie man glaubt, in der Nähe stattfindet.) Die drei Strukturgene werden als eine einzige polycistronische mRNA transkribiert. Das Operon ist dann unter der positiven Kontrolle von *P2*.

Vieles davon ist noch Hypothese, aber es gibt gute Hinweise für einen Teil der Einzelschritte. Es gibt genetische Hinweise für das Vorhandensein der *araI*-Region, und man glaubt, daß ein Teil dieser Sequenz Promotereigenschaften besitzt, ein weiterer Teil an der cAMP-CGA-Bindung beteiligt ist. Die Funktion des *ara C*-Gens wurde durch Untersuchungen an Mutanten erschlossen. Kartierung dieser Mutationsorte zeigte, daß *ara C* aus einem einzigen Cistron besteht. Nonsense-Mutanten in *ara C* haben keinen cis-Effekt auf das *BAD*-Operon, wodurch gezeigt ist, daß *ara C* nicht zum *BAD*-Operon gehört.

Man kennt drei Klassen von *ara C*-Allelen:

1. *ara C$^+$* — Das Operon ist durch das Wildtypallel induzierbar; die Bildung der drei Enzyme wird durch L-Arabinose induziert.
2. *ara C$^-$* — Diese Mutanten sind häufig und haben einen pleiotropen L-Arabinose-negativen Phänotyp. Mit anderen Worten, die Enzyme sind in diesen Mutanten nicht durch L-Arabinose induzierbar.
3. *ara C^c* — Diese Mutanten sind recht selten und haben einen pleiotropen, konstitutiven Phänotyp; die Enzyme werden auch in Abwesenheit des Induktors produziert.

Wie bei den regulatorischen Mutanten des Laktoseoperons, wurden hier auch partielle Diploide zum Studium der Funktion des *ara C*-Gens benutzt. Diese Untersuchungen zeigten, daß *ara C$^-$* rezessiv gegenüber *C$^+$* ist, und zwar sowohl in cis- als auch in trans-Konfiguration. Die *C$^-$*-Allele werden durch *A$^-$*-, *B$^-$*- und *D$^-$*-Allele komplementiert. Der pleiotrope negative Phänotyp ist also nicht eine Folge eines polaren Effekts auf das *ara BAD*-Operon. Die Schlußfolgerung aus den Untersuchungen von *C$^-$*- und *C$^+$/C$^-$*-Stämmen war die, daß *C$^+$* ein Protein herstellt, welches bei Anwesenheit von L-Arabinose für die Expression der Genregion nötig ist. Dies legt die Vermutung einer gewissen positiven Kontrolle dieses Systems nahe und unterscheidet sich dadurch von den *c$^-$*-Mutanten des Laktoseoperons, welche aufgrund des Verlustes der negativen Kontrolle konstitutiv sind.

Die *C^c*-Allele sind cis- und trans-dominant gegenüber *C$^-$*; dies deutet darauf hin, daß sie den Aktivator *P2* in Abwesenheit von L-Arabinose herstellen, und daß dieser Aktivator das Operon sowohl in cis- als auch in trans-Stellung zum *C^c*-Allel anschalten kann. Andrerseits ist *C$^+$* dominant über *C^c*. Dies weist auf eine gewisse negative Kontrolle des Operons hin. Auf dem hier entwickelten Modell für die Regulation aufbauend (das aus den Daten, die hier diskutiert werden, entwickelt wurde), wirkt *P1* in der Abwesenheit von Arabinose als Repressor und verhindert die Expression des Operons durch den *ara C^c*-Aktivator. Wenn sich *P1* am Operator befindet, ist die Transkription auch in Anwesenheit von *P2* blockiert.

Es gibt einige biochemische Hinweise, die das regulatorische Modell stützen. Untersuchungen an hitzesensiblen *ara C$^-$*-Mutanten haben gezeigt, daß sowohl die Repressor- als auch die Aktivatorfunktion hitzelabil ist. Dies zeigt, daß von *ara C* ein Protein hergestellt wird, das beide Funktionen ausübt. Unlängst wurde das *ara C*-Protein gereinigt, und man konnte zeigen, daß es sowohl Repressor- als auch Aktivatoraktivität besitzt. Tatsächlich gibt es Hinweise, daß die *P2*-Form des Proteins ein Dimer der *P1*-Form ist. Es gibt auch Hinweise, daß L-Arabinose direkt mit dem *ara C*-Protein interagiert, wodurch die Umwandlung von *P1* in *P2* erfolgt. Es gibt einen Hinweis dafür, daß der Aktivator des *ara C*-Proteins, *P2*, für die Transkription des Operons benötigt wird. In einem in vitro-System zeigt die *ara*-mRNA ein absolutes Bedürfnis für das *ara C*-Protein.

Zusammenfassend läßt sich sagen, daß das L-Arabinose-Regulon unter positiver und negativer Kontrolle steht, wobei das *ara C*-Protein eine Schlüsselstelle im Regulationsvorgang einnimmt. Die genaue Funktion der Kontrollregion muß jedoch noch näher erforscht werden. Im Gegensatz zum Laktose-Operon, bei dem die Hemmung der Genexpression aufgehoben werden muß, benötigt das Arabinoseoperon eine Aktivierung der Transkription.

Abb. 19.12. Funktion eines reprimierbaren Operons bei Bakterien

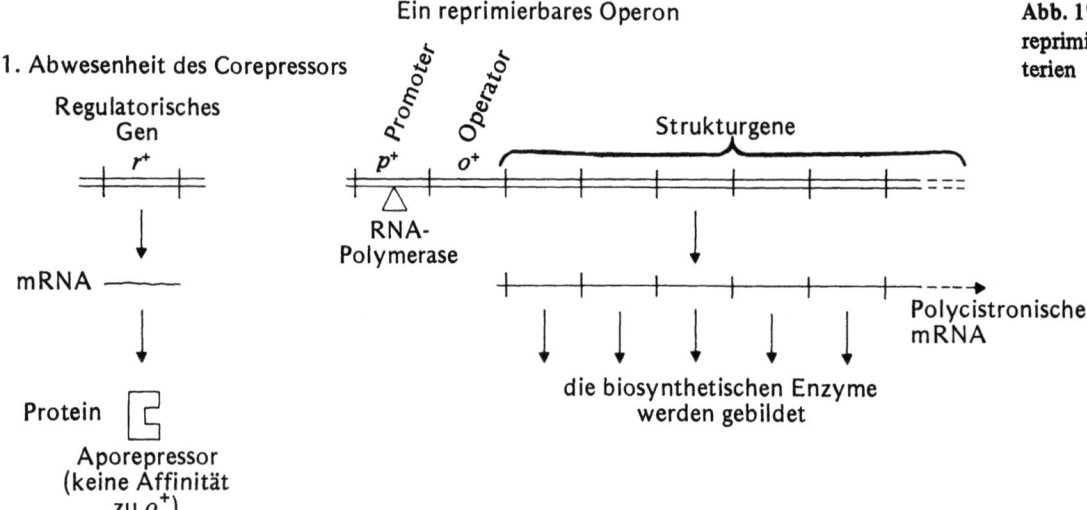

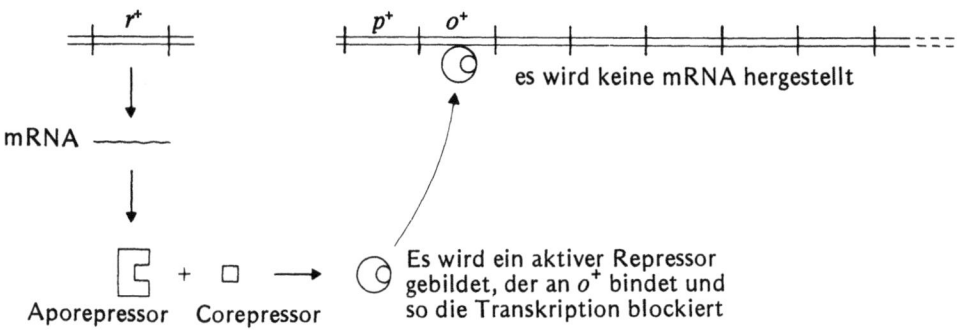

Das Tryptophanoperon von *E. coli*

Das Tryptophanoperon von *E. coli* ist ein Beispiel eines reprimierbaren Operons, das viele Grundphänomene der Regulation entsprechend dem Jacob-Monod-Operonmodell zeigt. In diesem Fall ist Tryptophan eine für die Proteinsynthese essentielle Aminosäure. Wenn sich kein Tryptophan im Medium befindet, so werden die zur Synthese des Tryptophans benötigen Enzyme in der Zelle gebildet; wenn Tryptophan im Medium ist, werden die Tryptophangene reprimiert. Das ist vom energetischen Standpunkt her logisch. Die meisten Operons, welche die Synthese einer Substanz kontrollieren, sind reprimierbar, während Operons, die am Abbau einer Substanz beteiligt sind (etwa einer Kohlenstoffquelle) gewöhnlich induzierbar sind. Die reprimierbaren Operons besitzen ein regulatorisches Gen, das für einen Aporepressor codiert, welcher nicht an den Operator binden kann. Das Endprodukt des Biosyntheseweges oder ein Derivat des Endprodukts (z.B. eine beladene tRNA) wirkt als Corepressor (und nicht als Induktor) in dem System und bildet durch Bindung an den Aporepressor ein funktionsfähiges Repressormolekül, das am Operator binden kann und so die Transkription blockiert. Die Charakteristika eines reprimierbaren Operons sind in Abb. 19.12 gezeigt.

Wie wir sehen werden, folgt die Regulation des Tryptophanoperons im allgemeinen diesem Schema, doch gibt es einige interessante zusätzliche Elemente in diesem System. Die meisten Befunde, die wir hier diskutieren werden, stammen von C. Yanofsky und seinen Mitarbeitern.

Das Tryptophanoperon von *E. coli* ist in Abb. 19.13 abgebildet, die Länge der Strukturgene und der übrigen Regionen ist angegeben. Dieses Operon besitzt zwei Promotoren, *p1* und *p2*. Der erste liegt neben dem Operator (*o*), der zweite am Ende des *trpD*-Cistrons: er besitzt nur geringe Effizienz. Die Funktion des Operons wird durch ein Aporepressor-Protein kontrolliert, welches das Produkt des *trp R*-

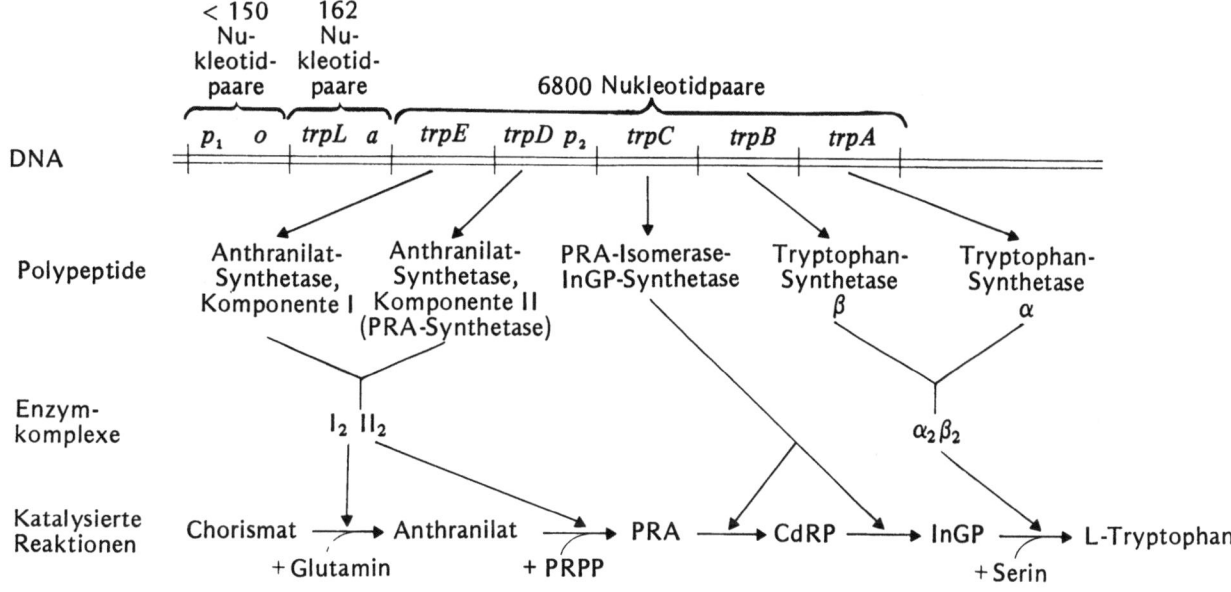

Abb. 19.13. Das Tryptophanoperon von *E. coli* mit der Anordnung der Strukturgene, ihren Genprodukten und den von ihnen katalysierten Reaktionen. p_1 ist der Hauptpromoter; *o* ist der Operator; p_2 ist ein interner Promoter; *trp L* ist die leader-Region und *a* ist der Attenuator (C. Yanofsky)

Gens ist. Wenn sich Tryptophan im Medium befindet, geht der Repressor mit L-Tryptophan einen Komplex ein, der an die Operatorregion bindet. Dadurch wird die Anheftung der RNA-Polymerase an den *p1*-Promoter verhindert und die Transkription blockiert. In Abwesenheit von Tryptophan ist das Operon dereprimiert und die Transkription wird eingeleitet. Die vom Operon transkribierte polycistronische mRNA enthält eine leader-Sequenz von 162 Nukleotiden, die von der *trp L*-Region codiert wird. Diese leader-Sequenz liegt vor dem Startcodon der Translation des *trp E*-Polypeptids. Es wird auch ein kurzes Transkript hergestellt, das die ersten 142 Nukleotide der *trp*-mRNA enthält. Diese mRNA entsteht durch Termination der Transkription an einem Attenuator (*a* in dem Schema), der ein regulatorisches Element des Operons darstellt. Wie wir sehen werden, spielt der Attenuator eine wichtige Rolle in der Regulation der Expression der Strukturgene des *trp*-Operons.

Die Existenz einer leader-Sequenz wurde durch Sequenzierung des 5'-Abschnittes der mRNA des *trp*-Operons gezeigt, die sowohl in vivo als auch in vitro hergestellt wurde.

Interne Deletionen des *trp*-Operons mit einem Ende zwischen *p1* und etwa 130 Nukleotiden der leader-Sequenz und dem anderen Ende in einem der Strukturgene führten grundsätzlich zu einer Steigerung der Expression des Operons. Im Gegensatz dazu führen interne Deletionen, welche die leader-Region unberührt lassen, nicht zu diesem Ergebnis. Dies ist ein Hinweis auf eine sogenannte Attenuator-Region, die normalerweise die Expression des Operons limitiert. (Dies ist nicht speziell nur beim *trp*-Operon so, sondern wird auch in einer Reihe von anderen Operons, beispielsweise dem Histidinoperon von *E. coli* gefunden.) Durch quantitative Hybridisierungsexperimente wurde gezeigt, daß das Verhältnis der Kopienzahlen der leader-mRNA zur Strukturgen-*trp*-mRNA etwa 10:1 ist, was wiederum die Vorstellung eines Attenuators stützt. Da kurze, nur 142 Nukleotide lange Transkripte gefunden werden, muß der Attenuator etwa in dieser Position der leader-Region kartieren. Man konnte tatsächlich in einem in vitro-Transkriptionssystem zeigen, daß die RNA-Polymerase die Transkription an der Attenuator-Region beendet.

Wie funktioniert nun dieses System? Unter reprimierenden Bedingungen (das heißt, wenn die Zellen unter Überschuß von Tryptophan gezüchtet werden) wirkt der Attenuator optimal, indem er die distale Transkription unterbindet. Dadurch wird die Wirkung der Repressor-Operator-Interaktion etwa 10fach verstärkt. Die Termination der Transkription am Attenuator wird durch die Anzahl beladener tRNA-*trp*-Moleküle reguliert; je mehr beladene tRNA-*trp*-Moleküle vorhanden sind, umso weniger mRNA-Moleküle werden über den Attenuator hinaus transkribiert. Wenn Tryptophan limitiert ist, wird die Repression verringert und die Wirkung des Attenuators wird abgeschwächt. Bei extremem Tryptophanmangel ist die Attenuatorwirkung vollständig aufgehoben. Es scheint also, daß die Funktion des Attenuators darin besteht, die Wirkungsbreite bei der Expression eines Operons über die Möglichkeiten der Operator-Repressor-Wechselwirkung hinaus zu erweitern. Man kennt den Mechanismus der Attenuatorkontrolle noch nicht genau; man glaubt, daß die Translatierbarkeit der leader-RNA und die Sekundärstruktur der RNA dabei eine wichtige Rolle spielen. Einige Hinweise dafür erhielt man durch RNA-Sequenzierung, das Studium von Mutanten, und Untersuchungen von in vitro-Systemen. Man hat gefunden, daß zwei benachbarte Tryptophancodons (UGG) in nächster Nähe eines Terminationscodons (UGA) auf der leader-mRNA sitzen. Zwischen dem UGA-Codon und der Attenuatorregion (ungefähr bis Nukleotid 142 auf der leader-RNA) kann die Nukleotidsequenz durch Wasserstoffbrückenbildung zwischen den Basen verschiedene Sekundärstrukturen ausbilden. So kann sich die RNA auffalten, sobald die RNA-Polymerase diese Sequenz kopiert hat. Die leader-RNA wird bereits an den Ribosomen translatiert, während die Transkription fortschreitet. Man glaubt, daß die Ribosomen sehr dicht auf die RNA-Polymerase folgen. Wenn Tryptophan im Überschuß vorhanden ist, kann das Ribosom die beiden Tryptophancodons lesen und stoppt am Terminationscodon, das an die gefaltete RNA anschließt. In diesem Fall bedingt die Position des Ribosoms die Paarung bestimmter Nukleotide. Dies wiederum beeinflußt die Bindung der RNA-Polymerase an die DNA und so stoppt die Transkription am Attenuator.

Wenn die Zellen Tryptophanmangel haben, sind keine mit Tryptophan beladenen tRNA-Moleküle vorhanden, und die Ribosomen werden deshalb bei den benachbarten Tryptophancodons anhalten. In diesem Fall resultiert eine andere Faltung der RNA, die keine Wirkung auf die RNA-Polymerase hat, und so schreitet die Transkription über die Attenuatorregion in die Strukturgenregion hinein fort. Das ist eine gute Arbeitshypothese, die erklärt, wie die Transkription eines DNA-Abschnitts durch die Effizienz der Translation kontrolliert wird. Offensichtlich läßt sich das Modell allgemein auf alle bakteriellen Operons anwenden, welche eine Attenuatorregion besitzen.

Untersuchungen an Mutanten mit internen Deletionen zeigten die Anwesenheit eines internen Promoters, *p2*, innerhalb *trp D* im operatordistalen Segment dieses Gens. Die Effizienz dieses Promoters beträgt nur einige Prozent des *p1*-Promoters, und er scheint nicht auf die tryptophanbedingte Repression anzusprechen. Die physiologische Bedeutung von *p2* ist unbekannt.

Zusammenfassende Übersicht über die Regulation im Operon

Bei *E. coli* wurden bisher etwa 100–200 Operons identifiziert. Operons sind weitverbreitet bei Prokaryonten (Bakterien und Phagen). Mit einer möglichen Ausnahme (den Genen für den Abbau von Galaktose bei Hefe) gibt es wahrscheinlich keine Operons bei Eukaryonten. Wie bereits in einem früheren Kapitel besprochen und durch die Beschreibung der drei Operons ausgeführt, besteht durch die Organisation der Gene und Kontrollregionen in Operons eine sehr einfache und wirkungsvolle Möglichkeit zur Anpassung der Genaktivitäten an die entsprechenden Bedürfnisse. In einem Operon aus Repressorgen, Strukturgenen, Promoter und Operator, kann die Regulation der Genexpression sowohl durch Induktion als auch durch Repression (negativ kontrollierte Operons) erfolgen. Die Regulation erfolgt auf der Ebene der Transkription, obwohl bei Operons mit Attenuator das Translationssystem auch von Bedeutung sein kann. Im allgemeinen kann die Kontrolle der Genexpression durch ein Operon als Feinregulierung betrachtet werden, denn es reguliert nur eine oder einige Transkriptionseinheiten durch spezifische Signale. Dies erlaubt dem Organismus die Anpassung an schnell wechselnde Kulturbedingungen. Im Gegensatz dazu werden wir im folgenden die Grobregulierung des Wachstums oder der Genexpression bei Phagen und Bakterien besprechen, wobei (gewöhnlich) mehrere Transkriptionseinheiten betroffen sind.

Allgemeine Kontrollmechanismen der Transkription und Translation

Die allgemeinen Kontrollmechanismen der Vermehrung von Bakterien und Phagen sind an die Makromolekülsynthesen, insbesondere an die RNA- und Proteinsynthese gebunden. In diesem Abschnitt werden wir einige Beispiele allgemeiner Regulation auf dem Niveau der Transkription und Translation bei Prokaryonten besprechen.

Stringente Kontrolle

Bakterien haben allgemeine Regulationssysteme entwickelt, um unter extremen Bedingungen überleben zu können. Im Laboratorium können solche Bedinungen verifiziert werden, wie z.B. Aushungerung einer Aminosäure-auxotrophen Mutante für die entsprechende Aminosäure oder Überführung der Zellen aus einem aminosäurereichen Medium in ein Medium ohne Aminosäuren. Wildtypzellen reagieren in einer stringenten Weise auf diese veränderten Bedingungen. Untersuchungen über die Reaktionen der Zellen haben gezeigt, daß es einen Regulationsmechanismus gibt, der die Proteinsynthese mit einer Reihe weiterer Aktivitäten der Zelle koordiniert. Mit anderen Worten führen die Hungerbedingungen zu einer Fülle von Effekten, inklusive Hemmung der Synthese von Proteinen, rRNAs, tRNAs, mRNAs, Lipiden, Kohlenhydraten und Nukleotiden und der Hemmung einiger Membrantransportsysteme. Ohne diese Regulationsmechanismen würden ausgehungerte Zellen unkontrolliert wachsen und alle möglichen Komponenten (mit Ausnahme von Proteinen) in großen Mengen anhäufen.

Um den Mechanismus der stringenten Kontrolle zu verstehen, wurden Mutanten von *E. coli* isoliert, welche nicht auf Aminosäureaushungerung reagierten. Diese *rel A*-Mutanten (*rel* vom engl. relaxed = entspannt) wurden mit Wildtypzellen verglichen. Mit Hilfe dieser Mutanten wurde gefunden, daß Aushungerung bei Wildtypzellen zur Anhäufung zweier ungewöhnlicher Nukleotide, nämlich Guanosin-Tetraphosphat und Guanosin-Pentaphosphat (ppGpp und pppGpp; Abb. 19.14) führt, nicht jedoch in *rel A*-Mutanten.

Dies wird dahingehend interpretiert, daß das *rel*⁺-Gen für einen „stringenten Faktor" codiert, welcher für die intrazelluläre Anhäufung von ppGpp und pppGpp verantwortlich ist. Weiterhin konnte gezeigt werden, daß ppGpp und pppGpp an den Ribosomen hergestellt wird, und daß dies mit Hilfe nicht-aminoacylierter (unbeladener) tRNA erfolgt, die sich während der Aminosäureaushungerung anhäufen. Wenn unbeladene tRNA mit Ribosomen interagiert, kann auch der stringente Faktor binden (ein Protein von 77000 dalton Molekulargewicht), woraufhin die zwei ungewöhnlichen Nukleotide gebildet werden. Wie durch diese Nukleotide die pleiotropen Effekte entstehen, die für die stringente

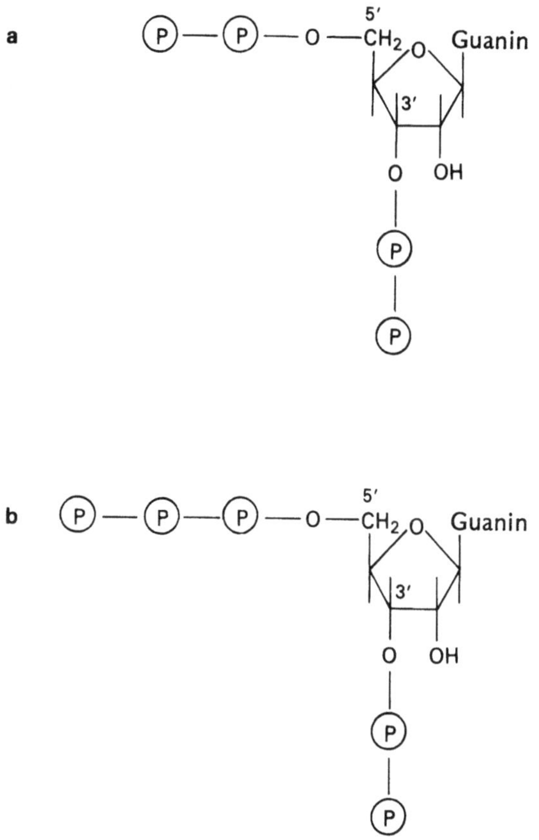

Abb. 19.14a,b. Vereinfachte Formeln der ungewöhnlichen Guanin-Ribonukleotide, die bei der stringenten Kontrolle eine Rolle spielen. *P* ist ein Phosphatgruppe. a Guanosin-Tetraphosphat (5'-Diphospho-Guanosin-3'-Diphosphat); b Guanosin-Pentaphosphat (5'-Triphospho-Guanosin-3'-Diphosphat)

Kontrolle charakteristisch sind, ist nicht bekannt. Mit Ausnahme von Hefe ist die stringende Kontrolle ausschließlich ein prokaryontisches Phänomen.

Kontrolle auf dem Niveau der Translation

Es gibt verschiedene Möglichkeiten der Kontrolle der Genexpression auf dem Niveau der Translation. Es ist ein Charakteristikum der Operonorganisation, daß bei der Transkription der Strukturgene eine polycistronische mRNA gebildet wird. Bei manchen Operons führt die Translation der mRNA zu stöchiometrisch gleichen Mengen der einzelnen Proteine, wohingegen bei anderen Operons ungleiche Mengen an Proteinen gefunden werden. Beim Laktoseoperon von *E. coli* beispielsweise ist das Verhältnis der Genprodukte von *z*, *y* und *a* gleich 10:5:2. Die relative

Menge der Produkte einer polycistronischen mRNA ist von der Primärstruktur der mRNA abhängig. Am Ende jedes Cistrons nämlich befindet sich mindestens ein Terminationscodon, welchem ein intercistronisches Segment nachgeschaltet ist. Darauf folgt die nächste Initiationssequenz für die Translation. Dadurch bestimmt die Nukleotidsequenz zwischen einem Stop- und einem Start-Codon, ob ein nun „außer Betrieb" befindliches Ribosom von der mRNA abfällt, bevor es die Initiationssequenz für ein neues Polypeptid erreicht. Im Laktoseoperon fällt vermutlich die Hälfte der Ribosomen zwischen z und y ab, und etwa die andere Hälfte zwischen y und a. Durch die Technik der Klonierung und Sequenzierung von DNA (Kapitel 12) könnte man genaue Information über den Mechanismus erhalten.

Einige andere Beispiele für Transkriptionskontrolle kommen von Untersuchungen der Stoffwechselveränderungen einer Bakterienzelle nach Phageninfektion. Wird *E. coli* durch den Phagen *T4* infiziert, kommt es schnell zur Herstellung phagenspezifischer RNA-Moleküle. Diese werden dadurch selektiv an den Ribosomen der Wirtszelle translatiert, da die Ribosomen durch die Bindung eines phagenspezifischen Proteins modifiziert werden. Der genaue Mechanismus dieser Modifikation ist nicht bekannt, doch stellt er sicher einen wirkungsvollen Weg dar, um den Stoffwechsel des Wirtes auf Phagensynthese umzustimmen.

Ein ähnliches Beispiel ist die Umstimmung der Translation von *E. coli*-Zellen durch den Phagen *T2*. Von Genen des Phagen *T2* transkribierte mRNAs enthalten keine CUG-(Leucin) Codons, und so benötigen sie nicht die leu-tRNAs des Wirtes mit dem Anticodon CUG. Der *T2*-Phage codiert selbst für seine leu-tRNAs (und benutzt dabei andere Codons) und codiert auch für Ribonukleasen (mit einem Wirkungsgrad von etwa 50%) zum Abbau der wirtseigenen leu-tRNA mit dem Anticodon CUG. Dies fördert die Translation der phagenspezifischen mRNA gegenüber den wirtsspezifischen mRNAs.

Zusammenfassend läßt sich sagen, daß es bei Prokaryonten eine Fülle von Mechanismen zur Genregulation gibt. Diese können auf dem Niveau der Transkription und/oder der Translation wirken. Die ausgeführten Beispiele zeigen die Komplexität dieser Kontrollsysteme. Man kann erwarten, daß durch Klonierung und Sequenzierung der Kontrollregionen wichtige Aufschlüsse über die molekularen Mechanismen der Regulation erhalten werden.

ÜBERSICHTSARTIKEL ZU KAPITEL 19:

Hobom G (1975) Schaltvorgänge bei der Genregulation. Biol unserer Zeit 5:49–54

LITERATUR

Das Laktoseoperon

Beckwith JR (1967) Regulation of the lactose operon. Science 156: 597–604

Beckwith JR, Zipser D (1970) The lactose operon. Cold Spring Harbor Press, New York

Beyreuther K (1978) Revised sequence for the *lac* repressor. Nature 274:767

Beyreuther K, Adler K, Geisler N, Klemm A (1973) The amino acid sequence of *lac* repressor. Proc Natl Acad Sci USA 70:3576–3580

Calos MP (1978) DNA sequence for a low-level promoter of the *lac* repressor gene and 'up' promoter mutation. Nature 274:762–765

Dickson RC, Abelson J, Barnes WM, Reznikoff WS (1975) Genetic regulation: the *lac* control region. Science 187:27–35

Edelmann PL, Edlin G (1974) Regulation of the synthesis of the lactose repressor. J Bacteriol 120:657–665

Farabaugh PJ (1978) Sequence of the *lacI* gene. Nature 274:765

Gilbert W, Maizels N, Maxam A (1974) Sequences of controlling regions of the lactose operon. Cold Spring Harbor Symp Quant Biol 38:845–855

Gilbert W, Maxam A (1973) The nucleotide sequence of the *lac* operator. Proc Natl Acad Sci USA 70:3581–3584

Gilbert W, Müller-Hill B (1966) Isolation of the lac repressor. Proc Natl Acad Sci USA 56:1891–1898

Jacob F, Monod J (1961) Genetic regulatory mechanisms in the synthesis of proteins. J Mol Biol 3:318–356

Jacob F, Monod J (1965) Genetic mapping of the elements of the lactose region of *Escherichia coli*. Biochem Biophys Res Commun 18:693–701

Maizels N (1973) The nucleotide sequence of the lactose messenger ribonucleic acid transcribed from the UV5 promoter mutant of *Escherichia coli*. Proc Natl Acad Sci USA 70:3585–3589

Maizels N (1974) *E. coli* lactose operon ribosome binding site. Nature New Biol 249:647–649

Miller JH, Coulondre C, Farabaugh PJ (1978) Correlation of nonsense sites in the *lacI* gene with specific codons in the nucleotide sequence. Nature 274:770–775

Ptashne M, Gilbert W (1970) Genetic repressors. Sci Am 222:36–44

Reznikoff WS (1972) The operon revisited. Annu Rev Genet 6: 133–156

Das Arabinoseoperon

Englesberg E (1971) Regulation in the L-arabinose system. In: Vogel H (ed) Metabolic pathways, vol 5. Academic Press, New York, pp 256–296

Englesberg E, Irr J, Power J, Lee N (1965) Positive control of enzyme synthesis of gene *C* in the L-arabinose system. J Bacteriol 90:946–957

Englesberg E, Squires C, Meronk F (1969) The L-arabinose operon in *Escherichia coli* B/r: a genetic demonstration of two functional states of the product of a regulatory gene. Proc Natl Acad Sci USA 62:1100–1107

Englesberg E, Wilcox G (1974) Regulation: Positive control. Annu Rev Genet 8:219–242

Heffernan L, Bass R, Englesberg E (1976) Mutations affecting catabolite repression of the L-arabinose regulon in *Escherichia coli* B/r. J Bacteriol 126:1119–1131

Heffernan L, Wilcox G (1976) Effect of *araC* gene product on catabolite repression in the L-arabinose regulon. J Bacteriol 126: 1132–1135

Irr J, Englesberg E (1970) Nonsense mutants in the regulator gene *araC* of the L-arabinose system of *Escherichia coli* B/r. Genetics 65:27–39

Lee N, Wilcox G, Gielow W, Arnold J, Cleary P, Englesberg E (1974) In vitro activation of the transcription of *araBAD* operon by *araC* activator. Proc Natl Acad Sci USA 71:634–638

Sheppard DE, Englesberg E (1967) Further evidence for positive control of the L-arabinose system by gene *araC*. J Mol Biol 24: 443–454

Wilcox G, Clemetson KJ, Cleary P, Englesberg E (1974) Interaction of the regulatory gene product with the operator site in the L-arabinose operon of *Escherichia coli*. J Mol Biol 85:589–602

Das Tryptophanoperon

Bertrand K, Korn L, Lee F, Platt T, Squires CL, Squires C, Yanofsky C (1975) New features of the structure and regulation of the tryptophan operon of *Escherichia coli*. Science 189:22–26

Bertrand K, Squires C, Yanofsky C (1976) Transcription termination in vivo in the leader region of the tryptophan operon of *Escherichia coli*. J Mol Biol 103:319–337

Bertrand K, Yanofsky C (1976) Regulation of transcription termination in the leader region of the tryptophan operon of *Escherichia coli* involves tryptophan as its metabolic product. J Mol Biol 103:339-349

Jackson EN, Yanofsky C (1972) Internal promoter of the tryptophan operon of *Escherichia coli* is located in a structural gene. J Mol Biol 69:307–313

Jackson EN, Yanofsky C (1973) The region between the operator and first structural gene of the tryptophan operon of *Escherichia coli* may have a regulatory function. J Mol Biol 76:89–101

Lee F, Yanofsky C (1977) Transcription termination at the *trp* operon attenuators of *Escherichia coli* and *Salmonella typhimurium*: RNA secondary strcture and regulation of termination. Proc Natl Acad Sci USA 74:4365–4369

Miozzari GF, Yanofsky C (1978) Translation of the leader region of the *Escherichia coli* tryptophan operon. J Bacteriol 133:1457–1466

Morse DE, Morse ANC (1976) Dual-control of the tryptophan operon is mediated by both tryptophanyl-tRNA synthetase and the repressor. J Mol Biol 103:209–226

Platt T, Squires C, Yanofsky C (1976) Ribosome protected regions in the leader-*trpE* sequence of *Escherichia coli* tryptophan messenger RNA. J Mol Biol 103:411–420

Rose JK, Yanofsky C (1974) Interaction of the operator of the tryptophan operon with repressor. Proc Natl Acad Sci USA 71: 3134–3138

Squires C, Lee F, Bertrand K, Squires CL, Bronson MJ, Yanofsky C (1976) Nucleotide sequence of the 5′ end of tryptophan messenger RNA of *Escherichia coli*. J Mol Biol 103:351–381

Squires CL, Lee F, Yanofsky C (1975) Interaction of the *trp* repressor and RNA polymerase with the *trp* operon. J Mol Biol 92: 93–111

Yanofsky C (1976) Control sites in the tryptophan operon. In: Control of Ribosome Synthesis, Alfred Benzon Symposium XI. Academic Press, New York, pp 149–163

Yanofsky C, Soll L (1977) Mutations affecting tRNA-trp and its charging and their effect on regulation of transcription termination at the attenuator of the tryptophan operon. J Mol Biol 113: 1457–1466

Andere Beispiele für Regulation

Calvo JM, Fink GR (1971) Regulation of biosynthetic pathways in bacteria and fungi. Annu Rev Biochem 40:943–968

Cashel M (1975) Regulation of bacterial ppGpp and pppGpp. Annu Rev Microbiol 29:301–318

Ihler G, Nakada D (1970) Selective binding of ribosomes to initiation sites on single stranded DNA from bacterial viruses. Nature 228:239–242

Kano-Sueoka T, Sueoka N (1969) Leucine tRNA and cessation of *Escherichia coli* protein synthesis upon phage T2 infection. Proc Natl Acad Sci USA 62:1229–1236

Miller JH, Reznikoff WS (1978) The operon. Cold Spring Harbor Press, New York

Summers WC (1972) Regulation of RNA metabolism of T7 and related phages. Annu Rev Genet 6:191–202

KAPITEL 20
Regulation der Genexpression bei Eukaryonten

INHALT

Allgemeine Gesichtspunkte der Genregulation bei Eukaryonten
    Mögliche Angriffspunkte für die Regulation der Enzymsynthese
    Nicht-Histone und die Regulation der Transkription
Regulation der Genexpression bei niedrigen Eukaryonten
    Die Galaktose-Vergärung bei Hefe
    Die Gene für die Biosynthese aromatischer Aminosäuren bei *Neurospora*
    Regulation des Chinasäure-Stoffwechsels bei *Neurospora*
Regulation der Genexpression bei höheren Eukaryonten
    Regulation der Enzymsynthese durch Hormone
    Modell der Wirkungsweise von Steroidhormonen
Langzeitregulation bei höheren Eukaryonten
    Definitionen von Entwicklung und Differenzierung
    Allgemeine Aspekte der Entwicklung und Differenzierung

Allgemeine Gesichtspunkte der Genregulation bei Eukaryonten

Mögliche Angriffspunkte für die Regulation der Enzymsynthese

Wir wissen viel über die Regulation der Genexpression bei Prokaryonten, aber relativ wenig darüber bei Eukaryonten. Wie wir sehen werden, ist das Operonsystem der Genregulation bei Eukaryonten nicht anwendbar. Eukaryonten sind bezüglich der Organisation ihrer Zellen komplexer gebaut als Prokaryonten. Ihre Zellen sind durch viele Membransysteme in Kompartimente unterteilt. Von besonderem Interesse ist der Zellkern, der die Hauptmasse des genetischen Materials enthält. Diese Kompartimentierung hat Folgen für die Regulation der Genexpression. Wir wollen im folgenden die Wirkorte zusammenfassen, an denen Regulation eingreifen kann oder könnte, um die Enzymsynthese in tierischen Zellen zu kontrollieren.

1. Das Chromatin. Chromatin ist ein Komplex aus DNA, Histonen und Nicht-Histonen. Die Organisation dieser Komponenten spielt dabei eine wichtige Rolle, ob und welche DNA-Regionen transkribiert werden.

2. Heterogene nukleäre RNA. Die Primärtranskripte der proteincodierenden Gene sind viel länger als die reife mRNA. Die meisten dieser heterogenen nukleären RNA-Moleküle (hnRNA) sind modifiziert (5'-Kappe und 3'-Polyadenylierung) und werden im Kern in die reifen mRNA-Moleküle prozessiert, welche dann ins Zytoplasma ausgeschleust werden. Es kann sowohl durch die Modifikation als auch durch das Processing reguliert werden, wieviele funktionelle mRNA-Moleküle gebildet werden. Es gibt viele Hinweise, daß die meisten der hnRNA-Moleküle wieder abgebaut werden, und nur ein relativ kleiner Bruchteil in mRNA prozessiert wird, die sich dann im Zytoplasma findet.

3. Die Kernmembran. Wenn die reifen mRNAs gebildet worden sind, werden sie in das Zytoplasma ausgeschleust. Der Transportmechanismus ist unbekannt, aber falls daran eine Komponente der Kernmembran beteiligt ist, könnte durch Veränderung dieser Komponente die Menge der für das Ribosom verfügbaren mRNA-Moleküle verändert werden.

4. Das mRNA-Molekül. Wenn das mRNA-Molekül ins Zytoplasma eintritt, ist es manchmal mit Proteinen assoziiert und daher nicht für die Translation zugänglich. Die Menge der translatierbaren mRNA und damit der Zeitpunkt der Translation kann dadurch kontrolliert werden, daß nur eine bestimmte Menge einer spezifischen mRNA translatierbar gemacht wird. Die gebildete Enzymmenge kann durch die Labilität der mRNA selbst reguliert werden. Dies ist wahrscheinlich durch die Nukleotidsequenz der mRNA bestimmt.

5. Effektormoleküle. Transkriptionelle und posttranskriptionelle Regulation im Kern kann durch verschiedene Arten und unterschiedliche Konzentrationen von Effektormolekülen bewerkstelligt werden (z.B. Induktoren, Aktivatoren, Repressoren), welche aus dem Zytoplasma in den Kern transportiert werden. Faktoren, welche die Synthese dieser Moleküle und/oder ihren Transport in den Kern kontrollieren, können auf diese Weise die gebildete Enzymmenge steuern.

Es gibt sicher noch andere Kontrollmechanismen, die die Menge translatierbarer mRNA regulieren, doch wir wissen bislang nur sehr wenig über solche regulatorische Signale.

Es ist jedoch erwiesen, daß es in der eukaryontischen Zelle transkriptionelle Kontrollen gibt. Die Translatierbarkeit eines mRNA-Moleküls könnte dadurch beeinflußt sein, je nachdem, ob die Ribosomen frei oder membrangebunden sind. Man könnte an spezifische Faktoren denken, welche die Ribosomen inhibieren oder stimulieren. Es könnte auch über die Verfügbarkeit von Aminoacyl-tRNAs oder durch die Möglichkeit des Zugangs der Ribosomen zu Initiationssequenzen auf der mRNA reguliert werden.

Nicht-Histone und die Regulation der Transkription

Zwei Klassen von Proteinen sind mit der DNA im Chromatin assoziiert: Histone und Nicht-Histone. Die Kontrolle der Transkription muß schließlich und endlich auf einer bestimmten Nukleotidsequenz der RNA beruhen, die für geeignete Effektormoleküle codiert, welche dann Menge und Spezifität der herzustellenden DNA bestimmen. Darüberhinaus können chromosomale Proteine eine Rolle bei der Entscheidung spielen, ob ein DNA-Abschnitt transkribiert wird oder nicht. Wie wir bereits in einem früheren Kapitel besprochen haben, sind die Histone in einer regelmäßigen Weise entlang der DNA angeordnet. Es ist daher unwahrscheinlich, daß sie bei der Regulation der Genexpression eine spezifische Rolle spielen. Histone können in vivo acetyliert, phosphoryliert und methyliert werden, aber es ist unbekannt, wie die transkriptionelle Aktivität des Chromatins durch diese Modifikationen beeinflußt wird.

Andererseits gibt es eine Reihe von Hinweisen, daß Nicht-Histone an der Regulation der Genexpression bei Eukaryonten beteiligt sind. Nicht-Histone sind beispielsweise gewebsspezifisch und können an DNA binden. Sie finden sich, verglichen mit inaktiven Zellen, in größerer Menge in transkriptionsaktiven Geweben. Sie sind verschiedenartiger als die Histone, und einige spezifische Klassen von Nicht-Histon-Proteinen sind an der Induktion von Genaktivitäten beteiligt. Wenn man Chromatin aus transkriptionsaktiven und inaktiven Geweben extrahiert und in DNA, Histone und Nicht-Histone zerlegt, kann man durch Rekonstitutionsexperimente nachweisen, welche Komponente zur Transkription nötig ist. Durch diese Versuche konnte gezeigt werden, daß Nicht-Histone entscheiden, ob DNA transkribiert werden kann. Man glaubt deshalb heute, daß Nicht-Histon-Proteine, wahrscheinlich aufgrund spezifischer Signale, eine zentrale Rolle bei der Regulation der Transkription in Eukaryonten spielen. Derzeit sind wir noch im Stadium der Erstellung von Modellen, wie man sich die Wirkungsweise der Nicht-Histone auf molekularem Niveau vorstellen kann. Man kann jedoch annehmen, daß wir mit der Entwicklung neuer Techniken mehr Kenntnisse über die Genregulation bei Eukaryonten erhalten werden.

In den folgenden Abschnitten werden wir einen Teil dessen besprechen, was wir über die Regulation der Enzymsynthesen bei niedrigen und höheren Eukaryonten wissen. Diese Abschnitte enthalten Beispiele für Kurzzeit-Regulation, d.h. Unterschiede in der Genexpression, welche durch Veränderung der Umwelt hervorgerufen werden. Danach werden wir die Langzeitregulation bei höheren Eukaryonten besprechen: darunter verstehen wir die Regulation der Genexpression während der Entwicklung und Differenzierung.

Regulation der Genexpression bei niedrigen Eukaryonten

Die Tatsache, daß bei Prokaryonten die Genregulation meist durch Operons vom Typ des Laktoseoperons bei *E. coli* erfolgt, hat viele Forscher veranlaßt, auch bei Eukaryonten nach Operons zu suchen. Viele der Modelle für die Regulation der Enzymsynthese bei Eukaryonten sind von den Operonmodellen der Bakterien inspiriert. Wie wir jedoch sehen werden, wird die Enzymsynthese bei Eukaryonten anders reguliert.

Eukaryonten sind in mancher Hinsicht den Prokaryonten ähnlich: DNA-Replikation, Transkription und Translation erfolgen in ähnlicher Weise. Eukaryonten sind jedoch weitaus komplexer und besitzen diskrete Kompartimente in ihren Zellen (Kern, Mitochondrien, Chloroplasten, usw.), welche alle an diesen grundlegenden Vorgängen der Replikation, Transkription und Translation beteiligt sind. Für das Studium der Regulation sind niedrige Eukaryonten und insbesondere Pilze besonders geeignet, da sie in ihrer zellulären Struktur und genetischen Organisation typisch eukaryontisch sind, jedoch als Mikroorganismen wie Bakterien gehandhabt werden können. Diese Organismen sind einfach gebaut, und man kann sie in Nährmedien züchten, deren Zusammensetzung man schnell beliebig verändern kann. Wie Bakterien müssen auch die niedrigen Eukaryonten in der Lage sein, sich durch Regulation der Genexpression schnell an die veränderten Bedingungen anzupassen.

Wir werden in diesem Abschnitt Hefe und *Neurospora* besprechen. Die Genome dieser Organismen besitzen etwa die zehnfache Komplexität des *E. coli*-Genoms. Frühe Experimente haben sich mit dem Problem befaßt, ob es in diesen Pilzen Operons gibt oder nicht. Da an diesen Organismen

212 Regulation der Genexpression bei Eukaryonten

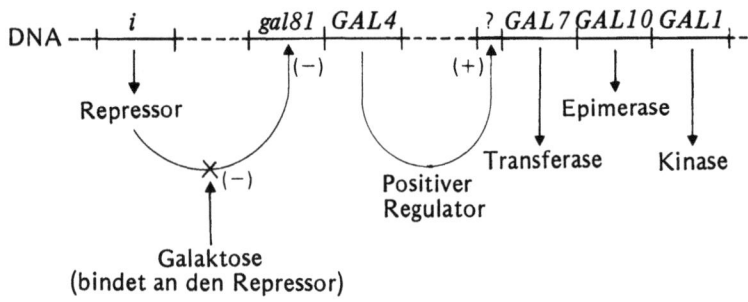

Abb. 20.1. Das Douglas-Hawthorne-Modell für die Regulation der Expression der Gene der Galaktose-Vergärung bei Hefe

leicht genetische und biochemische Analysen durchgeführt werden können, kann man leicht Mutanten mit Defekten in der Synthese und Regulation von Enzymen isolieren. Dies ist eine ähnliche Vorgehensweise wie die von Jacob und Monod beim Studium der Regulation des Laktoseoperons von *E. coli*. Die Untersuchungen an Pilzen zeigten im allgemeinen, daß, im Gegensatz zu Prokaryonten, Gene verwandter Funktionen nicht eng gekoppelt vorliegen, sondern über die einzelnen Chromosomen des Genoms verstreut sind. Dennoch konnte sowohl bei niedrigen als auch bei höheren Eukaryonten eine koordinierte Synthese aller Enzyme eines Biosyntheseweges nachgewiesen werden. Dabei ist wahrscheinlich ein anderes regulatorisches System als bei Prokaryonten nötig. Auch bestehen die Genprodukte bei Eukaryonten aus monocistronischen mRNAs und nicht aus polycistronischen mRNAs.

In einigen Fällen jedoch wurde bei Pilzen eine Anhäufung von Genen verwandter Funktion gefunden, was die Möglichkeit einer Operonstruktur nahelegte. Wir wollen drei repräsentative Beispiele dafür besprechen. Wir werden sehen, daß, obwohl frühe Ergebnisse stark auf eine Operonorganisation hinwiesen, heute in zunehmendem Maße alle Ergebnisse dagegen sprechen.

Die Galaktose-Vergärung bei Hefe

Die drei ersten Enzyme der Galaktose-Vergärung bei Hefe sind die Galaktokinase, die α-D-Galaktose-1-Phosphat-Uridyl-Transferase (siehe auch die Galaktosämie beim Menschen im Kapitel Humangenetik) und die Uridin-Diphospho-Glukose-4-Epimerase. Die durch Mutationen definierten Gene für diese Enzyme sind *GAL1*, *GAL7* und *GAL10*: sie liegen eng gekoppelt auf Chromosom II in der Reihenfolge *GAL7-GAL10-GAL1*. Die drei Gene werden durch Galaktosezugabe zum Nährmedium induziert. Dieses Ergebnis stimmte die Forscher optimistisch, welche bei Eukaryonten nach Operons suchten. Danach studierte man regulatorische Mutanten für die Expression der *GAL*-Gene. Eine Klasse solcher Mutanten kartiert in einem Genort, der entfernt von den Strukturgenen liegt. Diese Mutanten zeigen konstitutive Synthese der drei *GAL*-Enzyme und sind rezessiv gegenüber dem Wildtypallel. In Analogie zum Laktoseoperon von *E. coli* nannte man den Genort *i* und bezeichnete die Mutanten als i^-. Eine zweite Klasse regulatorischer Mutanten kartierte im Genort *GAL4*, der ungekoppelt zum Genort *i* und zu den *GAL*-Strukturgenen ist. Diese *gal4*-Mutanten sind nicht durch Galaktose induzierbar und pleiotrop. Eine dritte Klasse regulatorischer Mutanten kartiert unmittelbar neben dem *GAL4*-Genort in der *gal81*-Region. Diese Mutanten zeigen konstitutive Synthese der Enzyme der Galaktosevergärung. Die *GAL81*-Mutanten erinnern an die o^c-Mutanten des Laktoseoperons, da sie sich in einer Diploiden cis-dominant verhalten.

Aufgrund dieser Daten schlugen H. Douglas und D. Hawthorne das Modell der Regulation der Expression der *GAL*-Gene vor, das in Abb. 20.1 dargestellt ist.

Das Gen *i* codiert für einen Repressor, der die Expression der *GAL4*-Gene reprimiert, indem er bei Abwesenheit von Galaktose an die benachbarte *gal81*-Region bindet. Nach Zugabe von Galaktose wird der Repressor inaktiviert, und die *GAL4*-Gene können transkribiert werden. Da die *gal4*-Mutanten pleiotrop sind, ist das *GAL4*-Genprodukt wahrscheinlich ein positives Effektor-Molekül, das für die Expression der drei *GAL*-Strukturgene benötigt wird. Wie und wo der *GAL4*-Effektor mit dem *GAL*-Gencluster interagiert, ist unbekannt. Die Beziehung zwischen i^- und *gal81* ähnelt also der Beziehung zwischen Repressor und Operator bei bakteriellen Operons. Ob die beiden Systeme analog sind, kann noch nicht entschieden werden. Die Existenz einer i^s (superreprimierbaren) Mutation unterstützt die Modellvorstellung der Repressorwirkung. Die Natur der Genprodukte von *i* und *GAL4* ist noch unbekannt. Auch ist nicht bekannt, wie das *i*-Genprodukt mit der *gal81*-Region inter-

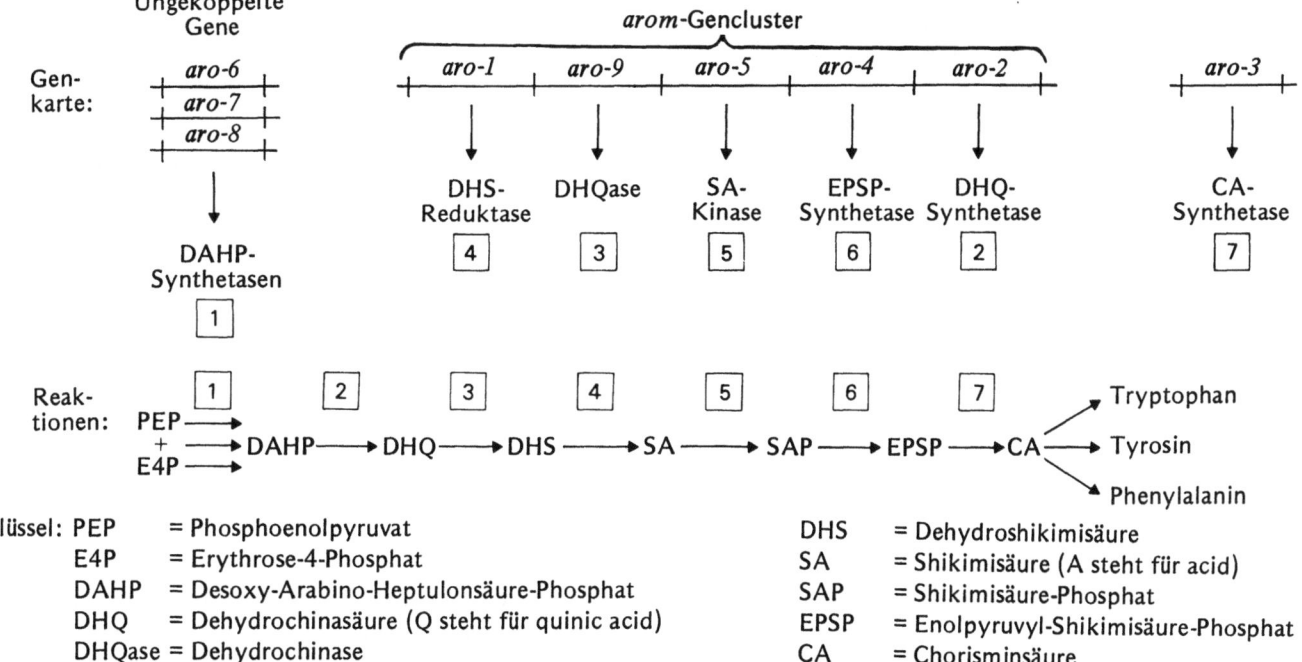

Abb. 20.2. Das *arom*-Gencluster von *Neurospora crassa* mit den von den Strukturgenen codierten Enzymen und den von ihnen katalysierten Reaktionen in der Biosynthese der aromatischen Aminosäuren (*eingerahmte Nummern*) (N.H. Giles und Mitarbeiter)

agiert, und ob von den *GAL*-Strukturgenen eine polycistronische mRNA hergestellt wird. Es sind noch weitere Untersuchungen nötig, bevor man sagen kann, daß das *GAL*-System ein Operon darstellt.

Die Gene für die Biosynthese aromatischer Aminosäuren bei *Neurospora*

Ein anderer möglicher Kandidat für ein Operon bei Eukaryonten sind die Gene für die ersten Schritte in der Biosynthese aromatischer Aminosäuren (Phenylalanin, Tyrosin, Tryptophan) bei *Neurospora crassa*. N. Giles, M. Case und ihre Mitarbeiter haben diesen Syntheseweg mehrere Jahre lang untersucht. Die Enzyme und (durch Mutationen definierten) Gene dieses Syntheseweges sind in Abb. 20.2 zusammengefaßt.

Von besonderer Bedeutung war die Entdeckung eines Multi-Enzymkomplexes (Molekulargewicht 230000 dalton), welcher fünf verschiedene Enzymaktivitäten enthielt. Diese fünf Enzymaktivitäten sind im sog. *arom*-cluster aus den fünf benachbarten Genen *aro2*, *aro4*, *aro5*, *aro9* und *aro1* codiert. Durch genetische Analysen konnte gezeigt werden, daß Mutationen in einem der Gene entweder die entsprechende Enzymaktivität beeinflußten oder die zweier oder mehrerer Enzyme des Komplexes. Diese pleiotrope Mutation erinnert an die Nonsense-Mutanten im bakteriellen Operon, bei dem bei der Translation einer polycistronischen mRNA polare Effekte zu beobachten waren. Man nahm daher an, daß das *arom*-Gencluster für eine polycistronische mRNA codiert, deren Transkription beim *aro2*-Gen beginnt. Dies wiederum wäre ein Argument dafür, daß das *arom*-Gencluster ein Operon darstellt. Jüngere Untersuchungen haben diese Hoffnung jedoch zunichte gemacht. F. Gaertner konnte zeigen, daß das sogenannte *arom*-Gencluster in Wirklichkeit ein einzelnes Strukturgen darstellt, das für ein einziges Polypeptid des Molekulargewichts 115000 codiert. Durch Dimerisierung wird ein Enzym gebildet, welches die fünf erwähnten Aktivitäten besitzt. Die verschiedenen Polypeptide, die in älteren Untersuchungen gefunden wurden, sind Artefakte der Präparation, wobei das Polypeptid durch endogene Proteaseaktivitäten gespalten wurde. Daher ist das *arom*-System kein Operon, sondern es ist durch Fusion von fünf „Urgenen" entstanden. Dies ist nicht das einzige Beispiel eines multifunktionellen Polypeptids bei Eukaryonten — man kennt eine Reihe solcher Beispiele, besonders bei niedrigen Eukaryonten. Aus diesem Beispiel wird klar, daß die an isolierten Enzymsystemen gewonnenen Ergebnisse nicht unbedingt die Situation in vivo wiedergeben.

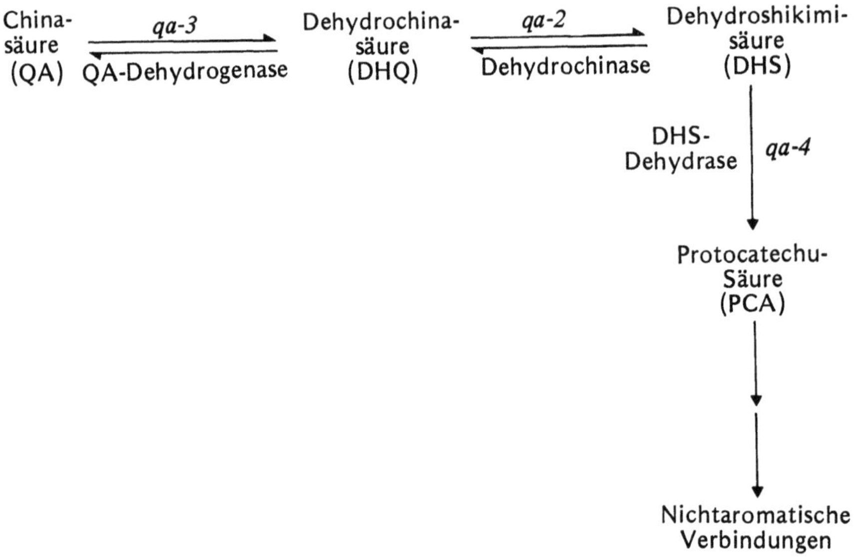

Chinasäure (QA) $\xrightarrow{qa\text{-}3}$ Dehydrochinasäure (DHQ) $\xrightleftharpoons{qa\text{-}2}$ Dehydroshikimisäure (DHS)

QA-Dehydrogenase / Dehydrochinase

DHS-Dehydrase | qa-4
↓
Protocatechu-Säure (PCA)
↓
Nichtaromatische Verbindungen

Abb. 20.3. Der Chinasäure-Shikimisäure-Abbauweg mit den Reaktionsschritten, den beteiligten Enzymen und den Strukturgenen der Enzyme bei *Neurospora crassa*. Dieser Stoffwechselweg wird dann induziert, wenn die aromatischen Substanzen in der Zelle eine hohe Konzentration erreicht haben. Die dann gebildeten Enzyme bauen diese zu nicht-aromatischen Komponenten ab (N.H. Giles und Mitarbeiter)

Regulation des Chinasäure-Stoffwechsels bei *Neurospora*

Die ersten drei Enzyme für den Abbau von Chinasäure (*QA* = quinic acid), einer aromatischen Verbindung, sind die Chinasäuredehydrogenase, die Dehydrochinase und die Dehydro-Shikimisäure-Dehydrase (Abb. 20.3).

Die Strukturgene für diese drei Enzyme, *qa-3, qa-2* und *qa-4,* sind eng gekoppelt. (Man bemerke, daß sowohl an diesem Stoffwechselweg als auch bei der Biosynthese aromatischer Aminosäuren eine Dehydrochinase beteiligt ist. Es gibt jedoch keine Überschneidung der beiden Stoffwechselwege, da das multifunktionelle Polypeptid des Biosynthesewegs den Umsatz der Intermediärprodukte steuert).

Die Synthese der drei Enzyme ist durch Chinasäure induzierbar. Eng gekoppelt mit den drei Strukturgenen ist das Gen *qa-1*, das offensichtlich für ein Regulationselement codiert. Ist Chinasäure als Induktor anwesend, wirkt diese positiv regulierend, indem sie die Transkription der drei Strukturgene aktiviert. In Abwesenheit von Chinasäure werden die Gene nicht transkribiert. Da es temperatursensible *qa-1*-Mutanten gibt, ist der Regulationsfaktor mit großer Wahrscheinlichkeit ein Protein. Es gibt auch konstitutive Allele des *qa-1*-Genorts, welche cis-dominant über das Wildtypallel sind. Diese konstitutiven Allele können wahrscheinlich ohne vorherige Interaktion mit dem Induktor, Chinasäure, die Transkription der Strukturgene aktivieren. Bevor man dieses System allerdings als Operon bezeichnen kann, muß erst die Analogie zu den Kontrollregionen bakterieller Operons bewiesen werden. Dies könnte dadurch geschehen, daß man Mutanten findet, deren Mutationsorte in der Nähe der Strukturgene liegen, die konstitutiv und cis-dominant sind. Auch müßte man eine polycistronische mRNA für diese Gene nachweisen.

Zusammenfassend läßt sich sagen, daß bei Eukaryonten in den meisten Fällen die Gene für verwandte Funktionen zwar ungekoppelt sind, dennoch aber koordiniert reguliert werden. In niederen Eukaryonten, mit denen man leicht genetisch arbeiten kann, gibt es eine Anzahl von Beispielen für Gencluster, keines aber kann mit Sicherheit als bakterienähnliches Operon bezeichnet werden. Zumindest in einigen Fällen könnte solch ein vermeintliches Gencluster in Wirklichkeit ein einziges Gen für ein multifunktionelles Polypeptid darstellen.

Regulation der Genexpression bei höheren Eukaryonten

Höhere Eukaryonten sind dadurch gekennzeichnet, daß ihre Zellen in Geweben, Organen etc. organisiert sind, und demnach spezifische Funktionen erfüllen müssen. In dieser Hinsicht unterscheiden sie sich klar von den relativ undifferenzierten niederen Eukaryonten. Im folgenden werden wir uns auf tierische Systeme, im besonderen auf Vertebraten beschränken.

Mit zunehmender Komplexität der Spezialisierung der Zellen in höheren Eukaryonten ergeben sich verschiedene Probleme für die Regulation der Genexpression. Die spezialisierten Zellen in diesen Organismen sind nicht solchen drastischen Änderungen ihrer Umgebung ausgesetzt, wie dies bei niedrigen Eukaryonten und bei Prokaryonten der Fall ist. Das kommt daher, daß die Tiere über Mechanismen verfügen, welche das extrazelluläre und intrazelluläre Milieu relativ konstant halten. Dies wird durch das Blut erreicht, dessen weitgehend konstante Zusammensetzung durch eine Reihe von Mechanismen aufrecht erhalten wird. Bei Vertebraten wird dies durch Hormone geregelt. Tierische Zellen sind normalerweise nicht großen Veränderungen in den Konzentrationen ihrer Metaboliten oder Substrate ausgesetzt, so daß keine Notwendigkeit für einen schnellen Wechsel in den Raten von Enzymsynthesen besteht. Bezeichnenderweise sind solche Veränderungen weniger häufig und weniger drastisch als bei niedrigen Eukaryonten oder Bakterien. Das Enzym Ornithin-Decarboxylase ist eines der schnellsten schaltbaren Enzyme: dennoch zeigt es vier Stunden nach Induktion erst eine zehn- bis zwanzigfache Zunahme. Man vergleiche dies mit der 1000fachen Zunahme der β-Galaktosidase bei *E. coli* innerhalb von Minuten.

Bevor wir die Rolle von Hormonen bei der Regulation der Enzymsynthese besprechen, muß betont werden, daß hier wirklich Mechanismen der Induktion und Repression von Enzymen vorliegen, die ähnlich denen bei Prokaryonten sind. Da es bei tierischen Zellen nur wenige regulatorische Mutanten gibt, sind bisher wenige Systeme bezüglich ihrer Regulation untersucht. Die Wirkungsweise von Hormonen auf die Genregulation ist jedoch gut untersucht. Wir werden im folgenden einige Beispiele für solche Mechanismen besprechen.

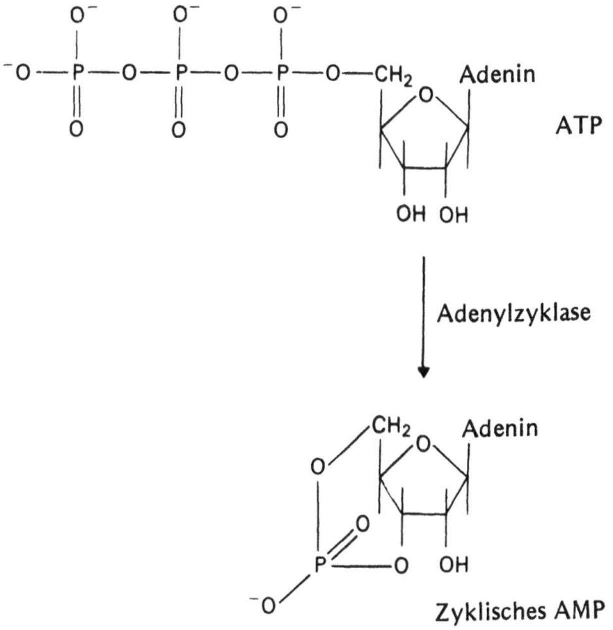

Abb. 20.4. Die Synthese von zyklischem AMP aus ATP. Die Reaktion wird durch die Adenyl-Zyklase katalysiert

Regulation der Enzymsynthese durch Hormone

Ein Hormon kann als Effektormolekül definiert werden, das in geringer Konzentration von einem Zelltyp hergestellt wird und in einer anderen Zelle eine physiologische Reaktion bewirkt. Bei Vertebraten kennt man eine große Zahl von Molekülklassen, die hormonelle Wirkung zeigen. Das können Polypeptide, Aminosäuren, Fettsäurederivate und Steroide sein. Einige Hormone wirken direkt auf das Genom der Zelle, während andere auf die Zelloberfläche wirken, wobei sie die membrangebundene Adenylatzyklase zur Bildung von zyklischem AMP (cAMP; 3′,5′-Zyklo-Adenosinmonophosphat) aktivieren. Das cAMP wirkt als sekundärer messenger, der die intrazellulären Effekte nach der Hormonfreisetzung bewirkt.

Hormone wirken deshalb spezifisch auf Gewebe, weil diese Rezeptoren zur Erkennung und Bindung der einzelnen Hormone besitzen. Die Rezeptoren der meisten Polypeptidhormone sind auf der Zelloberfläche, während die Rezeptoren für die Steroidhormone im Zytoplasma liegen.

Modell der Wirkungsweise von Steroidhormonen

Steroidhormone leiten sich aus Steroiden ab, welche nur in eukaryontischen Zellen vorkommen. Beispiele für Steroidhormone sind in Abb. 20.5 zusammengefaßt. Diese Hormone wirken offensichtlich auf dem Niveau der Transkription. Interagiert eine Zelle mit einem Hormon, so wird eine Serie von Reaktionen ausgelöst. Zuerst nimmt die Zelle das Steroidhormon auf, und dieses bindet dann an ein spezifisches Rezeptormolekül im Zytoplasma. Dann wandert der Komplex aus Steroidhormon und Rezeptor in den Zellkern: der Mechanismus des Transports ist jedoch unbekannt. Im Kern angelangt, bindet der Komplex an die Akzeptorstellen des Proteins und aktiviert dort die Initiation der Transkription. Als Folge wird die Synthese einer spezifischen mRNA in der Zelle eingeleitet.

Dieses Modell trifft für die Wirkungsweise einer Anzahl von Steroidhormonen, wie etwa Östrogen, Progesteron, Aldosteron und die Glukocortikoide zu. Eines der Hormone aus der Gruppe der Glukocortikoide, das Hydrocortison, wurde bezüglich seiner Induktion durch das Leberenzym Tyrosin-Aminotransferase (TAT) genau untersucht. Man konnte zeigen, daß der Rezeptor für dieses Hormon ein Protein ist, das Bindeprotein II genannt wird. Man konnte weiterhin nachweisen, daß dieses Protein zusammen mit

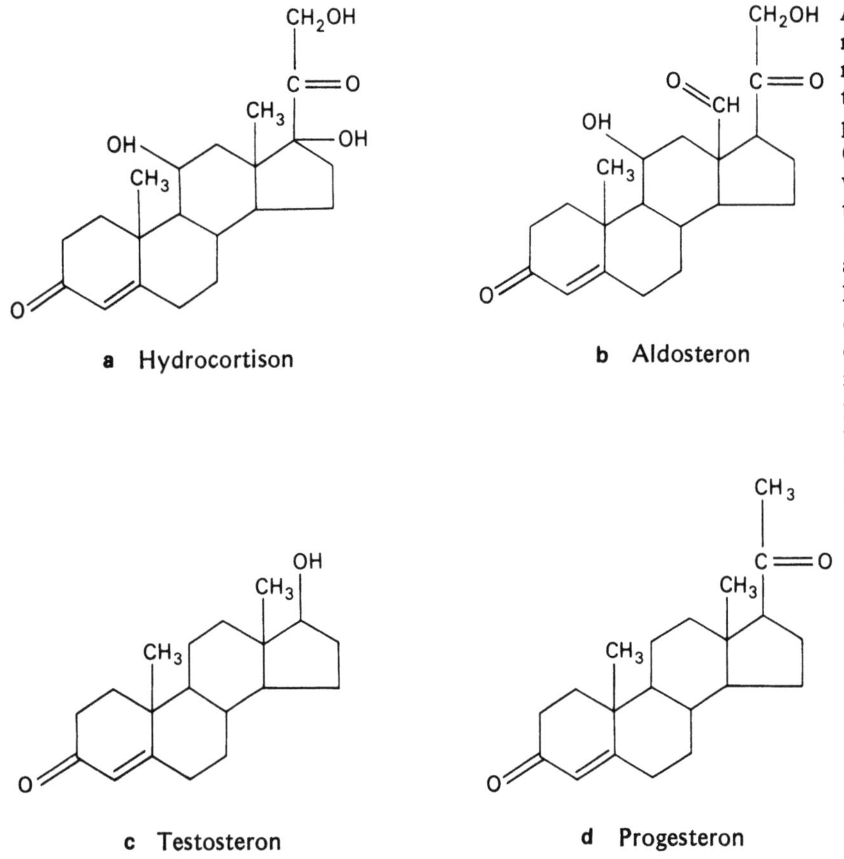

216 Regulation der Genexpression bei Eukaryonten

Abb. 20.5a–d. Strukturformeln einiger Steroidhormone aus Säugern. Allen ist ein Vierringsystem gemeinsam. Die kleinen Unterschiede in den Seitenketten bedingen die gravierenden Unterschiede in ihrer physiologischen Wirkung. **a** Hydrocortison – ein Glukocortikoid-Hormon, das im Cortex gebildet wird und vornehmlich den Kohlenhydrat- und Proteinstoffwechsel reguliert. **b** Aldosteron – ein Mineralcortikoid-Hormon, das von der Nebennierenrinde ausgeschieden wird und den Salz- und Wasserhaushalt reguliert. **c** Testosteron – wird im Hoden gebildet und ist sowohl für die Entstehung und Aufrechterhaltung der sekundären männlichen Geschlechtsmerkmale, als auch für die Stimulation der Spermaproduktion verantwortlich. **d** Progesteron – wird vom Ovar hergestellt und wird zur Vorbereitung des Uterus auf die Einnistung der Eizelle und die darauf folgende Schwangerschaft benötigt

dem Hormon in den Kern gelangt, wo etwa 2000–10000 Rezeptorstellen vorhanden sein sollen. Das Ausmaß der Enzyminduktion scheint von der Absättigung dieser Rezeptorstellen abzuhängen. Aus Versuchen mit Antibiotika gibt es Hinweise dafür, daß das Hormon die Transkription stimuliert. Allerdings glauben auch manche Forscher, daß die Wirkung der Hormone auf dem Niveau der Translation stattfindet.

Der Mechanismus der Wirkung des Steroid-Rezeptor-Komplexes ist noch weitgehend unbekannt. Es scheint, daß der Rezeptor direkt an die exponierte DNA-Region bindet: man weiß jedoch nicht, ob diese Bindung spezifisch oder unspezifisch ist. Für die Bindung spielen die Nicht-Histone eine maßgebliche Rolle, während die Histone nicht daran beteiligt sind. Möglicherweise hängt die Hormonspezifität von Nicht-Histon-Proteinen ab, die mit dem Rezeptor interagieren. Die Interaktion des Steroid-Rezeptor-Komplexes mit den Akzeptorstellen bewirkt möglicherweise ein Aufschmelzen der DNA, wodurch Bindungsstellen für die RNA-Polymerase frei werden und die RNA-Synthese beginnen kann.

Hormone steuern also den Stoffwechsel eukaryontischer Zellen. In einigen Fällen (z.B. in der Leber) sind an der Steuerung des Stoffwechsels mehrere Hormone beteiligt. Man nimmt an, daß Hormone im allgemeinen an der Transkription angreifen, doch ist dies nicht unwidersprochen.

Langzeitregulation bei höheren Eukaryonten

Die dargestellten Beispiele illustrieren die Kurzzeitregulation der Genexpression bei höheren Eukaryonten, d.h. die Anpassung der zellulären Aktivitäten auf ein verändertes Milieu (z.B. durch Freisetzung eines Hormons). Höhere Eukaryonten und manche niedere Eukaryonten zeigen zwei Phänomene, die Langzeitregulation der Genexpression benötigen, nämlich Entwicklung und Differenzierung.

Diese Vorgänge gehören nicht mehr zur Genetik, sondern in das Gebiet der Entwicklungsbiologie und Embryologie. Daher wollen wir uns auf eine sehr allgemeine Besprechung beschränken.

Definitionen von Entwicklung und Differenzierung

Die Vorgänge von Wachstum und Differenzierung während des Lebenszyklus eines Organismus werden als Entwicklung bezeichnet. Man erkennt die Entwicklung an den phänotypischen Veränderungen eines Organismus: diese beruhen auf Interaktion des Genoms mit dem Zytoplasma, mit dem internen Milieu der Zelle und mit der Umwelt. Das Genom enthält zwar die Information für die Entwicklungsmöglichkeiten eines Organismus, der Organismus selbst aber ist das Produkt aus Erbgut und Umwelt. Entwicklung ist ein irreversibler oder nahezu irreversibler Vorgang. An der Entwicklung sind mindestens drei verschiedene Vorgänge beteiligt:

1. Die Replikation des genetischen Materials.
2. Das Wachstum des Organismus als Folge seines Stoffwechsels.
3. Die Differenzierung, wodurch aus genetisch identischen Zellen Gewebe unterschiedlicher Struktur und Funktion entstehen, die sich zu Organen zusammenschließen.

Differenzierung ist die Bildung verschiedener Zelltypen und Gewebe aus einer Zygote durch zeitlich und räumlich getrennte Regulation der Genaktivitäten.

Allgemeine Aspekte der Entwicklung und Differenzierung

Man kann einige allgemeingültige Aussagen über Entwicklung und Differenzierung machen, die auf genetischen Phänomenen beruhen, die wir in den vergangenen Kapiteln beschrieben haben.

Die DNA des Kerns bleibt konstant

Eines der älteren Modelle der gengesteuerten Entwicklung besagte, daß im Laufe der Entwicklung eines Organismus Kern-DNA verloren ginge, oder − mit anderen Worten gesagt, daß Entwicklung auf dem geordneten Verlust von Genen beruhe. Das ist nicht zutreffend. Zellen differenzierter Gewebe enthalten dieselbe Menge DNA wie die befruchtete Eizelle (obwohl einige differenzierte Zellen polyploid sein können). Dies wurde durch ein elegantes Experiment von J. Gurdon bewiesen. Er transplantierte den Kern einer Darmzelle des südafrikanischen Krallenfrosches *Xenopus laevis* in ein unbefruchtetes, entkerntes Ei desselben Organismus. Nach entsprechender Stimulierung entwickelte sich dieses Ei zu einem normalen Krallenfrosch. Dies bewies, daß differenzierte Zellen totipotent sind und damit die gesamte Information zur Entwicklung eines erwachsenen Tieres enthalten müssen.

Die Transkription der DNA ist vorprogrammiert

Alle bisher gewonnenen Ergebnisse deuten darauf hin, daß Entwicklung und Differenzierung von einem detaillierten Programm für die Transkription der DNA abhängt, das von spezifischen Aktivator- und Repressormolekülen gesteuert wird. Zwei Argumente unterstützen diese Hypothese:
a) Wie bereits erwähnt, kann man durch Hybridisierung mit Kern-DNA die relative Menge der RNA in einer Zelle bestimmen. Dazu verwendet man mit verschiedenen Radioisotopen markierte RNA oder DNA. Eine Verbesserung dieser Technik stellt die kompetitive DNA-RNA-Hybridisierung dar bei der erst unmarkierte RNA mit DNA hybridisiert wird, bevor radioaktive RNA zugegeben wird. Falls die RNA von ein und demselben Gewebe stammt, sollte die unmarkierte RNA alle Positionen auf der DNA blockieren, an welche die markierte RNA binden könnte. Dies wäre bei der Messung der radioaktiven Markierung als 100%ige Kompetition zu erkennen. Falls die RNA-Moleküle von verschiedenen Geweben stammen, hängt die Menge DNA-bindender radioaktiver RNA davon ab, wieviele gleiche oder unterschiedliche RNA-Spezies von beiden Geweben gebildet werden. Man kann nun solch ein Experiment ausführen, in dem man mRNA aus verschiedenen Geweben desselben Organismus verwendet, z.B. aus Lunge, Leber, Niere und Muskeln. Die Ergebnisse solch eines Hybridisierungsexperimentes zeigen, daß es eine begrenzte Kompetition zwischen den einzelnen RNAs aus den verschiedenen Geweben gibt. Man kann daraus den Schluß ziehen, daß der Unterschied zwischen differenzierten Zellen hauptsächlich in der Aktivität der Transkription liegt. Das ist in Übereinstimmung mit anderen Untersuchungen, die für verschiedene Gewebe aus demselben Organismus sowohl Unterschiede im Enzymmuster als auch in der Enzymmenge zeigen. Diese Unterschiede spiegeln daher die differentielle Genaktivität in den einzelnen Geweben wider.
b) In bestimmten Insekten, wie etwa *Drosophila*, werden die Chromosomen der Speicheldrüsen polytän. Das bedeutet, daß sich die Chromosomen etwa tausendmal replizieren, ohne daß sich die Zelle teilt. Die replizierten Chromosomen bleiben als sogenannte polytäne Chromosomen beieinander, die charakteristische Bandenmuster aufweisen. Eine Darstellung eines polytänen Chromosoms ist in Abb. 20.6 gezeigt.

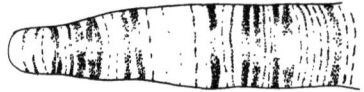

|_____10 μ_____|

Abb. 20.6. Schematische Darstellung eines Auschnitts eines polytänen Chromosoms der Fruchtfliege *Drosophila melanogaster*. Die Banden (*durchgezogene und punktierte Linien*) sind lichtmikroskopisch sichtbar. Man nimmt an, daß sie die Gene enthalten. Die Zeichnung zeigt das eine Ende des 414 μm langen polytänisierten X-Chromosoms. Auf diesem kann man 1024 Banden unterscheiden

Man glaubt, daß die Banden die codierenden Sequenzen repräsentieren, während die Funktion der Abschnitte zwischen den Banden unbekannt ist. Diese Chromosomen werden von durchgehenden DNA-Molekülen durchzogen. Bei *Drosophila* kennt man drei Larvenstadien, zwischen denen jeweils eine Häutung stattfindet. Nach dem letzten Larvenstadium erfolgt die Verpuppung. Diese Entwicklung stellt ein interessantes Modellsystem dar, da man am Grad der Veränderungen des Bandenmusters die Genaktivitäten während der Entwicklung studieren kann. Entsprechend der Entwicklungsstadien der Larve blähen sich bestimmte Banden auf. Diese Strukturen werden als „puffs" bezeichnet. Diese puffs stellen lokale Entspiralisierungen des kompakten polytänen Chromosoms dar, in denen die RNA-Polymerase Transkription durchführen kann. Man kann nachweisen, daß in diesen puffs RNA synthetisiert wird. Dies ist ein sichtbarer Beweis für Genaktivität. Das puff-Muster ist reproduzierbar und ist sowohl spezifisch für ein bestimmtes Gewebe als auch für einen bestimmten Entwicklungszustand.

Interaktion zwischen Genom und Zytoplasma

Die Hauptaussage dieses Abschnitts ist, daß Genaktivitäten auch durch das Zytoplasma beeinflußt werden. Wenn bestimmte Gene während der Differenzierung angeschaltet werden, kommt es zur Synthese bestimmter Proteine. Einige von ihnen haben die Aufgabe, den differenzierten Zustand der Zelle aufrecht zu erhalten. Bei den Gurdon'schen Transplantationsexperimenten hatten wir betont, daß der Kern die gesamte genetische Information für die Entwicklung eines Organismus aus einer Eizelle zum fertigen Organismus enthält. Die Tatsache, daß sich eine Eizelle als Eizelle, und nicht als Darmzelle verhält, ist ein Beispiel dafür, daß das Kerngenom durch das umgebende Plasma kontrolliert wird.

Zusammenfassend läßt sich sagen, daß Entwicklung und Differenzierung von einer Langzeitregulation der Genexpression abhängen. Wir sind in unserer Diskussion nur zur Besprechung eines Bruchteils der Faktoren gekommen, die an diesen Prozessen beteiligt sind. Wir sind von einer molekularen Betrachtungsweise dieser Phänomene noch weit entfernt und müssen noch eine Menge über die Interaktion von Zellen untereinander und über die Reaktionen von Zellen auf ihre Umgebung lernen, um den Vorgang der Entwicklung zu verstehen.

ÜBERSICHTSARTIKEL ZU KAPITEL 20:

Grumicke H (1971) Chromosomale Proteine und die Regulation der Genaktivität. Biol unserer Zeit 1:67–76

Kössel H (1982) Signalstrukturen der Genexpression. Biol unserer Zeit 12:39–48

Mohr H (1971) Erbgut und Umwelt. Biol unserer Zeit 1:3–10

LITERATUR

Britten RJ, Davidson EH (1969) Gene regulation for higher cells: a theory. Science 165:349–357

Brown DD, Dawid IB (1968) Specific gene amplification in oocytes. Science 160:272–280

Brown DD, Dawid IB (1969) Developmental genetics. Annu Rev Genet 3:127–154

Burgoyne L, Case ME, Giles NH (1969) Purification and properties of the aromatic (*arom*) synthetic enzyme aggregate of *Neurospora crassa*. Biochim Biophys Acta 19:452–462

Calvo JM, Fink GR (1971) Regulation of biosynthetic pathways in bacteria and fungi. Annu Rev Biochem 40:943–968

Case ME, Giles NH (1971) Partial enzyme aggregates formed by pleiotropic mutants in the *arom* gene cluster of *Neurospora crassa*. Proc Natl Acad Sci USA 68:58–62

Case ME, Giles NH (1975) Genetic evidence on the organisation and action of the *qa-1* gene product: a protein regulating the induction of three enzymes in quinate metabolism in *Neurospora crassa*. Proc Natl Acad Sci USA 72:553–557

Case ME, Giles NH (1976) Gene order in the *qa* gene cluster of *Neurospora crassa*. Mol Gen Genet 147:83–89

Clever U (1968) Regulation of chromosome function. Annu Rev Genet 2:11–30

Davidson EH (1968) Gene activity in early development. Academic Press, New York

Davidson EH, Britten RJ (1973) Organization, transcription and regulation in the animal genome. Quart Rev Biol 48:565–613

Davidson EH, Britten RJ (1979) Regulation of gene expression: possible roles of repetitive sequences. Science 204:1052–1059

Douglas HC, Howthorne DC (1966) Regulation of genes controlling synthesis of the galactose pathway enzymes in yeast. Genetics 54:911–916

Douglas HC, Hawthorne DC (1972) Uninducible mutants in the *gal i* locus of *Saccharomyces cerevisiae*. J Bacteriol 109:1139–1143

Giles NH, Case ME, Partridge CWH, Ahmed SI (1967) A gene cluster in *Neurospora crassa* coding for an aggregate of five aromatic synthetic enzymes. Proc Natl Acad Sci USA 58:1453–1460

Gurdon JB (1968) Transplanted nuclei and cell differentiation. Sci Am 219:24–35

Gurdon JB (1974) The control of gene expression in animal development. Harvard University Press, Cambridge, MA

Hautala JA, Jacobson JW, Case ME, Giles NH (1975) Purification and characterization of catabolic dehydroquinase, an enzyme in the inducible quinic acid catabolic pathway of *Neurospora crassa*. J Biol Chem 250:6008–6014

Jacobson JW, Hautala JA, Case ME, Giles NH (1975) Effect of mutations in the *qa* gene cluster of *Neurospora crassa* on the enzyme catabolic dehydroquinase. J Bacteriol 124:491–496

Lodish HF (1976) Translational control of protein synthesis. Annu Rev Biochem 45:39–72

Matsumoto K, Toh-E A, Ushima Y (1978) Genetic control of galactokinase synthesis in *Saccharomyces cerevisiae*: evidence for constitutive expression of the positive regulatory gene *gal 4*. J Bacteriol 134:446–457

Metzenberg RL (1972) Genetic regulatory systems in *Neurospora*. Annu Rev Genet 6:111–132

O'Malley BW, Towle HC, Schwartz RJ (1977) Regulation of gene expression in eukaryotes. Annu Rev Genet 11:239–275

Pitot HC, Yatvin MB (1973) Interrelationships of mammalian hormones and enzyme levels in vitro. Physiol Rev 53:228–325

Revel M, Groner Y (1978) Post-transcriptional and translational controls of gene expression in eukaryotes. Annu Rev Biochem 47:1079–1126

Stein GS, Spelsberg TC, Kleinsmith LJ (1974) Nonhistone chromosomal proteins and gene regulation. Science 183:817–824

Tomkins GM, Martin DW (1970) Hormones and gene expression. Annu Rev Genet 4:91–106

Walker PR (1977) Regulation of enzyme synthesis in animal cells. Essays Biochem 13:39–69

Yamamoto KR, Alberts BM (1976) Steroid receptors: elements for modulation of eukaryotic transcription. Annu Rev Biochem 45:721–746

KAPITEL 21
Populationsgenetik

INHALT

Definitionen
Das Hardy-Weinberg-Gleichgewicht
Ableitung des Hardy-Weinberg-Gesetzes
Anwendungen des Hardy-Weinberg-Gesetzes
Faktoren, die das genetische Gleichgewicht beeinflussen
    Bevorzugte Partnerwahl
    Selektion gegen bestimmte Genotypen bei der Fortpflanzung
    Mutation
    Migration
    Genetische Drift
Schlußfolgerungen

Bisher haben wir Struktur und Funktion der Gene so dargestellt, wie sie in Laboratoriumsobjekten zu beobachten ist. Die meisten Labororganismen sind weitgehend reinerbig, so daß die im Experiment beobachteten Unterschiede durch den Ansatz des Experiments bestimmt sind und nicht die Folge genotypischer (und damit phänotypischer) Unterschiede der Versuchsorganismen sind. Weiterhin werden in den Laborexperimenten Kreuzungen zwischen Organismen bekannten Genotyps ausgeführt. Auf dieser Art von Experimenten beruht unsere Kenntnis von der Transmission genetischen Materials von Generation zu Generation.

Die Welt außerhalb des Laboratoriums ist jedoch ganz anders. Natürliche Populationen von Organismen kreuzen sich nicht in der vom Genetiker erwünschten Art und Weise. Daher schwanken die Genfrequenzen in Wildpopulationen in sehr weiten Grenzen, während sie im Labor in den vom Experimentator gesteckten Grenzen schwanken. In diesem Kapitel werden wir einige Grundprinzipien der Populationsgenetik besprechen; Populationsgenetik ist das Studium von Genen in natürlichen (und manchmal Laboratoriums-) Populationen von Organismen.

Definitionen

Population

Eine Mendelsche Population ist eine Gruppe sich kreuzender Individuen. Die größtmögliche Population eines bestimmten Organismus wird als Art bezeichnet. Besonders bedeutsam ist der Genaustausch innerhalb einer Population von Generation zu Generation. Die genetische Zusammensetzung einer Population wird von einer Anzahl von Faktoren bestimmt, wie Selektion bestimmter Allele Mutation, Migration von und zu einer Population von Individuen, und genetische Drift. Diese Faktoren werden wir im Anschluß besprechen.

Allelfrequenzen

Will man Populationsgenetik betreiben, so muß man die Häufigkeiten von Allelen messen, um Veränderungen im Laufe der Zeit, und daher im Laufe der Evolution zu erfassen. Definitionsgemäß wird die Häufigkeit des dominanten Allels als p bezeichnet, die des rezessiven Allels als q. Per definitionem ist $p + q = 1$.

Das Hardy-Weinberg-Gleichgewicht

Betrachten wir den hypothetischen Fall zweier Allele A und a in einem diploiden Organismus. Nehmen wir an, daß in einer Population von 300 Individuen 148 AA-, 125 Aa- und 28 aa-Individuen sind. Aus diesem Verhältnis läßt sich die Häufigkeit der Allele A und a errechnen. Die Häufigkeit des Allels A ist $[(2 \times 148) + 125]/600 = 0,7$. (Wir zählen hier einfach die A-Allele in den AA-Individuen, dies sind 2×148, und die A-Allele in den Aa-Individuen. Die Gesamtzahl der Allele der 300 diploiden Individuen beträgt 600.) Entsprechend ist die Häufigkeit des Allels a $[(2 \times 28) + 125]/600 = 0,3$. Falls wir die zufällige Paarung (dies ist in diesem Fall eine notwendige Voraussetzung) der Individuen zulassen, so daß alle möglichen Kombinationen verwirklicht sind, können wir die Verteilung der drei Genotypen in der folgenden Generation aus den errechneten Genfrequenzen voraussagen. Diese Berechnung ist in Abb. 21.1 wiedergegeben.

Wie man sieht, kommen die relativen Werte für die drei Genotypen denen der Elterngeneration sehr nahe. Man sieht, daß die Häufigkeit des A-Allels immer noch 0,7 und die des a-Allels 0,3 beträgt. Dieses Verhältnis bleibt auch in den fol-

Abb. 21.1. Nachweis, daß zufällige Paarung in einer Population das genetische Gleichgewicht erhält, falls sich die Population im genetischen Gleichgewicht befindet. Die Allelfrequenz wie auch die Genotypfrequenz bleiben in den Nachkommengenerationen dieselben wie in der Parentalgeneration

Allele des ♀	Allele des ♂	Häufigkeit der Paarung	Nachkommen Genotyp	Häufigkeit	Anzahl in einer Population von 300
A	A	$0{,}7 \times 0{,}7$	AA	0,49	147
A	a	$0{,}7 \times 0{,}3$	Aa	0,42	126
a	A	$0{,}3 \times 0{,}7$			
a	a	$0{,}3 \times 0{,}3$	aa	0,09	27

Häufigkeit von A in der Nachkommenschaft = 0,7
Häufigkeit von a in der Nachkommenschaft = 0,3

genden Generationen konstant, wenn die Paarungen zufällig erfolgen. Man könnte argumentieren, daß die beiden Werte nur dadurch so gut übereinstimmen, da wir die Allelfrequenzen aus den Ausgangswerten berechnet haben. Wir können dies widerlegen, wenn wir eine zweite hypothetische Population von 300 Individuen betrachten, von denen 190 AA, 40 Aa und 70 aa sind. In dieser Population beträgt die Allelfrequenz für A auch 0,7, die für a 0,3. Wenn sich die Individuen dieser Population wieder zufällig paaren, so werden die Genotypen der Nachkommen das gleiche Verhältnis zeigen, das wir in Abb. 21.1 berechnet haben, obwohl das zahlenmäßige Verhältnis der drei genotypischen Klassen der Eltern völlig anders ist.

Bezüglich der ersten Population konnten wir zeigen, daß die Häufigkeit der Allele und Genotypen durch die Zufälligkeit der Paarungen konstant blieb. Mit anderen Worten gesagt, befindet sich die Population in einem genetischen Gleichgewicht. Dieses Gesetz wurde unabhängig voneinander im Jahre 1908 von G.H. Hardy und W. Weinberg gefunden, und ist heute als Hardy-Weinberg-Gesetz oder als Hardy-Weinberg-Gleichgewicht bekannt. Damit sich eine Population im genetischen Gleichgewicht befindet, müssen eine Reihe von Voraussetzungen erfüllt sein:

1. Die Paarungen müssen in der gesamten Population zufällig erfolgen. Das bedeutet, daß alle Gameten die gleiche Vitalität zeigen und damit alle an der Befruchtung beteiligt sein können.
2. Es dürfen keine Mutationen entstehen. Wenn dies aber der Fall ist, so müssen sich Hin- (A nach a) und Rückmutationen (a nach A) das Gleichgewicht halten.
3. Es darf keine Überlappung der Generationen geben.
4. Es darf keine Migration stattfinden, welche die Allel- und Genotyphäufigkeiten verschiebt.
5. Die Populationen müssen unendlich groß sein.

Dies sind natürlich unerfüllbare Voraussetzungen, doch gibt es menschliche Populationen, die sich bezüglich verschiedener Allele im genetischen Gleichgewicht befinden. Es ist wichtig zu betonen, daß nur eine einzige Generation mit zufälligen Paarungen nötig ist, um in einer Population, die sich nicht im Hardy-Weinberg-Gleichgewicht befindet, ein solches wieder herzustellen. Dies bleibt dann in den weiteren Generationen durch zufällige Paarungen wieder erhalten. Wir haben dies am Beispiel der zweiten hypothetischen Population gezeigt.

Ableitung des Hardy-Weinberg-Gesetzes

Wir beginnen mit dem Genpool einer sich zufällig paarenden Population im Hardy-Weinberg-Gleichgewicht mit p A-Allelen und q a-Allelen. Per definitionem ist, wie bereits dargelegt, $p + q = 1$. Falls sich diese Allele statistisch paaren, erhalten wir die in Abb. 21.2 dargestellte Situation; d.h. die Häufigkeit der drei Genotypen ist $p^2 AA + 2pq\, Aa + q^2 aa$ (eine Binomialverteilung) und die Allelfrequenzen sind $pA + qa = 1$.

Wir können nun zeigen, daß wir diese in der ersten Generation erhaltene Verteilung durch zufällige Paarungen auch in den darauffolgenden Generationen erhalten. Dies zeigt Abb. 21.3, in der alle möglichen Paarungen mit den entsprechenden Häufigkeiten angegeben sind, mit denen sie aufgrund zufälliger Paarungen in der Population vorkommen.

Populationsgenetik

	$p\ A$	$q\ a$
$p\ A$	$p^2\ AA$	$pq\ Aa$
$q\ a$	$pq\ Aa$	$q^2\ aa$

Genotypfrequenzen: $p^2\ AA + 2pq\ Aa + q^2\ aa = 1$

Allelfrequenzen: $p\ A + q\ a = 1$

Abb. 21.2. Bei einer im Hardy-Weinberg-Gleichgewicht stehenden Population mit p A-Allelen und q a-Allelen führt zufällige Paarung der Allele zu einer Verteilung der Genotypen von $p^2 AA + 2pg\ Aa + q^2 aa = 1$

Anwendungen des Hardy-Weinberg-Gesetzes

Für Populationen, die sich im genetischen Gleichgewicht befinden, kann man durch das Hardy-Weinberg-Gesetz leicht Voraussagen über die Genotyphäufigkeit (und daher über die Häufigkeit bestimmter Phänotypen) in den folgenden Generationen machen. Betrachten wir eine menschliche Population, in der die Unfähigkeit PTC zu schmecken (s. Seite 164), durch Homozygotie des rezessiven Allels t bestimmt ist. Schmecker sind gentypisch TT oder Tt, da das Allel T über das Allel t dominant ist. In der Population befinden sich 70% Schmecker und 30% Nichtschmecker.

Wir müssen zuerst die Häufigkeit der Allele T und t errechnen. Die Häufigkeitsverteilung der Genotypen ist:

Paarung ♀ ♂	Häufigkeit der Paarung			Nachkommen AA	Aa	aa
AA × AA	$p^2 \times p^2$	$=$	p^4	p^4	–	–
AA × Aa Aa × AA	$\left.\begin{array}{l}p^2 \times 2pq\\ 2pq \times p^2\end{array}\right\}$	$=$	$4p^3 q$	$2p^3 q$	$2p^3 q$	–
Aa × Aa	$2pq \times 2pq$	$=$	$4p^2 q^2$	$p^2 q^2$	$2p^2 q^2$	$p^2 q^2$
AA × aa aa × AA	$\left.\begin{array}{l}p^2 \times q^2\\ q^2 \times p^2\end{array}\right\}$	$=$	$2p^2 q^2$	–	$2p^2 q^2$	–
Aa × aa aa × Aa	$\left.\begin{array}{l}2pq \times q^2\\ q^2 \times 2pq\end{array}\right\}$	$=$	$4pq^3$	–	$2pq^3$	$2pq^3$
aa × aa	$q^2 \times q^2$	$=$	q^4	–	–	q^4

∴ Die Häufigkeit der Nachkommen ist

$AA = p^4 + 2p^3 q + p^2 q^2 = p^2 (p^2 + 2pq + q^2)$

$Aa = 2p^3 q + 4p^2 q^2 + 2pq^3 = 2pq (p^2 + 2pq + p^2)$

$aa = p^2 q^2 + 2pq^3 + q^4 = q^2 (p^2 + 2pq + q^2)$

Nach Kürzung des in Klammern stehenden Teils ist:

$p^2 AA + 2pq\ Aa + q^2\ aa$

Abb. 21.3. Algebraische Ableitung des Tatbestandes, daß zufällige Paarungen in einer Population im genetischen Gleichgewicht zur selben Häufigkeitsverteilung der Genotypen (AA, Aa und aa) unter den Nachkommen führt, wie sie die Parentalgeneration aufweist

p^2 TT + 2 pq Tt + q^2 tt.
q^2 (Häufigkeit der Nichtschmecker) = 0,3
∴ $q = \sqrt{0,3}$
    = 0,55, Häufigkeit des Allels t
Da $p + q = 1$
∴ $p = 0,45$, Häufigkeit des Allels T

Aus den Allelfrequenzen können wir die Häufigkeit der Genotypen berechnen:

$TT = p^2$
    $= (0,45)^2$
    $= 0,2$
$Tt = 2pq$
    $= 2(0,45)(0,55)$
    $= 0,5$
und $tt = 0,3$, s.o.

Wir können nun eine theoretische Frage stellen und die berechneten Allel- und Genotypfrequenzen zu ihrer Beantwortung heranziehen. Die Frage lautet: Wie häufig sind Nichtschmecker unter den Kindern von Eltern, die beide Schmecker sind? Nehmen wir auch hier zufällige Paarung an. Wir können das Problem mit Hilfe der errechneten Genotyphäufigkeiten lösen und dann eine allgemeine Formel ableiten.

Wenn wir Genotyphäufigkeiten zugrunde legen, müssen wir alle möglichen Paarungen und ihre Häufigkeitsverteilung berücksichtigen. Dies ist in Abb. 21.4 gezeigt.

Von den vier möglichen Ehen können nur aus einer, $Tt \times Tt$, tt-Kinder (Nichtschmecker) hervorgehen. Solche Kinder machen, entsprechend den Mendelschen Regeln, 1/4 der Kinder einer Ehe aus. Die Häufigkeit von Nichtschmecker-Kindern unter der Gesamtnachkommenschaft aller Elternpaare, bei denen beide Partner Schmecker sind, beträgt also:

(Relative Häufigkeit   (Wahrscheinlichkeit eines
von $Tt \times Tt$-Heiraten) ×   Schmeckerkindes aus einer
                                 $Tt \times Tt$-Ehe)

$= \dfrac{0,25}{0,49} \times 0,25$

$= 0,25$

Demnach wären 128 aus 1000 Kindern solcher Ehen Nichtschmecker. Wir können nun eine allgemeine Formel für ähnlich geartete Probleme ableiten. Abb. 21.5 zeigt die

Parentale Genotypen		Paarungshäufigkeit
♀	♂	
TT	TT	0,2 × 0,2 = 0,04
TT	Tt	0,2 × 0,5 = 0,10
Tt	TT	0,5 × 0,2 = 0,10
Tt	Tt	0,5 × 0,5 = 0,25
		Total = 0,49

∴ Anteil von $Tt \times Tt$-Paarungen $= \dfrac{0,25}{0,49}$

$= 0,51$

Abb. 21.4. Berechnung des Anteils von Ehen, in denen beide Elternteile heterozygote Schmecker (Tt) sind, bezogen auf alle Ehen, in denen beide Elternteile Schmecker sind. Die Population, auf die sich die Berechnung bezieht, zeigt eine Verteilung von 0,2 TT-, 0,5 Tt- und 0,3 tt-Individuen, d.h. die Frequenz des T-Allels beträgt 0,45 und die des t-Allels 0,55

Häufigkeit von Ehen, in denen beide Partner zumindest ein dominantes Allel tragen. Daraus ergeben sich p^2q^2 Nachkommen mit rezessivem Phänotyp.

Die Frequenz der Nachkommen mit rezessivem Phänotyp ist dann

$$\frac{p^2q^2}{p^4 + 4p^3q + 4p^2q^2} = \frac{q^2}{p^2 + 4pq + 4q^2}$$

$$= \left(\frac{q}{p + 2q}\right)^2$$

Da $p + q = 1$, folgt:

$$\left(\frac{q}{1 - q + 2q}\right)^2$$

$$= \left(\frac{q}{1 + q}\right)^2$$

Auf das Beispiel Schmecker-Nichtschmecker angewandt, in dem $q = 0,55$ ist, ergibt sich

$$\left(\frac{0,55}{1,55}\right)^2 = 0,126,$$

Ehen	Häufigkeit (bei zufälliger Paarung)	Häufigkeit der Phänotypen der Nachkommen	
		dominant	rezessiv
$AA \times AA$	$p^2 \times p^2 = p^4$	p^4	–
$AA \times Aa$	$p^2 \times 2pq = 2p^3q$ ⎫ $4p^3q$	$4p^3q$	
$Aa \times AA$	$2pq \times p^2 = 2p^3q$ ⎭		
$Aa \times Aa$	$2pq \times 2pq = 4p^2q^2$	$3p^2q^2$	p^2q^2

Anteil der Nachkommenschaft mit rezessivem Phänotyp $= \dfrac{p^2q^2}{p^4 + 4p^3q + 3p^2q^2}$

Abb. 21.5. Algebraische Ableitung einer allgemeinen Formel, mit der man die Häufigkeit von Kindern rezessiven Phänotyps bestimmen kann, die aus Ehen stammen, bei denen jeder Elternteil mindestens ein dominantes Allel trägt

was gut mit der vorher errechneten Häufigkeit übereinstimmt. Zusammenfassend läßt sich sagen, daß für Populationen im genetischen Gleichgewicht durch das Hardy-Weinberg-Gesetz sehr wichtige Voraussagen für die folgenden Generationen oder Teile von ihnen gemacht werden kann.

Faktoren, die das genetische Gleichgewicht beeinflussen

Bevorzugte Partnerwahl

Wie wir bereits mehrfach betont haben, bleibt das Hardy-Weinberg-Gleichgewicht nur bei zufälliger Partnerwahl erhalten. Natürlich ist die Partnerwahl in vielen Populationen nicht statistisch. Das wirkt sich auf die Genotypfrequenzen der folgenden Generationen aus, nicht aber auf die Allelfrequenzen. Eine Population befindet sich also nicht mehr im genetischen Gleichgewicht, wenn es bevorzugte Partnerwahl gibt.

Wir können dies wiederum am Beispiel von Schmeckern und Nichtschmeckern erklären, wenn wir von einer Population von 2/10 TT, 5/10 Tt und 3/10 tt ausgehen. Nehmen wir einmal folgende Einschränkung an, daß ein Individuum nur eine Ehe mit einem Individuum gleichen Genotyps eingehen könne: TT mit TT, TT mit Tt und tt mit tt. Man bezeichnet dies als Inzucht. Im ersten Fall entstehen nur TT-Nachkommen und im letzten nur tt-Nachkommen. Aus den Ehen des 2. Typs jedoch sind 1/4 der Nachkommen TT, 1/2 Tt und 1/4 tt. Daraus ergibt sich die in Abb. 21.6 gezeigte Berechnung der Genotypfrequenzen für die Nachkommen dieser Ehen.

Wie man sieht, bleibt die Häufigkeit von T 0,45 und die von t 0,45. Die Genotyphäufigkeiten haben sich jedoch geändert, da die Paarung $Tt \times Tt$ zu einer Neuverteilung von Allelen auf die drei möglichen Genotypen führt. Dadurch wird die Häufigkeit von Heterozygoten (Tt) von 1/2 auf 1/4 reduziert. Gleichermaßen erhöht sich die Häufigkeit von Homozygoten. Dies ereignet sich nun in jeder folgenden Generation, solange die oben erwähnte Einschränkung besteht. Inzucht führt also zu Homozygotie aller Loci. Wenn man dies auf Laboratoriumstiere wie Mäuse oder Ratten anwendet, so erhält man durch fortgesetzte Inzucht reinerbige Linien, die man für genetische Studien verwenden kann. Die Verwendung reinerbiger Stämme ist für bestimmte Untersuchungen, wie etwa Tests auf Karzinogenität von Substanzen sehr wichtig. Die Gefahr der Inzucht beim Menschen liegt darin, daß bestimmte schädliche Allele homozygot werden. Daher sind in den meisten Ländern Ehen zwischen Vettern und Cousinen verboten, da dies eine Form der Inzucht darstellt.

Selektion gegen bestimmte Genotypen bei der Fortpflanzung

Eine der Voraussetzungen für das Hardy-Weinberg-Gleichgewicht ist die gleiche Fortpflanzungsfähigkeit aller Individuen, d.h. keine Präferenz eines Gameten über den anderen, und keine unterschiedliche Mortalität der Nachkommen. In natürlichen Populationen sind die rezessiven Allele oft

Selektion gegen bestimmte Genotypen bei der Fortpflanzung 225

Genotypfrequenzen: TT Tt tt

                     2/10   5/10   3/10

∴ Allelfrequenzen: $T = 0{,}45$ $t = 0{,}55$

Häufigkeitsverteilung der Nachkommen, wenn nur folgende Paarungen
($TT \times TT$; $Tt \times Tt$ und $tt \times tt$) vorkommen

TT	Tt	tt
2/10 von $TT \times TT$	$(1/2 \times 5/10)$ von $Tt \times Tt$	3/10 von $tt \times tt$
$(1/4 \times 5/10)$ von $Tt \times Tt$		$(1/4 \times 5/10)$ von $Tt \times Tt$
Gesamt: 13/40	10/40	17/40

Die Allelfrequenzen sind noch immer $T = 0{,}45$ und $t = 0{,}55$

Abb. 21.6. Ein Beispiel, wie bevorzugte Partnerwahl (Inzucht) die Verteilung der drei Genotypen in einer Generation verändert. Die Ausgangspopulation ist eine aus Schmeckern und Nichtschmeckern mit der Häufigkeitsverteilung von 0,2 TT-, 0,5 Tt- und 0,3 tt-Individuen. In unserem Falle paaren nur Individuen gleichen Genotyps. Das hat zur Folge, daß die Häufigkeit der Tt-Individuen in der nächsten Generation nur die Hälfte beträgt. Die relativen Häufigkeiten der T- und t-Allele ändern sich durch die Einschränkung der Paarungsmöglichkeiten nicht

durch Mutation entstanden. Diese codieren in vielen Fällen ein defektes Genprodukt. Es hängt nun von den beteiligten Genen ab, ob sich dies auf die Fruchtbarkeit homozygot rezessiver Individuen auswirkt. Bei vielen Erbmerkmalen wirkt sich Homozygotie für das schädliche rezessive Allel so schwerwiegend aus, daß diese Menschen sterben, bevor sie ins fortpflanzungsfähige Alter kommen. Das bedeutet, daß nicht alle Genotypen zur Fortpflanzung kommen. Ähnliche Argumente kann man für dominante Mutanten mit letalen Folgen bei Homozygotie geltend machen. Zudem gibt es dominante und rezessive Mutationen, welche die Fortpflanzungsfähigkeit ihres Trägers mehr oder minder stark einschränken. Dies bringt uns auf den Begriff der Fitness, d.h. den relativen Fortpflanzungserfolg oder die relative Nachkommenzahl bestimmter Genotypen. Im Extremfall, also beim Fitnesswert 0, trägt der entsprechende Genotyp überhaupt nicht zum Genpool der folgenden Generation bei. Wir werden dies nun an einem hypothetischen Beispiel erläutern.

Gehen wir von einer Population mit den Genotypfrequenzen 0,25 AA, 0,5 Aa und 0,25 aa aus, wobei A dominant über a sein soll. Phänotypisch wären dann 3/4 der Population A und 1/4 a. Nun ist $q^2 = 0{,}25$ und daher $q = 0{,}5$. Da $p + q = 1$, ist $p = 0{,}5$. Falls aa-Individuen nicht das fortpflanzungsfähige Alter erreichen oder steril sind, besteht der fortpflanzungsfähige Teil der Population nur aus AA- und Aa-Individuen. In diesem Teil der Population ist die relative Häufigkeit von AA-Individuen $\frac{0{,}50}{0{,}75} = 0{,}67$. Diese Individuen gehen statistisch Ehen ein, und wir können die Häufigkeit bestimmter Paarungen errechnen und daraus die Häufigkeitsverteilung der Nachkommenklassen bestimmen (Abb. 21.7).

Wie wir sehen, haben sich nicht nur die Genotyphäufigkeiten in einer Generation stark verschoben, sondern auch die Allelfrequenzen; die Häufigkeit von A hat sich von 0,5 nach 0,665 verschoben, die von a von 0,5 nach 0,335.

Man ist geneigt zu argumentieren, daß eine Möglichkeit zur Verdrängung schädlicher rezessiver Allele darin bestünde, homzygot rezessive Individuen (falls sie das reproduktive Alter erreichen), an der Fortpflanzung zu hindern. Unglücklicherweise ist das jedoch nicht möglich, denn wenn man fortgesetzt gegen aa-Individuen selektiert, wird der Selektionsdruck mit der Abnahme der Zahl an aa-Individuen immer schwächer (Tabelle 21.1).

Sogar bei geringer Häufigkeit von aa-Individuen sind noch viele a-Allele in den heterozygoten Aa-Individuen vorhanden. Zur Beseitigung eines „schädlichen" rezessiven Allels aus einer Population müßte man die Heterozygoten erkennen und auch sie von der Fortpflanzung abhalten. Bei menschlichen Populationen kommen solche Überlegungen bei der genetischen Familienberatung ins Spiel. Auch wenn man auf diese Weise schädliche Allele ausschalten könnte, so entstehen doch durch Mutation ständig neue schädliche

Ausgangspopulation: 0,25 AA + 0,5 Aa + 0,25 aa

∴ Allelfrequenzen: p = 0,5, q = 0,5

In dieser Population vermehren sich die aa-Individuen nicht
Die sich vermehrende Fraktion der Population besteht also aus
$\frac{0,25}{0,75}$ = 0,33 AA Individuen und $\frac{0,50}{0,75}$ = 0,67 Aa Individuen

Diese paaren sich statistisch

Paarungen	Frequenz	Nachkommenfrequenzen		
		AA	Aa	aa
AA × AA	0,33 × 0,33 = 0,109	0,109	–	–
2 (AA × Aa)	2 (0,33 × 0,67) = 0,442	0,221	0,221	–
Aa × Aa	0,67 × 0,67 = 0,449	0,112	0,225	0,112
	Gesamt = 1,000	0,442	0,446	0,112

Ausgangspopulation: 0,25 AA + 0,5 Aa + 0,25 aa
Nachkommenpopulation: 0,442 AA + 0,446 Aa + 0,112 aa
Allelfrequenzen der Nachkommen: A = 0,665
a = 0,335

Abb. 21.7. Algebraische Darstellung der Folgen einer Selektion gegen Individuen mit rezessivem Phänotyp in einer Population. Wir gehen von einer Population mit der folgenden Verteilung aus: 0,25 AA-, 0,5 Aa- und 0,25 aa-Individuen. aa-Individuen sind nicht fortpflanzungsfähig. Zufällige Paarungen von AA- und Aa-Individuen führen zu einer Population von Nachkommen, in der sich gegenüber der Ausgangspopulation sowohl die Allel- als auch die Genotypfrequenz geändert hat

Allele in der Population, allerdings in geringer Häufigkeit. Schädliche dominante Allele sind bei Heterozygoten nicht versteckt, wie es die rezessiven schädlichen Allele sind. Daher ist die Selektion gegen dominante schädliche Allele in einer Population sehr wirkungsvoll.

Mutation

Mutation ist die Quelle aller genetischen Variation in einer Population. Sie stört dadurch das genetische Gleichgewicht in einer Population. Die Rate spontaner Mutationen beträgt 10^{-6} oder weniger pro Genort: Mutationen sind jedoch notwendige Voraussetzung (etwa bei der Anpassung an neue Umweltbedingungen) für die Evolution. Falls durch die Mutation ein schädliches Allel in einem Organismus entsteht, wird gegen dieses Allel selektiert. Im allgemeinen besteht ein Gleichgewicht zwischen der Entstehung neuer Mutationen und dem Verlust von mutierten Allelen durch Selektion. Mutationen können also bei der Paarung mit anderen Individuen in einer Population durch Neukombination und Rekombination der Allele in der Meiose weitergegeben werden. Es kann sein, daß eine Mutation im Kontext mit einem bestimmten Genotyp und/oder einer bestimmten Umwelt eine günstigere Auswirkung hat. Dies wird zur Fixation der Mutation in der Population führen. Dies ist der Ausgangspunkt für die Evolution. Betrachten wir Mutationsereignisse einmal formal. Wir haben es mit zwei Typen von Mutationen zu tun, der Hinmutation, dem Wechsel vom Wildtypzustand des Gens in den mutierten Zustand (d.h. A nach a für unsere Überlegungen) und der Rückmutation, dem Wechsel vom mutierten zum Wildtypzustand. Für jeden Genort ist die Hinmutationshäufigkeit unterschiedlich von der Rückmutationshäufigkeit. Gewöhnlich ist erstere häufi-

Tabelle 21.1. Auswirkung einer dauernden Selektion gegen *aa*-Individuen auf die Häufigkeit von *aa*-Individuen in einer Population. *Es sind sechs verschiedene Ausgangshäufigkeiten für *aa*-Individuen gezeigt

Generation	Häufigkeit der *aa*-Individuen					
0	0,990	0,750	0,500	0,250	0,100	0,010
1	0,249	0,215	0,172	0,112	0,058	0,008
2	0,112	0,100	0,086	0,062	0,038	0,007
3	0,062	0,058	0,051	0,040	0,026	0,006
4	0,040	0,038	0,034	0,028	0,019	0,005
5	0,028	0,026	0,024	0,020	0,015	0,004

* Dies wird für jede Generation wie folgt berechnet:

Fortpflanzungsfähiger Teil der Population = $p^2\,AA + 2pq\,Aa$.

Paarungen, die zu *aa*-Nachkommen führen, sind $Aa \times Aa$. In dem fortpflanzungsfähigen Teil der Population ist die Häufigkeit von *Aa*-Individuen $\dfrac{2pq}{p^2 + 2pq}$.

∴ Die Häufigkeit von $Aa \times Aa$-Paarungen = $\left(\dfrac{2pq}{p^2 + 2pq}\right)^2$

Durch p geteilt, ergibt sich $\left(\dfrac{2q}{p + 2q}\right)^2$

Ersetzt man p durch $1 - q$, so ergibt sich $\left(\dfrac{2q}{1 - q + 2q}\right)^2$

$$= \left(\dfrac{2q}{1+q}\right)^2$$

$$= \dfrac{4q^2}{(1+q)^2}$$

Aus einer Paarung $Aa \times Aa$ sind 1/4 der Nachkommen *aa*.

∴ Die Häufigkeit von *aa*-Individuen beträgt daher = $1/4 \times \dfrac{4q^2}{(1+q)^2}$

$$= \dfrac{q^2}{(1+q)^2}$$

$$= \left(\dfrac{q}{1+q}\right)^2$$

ger als letztere. Diese Beziehung läßt sich durch folgende Gleichung darstellen:

$$A \underset{v}{\overset{u}{\rightleftarrows}} a,$$

wobei die Mutationsrate von A nach a gleich u ist und die von a nach A gleich v.

Falls in einer Generation die Häufigkeiten von A gleich p ist und die von a gleich q ist, so beträgt der Prozentsatz an A-Allelen, die zu a-Allelen mutieren pu und der Prozentsatz von A-Allelen, die zu A mutieren qv. Daraus ergibt sich keine Veränderung der Allelhäufigkeit in den folgenden Generationen. Es gilt:

$$pu = pv,$$
daher gilt $(1 - q)u = qv$
d.h. $u - uq = qv$
$u = qv + uq$
daraus folgt: $u = q(u + v)$

Bei einem Gleichgewicht von Hin- und Rückmutation ist die neue Häufigkeit des Allels a wie folgt:

$$q = \frac{u}{u + v}$$

Die Auswirkung von Mutationen auf die Verteilung von Genotypen in einer Population wird Mutationsdruck genannt.

Betrachten wir nun ein Beispiel, wobei Hinmutationen viermal häufiger sind als Rückmutationen, d.h. $u = 4v$. In diesem Falle erreicht man bei dem bestehenden Mutationsdruck bei folgender Häufigkeit des Allels a einen Gleichgewichtszustand wie folgt:

$$q = \frac{u}{u + v} \quad \text{(s.o.)}$$

$$q = \frac{4v}{5v} = \frac{4}{5}$$

Mit anderen Worten, erreicht man einen Gleichgewichtszustand ohne Veränderung der Allelfrequenzen (auch wenn sich Mutationen ereignen) bei einem Verhältnis der Allele $a:A = 0,8:0,2$. Wie bereits erwähnt, ist in natürlichen Populationen die Hinmutationsrate gewöhnlich größer als die Rückmutationsrate (d.h. $u > v$), und so hilft der Mutationsdruck, Mutantenallele in die Population einzuführen.

Bevor wir dieses Gebiet verlassen, müssen wir noch erwähnen, daß Mutationen für einen bestimmten Organismus zu einer bestimmten Zeit und einer bestimmten Umwelt vorteilhaft, nachteilig oder neutral sein können. In den beiden ersten Fällen dienen die Mutationen als Quelle der Variabilität in der Population und werden von der Selektion ausgenutzt. Selektion wirkt jedoch nicht auf neutrale Mutationen. Charles Darwin entwickelte eine Theorie, nach der Evolution durch natürliche Selektion erfolgt. Demnach hat sich die heutige Artenfülle aus gemeinsamen Urahnen entwickelt und ist nicht direkt durch göttliche Schöpfung entstanden. Evolution durch Selektion aus dem Rohmaterial vorteilhafter und nachteiliger Mutationen wird deshalb Darwinistische Evolution genannt. Andere wiederum glaubten, daß Evolution auf der Anhäufung neutraler Mutationen, also ohne Selektion, beruht. Diese Form der Evolution wird als nicht-Darwinistische Evolution bezeichnet.

Migration

Eine andere Grundvoraussetzung des Hardy-Weinberg-Gleichgewichts ist die einer geschlossenen Population ohne Zuwanderung und Abwanderung. Bei natürlichen Populationen (außer solchen, die geographisch isoliert sind) kommt es gewöhnlich zur Migration von Individuen. Aus all dem, was wir über das genetische Gleichgewicht gehört haben, sollte es klar sein, daß die Einführung neuer Allele in den Genpool durch Zuwanderung von Individuen und Verpaarung zu einer Verschiebung des Gleichgewichts führt. Dieser Vorgang ist wahrscheinlich auch für die Evolution bedeutsam.

Genetische Drift

Die von uns betrachtete theoretische Population, die sich im Hardy-Weinberg-Gleichgewicht befindet, ist unendlich groß. Obwohl natürliche Populationen immer nur von endlicher Größe sind, sind viele von ihnen zu groß, daß Zufallspaarungen stattfinden könnten und dadurch das genetische Gleichgewicht über Generationen hinweg erhalten bliebe. Wenn andererseits die Zahl der Allele, die in die Zygote eingebracht werden und so für die nächste Generation bestimmend sind, nicht repäsentativ für den Allelbestand der Gesamtpopulation ist, so kann es zu einer Veränderung des genetischen Gleichgewichts kommen. Dies führt entweder zu zufälligen Variationen in den Allelfrequenzen einer Population, oder möglicherweise zur Fixation eines Allels (z.B. p oder $q = 1$) in der Population. Dieses Phänomen wird genetische Drift genannt und wird gewöhnlich bei kleinen Populationen beobachtet. Genetische Drift findet meistens dann statt, wenn eine Population aus irgendeinem Grund stark schrumpft (der Flaschenhalseffekt) oder wenn eine kleine Gruppe sich von einer größeren Population absetzt und ein neues Land kolonisiert (Gründereffekt). Ein Beispiel für den Gründereffekt ist die religiöse Gruppe der Dunker, die in Pennsylvanien, USA, lebt. Vor mehr als 250 Jahren wanderten 28 Dunker von Deutschland nach USA aus und bildeten eine Gemeinde, die seither mehr oder minder geschlossen blieb. Untersuchungen haben gezeigt, daß die Verteilung der Blutgruppenhäufigkeiten von der in Deutschland und USA stark abweicht, während die Populationen der beiden Länder recht ähnliche Blutgruppenzusammensetzungen aufweisen. Dies ist die Folge der durch den Gründereffekt hervorgerufenen genetischen Drift.

Schlußfolgerungen

Wir haben in diesem Kapitel ein wenig von dem gehört, wie Gene in Populationen aufgeteilt werden und wie Mutation, Selektion und Migration auf diesen Genpool einwirken. Alle Gene eines Organismus sind zusammen mit der Umwelt verantwortlich für den Phänotyp eines Organismus. Wenn sich die Umwelt ändert, können andere Genkombinationen vorteilhafter sein, und es kommt durch die oben beschriebenen Kräfte über viele Generationen hinweg zu Änderungen der Genhäufigkeit einer Population.

So wirkt, einfach ausgedrückt, die Evolution. Evolution ist sicher ein äußerst komplexer Prozeß, in dem viele Faktoren sich gegenseitig beeinflussen. Wir haben eine vereinfachte Darstellung der Populationsgenetik gegeben, und es bleibt zu hoffen, daß der Leser sich, aufbauend auf die hier erworbenen Grundkenntnisse über natürliche Populationen und den Vorgang der Evolution, an Hand weiterführender Literatur weiterbildet.

LITERATUR

Bodmer WF, Cavalli-Sforza LL (1976) Genetics, evolution, and man. Freeman, San Francisco

Crow JF, Kimura M (1970) An introduction to population genetics theory. Harper and Row, New York

Darwin C (1859) The origin of species. Murray, London

Dobzhansky T (1947) Adaptive changes induced by natural selection in wild populations of *Drosophila*. Evolution 1:1–16

Dobzhansky T (1955) A review of some fundamental concepts and problems of population genetics. Cold Spring Harbor Symp Quant Biol 20:1–15

Falconer DS (1960) Introduction to quantitative genetics. Oliver and Boyd, Edinburgh

Fisher RA (1930) The genetic theory of natural selection. Clarendon Press, Oxford

Harland SC (1936) The genetic conception of the species. Biol Rev 11:83–112

Kettlewell HBD (1961) The phenomenon of industrial melanism in Lepidoptera. Annu Rev Entomol 6:245–262

Lewontin RC (1974) The genetic basis of evolutionary change. Columbia University Press, New York

Li CC (1955) The stability of an equilibrium and the average fitness of a population. Am Naturalist 89:281–295

Mather K (1953) The genetical structure of populations. Symp Soc Exp Biol 7:66–95

Mayr E (1963) Animal species and evolution. Harvard University Press, Cambridge, MA

Merrell DJ (1953) Selective mating as a cause of gene frequency changes in laboratory populations of *Drosophila melanogaster*. Evolution 7:287–298

Ohta T (1974) Mutational pressure as the main cause of molecular evolution and polymorphism. Nature 252:351–354

Ohta T, Kimura M (1971) Functional organization of genetic material as a product of molecular evolution. Nature 233:118–119

Powell JR, Richmond RC (1974) Founder effects and linkage disequilibrium in experimental populations. Proc Natl Acad Sci USA 71:1663–1665

Simpson GG (1953) The major features of evolution. Columbia University Press, New York

Wallace LB (1968) Topics in population genetics. Norton, New York

Wright S (1951) The genetic structure of populations. Ann Eugen 15:323–354

Sachverzeichnis

Acridine 47–49
Acriflavin 182
Adenin 2, 16
Alkaptonurie 184, 185
Allel 44
Allelfrequenz 220–229
Allolaktose 193
Aminoacyl-Synthetase 63
2-Aminopurin (2-AP) 47
Aminosäure 16, 74–75
Anaphase 40, 42–43
aneuploid 167–168
Antibiotika
   Resistenz 58, 121–125, 176
   Selektion von Mutanten 54
Antirrhinum 130
Arabinoseoperon 201–203
   Modelle der Regulation 201–203
   Zyklisches AMP und Repression 201
Aromatische Aminosäuren, Gene bei *Neurospora* 213–214
Aspergillus 149–150, 158–162
Attenuator 205–206
Autosom 10
Auxotrophie 54

Bacillus subtilis 57, 113, 117
Bakterienchromosom 9–11
Bakterien 5, 107–117, 119, 193–208
   allgemeine Kontrollmechanismen von Transkription und Translation 206–208
   Genetik 107
   Konjugation 107–112
   Operon 193–206
   Plasmide 119
   Regulation der Genexpression 193–208
   relaxed-Mutanten 207
   stringente Kontrolle 207
   Transduktion 112–116
   Transformation 116–117, 123
   translationale Kontrolle 207–208
Bakteriophagen 6–10, 90, 96–106, 112–116, 119–120, 126, 208
   Genetik 96–106
   lambda (λ) 9, 10, 114–116, 119–120
   Lysogenie 112
   P1 113
   P22 113
   $\phi X174$ 9, 104–106, 126
   Prophage 112
   Replikation 5–6
   SP10 113
   Struktur 6–7
   T-Phagen, s. *T2, T3, T4, T5, T7*
   temperente 112
   virulente 112
Barr-Körperchen 172–175
Base 1
β-Galaktosidase, s. Laktoseoperon
biochemische Genetik 184–191
5-Bromuracil (5-BU) 46

Chloramphenicol 176
Chloroplasten 10, 176
   DNA 10, 176
Chorea Huntington 167
Chromatiden, Schwester- 36, 40
Chromosomen 7, 13, 29, 33, 135–136
   Aberrationen 167–175
   Aneuploidie 167–168
   Autosom 11, 135
   Bakteriophagen- 7
   Defizienzen 167–169
   Deletion 171–173
   Duplikation 167–169
   Euploidie 167–168
   Geschlechtschromosomen (Gonosomen) 135–136
   Heterochromatin 14
   Inversion 168–170
   Lyon-Hypothese 174–175
   non-disjunction 169, 171
   polytäne 217–218
   Prokaryonten im Unterschied zu Eukaryonten 7
   Rearrangements 169–170
   Translokationen 168
   verdichteter Zustand der 29
cis-trans-Test 190
Codon 74
Coinzidenz 144–145
Colinearität 190–191
Cotransduktion 113–114
crossover 40–42, 134, 137–138, 144–145, 150–162
   Chiasmata und 42
   Coinzidenz 144–145
   Interferenz 144–145
Cycloheximid 33, 176
Cytosin 2, 17

Darwinsche Evolution 228
Deletion 100
Deletionskartierung 101–102
Desoxyribonuclease (DNase) 2, 16–17
Differenzierung 216–218
   Interaktion zwischen Genom und Zytoplasma 218
   Transkription und 217
Diplococcus pneumoniae 117
DNA 1–4, 9–10, 14, 20–22, 49–51, 119–126, 176
   Basenzusammensetzung 2
   Chloroplasten 10, 176
   Denaturierung 9
   Dichtegradientenzentrifugation 23
   Doppelhelix 3–4

Sachverzeichnis

DNA
- komplementäre Basenpaarung 3–4
- komplementäre DNA (cDNA) 125
- Mitochondrien 10, 176
- nearest-neighbour-Analyse 20–22
- Polarität 2–4
- Polymerase, s. DNA-Polymerase
- Renaturierung 9
- rekombinierte DNA 119–126
- Reparatur 49–51
- repetitive Sequenzen 14
- Röntgendiffraktion 3
- Satelliten- 14
- Sequenzierung
  - nach Sanger 22
  - nach Maxam und Gilbert 22–23

DNA-Polymerase 12, 19, 26–27, 31–32, 51–52, 125
- Eukaryonten 31–32
- I 26–27, 51–52, 125
- II und III 26–27
- Mitochondrien 31–32

DNA-Replikation 12, 19–22, 23–27, 30–33, 110
- Beteiligung der Proteinsynthese 33–34
- Beteiligung der RNA-Synthese 33–34
- bidirektionale 32
- diskontinuierliche 25–26
- *E. coli* 23–27
- Eukaryonten 30–33
- Eukaryonten-Histone 33
- Eukaryonten-Nukleosomen 33
- Eukaryonten-Replikationseinheit 32–33
- in vitro 19–22
- in vivo 23–27
- konservatives Modell 24
- Regulation 19
- RNA-Primer 26–27, 30–31
- rolling-circle-Modell 110
- semikonservativer Modus bei Eukaryonten 30–31
- semikonservatives Modell 24
- im Zellzyklus 30

DNA-RNA-Hybridisierung 125, 217
Dominanz 44, 129, 131–132
- molekulares Modell 131
- unvollständige 130–131

Down-Syndrom 168–172
Drosophila 53, 69, 135, 158, 184–187, 217–218
- genetische Kontrolle der Augenpigmente 185–187
- polytäne Chromosomen 217–218

Dunker, Gründereffekt und 228–229

Einschnitt-Wachstumskurve 96
Elongationsfaktoren 82–83, 86–87
Endonuklease 51, 71

Endoplasmatisches Retikulum 37, 87
Entwicklung 217–218
- Gen-Zytoplasma-Interaktion 218
- Transkription und 217

Enzyme 210–216
- Aggregate 213
- hormonale Steuerung der Enzymsynthese 215–216
- Kontrolle der Enzymsynthese 210–211

Episom, s. Plasmid
Erblicher Veitstanz, s. Chorea Huntington
Escherichia coli 7, 51, 52–55, 107–118, 119, 193–206
- Arabinoseoperon 201–203
- DNA-Reparatur 50–52
- Gene für Rekombination 52
- Hfr-Stämme 196
- Kartierungsmethoden 107–112
- Konjugation 107
- Kulturen 107–111
- Laktose-Operon (lac-Operon) 193–201
- partielle Diploide 196
- Transduktion 112–116
- Transformation 116–117
- translationale Kontrolle 207–208
- Tryptophanoperon 204–206

Euchromatin 14
Eukaryont 7, 10–12, 37, 210–218
- Aufbau der Zelle 37
- Differenzierung 217–218
- eukaryontische Chromosomen 10–11
- Genregulation
  - Angriffspunkte für die Regulation 210–211
  - bei Eukaryonten 211–214
  - Hormone 215–216
  - Langzeitregulation 216–218
  - Steroidhormone 215–216
  - Kompartimentierung 210

euploid 167
Evolution 228
Exonuklease 8, 26, 51, 71, 85
Extrachromosomale Genetik 176–182
- Charakteristika 177–178
- Erbmerkmale 178–182
- mütterliche Vererbung 177
- Plasmide 176

Exzisionsreparatur 50–51

F-Faktor 107–108
F-Plasmid 121–196
F'-Plasmid 196
Filtrationsanreicherung 54

G1, G2-Phase, s. Zellzyklus
Galaktosämie 167
Galaktosegene, Hefe 212–218
Gelelektrophorese 23

Gene 100, 102–103, 134–145, 150–158, 167–168, 184–218, 220–228
- Cistron 190
- Colinearität 190–191
- coordinierte Expression im Operon 195
- Defizienz 167–170
- Duplikation 167–170
- Einheit der Funktion 102–103
- Einheit der Mutation 100–102
- Einheit der Rekombination 100–102
- Frequenz 220–229
- Funktion 184–191
- Kartierung durch Tetradenanalyse 150–158
- Kartierungsmethoden bei Diploiden 138–144
- Kartierungsmethoden bei Haploiden 150–158
- Komplementationsgruppe 189
- Komplementationstest 102–103
- Kontrolle des Stoffwechsels 184–185
- Kopplung 134–145
- Operon 193–206
- Regulation der Genexpression 193–218
- Regulation der Genexpression, Eukaryonten 210–218
- regulatorisch 195–196
- regulatorische Mutanten 197–198
- Repressor 194–195
- Steroidhormone und Genexpression 215–216
- Strukturgene 194–196, 204–206

Genetische Drift 228–229
Genetische Feinstruktur 98–101
Genetischer Code 74, 77, 78, 84–85, 90–94, 176, 202
- degenerierter 93
- Initiationscodon 78, 86, 176
- Mutationen und 94
- Nachweise der Codewortbedeutung 92
- Start- und Stopcodons 93
- Tabelle der Codeworte 93
- Terminationscodons 93, 202
- Triplett 90
- tRNA-Bindungstechnik 92–93
- universaler 93
- wobble 93–94

Genetisches Gleichgewicht 220–229
- Anwendung 222–224
- bevorzugte Partnerwahl und 224
- Faktoren, die das genetische Gleichgewicht beeinflussen 224–229
- Genetische Drift und 228–229
- Hardy-Weinberg-Gesetz 220–224
- Migration und 228
- Mutationsdruck und 227–228
- Selektion und 224–226

Genetisches Material 1–6, 7ff.

Genotyp 44
geordnete Tetraden 150–153
Geschlechtschromosomen (Gonosomen) 10, 135–137, 172–175
　Aberrationen 172–175
　Lyon-Hypothese 174–175
Geschlechtschromosomengebundene Vererbung 135–137
Golgiapparat 37
Gründereffekt 228
Guanin 2, 16, 207
　ppGpp und pppGpp 207

Hämophilie 166
Hardy-Weinberg-Gleichgewicht, s. genetisches Gleichgewicht
Hefe 30, 36, 53, 69, 147, 150, 181–182, 212–213
　Gene für Galaktosevergärung 212–213
　genetische Analyse 150
　petite-Mutanten 181–182
HeLa 69–71
Heterochromatin 14, 172
heterogene nukleäre RNA, s. messenger RNA
heterozygot 44
Hfr-Stämme 108–110
Hinmutation 226–228
Histone 11–14, 210–211
　Gene 14
　Modifikation und Genexpression 211
　Nukleosomen 13–14
Homothallismus 149–150
homzygot 44
Hormone 215–216
　Regulation der Genexpression 214–215
　Wirkungsweise der Steroidhormone 215–216
Huhn 131
Humangenetik 163–175, 184
　Alkaptonurie 184–185
　Aneuploidie 167–170, 171–173
　Chromosomenaberrationen 167–175
　Erbgänge 164
　Erbkrankheiten 166–174
　Galaktosämie 167
　Genetische Familienberatung 175
　Genetische Kontrolle des Stoffwechsels 184
　Hämophilie 166
　Inversion 168–170
　Lyon-Hypothese 174–175
　Stammbaumanalyse 163–167
　superweibliche Individuen 173–174
　Translokation 168
　Translokation und Down-Syndrom 171–172
　Y-chromosomale Erbmerkmale 166
Hydroxylamin 47

Induktor 210
induzierte Mutation 45–49
Initiationscodon 79, 86, 88, 93
Initiator-tRNA 78–79, 176
Inosin 94
Interferenz 144–145
Interphase 42
　zwischen den meiotischen Teilungen 42
intervenierende Sequenzen 125
Inversion 168–170
iojap 179–180

Karyotyp 10–11
Katabolitrepression 199–201
　Katabolit-Gen-Aktivator-Protein (CGA) 199–201
　zyklisches AMP und 220–223
Kern 7, 37
Kernmembran 7
Kinase 17
Klinefelter-Syndrom 174
klonierte DNA 12
komplementäre Basenpaarung 56
komplementäre DNA (cDNA) 125
Komplementationsgruppe 189
Komplementationstest 102–103
Komjugation 107–112
　DNA-Transfer 110
　Hfr-Stämme 108–109
　Kartierung 123–124
　unterbrochener Chromosomentransfer 123–124
Kopplung 134–145

Laktoseoperon 193–201
　Induktor 193
　Initiation der Translation 200–201
　Katabolitrepression 199–201
　konstitutive Mutanten 197–199
　Modell der Regulation 193–196
　Operator 195–197
　polare Effekte von Unsinnmutanten 196–197
　positive Kontrolle 199–201
　Promoter 194–195, 199
　Repressor 194–195, 197–199
　Sequenzen von Kontrollregionen 201–202
　zyklisches AMP und Expression 199–200
lambda (λ) 9, 10, 114–117, 119–120
　Chromosom 9, 10
　sticky ends 8, 9
　Transduktion mit 114–117
Ligase, s. Polynukleotid-Ligase
Lyon-Hypothese 174–175
Lysogenie 112–113
Lysosom 37

Mais 179–180

Meiose 40–43, 135–136, 169, 171
　non-disjunction 169–171
　Tetradenstadium 43
Mendel 127–133
　Erste Regel (Spaltungsregel) 128–130
　Lebensgeschichte 127
　Zweite Regel (Unabhängigkeitsregel) 131–133
Meselson-Stahl-Experiment 23–25
messenger RNA (mRNA) 60–63, 85, 125, 195, 204, 210
　eukaryontische 60–63
　Genregulation und 210
　heterogene nukleäre RNA 210
　Modifikation an den Enden 61–62, 86
　nichtcodierende Sequenzen 62
　polycistronische mRNA 195–196, 205
　Prä-mRNA 62
　processing 62–63
　prokaryontische 60
　Stabilität 60, 85
Metaphase 39, 41, 42, 43
Missense-Mutation 94
Mitochondrien 10, 37, 176–177
　Initiator-tRNA 176
　Proteinsynthese 176–177
　Ribosomen 176–177
　Zytochrome 177
Mitose 29, 34–35, 36–40
　Kernmembran 34
　Proteinsynthese 34
　RNA-Synthese 34
　Säugerzellen 34
mitotische genetische Analyse 158–162
　Aspergillus 158–162
　crossover 158–162
　Drosophila 158
　Genkartierung 160–162
　Haploidisierung 159–160
Maus 30
Modifikation und Restriktion 119–120
mütterliche Effekte 177–178
mütterliche Vererbung 177
Mutagene 45–49
　Acridine 47, 49
　2-Aminopurin (2-AP) 46, 49
　5-Bromuracil (5-BU) 46, 49
　Hydroxylamin 47, 49
　Röntgenstrahlen 45
　Ultraviolettes Licht (UV) 45
Mutagenese 44
Mutation 44–45, 49–55, 91, 94, 100–101, 184, 187–190, 196–199, 207–211, 226–228
　Auxotrophie 53
　biochemische Mutanten 53, 54, 187–190
　Deletion 47, 49, 94, 101
　genetisches Gleichgewicht und 226–228

234 Sachverzeichnis

Mutation
  hitzesensible 54–55
  induzierte 45–49
  Insertionen 47, 49, 94
  kältesensible 54
  im Operator 197
  polare Effekte von nonsense-Mutationen 196–197
  im Promoter 199
  in regulatorischen Genen 197–198
  Reparatur 49–51
  Selektionsmethoden 53–55
  Suppressoren 91
  temperatursensible 54–55
  Transition 44
  Transversion 44
  Tritium-Suizid 54
Mutationsdruck 228

nearest-neighbour-analysis, s. DNA
Neurospora 36, 52–55, 70, 148–158, 180–181, 187–190, 213–214
  biochemische Mutanten 187–190
  genetische Analyse 148–158
  hitzesensible Mutanten 54–55
  Lebenszyklus 148
  poky-Mutante 180–181
  Regulation des Chinasäurestoffwechsels 214
non-disjunction 169–171
Nicht-Histone 12, 210
Nicht-Parentale-Dityp-Aski 153–158
Nonsense-Mutanten (Unsinnmutanten) 94, 96–97
  polarer Effekt 96–97
Nukleinsäuren, s. auch DNA und RNA 1–4
  UV-Adsorption 4
Nukleoid 9
Nukleolus 36–39
Nukleolusorganisator 68
Nukleosomen 13, 33

Oligonukleotid 23
Operon 193–196
  Arabinosestoffwechsel 201–203
  Attenuator 204–206
  coordinierte Genexpression 194–195
  Glukosesensitivität 199–201
  induzierbar 193, 201–203
  Katabolitrepression 199–201
  Laktosestoffwechsel 193–202
  Modell 195
  Operator 195
  Promoter 195, 197
  regulatorische Mutanten 197–199
  reprimierbar 204–206
  Tryptophan-Biosynthese 204–206
  zyklisches AMP und Expression 203

Parentale-Dityp-Aski 152–158
Peptidbindung 74
Peptidyltransferase 81
petite-Mutante 181–182
Phänotyp 44
Phagen, s. Bakteriophagen
φX174 9, 104–106, 126
  Chromosom 9
  Genomorganisation 105–106
  Kartierung durch Restriktionsendonukleasen 126
  überlappende Gene 106
Photoreaktivierung 50
Physarum polycephalum 30
Pilze 147–162, 180–182
  Atmungsdefizienz 180–182
  extrachromosomale Erbmerkmale 180–182
  Lebenszyklen 147–149
  meiotische Analyse 150–158
  mitotische Analyse 157–162
  Tetradenanalyse 150–158
    Tetratyp-Aski 153–158
Pisum sativum 128
Plasmide 108, 119, 121–122, 196
  F 108, 121, 196
  F' 196
Plus-Minus-Technik 22
Pneumococcus 5, 53
polycistronische mRNA 195–196, 204
Polynukleotid-Ligase 51
Polynukleotid-Phosphorylase 92
Polypeptid, s. auch Protein 77
Polysomen (Polyribosomen) 85
polytäne Chromosomen 217–218
Populationsgenetik 220–229
  genetische Drift 228–229
  Gründereffekt 228–229
  Hardy-Weinberg-Gleichgewicht 220–229
positive Kontrolle 199–201
Prokaryonten 7, 193–209
  Genregulation 193–209
  Kontrolle auf dem Niveau der Translation 207–208
Promoter 58, 194–195, 199, 204–206
  Erkennung durch die RNA-Polymerase 58
  Mutationen im 199
Prophase 36–38, 40–42, 43
Protease 213
Protein 74–76, 87–88
  Mechanismen der Sekretion 87–88
  Peptidbindung 74
  Richtung der Synthese 77–78
  Signalhypothese 77–78
  Struktur 74, 76
Proteinsynthese, s. Translation
Prototrophie 53
Pseudowildtyp 90

Purin 1–2, 16–17
  Biosynthese 16–17
Puromycin 33
Pyrimidin 1–2, 17–19
  Biosynthese 17–19
  Dimer 50

Rasterschubmutation 91
Regulation 193–218
  aktivierte tRNA und 205–206
  Arabinoseoperon 201–203
  aromatische Aminosäuren, Gene bei *Neurospora* 213–214
  Attenuator im Operon 204–206
  bakterielle 193–208
  Chinasäure-Gene bei *Neurospora* 214
  Differenzierung 217–218
  Effektormoleküle 210–211
  Entwicklung 217–218
  Eukaryonten 210–218
  Galaktosestoffwechsel bei Hefe 212–213
  Gen-Zytoplasma-Interaktion 218
  hormonale Kontrolle der Genexpression 215–216
  Laktoseoperon 193–199
  Langzeitregulation 216–218
  Modell des Laktoseoperons 195
  Rolle der Steroidhormone 215–216
  Transkription 206–207
  translationale Kontrolle 207–208
  Tryptophanoperon 204–206
  Zyklisches AMP und 199–201
Regulatorische Mutanten 197–199
Rekombination 40–42, 97–100, 134–138, 144–145, 150–158
  Chiasmata und 42
  Coinzidenz 144–145
  Häufigkeit 134
  Interferenz 144–145
  meiotische 42
  mitotische 157–162
  beim Phagen *T4* 97–100
  physischer Austausch und 138–141
rekombinierte DNA 119, 121–126
  Anwendungen 125–126
  Klonierung 121–125
  Klonierungsvektoren 121–122
  Plasmide 119, 121–122
relaxed-Mutanten, s. stringente Kontrolle
Reparatur 49–52
  Enzyme 51–52
  Exzisionsreparatur 50–51
  Gene 51–52
  Photolyase 50
  Photoreaktivierung 50
replica-plating, s. Stempeltechnik
Replikation, s. DNA-Replikation
Repressor 197–198, 204–205, 210

Mutationen 197–198
Regulation im Operon 204–205
Restriktionsendonukleasen 119–121
Reverse Transkriptase, s. RNA-abhängige DNA-Polymerase
Reversion 49
Rezessivität 44, 129
rho-Faktor 59
Ribonuklease 64, 67
   Rolle beim processing 67
Ribonukleinsäure, s. RNA
Ribose 2, 16–17
Ribosom 37, 65–74, 79, 85, 176–177, 195–196, 200, 202
   70S 65–67
   80S 66
   Bindungsstelle am Laktoseoperon 200, 202
   Mitochondrien 176–177
   Nukleolusorganisator und 68
   Polysomen 85
   Proteine 65–66, 68–69, 176–177
   Proteinsynthese, Rolle des 79
   Regulation der Synthese 71
   RNA-Gehalt 59–60
   rRNAs 65
   self-assembly 67
   Synthese 67–71
   Untereinheiten 66
ribosomale RNA (rRNA) 14, 65–71, 176
   Gene 14, 65–71, 176
   Methylierung 68
   Mitochondrien 176
   Prä-rRNA 65–71
   processing 65–71
   Prokaryonten und Eukaryonten 65, 68–71
Rifampizin 58
RNA, s. messenger RNA, ribosomale RNA, transfer RNA
   Zusammensetzung 2
RNA-abhängige DNA-Polymerase 125
RNA-Polymerase 12, 26–27, 56–60, 195, 205
   Bindung an den Promoter 58
   E. coli 58
   Eukaryonten 60
   Hemmung 58
   Kernenzym 58
   Konformationsänderung 59
   Prokaryonten 57–59
   Sigma-Faktor 58–59
RNA-Primer, s. DNA-Replikation
RNA-Processing, s. messenger-RNA, transfer-RNA, ribosomale RNA
RNA-Synthese 16–17, 30, 56–71
   Chromosomenstruktur und 61
   Hemmstoffe 58
   Regulation 19
   rho-Faktor 59

   ein Strang wird transkribiert 57
   Termination 59
   im Zellzyklus 30
Rückkreuzung 129, 133, 134, 141–145
Rückmutation, s. Reversion
Röntgenstrahlen 45

Salmonella typhimurium 112
salpetrige Säure 47
Satelliten-DNA 14
Saubohne 30–31
Schizosaccharomyces pombe 30
Seeigel 30
Selektion 224–225
sichtbare Mutation 97
Sigma-Faktor 57–59
Signalhypothese 87–88
Spaltungsregel 128–130
S-Phase, s. Zellzyklus
Spontanmutation 44–45
Stammbaumanalyse 163–166
Stempeltechnik 53
Stoffwechselwege 184–191
stringente Kontrolle 207
   ppGpp, pppGpp und 207
   relaxed-Mutanten 207
   stringenter Faktor 207
superweibliche Individuen 173–174
Suppressormutationen 91

Tabakmosaikvirus-Chromosom 9
Telophase 38–43
temperatursensible Mutanten 54–55, 64–65
terminale Redundanz 8–9
Terminationscodon 83, 93, 195, 202
Terminationsfaktor 83
Tetradenanalyse 147–158
   Genkartierung 150–158
   Gen-Zentromer-Distanz 150–153
   geordnete Tetraden 148, 150–153
Thymin 2, 17
   Dimere 50
T-Phagen 6, 7–9, 90, 96–103, 208
   Chromosomen 7–9
   DNA-Replikation 7
   genetisches Material 7
T2-Phagen 7–8, 97, 208
   Lebenszyklus 8
   translationale Kontrolle 208
T3-Phagen 8
T4-Phagen 7–8, 90, 96–103, 208
   Deletionskartierung 100–102
   Feinstrukturanalyse 98–101
   Komplementationstest 102–103
   konditionelle Mutanten 97
   Lebenszyklus 96–97
   Rekombination 97–98
   rII-Mutanten 90, 98, 102–103

   sichtbare Mutanten 97
   Struktur 7
   translationale Kontrolle 208
T5-Phagen 8
T7-Phagen 8
Transduktion 112–116
transfer-RNA (tRNA) 14, 63–65, 78–79, 84, 176, 200, 206
   aktivierte 206
   aminoacylierte 77
   Aminoacyl-Synthetase 63
   Codons und 63
   Gene 14, 64
   Initiator- 78, 86, 176, 200
   Prä-tRNA 64
   processing 64
   Rolle bei der Translation 81
   Struktur 64–65
Transformation 5–6, 116–117, 119, 123–125
Transition 44
Transkription, s. RNA-Synthese
   bei Entwicklung und Differenzierung 217–218
   Promoter 195
   Regulation 206–208
   Regulation durch Nicht-Histone 211
Translation 33, 56, 74–88, 176, 194–199, 207–208
   Aminoacyl-Synthetasen 77
   Beziehung zur Transkription 85
   Codon 76
   Elongation 80–81, 86–87
   Elongationsfaktor 82–83, 86–87
   endoplasmatisches Retikulum und 87–88
   Eukaryonten 86–88
   genetischer Code und 74–76
   Hemmstoffe 33
   Initiation 76–80, 86
   Initiation im Laktoseoperon 201–202
   Initiator-tRNA 78, 86, 176
   mRNA-Modifikation 86
   Peptidbindung 84
   Peptidyltransferase 84
   Polysom 85
   Regulation 207–208
   Ribosomenbindungsstelle 79
   Signalhypothese 87–88
   Termination 83–84, 87
   Translokation 83
   zelluläre Kompartimentierung 87–88
Translokation 168, 171–172, 173
Transversion 44
Trisomie 168–172
Tryptophanoperon 204–206
   aktivierte tRNA und Regulation 206
   Attenuatorregion 204–205
   Promoter 204–206

Tryptophanoperon
  Regulation 204–206
  Tryptophan als Corepressor 204
Turner-Syndrom 172–173

Überlappende Gene 105
ultraviolettes Licht 45, 50
  Pyrimidindimere 50
Unabhängigkeitsregel 131–133
unterbrochener Chromosomentransfer 111–112

unvollständige Dominanz 130–131
Uracil 2, 17

Virus 7

X-Chromosom 10, 172–174
  Aberrationen 172–174
  Lyon-Hypothese 174–175
Xenopus laevis 30, 68–70

Y-Chromosom 10

Zellzyklus 29–35
  G1-Phase 29–30
  G2-Phase 33–34
  Mitose 34–35
  Mutanten 35
  RNA-Synthese in G1 30–31
  S-Phase 30–31
Zentrales Dogma 36
Zirkuläre Permutation 9
Zyklisches AMP 199–200, 203, 215
Zytochrome 177

P. v. Sengbusch

Molekular- und Zellbiologie

1979. 616 Abbildungen, 68 Tabellen. XI, 671 Seiten
Gebunden DM 88,–. ISBN 3-540-09454-7

„Das vorliegende Buch stellt ein weiteres Werk in der Reihe der Großformat-Lehrbücher des Springer-Verlags dar und ist bis zu einem gewissen Grad eine Fortsetzung der vom gleichen Autor verfaßten ‚Einführung in die Allgemeine Biologie'. Wie der Autor selbst schreibt, enthält das Buch vorwiegend wichtige Resultate der Molekular- und Zellbiologie der letzten Jahre und richtet sich an fortgeschrittene Studenten und interessierte Kollegen. Dieser Aufgabe wird das Buch in vollem Maße gerecht ... stellt das in bester Springer-Qualität hergestellte Buch für jeden Studenten der Biologie, Biochemie, aber auch Medizin, sowie für jeden an dem neuesten Stand der Molekular- und Zellbiologie Interessierten eine Fundgrube an modernem Wissen dar, das in sprachlich verständlicher und didaktisch durchdachter Weise dargeboten wird."

Biologie in unserer Zeit

Biophysik

Herausgeber: **W. Hoppe, W. Lohmann, H. Markl, H. Ziegler**
Mit Beiträgen zahlreicher Fachwissenschaftler
2., völlig neubearbeitete Auflage. 1982. 856 Abbildungen.
XXIV, 980 Seiten
Gebunden DM 168,–. ISBN 3-540-11335-5

„Die Herausgeber bezeichnen das Werk, das Beiträge von 52 (!) verschiedenen Autoren enthält als ein Lehrbuch, das 'für den fortgeschrittenen Studenten gedacht (ist), der durchaus kritisch und auswählend lesen soll.' Sicher erfüllt das Buch, von Inhalt, Aufbau und Darstellung her gesehen, auch diese Funktion. Im Grunde ist es aber viel mehr, nämlich eine moderne Darstellung aller Wissensgebiete, die man unter dem Begriff 'Biophysik' zusammenfassen kann. Man möchte es als deutschsprachiges Standardwerk der Biophysik bezeichnen. ... Es sollte festgehalten werden, daß es den Herausgebern gelungen ist, hervorragende und kompetente Wissenschaftler als Autoren für dieses Buch zu gewinnen. Die Qualität der Ausstattung des Bandes entspricht dem inhaltlichen Niveau."

Universitas

Springer-Verlag
Berlin
Heidelberg
New York

K. Bachmann
Biologie für Mediziner
2., neubearbeitete Auflage. 1982. 319 zum Teil farbige Abbildungen. XV, 435 Seiten. DM 49,50. ISBN 3-540-11546-3

In diesem in Konzeption und Ausstattung vorzüglichen Lehrbuch werden die Lernziele der Biologie nach der Approbationsordnung für Ärzte zusammenhängend und ausführlich dargestellt. Dabei wird der Lernstoff in die theoretischen Zusammenhänge der modernen Biologie eingeordnet und so weit behandelt, daß ein nahtloser Übergang zu den medizinischen Spezialfächern hergestellt wird.
Die 2. Auflage wurde durchgehend korrigiert und auf den neuesten Stand gebracht, wobei besonders die Ergebnisse der Molekularbiologie berücksichtigt sind. Zahlreiche neue Abbildungen ergänzen den Text.

Aus den Besprechungen:
„... Der Stil ist sehr lebendig und auch schwierige Zusammenhänge sind einleuchtend dargestellt, so daß das Buch auch von Biologen mit Gewinn benützt werden kann.
Hervorzuheben ist die ausgezeichnete Bebilderung (fast durchweg Originale) ... Das Buch ist seinen Preis wert." *Die Naturwissenschaften*

„... Aufgrund seiner klaren, ausführlichen und umfassenden Darstellung kann das Lehrbuch auch als Nachschlagewerk benutzt werden. Erfreulich ist die große Anzahl der Abbildungen, die wesentlich zum schnelleren Erfassen des gebotenen Stoffes beiträgt. Dieses Buch kann uneingeschränkt allen an der Biologie Interessierten empfohlen werden." *Das Ärztliche Laboratorium*

F. Kaudewitz
Molekular- und Mikroben-Genetik
1973. 301 Abbildungen, 20 Tabellen. XIV, 426 Seiten
(Heidelberger Taschenbücher, Band 115)
DM 23,80. ISBN 3-540-06024-3

„...Die klare und übersichtliche Darstellung der Molekulargenetik sowie Genetik der Mikroorganismen machen es zu einer ausgezeichneten Einführung in dieses Arbeitsgebiet. Es ist nicht nur allen Studenten der Naturwissenschaft, Medizin und Pharmazie zu empfehlen, sondern auch allen Wissenschaftlern, die mit genetischen Problemen Berührung haben. In keiner naturwissenschaftlichen Bibliothek sollte es fehlen." *Zentralblatt Bakteriologie, Parasitenkunde, Infektionskrankheiten und Hygiene*

Springer-Verlag
Berlin
Heidelberg
New York

If you have any concerns about our products,
you can contact us on
ProductSafety@springernature.com

In case Publisher is established outside the EU,
the EU authorized representative is:
**Springer Nature Customer Service Center GmbH
Europaplatz 3, 69115 Heidelberg, Germany**

Printed by Libri Plureos GmbH
in Hamburg, Germany